唯美

中文版Photoshop 2020
从入门到精通
（微课视频 全彩版）

412集视频讲解+**手机扫码**看视频+**在线交流**

☑ 配色宝典 ☑ 构图宝典 ☑ 创意宝典 ☑ 商业设计宝典 ☑ Illustrator基础
☑ CorelDRAW基础 ☑ PPT课件 ☑ 素材资源库 ☑ 工具速查 ☑ 色谱表

唯美世界　瞿颖健　编著

中国水利水电出版社

www.waterpub.com.cn

·北京·

内 容 提 要

《中文版 Photoshop 2020 从入门到精通（微课视频 全彩版）》一书系统讲解了 Photoshop 2020 软件入门的必备知识和抠图、修图、调色、合成、特效等核心技术，以及 Photoshop 在平面设计、数码照片处理、电商美工、网页设计、UI 设计、手绘插画、服装设计、室内设计、建筑设计、园林景观设计、创意设计等方面的综合应用，是一本 Photoshop 完全自学教程、视频教程。

全书共 15 章，分为 3 个部分：第 1 部分讲解了 Photoshop 入门知识与基本操作；第 2 部分讲解了 Photoshop 核心功能应用，包括选区与填色、绘画、图像修饰、调色、抠图与蒙版、图层、矢量绘图、文字、滤镜和文档的自动处理等；第 3 部分包含了 Photoshop 经典实战案例，通过 Photoshop 在数码照片处理、平面设计、创意设计等方面的大量的综合实战案例应用，来提高读者的综合实战能力。

本书包含了大量的学习资源及赠送资源。

(1) 本书学习资源：247 集实例视频、165 集 PS 核心基础视频、素材源文件。

(2) 赠送 Photoshop 学习资源：《Photoshop 定向目标学习导读》《Illustrator 基础》《CorelDRAW 基础》《Photoshop 常用工具速查表》《Photoshop 常用快捷键速查》《Photoshop 2020 滤镜速查手册》《7 款 PS 实用插件基本介绍》。

(3) 赠送设计理论及色彩技巧资源：《创意宝典》《构图宝典》《行业色彩应用宝典》《商业设计宝典》《配色宝典》《色彩速查宝典》《43 个高手设计师常用网站》《解读色彩情感密码》《常用颜色色谱表》。

(4) 赠送练习资源：实用设计素材、Photoshop 资源库。

(5) 赠送教师授课的辅助资源：《Photoshop 基础》教学 PPT 课件、《Photoshop 基础》课程教学大纲、《Photoshop 基础》课程教案。

《中文版 Photoshop 2020 从入门到精通（微课视频 全彩版）》既适合 Photoshop 初学者学习使用，又适合有一定 Photoshop 使用经验的读者学习本书的高级功能和版本的新增功能，本书亦可作为相关培训机构的培训教材。Photoshop CC 2019、Photoshop CC 2018、Photoshop CS6 等较低版本的读者也可参考学习。

图书在版编目（CIP）数据

中文版 Photoshop 2020 从入门到精通：微课视频：全
彩版：唯美 / 唯美世界，瞿颖健编著 . — 北京：中国水利
水电出版社，2020.9（2022.9重印）

ISBN 978-7-5170-8665-9

Ⅰ . ①中… Ⅱ . ①唯… ②瞿… Ⅲ . ①图像处理软
件 Ⅳ . ①TP391.413

中国版本图书馆 CIP 数据核字 (2020) 第 113115 号

丛 书 名	唯美	
书 名	中文版Photoshop 2020从入门到精通（微课视频 全彩版） ZHONGWENBAN Photoshop 2020 CONG RUMEN DAO JINGTONG	
作 者	唯美世界 瞿颖健 编著	
出版发行	中国水利水电出版社 （北京市海淀区玉渊潭南路1号D座 100038） 网址：www.waterpub.com.cn E-mail：zhiboshangshu@163.com 电话：（010）62572966-2205/2266/2201（营销中心）	
经 售	北京科水图书销售有限公司 电话：（010）68545874、63202643 全国各地新华书店和相关出版物销售网点	
排 版	北京智博尚书文化传媒有限公司	
印 刷	北京富博印刷有限公司	
规 格	203mm×260mm 16开本 27.25印张 1012千字 4插页	
版 次	2020年9月第1版 2022年9月第11次印刷	
印 数	89001—97000册	
定 价	99.80元	

▲ 第 7 章 抠图与蒙版 课后练习：使用色彩范围命令制作中国风招贴

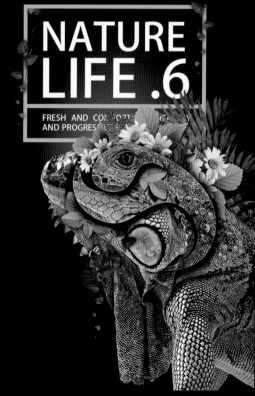

第 15 章 创意设计实战 15.2 大自然的疑问　　　　　　　　▲ 第 15 章 创意设计实战 15.3 自然主题创意合成

▲ 第 9 章 矢量绘图 综合实例：红色系化妆品广告

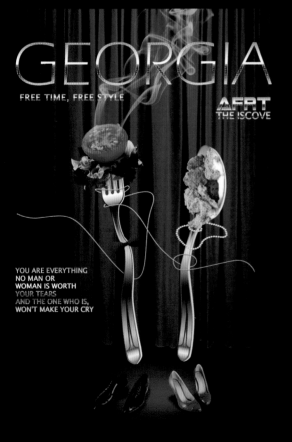

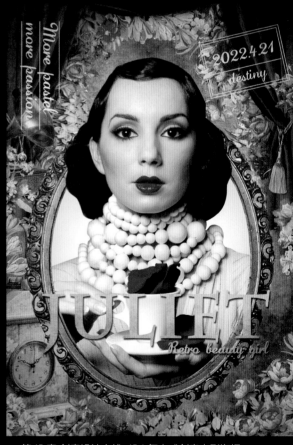

▲ 第 15 章 创意设计实战 课后练习：餐具的舞会

▲ 第 15 章 创意设计实战 15.1 复古感创意电影海报

▲ 第 13 章 数码照片处理实用技法 梦幻儿童摄影

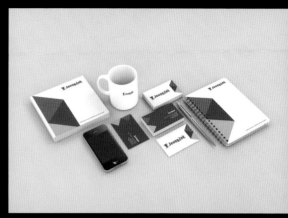

▲ 第 14 章 平面设计精粹 课后练习：企业 VI 设计

▲ 第 6 章 调色 综合实例：外景人像写真调色

▲ 第 7 章 抠图与蒙版 练习实例：使用蒙版制作古典婚纱版式

▲ 第 10 章 文字 综合实例：双色食品主图

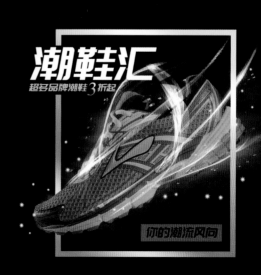

▲ 第 14 章 平面设计精粹 课后练习：运动鞋网店产品主图设计

▲ 第 4 章 绘画 课后练习：柔和色调化妆品海报

▲ 第 14 章 平面设计精粹 儿童产品网店首页设计

▲ 第 3 章 选区与填色 综合实例：清新风格海报设计

▲ 第 9 章 矢量绘图 课后练习：使用弯度钢笔绘制矢量图形海报

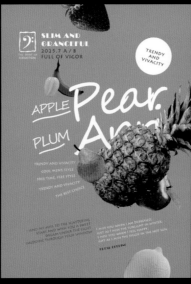

▲ 第 8 章 图层混合与图层样式 课后练习：使用颜色叠加图层样式

▲ 第 4 章 绘画 综合实例：使用绘制工具制作清凉海报

▲ 第 1 章 Photoshop 入门 综合实例：使用新建、置入、储存命令制作饮品广告

▲ 第 9 章 矢量绘图 课后练习：使用钢笔工具制作童装款式图

▲ 第 10 章 文字 课后练习：创建文字路径制作斑点字

每一个沐浴在爱河中的人都是诗人。
At the touch of love everyone becomes a poet.

▲ 第 11 章 滤镜 练习实例：电影感外景人像

▲ 第 13 章 数码照片处理实用技法 化妆
品图像精修

▲ 第 13 章 数码照片处理实用技法 课后
练习：还原年轻面庞

▲ 第 13 章 数码照片处理实用技法 婚纱
摄影后期修饰

▲ 第 13 章 数码照片处理实用技法 冷色
调时尚人像

▲ 第 8 章 图层混合与图层样式 练习实例：
使用混合模式制作"人与城市"

▲ 第 5 章 图像修饰 综合实例：美化儿童
照片

▲ 第 7 章 抠图与蒙版 举一反三：使用图层蒙版轻松融图制作户外广告

▲ 第 2 章 Photoshop 基本操作 练习实例：移动图层制作 UI 展示效果

▲ 第 14 章 平面设计精粹 14.3 儿童书籍封面设计

▲ 第 14 章 平面设计精粹 手机杀毒软件 UI 设计

▲ 第 14 章 平面设计精粹 14.10 罐装饮品包装设计

▲ 第 7 章 抠图与蒙版 练习实例：使用剪贴蒙版制作多彩拼贴标志

▲ 第 10 章 文字 练习实例：创建段落文本制作男装宣传页

前 言
Preface

Photoshop（简称PS）软件是Adobe公司研发的世界顶级、著名的、使用最广泛的图像处理软件。Photoshop在日常设计中应用非常广泛，平面设计、电商美工、数码照片处理、网页设计、UI设计、手绘插画、服装设计、室内设计、建筑设计、园林景观设计、创意设计等都要用到它，它几乎成了各种设计的必备软件。

本书显著特色

1.配套视频讲解，手把手教您学习

本书配备了大量的同步教学视频，涵盖了本书的重要知识点和实例，如同老师在身边手把手教学，可以让学习更轻松、更高效！

2.二维码扫一扫，随时随地看视频

本书在章首页、重点、实例等多处设置了二维码，使用手机微信扫一扫，可以随时随地在手机上看视频（若个别手机不能播放，可下载后在计算机上观看）。

3.定制学习内容，短期内快速上手

Photoshop功能强大、命令繁多，全部掌握需要较长时间。如想在短期内学会并使用Photoshop进行修图、数码照片处理、网页设计、平面设计等，不必耗时费力学习Photoshop全部功能，只须根据本书的建议学习部分内容即可。

4.内容极为全面，注重学习规律

本书涵盖了Photoshop几乎所有工具、命令的常用功能，采用"知识点+动手练+举一反三+练习实例+课后练习+综合实例+技巧提示"的模式编写，符合轻松易学的学习规律。

5.实例极为丰富，强化动手能力

"动手练""课后练习"便于读者动手操作，在模仿中学习。"举一反三"可以巩固知识，在练习某个功能时触类旁通。"练习实例"用来加深印象，熟悉实战流程。"综合实例"则是为将来的设计工作奠定基础。

6.案例效果精美，注重审美熏陶

Photoshop只是工具，设计好的作品一定要有美的意识。本书案例效果精美，目的是加强对美感的培养。

7.配套资源完善，便于深度广度拓展

本书除了提供全书配套的视频和素材源文件外，还根据设计师必学的内容赠送了大量练习资源。同时，为了方便相关课程的教学，本书还附赠了《Photoshop基础》课程的配套教学大纲、教案、教学PPT。

8.专业作者心血之作，经验技巧尽在其中

本书编者系艺术类高校教师、Adobe® 创意大学专家委员会委员、Corel中国专家委员会成员，设计、教学经验丰富，将大量的经验技巧融于书中，可以提高学习效率，少走弯路。

9.提供在线服务，随时随地可交流

本书提供公众号、QQ群等资源下载与互动答疑服务。

关于本书资源及下载方法

本书学习资源及赠送资源包括：

（1）本书学习资源：247 集实例同步教学视频、153 集《Photoshop 必备知识点视频精讲》、8 集《Photoshop 定向目标学习导读》、实例配套素材源文件。

（2）赠送 Photoshop 学习资源：《Photoshop 定向目标学习导读》《Illustrator 基础》《CorelDRAW 基础》《Photoshop 常用工具速查表》《Photoshop 常用快捷键速查》《Photoshop 2020 滤镜速查手册》《7 款 PS 实用插件基本介绍》。

（3）赠送设计理论及色彩技巧资源：《创意宝典》《构图宝典》《行业色彩应用宝典》《商业设计宝典》《配色宝典》《色彩速查宝典》《43 个高手设计师常用网站》《解读色彩情感密码》《常用颜色色谱表》。

（4）赠送练习资源：实用设计素材、Photoshop 资源库。

（5）赠送教师授课的辅助资源：《Photoshop 基础》教学 PPT 课件、《Photoshop 基础》课程教学大纲、《Photoshop 基础》课程教案。

本书资源获取方式

（1）用微信"扫一扫"功能扫码下面的二维码，可以及时获取本书的各类资源，也可在线交流。

（2）加入本书学习 QQ 群 873089442（若群满会创建新群，请注意加群时的提示，并根据提示加入相应的群），读者间可互相交流学习，作者也会不定时在线答疑解惑。

说明：为了方便读者学习，本书提供了大量的素材资源供读者下载，这些资源仅限于读者学习使用，不可用于其他任何商业用途，否则，由此带来的一切后果由读者承担。

提示：本书提供的下载文件包括教学视频和素材等，教学视频可以演示观看。要按照书中实例操作，必须安装 Photoshop 2020 软件之后，才可以进行。您可以通过如下方式获取 Photoshop 2020 简体中文版。

（1）登录 Adobe 官方网站 http://www.adobe.com/cn/ 查询。

（2）可到网上咨询、搜索购买方式。

关于编者

本书由唯美世界组织编写，瞿颖健、曹茂鹏负责主要编写任务，参与本书编写和资料整理的还有瞿玉珍、董辅川、王萍、杨力、瞿学严、杨宗香、曹元钢、张玉华、李芳、孙晓军、张吉太、唐玉明、朱于凤等。部分插图素材购买于摄图网，在此一并表示感谢。

编 者

目录
Contents

超值赠送

亲爱的读者朋友，通过以上内容的学习，我们已经详细了解了PhotoShop 2020的主要功能及操作要领。

为了进一步拓展学习，特赠送如下4章电子版内容，请使用手机扫码学习或在电脑端下载学习。

121个Photoshop新手必学小技巧

速查目录

Chapter
01

第1章

Photoshop入门

本章内容简介

本章主要讲解Photoshop的一些基础知识，包括认识Photoshop工作区；在Photoshop中进行新建、打开、置入、存储、打印文件等基本操作；学习在Photoshop中查看图像细节的方法；学习操作的撤销与还原方法。

重点知识掌握

- 熟悉Photoshop的工作界面
- 掌握"新建""打开""置入嵌入对象""存储""存储为"命令的使用
- 掌握"缩放工具""抓手工具"的使用方法
- 熟练掌握"还原"与"重做"的使用及快捷操作
- 熟练掌握"历史记录"面板的使用

通过本章学习，我能做什么？

通过本章的学习，我们应该熟练掌握新建、打开、置入、存储文件等功能。通过这些功能，我们能够将多个图片添加到一个文档中，制作出简单的拼贴画，或者为照片添加一些装饰元素等。

1.1 Photoshop第一课

正式开始学习Photoshop的具体功能之前，初学者肯定有好多问题想问，比如：Photoshop是什么？能干什么？对我有用吗？我能用Photoshop做什么？学Photoshop难吗？怎么学？这些问题将在本节中解答。

1.1.1 Photoshop是什么

大家口中所说的PS，也就是Photoshop，全称是Adobe Photoshop，是由Adobe Systems开发并发行的一款图像处理软件。为了更好地理解Adobe Photoshop 2020，可以把这3个词分开来解释。Adobe是Photoshop所属公司的名称；Photoshop是软件名称，常被缩写为PS；2020是这款Photoshop的版本号，如图1-1所示。

Adobe Photoshop 2020

图 1-1

随着技术的不断发展，Photoshop的技术团队也在不断对软件功能进行优化。从20世纪90年代至今，Photoshop经历了多次版本的更新，比较早期的是Photoshop 5.0、Photoshop 6.0、Photoshop 7.0，到前几年的Photoshop CS4、Photoshop CS5、Photoshop CS6，以及近几年的Photoshop CC、Photoshop CC 2015、Photoshop CC 2017、Photoshop CC 2018、Photoshop CC 2019等。图1-2所示为不同版本Photoshop的启动界面。

图 1-2

目前，Photoshop的多个版本都拥有庞大的用户群。每个版本的升级都会有性能的提升和功能上的改进，但是在日常工作中并不一定非要使用最新版本。因为，新版本虽然会有功能上的更新，但是对设备的要求也会有所提升，在软件的运行过程中就可能会消耗更多的资源。如果在使用新版本（如Photoshop CC 2019、Photoshop 2020）的时候感觉运行起来特别"卡"，操作反应非常慢，非常影响工作效率，这时就要考虑是否因为计算机配置较低，无法更好地满足Photoshop的运行要求。可以尝试使用低版本的Photoshop，如Photoshop CC。如果卡顿的问题得以解决，那么就安心地使用这个版本吧！虽然它是较早期的版本，但是功能也非常强大，与最新版本之间并没有特别大的差别，几乎不会影响到日常工作。图1-3和图1-4所示为Photoshop 2020以及Photoshop CC的操作界面，不仔细观察甚至很难发现两个版本的差别。因此，即使学习的是Photoshop 2020版本的教程，使用低版本去练习也是可以的，除去几个小功能上的差别，几乎不影响使用。

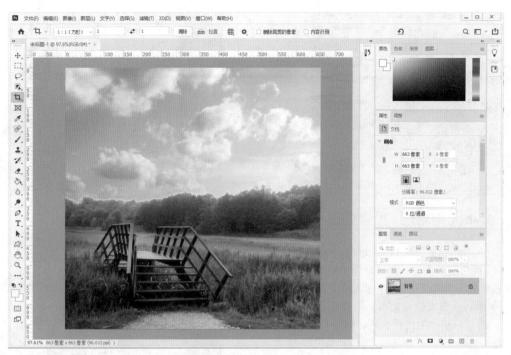

图 1-3

图 1-4

提示：选择适合自己的Photoshop版本。

　　虽然老版本对设备要求较低，运行相对较为流畅，但是也不要一味追求软件的"低能耗"而使用Photoshop 5.0、Photoshop 6.0这样的"古董级"版本，除非你使用的是一台同样"古董级"的计算机。否则生活在"Adobe 2020时代"的你会发现20世纪末的软件操作起来还真的是有些别扭呢。图1-5所示为Photoshop 5.0。

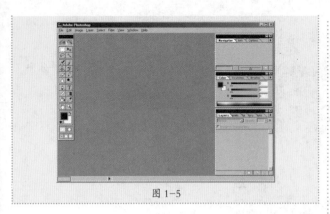

图 1-5

1.1.2　Photoshop的功能：图像处理

前面提到了Photoshop是一款"图像处理"软件，那么什么是"图像处理"呢？简单来说，图像处理就是围绕数字图像进行的各种各样的编辑修改过程，如把原本灰蒙蒙的风景图片变得鲜艳明丽、人像瘦脸或美白、裁切掉证件照中多余背景，等等，都可以被称为图像处理，如图1-6~图1-10所示。

（a）　　　　　　　　（b）

图 1-6

（a）　　　　　　　　（b）

图 1-7

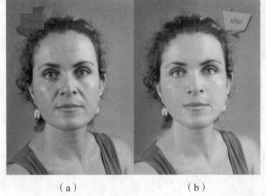

（a）　　　　　　　　（b）

图 1-8

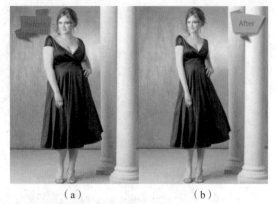

（a）　　　　　　　　（b）

图 1-9

（a）　　　　　　　　（b）

图 1-10

其实Photoshop图像处理功能的强大远不限于此，对于摄影师来说，Photoshop绝对是集万千功能于一身的"数码暗房"。模特闭眼了？没问题！场景乱七八糟？没问题！服装商品脏了？没问题！外景写真天气不好？没问题！风光照片游人入画？没问题！集体照缺了个人？还是没问题！有了Photoshop，再加上熟练的操作，这些问题统统搞定！如图1-11和图1-12所示。

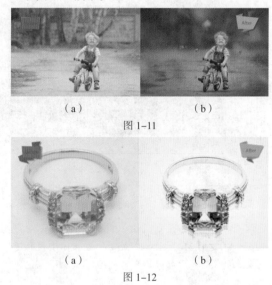

（a）　　　　　　　　（b）

图 1-11

（a）　　　　　　　　（b）

图 1-12

充满创意的你肯定会有很多想法，想要和大明星"合影"？想要去火星"旅行"？想生活在童话里？想变身为机械侠？想飞？这些都没问题！在Photoshop的世界中，只有你的"功夫"不到位，否则没有实现不了的画面！如图1-13和图1-16所示。

图 1-13　　　　　　　图 1-14

图 1-15　　　　　　　图 1-16

当然，Photoshop可不只是用来"玩"的，在各种设计制图领域里也少不了Photoshop的身影。下面就来看一下设计师的必备利器——Photoshop！

1.1.3　设计师不可不会的Photoshop

其实，Photoshop是一款设计师必备的软件。我们知道，设计作品呈现在世人面前时，设计师往往要绘制大量的草稿、设计稿、效果图等。在没有计算机的年代里，这些操作都需要在纸张上进行，如图1-17所示为传统广告依据摆设好的模特与道具绘制出的广告画面。

而在计算机技术蓬勃发展的今天，无纸化办公、数字化图像处理早已融入设计师工作甚至是我们每个人的日常生活中。数字技术给人们带来太多的便利，Photoshop既是画笔，又是纸张。我们可以在Photoshop中随意绘画，随意插入漂亮的照片、图片、文字。掌握了Photoshop，无疑是获得了一把"利剑"，数字化的制图过程不仅节省了很多时间，更能够实现精准制图。图1-18所示为在Photoshop中制作的海报。

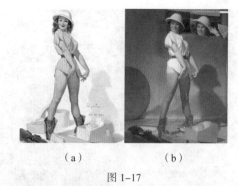

（a）　　　　　　　（b）

图 1-17

图 1-18

当前设计行业有很多分支，除了平面设计，还有室内设计、景观设计、UI设计、服装设计、产品设计、游戏设计、动画设计等行业。而每种设计行业中可能还会进行进一步细分，如图1-18所示的例子更接近平面设计师的工作之一：海报设计。除了海报设计之外，标志设计、书籍装帧设计、广告设计、包装设计、卡片设计等也在平面设计的范畴内。虽然不同的设计师所做的工作内容不同，但相同的是这些工作中几乎都少不了Photoshop的身影。

平面设计师自不用说，从草稿到完整效果图都可以使用Photoshop完成，如图1-19~图1-22所示。

图 1-19　　　　　　　图 1-20

图 1-21　　　　　　　　图 1-22

对于服装设计师而言，在Photoshop中不仅可以进行服装款式图的绘制、服装效果图的绘制，还可以进行成品服装的照片美化，如图1-27~图1-30所示。

图 1-27　　　　　　　　图 1-28

摄影师与Photoshop的关系之紧密是人所共知的。在传统暗房的年代，人们想要实现某些简单的特殊效果，往往都需要通过很烦琐的技法和时间的等待。而在Photoshop中可能只需要执行一个命令，瞬间就能够实现某些特殊效果。Photoshop为摄影师提供了极大的便利和艺术创作的可能性。尤其对于商业摄影师而言，Photoshop技术更是提升商品照片品质的有力保证，如图1-23和图1-24所示。

图 1-29　　　　　　　　图 1-30

图 1-23　　　　　　　　图 1-24

室内设计师通常会利用Photoshop进行室内效果图的后期美化处理，如图1-25所示。景观设计师绘制效果图有很大一部分工作也可以在Photoshop中进行，如图1-26所示。

产品设计要求尺寸精准，比例正确，所以在Photoshop中很少会进行平面图的绘制，而是更多地使用Photoshop绘制产品概念稿或效果图，如图1-31和图1-32所示。

游戏设计是一项工程量大，涉及工种较多的设计类型，不仅需要美术设计人员，还需要程序开发人员。Photoshop在其中主要应用在游戏界面、角色设定、场景设定、材质贴图绘制等方面，虽然Photoshop也具有3D功能，但是目前几乎不会在游戏设计中应用到Photoshop的3D功能，游戏设计中的3D部分主要使用Autodesk 3dMax、Autodesk Maya等软件，如图1-33和图1-34所示。

图 1-25

图 1-26

图 1-31

中文版Photoshop 2020从入门到精通（微课视频 全彩版）

图 1-32

图 1-33

图 1-34

动画设计与游戏设计相似，虽然不能够使用Photoshop制作动画片，但是可以使用Photoshop进行角色设定、场景设定等"平面""静态"绘图方面的工作，如图1-35和图1-36所示。

图 1-35

图 1-36

插画设计并不算是一个新的行业，但是随着数字技术的普及，插画绘制的过程更多地从纸上转移到计算机上。数字绘图不仅可以轻松地在油画、水彩画、国画、版画、素描画、矢量画、像素画等多种绘画模式之间进行切换，还可以轻松消除绘画过程中的"失误"，更能够创造出前所未有的视觉效果，同时也可以使插画更方便地为印刷行业服务。Photoshop是数字插画师常用的绘画软件，除此之外，Painter、Illustrator也是插画师常用的工具。图1-37~图1-40所示为优秀的插画作品。

图 1-37　　　　　　图 1-38

图 1-39　　　　　　图 1-40

1.1.4　我不是设计师，Photoshop对我是否有用

Photoshop可不只是为设计师服务的。如你所见，越来越多人把Photoshop挂在嘴边。看到80岁老太照片酷似18岁少女，我们会说"P的吧"。看到灵异照片，我们会想"P得好真实"。重要的合影里朋友闭眼，我们第一反应是把眼睛"P张开"。

的确，随着数字技术的普及，原本是专业人员手中的制图工具也逐渐从"神坛"走下，设计制图软件的操作方式也越来越贴近大众。一代又一代的"傻瓜式"的修图软件早已成为了人们手机必备App了，图像编修思路的大众化带动了全民修图的热潮，"修图"似乎已经成为像打电话、发短信一样简单而普通的事情。然而，手机中的修图App毕竟功能有限，能够实现的效果仅限于软件内置的几十种大家都在用的"滤镜"效果，有一天你对这些雷同感到厌恶了，那么请记得：Photoshop带给图像的将是无限的可能！图1-41~图1-44所示为使用Photoshop制作的作品。

图 1-41

图 1-42

图 1-43

图 1-44

但是你可能会问：我不是设计师，学的不是艺术专业，从事的工作也与美术毫无关系，那我学习Photoshop有什么用？的确，Photoshop对于设计从业人员来说可以算是个谋生工具。但是，对更多的人来说，Photoshop能做的事却不仅仅是专业的设计，更多的时候Photoshop既是一个便利的工具，又会给我们带来快乐。因为Photoshop具有强大而简单易操作的图像处理功能，所以我们可以轻松地为自己制作一个"最美证件照"，如图1-45所示。重要的证件材料需要以电子形式储存时，可以用手机拍照并用Photoshop处理成扫描仪扫描出的效果。文艺的你，一定会在旅行归来的第一时间将照片导入到Photoshop中进行处理，如图1-46所示。人生重要的时刻，再也不用担心影楼把最爱的人处理成千人一面的效果，如图1-47所示。除此之外，Photoshop还给了我们一个能够像艺术家一样进行"创作"的机会。相信我们每个人都有想要告诉世界却无法说出口的"话"，不妨通过Photoshop以图像的形式展示出来，如图1-48所示。

图 1-45

图 1-46

图 1-47

图 1-48

如果我们能够很好地掌握Photoshop这项技能，那么也许Photoshop可以为我们提供新的工作机会。如果你能够熟练地使用Photoshop修饰照片，那么可以尝试影楼后期处理的工作；技术更进一步的可以尝试广告公司的商业摄影后期修图工作。如果能够熟练使用Photoshop进行图像、文字、版面的编排，则可以尝试广告设计、排版设计、书籍设计、企业形象设计等的设计工作。淘宝网店美工也是近年来比较热门的职业。当然，如果你现在是一个"门外汉"，想要进入任何一个行业都不能只靠一个工具。Photoshop可以作为一个"敲门砖"，入门之后仍需要不断学习才行。Photoshop在各行业的应用如图1-49~图1-52所示。

图 1-49

图 1-50

中文版Photoshop 2020从入门到精通（微课视频 全彩版）

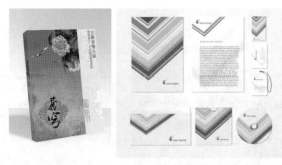

| 图 1-51 | 图 1-52 |

除了使用Photoshop之外，还有几款软件也是平面设计师的必备：Adobe Illustrator（简称AI）与Adobe InDesign（简称ID）。Adobe Illustrator是一款矢量制图软件，Adobe InDesign是一款排版软件。这两款软件与Photoshop同属Adobe公司，在操作方式上非常相似，所以有了Photoshop的基础，再学习这两款软件也是非常简单的。图1-53所示为Adobe Illustrator的操作界面，图1-54所示为Adobe InDesign的操作界面，是不是非常相似呢？

图 1-53

图 1-54

1.1.5 如果你也想当设计师

设计师可以使用Photoshop进行轻松的工作，非专业人员或作为新手的朋友们同样可以借助Photoshop作为"敲门砖"，圆一个设计师的梦。其实仔细想来，非设计师与设计师的区别在哪儿？一是不具备设计表现能力，二是欠缺艺术设计理论。

目前的艺术设计从业人员大部分毕业于艺术设计专业院校，而这部分人的前身是大家经常听到的"艺术生"。艺术生在进入高校开始系统的专业课学习之前，都经历过几年的素描、色彩等的绘画教育。这些绘画方面的课程主要训练人们的绘画造型能力以及色彩的运用，这是作为一个设计师必备的技能。

但是作为非专业人员的我们想要成为设计师，可能无法再花费几年时间把绘画的基本功练好。那么，不会画画，无法画出设计稿的人就没有可能成为设计师吗？当然不是！Photoshop的出现可以说在一定程度上弥补了绘画功底缺失的问题，毕竟有Photoshop在，传统广告设计中需要绘制的部分可以直接调用素材或者进行处理就可以得到。很多时候平面设计师的工作可以被简化为创意+Photoshop。当然，如果你具有绘画功底或商业摄影功底，那么进入平面设计行业则会更方便些。

理论同样很重要。艺术设计理论知识的学习可以说是无止境的，几乎没有任何一个设计师敢大声说"我精通了全部的设计理论"。因为我们都知道，任何一项技术的理论学习都是长期而深入的。读几本艺术设计方面的理论教材可以说是刚刚跨进设计世界的门槛，接下来需要不停地通过设计项目的磨炼，才能使自己提升，成为真正优秀的设计师。虽然学海无涯，但是我们也不要因此觉得害怕。因为艺术是人类的精神家园，艺术设计是创造美的行为。而艺术设计的学习就是在无数"美"的陪伴下，感知"美"，学习"美"，制造"美"，使我们成为"美"的缔造者。

[重点] 1.1.6 Photoshop不难学

千万别把学Photoshop想得太难！Photoshop其实很简单，就像玩手机一样。手机可以用来打电话、发短信，也可以用来聊天、玩游戏、看电影。同样，Photoshop可以用来工作赚钱，也可以给自己修美照，或者恶搞好朋友的照片。所以，在学习Photoshop之前，希望大家一定要把Photoshop当成一个有趣的玩具。首先，你得喜欢去"玩"，想去"玩"，像手机一样时刻不离手，这样学习的过程将会是愉悦而快速的。

前面铺垫了很多，相信大家对Photoshop已经有一定的认识了，下面要开始真正告诉大家如何利用本书有效地学习Photoshop。

1. 短教程，快入门

如果你非常急切地要在最短的时间内达到能够简单使用Photoshop的程度，这时建议你看一套非常简单而基础的教学视频，恰好本教材配备了这样一套视频教程：《Photoshop必备知识点视频精讲》。这套视频教程选取了Photoshop中最常用的功能，每个视频讲解一个或几个小工具，时间都非常短，短到在你感到枯燥之前就结束了讲解。视频虽短，但是建议你一定要打开Photoshop，跟着视频一起尝试使用。

由于"入门级"的视频教程时长较短，所以部分参数的解释无法完全在视频中讲解到。所以在练习的过程中如果遇到了问题，马上翻开书找到相应的章节，阅读这部分内容即可。

当然，一分努力一分收获，学习没有捷径。2个小时的学习效果与200个小时的学习效果肯定是不一样的。只学习简单视频内容无法参透Photoshop的全部功能。但是，到这里你应该能够做一些简单的操作了，如对照片调色、祛斑祛痘、去瑕疵，或做个名片、标志、简单广告等，如图1-55~图1-58所示。

图1-55   图1-56

图1-57   图1-58

2. 翻开教材+打开Photoshop=系统学习

经过基础视频教程的学习后，我们应该已经"看上去"学会了Photoshop。但是要知道，之前的学习只接触到了Photoshop的皮毛而已，很多功能只是做到了"能够使用"，而不一定能够达到"了解并熟练应用"的程度。所以，接下来我们可以开始系统学习Photoshop。本教材以操作为主，所以在翻开教材的同时，打开Photoshop，边看书边练习。因为Photoshop是一门应用型技术，单纯的理论输入很难使我们熟记功能操作。而且Photoshop的操作是"动态"的，每次鼠标的移动或单击都可能会触发指令，所以在动手练习过程中能够更直观有效地理解软件功能。

3. 勇于尝试，一试就懂

在软件学习过程中，一定要"勇于尝试"。在使用Photoshop中的工具或命令时，我们总能看到很多参数或选项设置。面对这些参数，看书的确可以了解参数的作用，但是更好的办法是动手尝试，如，随意勾选一个选项；把数值调到最大、最小、中档分别观察效果；移动滑块的位置，看看有什么变化。例如，Photoshop中的调色命令可以实时显示参数调整的预览效果，试一试就能看到变化，如图1-59所示。或者设置了画笔的选项后，在画面中随意绘制也能够看到笔触的差异，所以动手试试更容易，也更直观。

（a）   （b）

（c）   （d）

图1-59

4. 别背参数，没用

另外，在学习Photoshop的过程中，切记不要死记硬背书中的参数。同样的参数在不同的情况下得到的效果肯定各不相同。比如同样的画笔大小，在较大尺寸的文档中绘制出的笔触会显得很小，而在较小尺寸的文档中则可能显得很大。所以，在学习过程中，我们需要理解参数为什么这么设置，而不是记住特定的参数。

其实Photoshop的参数设置并不复杂，在独立制图的过程中，涉及参数设置时可以多次尝试各种不同的参数，肯定能够得到看起来很舒服的"合适"的参数。图1-60和图1-61所示为同样参数在不同图片上的效果。

图 1-60 图 1-61

5. 抓住重点快速学

为了能够更有效地快速学习，在本书的目录中已将部分内容标注为重点，那么这部分知识需要优先学习。在时间比较充裕的情况下，可以将非重点的知识一并学习。书中的练习案例非常多，案例的练习是非常重要的，通过案例的操作不仅可以练习到本章节学过的知识，还能够复习之前学习过的知识。在此基础上，还能够尝试使用其他章节的功能，为后面章节的学习做铺垫。

6. 在临摹中进步

在这个阶段的学习后，相信我们都能够熟练地掌握Photoshop的常用功能了。接下来就需要通过大量的制图练习提升我们的技术。如果此时恰好有需要完成的设计工作或课程作业，那么这将是非常好的练习过程。如果没有这样的机会，那么可以在各大设计网站欣赏优秀的设计作品，并选择适合自己水平的优秀作品进行"临摹"。仔细观察优秀作品的构图、配色、元素的应用以及细节的表现，尽可能地复制出来。在这个过程中并不是教大家去抄袭优秀作品的创意，而是通过对画面内容无限接近的临摹，尝试在没有教程的情况下，培养独立思考、独立解决制图过程中遇到技术问题的能力，以此来提升"Photoshop功力"。图1-62和图1-63所示为难度不同的作品临摹。

图 1-62

图 1-63

7. 网上一搜，自学成才

当然，在独立作图的时候，肯定也会遇到各种各样的问题，比如在临摹的作品中出现了一个火焰燃烧的效果，这个效果可能是我们之前没有接触过的，那么这时，"百度一下"就是最便捷的方式了。网络上有非常多的教学资源，善于利用网络自主学习是非常有效的自我提升方法，如图1-64和图1-65所示。

图 1-64

图 1-65

8. 永不止步的学习

好了，到这里Photoshop软件技术对于我们来说已经不是问题了。克服了技术障碍，接下来就可以尝试独立设计了。有了好的创意和灵感，通过Photoshop在画面中准确有效地表达，才是我们的终极目标。要知道，在设计的道路上，软件技术学习的结束并不意味着设计学习的结束。对国内外优秀作品的学习、新鲜设计理念的吸纳以及设计理论的研究都应该是永不止步的。

想要成为一名优秀的设计师，自学能力是非常重要的。

1.2 开启你的Photoshop之旅

首先来了解一下如何安装Photoshop，不同版本的安装方式略有不同，本书讲解的是Photoshop 2020，所以在这里介绍的也是Photoshop 2020的安装方式。想要安装其他版本的Photoshop可以在网络上搜索一下，非常简单。在安装了Photoshop之后熟悉一下Photoshop的操作界面，为后面的学习做准备。

1.2.1 安装Photoshop

（1）想要使用Photoshop，就需要安装Photoshop。首先，打开Adobe的官方网站www.adobe.com/cn/，单击右上角的"支持与下载"按钮，如图1-66所示。继续在打开的网页里向下滚动，找到Creative Cloud并单击，如图1-67所示。

图1-66

图1-67

（2）接着弹出下载Creative Cloud的窗口，按照提示进行下载即可，如图1-68所示。下载完成后进行安装，如图1-69所示。

图1-68　　　　　　图1-69

（3）Creative Cloud的安装程序将会被下载到计算机上，双击安装程序进行安装，如图1-70所示。安装成功后，双击该程序快捷方式，启动Adobe Creative Cloud，如图1-71所示。

图1-70　　　　　　图1-71

（4）启动了Adobe Creative Cloud后，需要进行登录，如果没有Adobe ID，可以单击顶部的"创建账户"按钮，按照提示创建一个新的账户，并进行登录，如图1-72所示。稍后即可打开Adobe Creative Cloud，在其中找到需要安装的软件，并单击"试用"按钮，如图1-73所示。软件会被自动安装到当前计算机中。

图1-72

图 1-73

提示：试用与购买。

刚刚我们在安装的过程中是以"试用"的方式进行下载安装，在我们没有付费购买Photoshop软件之前，可以免费使用一小段时间，如果需要长期使用则需要购买。

【重点】1.2.2　认识Photoshop

成功安装Photoshop之后，在程序菜单中找到并单击Adobe Photoshop选项即可启动Photoshop。或者双击桌面的Adobe Photoshop快捷方式，如图1-74所示。到这里，我们终于见到了Photoshop的"芳容"！如图1-75所示。如果在Photoshop中进行过一些文档的操作，在欢迎界面中会显示之前操作过的文档，如图1-76所示。

扫一扫，看视频

图 1-74　　　　　　图 1-75

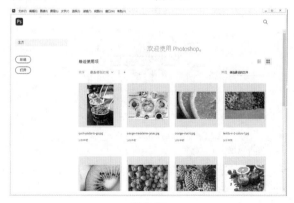

图 1-76

提示：为什么软件界面的颜色不同？

默认的Photoshop界面为深色，本书为了印刷效果清晰，所以将界面颜色设置为浅色。想要更改界面颜色可以执行"编辑→首选项→界面"命令，在"颜色方案"中选择一种浅色的方案，并单击"确定"按钮，如图1-77所示。

图 1-77

虽然打开了Photoshop，但是此时我们看到的却不是Photoshop的完整样貌，因为当前的软件中并没有能够操作的文档，所以很多功能都未被显示。为了便于学习，在这里打开一张图片。单击"打开"按钮，在弹出的"打开"窗口中选择一张图片，并单击"打开"按钮，如图1-78所示。文档被打开，Photoshop的全貌才得以呈现，如图1-79所示。Photoshop的工作界面由菜单栏、选项栏、标题栏、工具箱、状态栏、文档窗口以及多个面板组成。

图 1-78

图 1-79

1. 菜单

Photoshop的菜单栏中包含多个菜单按钮，单击菜单按钮，即可打开相应的菜单列表。每个菜单都包含很多个命令，而有的命令后还带有▶符号，表示该命令还包含多个子命令。

有的命令后带有一连串的"字母"，这些字母就是Photoshop的快捷键，例如，"文件"菜单下的"关闭"命令后显示着Ctrl+W，那么同时按下键盘上的Ctrl键和W键即可快速使用该命令，如图1-80所示。

本书中对于菜单命令的写作方式通常为【执行"图像→调整→曲线"命令】，那么这时我们就要首先单击菜单栏中的"图像"按钮，将光标向下移动，移动到"调整"命令处，接着会看到弹出的子菜单，其中有很多命令，在这里选择"曲线"命令即可，如图1-81所示。

图1-80　　　　　图1-81

提示：自定义命令的快捷键。

使用快捷键在实际操作中是非常方便快捷的，但是我们会发现有的命令并没有快捷键，如"亮度/对比度"命令。在Photoshop中可以为没有快捷键的命令设置一个快捷键，当然也可以更改已有命令的快捷键。

执行"编辑→键盘快捷键"命令，打开"键盘快捷键和菜单"对话框。在这里找到需要设置快捷方式的命令，命令右侧有一个用于定义快捷键的文本框，单击使之处于输入的状态，如图1-82所示。此时在键盘上按下想要设置的快捷键即可。例如，同时按住Ctrl键、Shift键和=键，此时文本框会出现Ctrl+Shift+=组合键，然后单击"确定"按钮完成操作，如图1-83所示。（在为命令配置快捷键时，只能在键盘上进行操作，不能手动输入快捷键的字母。）

图1-82

图1-83

2. 文档区域

执行"文件→打开"命令，在弹出的"打开"窗口中随意选择一个图片，单击"打开"按钮，如图1-84所示。随即这张图片就会在Photoshop中打开，在窗口的左上角位置就可以看到关于这个文档的相关信息了（如名称、格式、窗口缩放比例以及颜色模式等），如图1-85所示。

状态栏位于文档窗口的下方，可以显示当前文档的尺寸、当前工具和窗口缩放比例等信息，单击状态栏中的三角形▷图标，可以设置要显示的内容，如图1-86所示。

图1-84

图1-85　　　　　图1-86

3. 工具箱与工具选项栏

工具箱位于Photoshop操作界面的左侧，在工具箱中可以看到有很多个小图标，每个图标都是工具，有的图标右下角显示◢，表示这是个工具组，其中可能包含多个工具。右击工具组按钮，即可看到该工具组中的其他工具，将光标移动到某个工具上单击，即可选择该工具，如图1-87所示。

图1-87

选择了某个工具后，在菜单栏的下方，从工具的选项栏中可以看到当前使用的工具的参数选项，不同工具的选项栏也不同，如图1-88所示。

中文版Photoshop 2020从入门到精通（微课视频 全彩版）

图 1-88

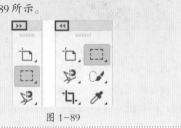

提示：双排显示工具箱。

当Photoshop的工具箱无法完全显示时，可以将单排显示的工具箱折叠为双排显示。单击工具箱顶部的折叠 ▶▶ 按钮可以将其折叠为双栏，单击 ◀◀ 按钮即可还原回展开的单栏模式，如图1-89所示。

图 1-89

4. 面板

面板主要用来配合图像的编辑、对操作进行控制以及设置参数等。默认情况下，面板位于窗口的右侧，如图1-90所示。面板可以堆叠在一起，单击面板名称即可切换到相对应的面板。将光标移动至面板名称上方，按住鼠标左键拖动即可将面板与窗口进行分离，如图1-91所示。如果要将面板堆叠在一起，可以拖动该面板到界面上方，当出现蓝色边框后释放鼠标，即可完成操作，如图1-92所示。

图 1-90

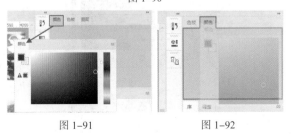

图 1-91   图 1-92

单击面板中的 ◀◀ 或 ▶▶ 按钮，可以切换面板的折叠或显示状态。如图1-93所示。在每个面板的右上角都有"面板菜单"按钮 ≡，单击该按钮可以打开该面板的菜单选项，如图1-94所示。

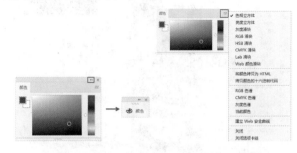

图 1-93   图 1-94

在Photoshop中有很多的面板，通过"窗口"命令可以打开或关闭面板，如图1-95所示。执行"窗口"命令下的子命令就可以打开相应的面板。例如，执行"窗口→信息"命令，即可打开"信息"面板，如图1-96所示。如果命令前方带有 ✔ 标志，说明这个面板已经被打开了，再次执行该命令则将这个面板进行关闭。

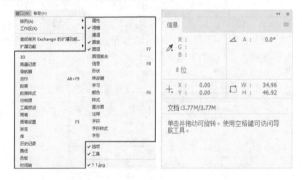

图 1-95   图 1-96

提示：如何让窗口变为默认状态？

学习完本节，难免会打开一些不需要的面板，或者一些面板并没"规规矩矩"地在原来的位置。一个一个地重新拖曳调整又费时费力，这时可以执行"窗口→工作区→复位基本功能"命令，就可以把凌乱的界面恢复到默认状态。

1.2.3 退出Photoshop

当不需要使用Photoshop时，就可以把软件关闭了。单击窗口右上角的"关闭"按钮 ✕ ，即可关闭软件窗口。也可以执行"文件→退出"命令（快捷键Ctrl+Q）退出Photoshop，如图1-97所示。（关闭软件之前，可能涉及文件"存储"的问题，可以在1.3.7节中找到答案。）

图 1-97

图 1-100

1.2.4 选择合适的工作区域

Photoshop为不同制图需求的用户提供了多种工作区。执行"窗口→工作区"命令，在子菜单中可以切换工作区类型，如图1-98所示。不同的工作区差别主要在于面板和工具箱的显示。例如，3D工作区则显示3D面板和"属性"面板；而"绘画"工作区则更侧重于显示颜色选择以及画笔设置的面板，如图1-99和图1-100所示。

在实际操作中，我们可能会发现有的面板比较常用，而有的面板则几乎不会使用到。我们可以在"窗口"菜单下关闭部分面板，只保留必要的面板，如图1-101所示。执行"窗口→工作区→新建工作区"命令，可以将当前界面状态储存为可以随时使用的"工作区"。在弹出的"新建工作区"对话框中为工作区设置一个名称，接着单击"存储"按钮，即可存储当前工作区，如图1-102所示。执行"窗口→工作区"命令，在子菜单下可以选择前面自定义的工作区，如图1-103所示。

图 1-98

图 1-101

图 1-99

图 1-102

中文版Photoshop 2020从入门到精通（微课视频 全彩版）

图 1-103

📖 提示：删除自定义的工作区。

执行"窗口→工作区→删除工作区"命令，在弹出的"删除工作区"窗口中选择需要删除的工作区即可。

1.3 文件操作

熟悉了Photoshop的操作界面后，下面就可以开始正式学习Photoshop的功能了。但是打开Photoshop之后，我们会发现很多功能都无法使用，这是因为当前的Photoshop中没有可以操作的文件。所以我们就需要新建文件，或者打开已有的图像文件。在对文件进行编辑的过程中还经常会使用到"置入"操作（Photoshop 2020中有两种置入命令），文件制作完成后需要对文件进行"存储"，而存储文件时就涉及文件格式的选择，下面我们就来学习一下这些知识。图1-104所示为Photoshop的基本操作流程。

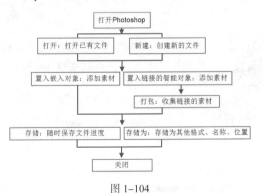

图 1-104

重点 1.3.1 在Photoshop中新建文件

打开Photoshop软件，此时界面中什么都没有，想要进行设计作品的制作，首先要新建一个文档。

新建文档之前，我们至少要考虑几个问题：需要新建一个多大的文件？分辨率要设置为多大？颜色模式选择哪一种？这一系列问题都是在"新建"窗口中进行设置的。

扫一扫，看视频

（1）启动Photoshop软件之后，可以单击界面左侧的"新建"按钮，或者执行"文件→新建"命令（快捷键：Ctrl+N），如图1-105所示。随即就会打开"新建文档"窗口，这个窗口大体分为3个部分：顶端是预设的尺寸选项组；左侧是预设选项或最近使用过的项目；右侧是自定义选项设置区域，如图1-106所示。

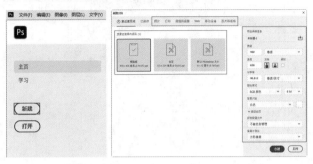

图 1-105　　　　　　　　图 1-106

（2）如果需要选择系统内置的一些预设文档尺寸的选项，可以单击预设选项组的名称，然后选择一个合适的"预设"图标，单击"创建"按钮，即可完成新建。例如，新建一个A4大小的空白文档，就需要单击"打印"按钮，然后单击A4选项，在右侧可以看到相应的尺寸。接着单击"创建"按钮，如图1-107所示。如果我们需要制作比较特殊的尺寸，就需要自己进行设置。直接在窗口右侧进行"宽度""高度"等参数的设置即可，如图1-108所示。

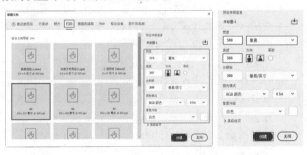

图 1-107　　　　　　　　图 1-108

📖 提示：如何快速创建常见尺寸的文档？

根据不同行业，Photoshop将常用的尺寸进行了分类。我们可以根据需要在预设中找到所需要的尺寸。例如，如果用于排版、印刷，那么单击"打印"按钮，即可在下方看到常用的打印尺寸，如图1-109所示。如果你是一名UI设计师，那么单击"移动设备"按钮，在下方就可以看到时下最流行的电子移动设备的常用尺寸了，如图1-110所示。

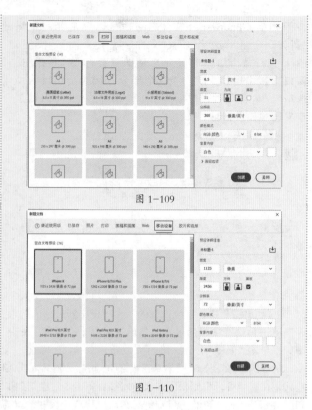

图 1-109

图 1-110

你"，如图1-111所示为低版本的"新建"窗口。在窗口中同样可以进行宽度、高度、分辨率、颜色模式、背景内容的设置，在"预设"列表中也可以选择特定的照片尺寸、打印尺寸、Web尺寸等。Photoshop 2020也可以使用旧版的"新建"界面。执行"编辑→首选项→常规"命令，勾选"使用旧版'新建文档'界面"选项，单击"确定"按钮即可，如图1-112所示。

图 1-111

图 1-112

- 宽度/高度：设置文件的宽度和高度，其单位有"像素""英寸""厘米"等多种。
- 分辨率：用来设置文件的分辨率大小，其单位有"像素/英寸"和"像素/厘米"两种。创建新文件时，文档的宽度与高度通常与实际印刷的尺寸相同（超大尺寸文件除外）。而在不同情况下分辨率需要进行不同的设置。通常来说，图像的分辨率越高，印刷出来的质量就越好。但也并不是任何时候都需要将分辨率设置为较高的数值。一般印刷品分辨率为150~300dpi，高档画册分辨率为350dpi以上，大幅的喷绘广告1m以内分辨率为70~100dpi，巨幅喷绘分辨率为25dpi，多媒体显示图像为72dpi。当然，分辨率的数值并不是一成不变的，需要根据计算机以及印刷精度等实际情况进行设置。
- 颜色模式：设置文件的颜色模式以及相应的颜色深度。进行印刷或打印设计作品时，颜色模式需要设置为CMYK；进行网页设计时，颜色模式需要设置为RGB。
- 背景内容：设置文件的背景内容，有"白色""背景色"和"透明"3个选项。
- 高级选项：展开该选项组，在其中可以进行"颜色配置文件"以及"像素长宽比"的设置。

提示：早期版本的"新建"窗口。

在Photoshop较早期的版本中"新建"窗口还比较"迷

重点 1.3.2 在Photoshop中打开图像文件

扫一扫，看视频

想要处理数码照片，或者想要继续编辑之前的设计方案，这就需要在Photoshop中打开已有的文件。执行"文件→打开"命令（快捷键：Ctrl+O），然后在弹出的"打开"对话框中找到文件所在的位置，选择需要打开的文件，接着单击"打开"按钮，如图1-113所示。即可在Photoshop中打开该文件，如图1-114所示。

图 1-113

图 1-114

> **提示**：找不到想要打开的文件怎么办？

　　有时在"打开"窗口中已经找到了图片所在的文件夹，却没看到要打开的图片。

　　遇到这种情况，首先我们需要看一下"打开"窗口底部，"文件名"右侧是否显示的是 所有格式 。如果显示"所有格式"，则表明此时所有Photoshop支持的格式文件都可以被显示。一旦此处显示某个特定格式，那么其他格式的文件即使存在于文件夹中，也无法被显示。解决办法就是单击下拉箭头，设置为"所有格式"就可以了。

　　如果还是无法显示要打开的文件，那么可能这个文件并不是Photoshop所支持的格式。如何知道Photoshop支持哪些格式呢？可以在"打开"窗口底部单击格式列表看一下其中包含的文件格式。

1.3.3　打开多个文档

　　在"打开"窗口中可以一次性加选多个文档进行打开，我们可以按住鼠标左键拖动框选多个文档，也可以按住Ctrl键单击多个文档。然后单击"打开"按钮，如图1-115所示。被选中的多个文档就都会被打开了，如图1-116所示。虽然我们一次性打开了多个文档，但是窗口中只显示了一个文档，单击文档名称即可切换到对应的文档窗口，如图1-117所示。

扫一扫，看视频

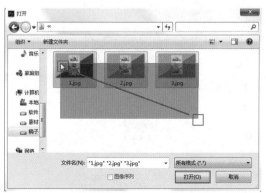

图 1-115

图 1-116

图 1-117

1. 切换文档浮动模式

　　默认情况下打开多个文档时，多个文档均合并到文档窗口中。除此之外，文档窗口还可以脱离界面呈现"浮动"的状态。将光标移动至文档名称上方，按住鼠标左键向界面外拖动，如图1-118所示。释放鼠标后文档即为浮动的状态，如图1-119所示。若要恢复为堆叠的状态，可以将浮动的窗口拖动到文档窗口上方，当出现蓝色边框后释放鼠标即可完成堆栈，如图1-120所示。

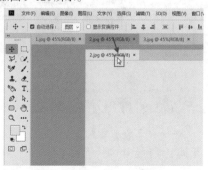

图 1-118

图 1-119

图 1-120

2. 多文档同时显示

要一次性查看多个文档，除了让窗口浮动之外，还有一个办法，就是通过设置"窗口排列方式"进行查看。执行"窗口→排列"命令，在子菜单中可以看到多种文档的显示方式，选择适合自己的方式即可，如图 1-121 所示。例如，当我们打开了 3 张图片，想要一次性浏览，可以选择"三联垂直"这种方式，效果如图 1-122 所示。

图 1-121　　　　　图 1-122

> 提示：将文件打开为智能对象。
>
> 执行"文件→打开为智能对象"命令，然后在弹出的"打开"对话框中选择一个文件将其打开，此时该文件将以智能对象的形式被打开。

1.3.4　打开最近使用过的文件

打开 Photoshop 后，界面中会显示最近打开文档的缩览图，单击缩览图即可打开相应的文档，如图 1-123 所示。还可以执行"文件→最近打开文件"命令，在子菜单中单击文件名即可将其在 Photoshop 中打开，选择子菜单底部的"清除最近的文件列表"命令可以删除历史打开记录，如图 1-124 所示。

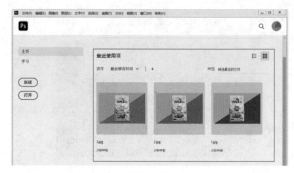

图 1-123

图 1-124

【重点】1.3.5　置入：向文档中添加其他图片

使用 Photoshop 制图时，经常需要使用到其他的图片元素来丰富画面效果。前面我们学习了"打开"命令，"打开"命令只能将图片在 Photoshop 中以一个独立文件的形式打开，并不能添加到当前的文件中，而通过"置入"操作则可以实现。

1. 置入嵌入对象

（1）首先执行"文件→打开"命令，打开一张图片，如图 1-125 所示。接着执行"文件→置入嵌入对象"命令，然后在弹出的"置入嵌入的对象"窗口中选择需要置入文件，单击"置入"按钮，如图 1-126 所示。

图 1-125

图 1-126

中文版 Photoshop 2020 从入门到精通（微课视频　全彩版）

（2）随即选择的对象会被置入到当前文档内，此时置入的对象边缘处带有定界框和控制点，如图1-127所示。将光标定位在置入的图形上方，按住鼠标左键拖动可以进行移动，如图1-128所示。

图1-127

图1-128

（3）将光标定位在定界框四角以及边线上方并拖动可以对图形的大小进行调整，向内拖动是缩小，向外拖动是放大，如图1-129所示。将光标定位在定界框以外，光标变为↰形状后按住鼠标左键拖动即可进行旋转，如图1-130所示。

图1-129

图1-130

（4）调整完成后，按下Enter键即可完成置入操作，此时定界框会消失。在"图层"面板中可以看到新置入的智能对象图层（智能对象图层右下角有 图标），如图1-131所示。如果需要再次调整可使用自由变换快捷键Ctrl+T。

图1-131

2. 将智能对象转换为普通图层

置入后的素材对象会成为智能对象，智能对象有几点好处，如在对图像进行缩放、定位、斜切、旋转或变形操作时并不会降低图像的质量。但是智能对象无法直接进行内容的编辑（如删除局部、用画笔工具在上方进行绘制等）。如果想要对智能对象的内容进行编辑，就需要在该图层上右击，从弹出的快捷菜单中执行"栅格化图层"命令，将智能对象转换为普通对象后进行编辑，如图1-132和图1-133所示。

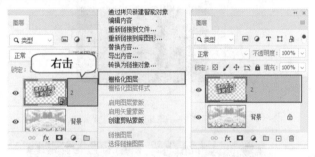

图1-132　　　　　　　图1-133

> 💡 提示：栅格化对象。
>
> 如果在智能图层上做了一些不允许的操作，如用"橡皮擦工具"擦除，那么就会弹出一个对话框，如图1-134所示。该窗口说明：这是一个智能图层，这个操作是不可用的。

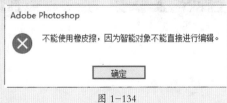

图1-134

1.3.6 复制文件

对于已经打开的文件，可以使用"图像→复制"命令，弹出"复制图像"窗口，在"为"文本框中设置相应的名称，然后单击"确定"按钮，如图1-135所示。随即会将当前文档复制一份，如图1-136所示。

图 1-135

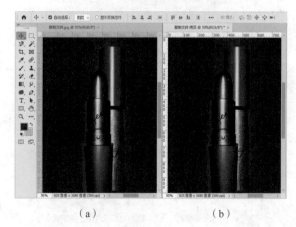

（a） （b）

图 1-136

重点 1.3.7 储存文件

对一个文档进行编辑后，可能需要将当前操作保存到当前文档中，此时通常会存储一份PSD格式的文件。PSD格式是Photoshop的默认

扫一扫，看视频

储存格式，能够保存图层、蒙版、通道、路径、未栅格化的文字、图层样式等，也被称为"源文件"。

（1）将"背景"素材打开，如图1-137所示。接着置入素材2，按Enter键确定置入操作，如图1-138所示。

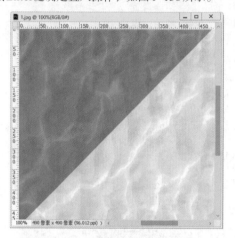

图 1-137

图 1-138

（2）进行保存。执行"文件→存储"命令（快捷键：Ctrl+S），在弹出的"保存在您的计算机上或保存到云文档"窗口中有两个选项，单击"保存在您的计算机上"按钮，可以将文件存储在计算机中，如图1-139所示。因为是文档第一次存储，所以会弹出"另存为"窗口。在该窗口中，先选择合适的存储位置，在"文件名"文本框中输入文件名称，单击"保存类型"后侧的∨按钮，在下拉列表中选中PSD格式。接着单击"保存"按钮，如图1-140所示。

图 1-139

单击"保存到云文档"按钮，可以将文档保存到Adobe云中，这样在登录账号的计算机中就会下载到存储的文档。勾选窗口左下角的"不再显示"选项，再次存储时将不会弹出该窗口。

图 1-140

- 文件名：设置保存的文件名。
- 保存类型：选择文件的保存格式。
- 存储到云文档：单击该按钮能够弹出"保存在您计算机上或保存到云文档"窗口，然后重新选择存储的方式。
- 作为副本：勾选该复选框时，可以另外保存一个副本文件。
- 注释/Alpha通道/专色/图层：可以选择是否存储注释、Alpha通道、专色和图层。
- 使用校样设置：将文件的保存格式设置为EPS或PDF时，该复选框才可用。勾选该复选框后可以保存打印用的校样设置。
- ICC配置文件：可以保存嵌入在文档中的ICC配置文件。
- 缩览图：为图像创建并显示缩览图。

（3）在弹出的"Photoshop格式选项"窗口中勾选"最大兼容"选项可以保证在其他版本的Photoshop中能够正确打开该文档，然后单击"确定"按钮，如图1-141所示。接着在存储位置即可看到所存的文件，如图1-142所示。

（4）如果文件被改动过，如选择"移动工具"，选中上方的图层，按住鼠标左键并移动图片位置。这样文件就被改动了，此时在标题名称后侧会显示"*"图标，这表示文档没有保存，如图1-143所示。按下快捷键Ctrl+S进行保存。因为之前保存过，所以没有弹出任何窗口，此时存储会保留所做的更改，并且会替换掉上一次保存的文件。保存完成后标题名称后的"*"图标消失，如图1-144所示。

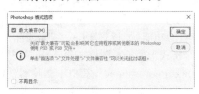

图 1-141

图 1-142

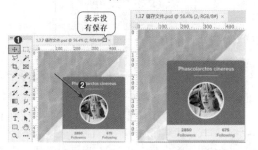

图 1-143　　　　　图 1-144

（5）需要保存一份JPEG格式用来预览的文件。这时就需要进行"另存为"，执行"文件→存储为"命令（快捷键：Shift+Ctrl+S），打开"另存为"窗口，单击"保存类型"后侧的 ∨ 按钮，在下拉列表中选中JPEG格式。设置完成后单击"保存"按钮，如图1-145所示。在弹出的"JPEG 选项"窗口中单击"确定"按钮，完成存储操作，如图1-146所示。

图 1-145

图 1-146

【重点】1.3.8　存储格式的选择

储存文件时，在弹出的"另存为"窗口的"保存类型"下拉列表中可以看到很多种格式可供选择，如图1-147所示。但并不是每种格式都经常使用，选择哪种格式才是正确的呢？下面来认识几种常见的图像格式。

图 1-147

1. PSD：Photoshop源文件格式，保存所有图层内容

在储存新建的文件时，我们会发现默认的格式为"Photoshop(*.PSD;*.PDD;*.PSDT)"，PSD格式是Photoshop的默认储存格式，**能够保存图层、蒙版、通道、路径、未栅格化的文字、图层样式等**。在一般情况下，保存文件都采用这种格式，以便随时进行修改。

选择该格式，然后单击"保存"按钮，会弹出"Photoshop格式选项"窗口，勾选"最大兼容"复选框，可以保证在其他版本的Photoshop中能够正确打开该文档，在这里单击"确定"按钮即可。也可以勾选"不再显示"复选框，单击"确定"按钮，就可以每次都采用当前设置，并不再显示该窗口，如图1-148所示。

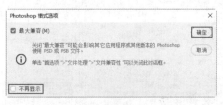

图 1-148

> 提示：非常方便的PSD格式。
>
> PSD格式文件可以在多款Adobe软件中应用，在实际操作中也经常会直接将PSD格式文件置入到Illustrator、InDesign等平面设计软件中。除此之外，After Effects、Premiere等影视后期制作软件也是可以使用PSD格式文件的。

2. GIF：动态图片、网页元素

GIF格式是输出图像到网页最常用的格式。GIF格式采用LZW压缩，它支持透明背景和动画，被广泛应用于网络中。**网页切片后常以GIF格式进行输出，除此之外，我们常见的动态QQ表情、搞笑动图也是GIF格式的。**选择这种格式，弹出"索引颜色"窗口，在这里可以进行"调板""颜色"等的设置，勾选"透明度"可以保存图像中的透明部分，如图1-149所示。

图 1-149

3. JPEG：最常用的图像格式，方便储存、浏览、上传

JPEG格式是最常用的一种图像格式。它是一种最有效、最基本的有损压缩格式，被绝大多数的图形处理软件所支持。JPEG格式常用于制作对质量要求并不是特别高，而且需要上传网络、传输给他人或者在计算机上随时查看的情况，如做了一个标志设计的作业、修了张照片等。对于有极高要求的图像输出打印，最好不使用JPEG格式，因为它是以损坏图像质量来提高压缩比率的。

储存时选择这种格式会将文档中的所有图层合并，并进行一定的压缩。储存为一个在绝大多数计算机、手机等电子设备上可以轻松预览的图像格式。在选择格式时可以看到保存类型显示为JPEG(*.JPG,*.JPEG,*.JPE)，JPEG是这种图像格式的名称，而这种图像格式的后缀名可以是JPG或JPEG。

选择此格式并单击"保存"按钮之后，会弹出"JPEG选项"窗口，在这里可以进行图像品质的设置，品质数值越大，图像质量越高，文件大小也就越大。如果对图像文件的大小有要求，那么就可以参考右侧的文件大小数值来调整图像的品质。设置完成后单击"确定"按钮，如图1-150所示。

图 1-150

4. TIFF：高质量图像，保存通道和图层

TIFF格式是一种通用的图像文件格式，可以在绝大多数制图软件中打开并编辑，而且也是桌面扫描仪扫描生成的图像格式。**TIFF格式最大的特点就是能够最大限度地保存图像质量不受影响，而且能够保存文档中的图层信息以及Alpha通道。**但TIFF并不是Photoshop特有的格式，所以有些Photoshop特有的功能（如调整图层、智能滤镜）就无法被保存下来。这个格式常用于对图像文件质量要求较高，而且还需要在没有安装Photoshop的计算机上预览时使用，如制作了一个平面广告需要发送到印刷厂。选择该格式后，会弹出"TIFF选项"窗口，在这里可以进行图像压缩选项的设置，如

果对图像质量要求很高，可以选中"无"单选按钮，然后单击"确定"按钮，如图1-151所示。

图 1-151

5. PNG：透明背景、无损压缩

当图像文档中有一部分区域是透明时，储存成JPEG格式会发现透明的部分被填充上了颜色，储存成PSD格式又不方便打开，储存成TIFF格式文件大小又比较大，这时不要忘了"PNG格式"。PNG是一种专门为Web开发的、用于将图像压缩到Web上的文件格式。PNG格式与GIF格式不同的是，PNG格式支持24位图像并产生无锯齿状的透明背景。PNG格式由于可以实现无损压缩，并且背景部分是透明的，因此常用来存储背景透明的素材。选择该格式后，会弹出"PNG选项"窗口，对压缩方式进行设置后，单击"确定"按钮完成操作，如图1-152所示。

图 1-152

6. PDF：电子书

PDF格式是由Adobe Systems创建的一种文件格式，允许在屏幕上查看电子文档，也就是我们通常所说的"PDF电子书"。PDF文件还可被嵌入到Web的HTML文档中，这种格式常用于多页面的排版。选择这种格式，在弹出的"存储Adobe PDF"窗口中可以选择一种高质量或低质量的"Adobe PDF预设"，也可以在左侧列表中进行压缩、输出的设置，如图1-153所示。

图 1-153

7. 其他

除了以上的几种图像格式外，在存储格式下拉列表中还可以看到其他几种格式，对大部分用户来说不是很常用，可以简单了解一下。

- **PSB**：PSB格式是一种大型文档格式，可以支持最高达到300000像素的超大图像文件。它支持Photoshop所有的功能，可以保存图像的通道、图层样式和滤镜效果，但是只能在Photoshop中打开。

- **BMP**：BMP格式是微软开发的固有格式，这种格式被大多数软件所支持。BMP格式采用了一种叫RLE的无损压缩方式，对图像质量不会产生什么影响。BMP格式主要用于保存位图图像，支持RGB、位图、灰度和索引颜色模式，但是不支持Alpha通道。

- **DICOM**：DICOM格式通常用于传输和保存医学图像，如超声波和扫描图像。DICOM 格式文件包含图像数据和标头，其中存储了有关医学图像的信息。

- **EPS**：EPS是为PostScript打印机上输出图像而开发的文件格式，是处理图像工作中最重要的格式，它被广泛应用在Mac和PC环境下的图形设计和版面设计中，几乎所有的图形、图表和页面排版程序都支持这种格式。如果仅仅是保存图像，建议不要使用EPS格式。如果文件要打印到无PostScript的打印机上，为避免出现打印错误，最好也不要使用EPS格式，可以用TIFF格式或JPEG格式来代替。

- **IFF格式**：IFF格式是由Commodore公司开发的，由于该公司已退出计算机市场，因此IFF格式也将逐渐被废弃。

- **DCS格式**：DCS格式是Quark公司开发的EPS格式的变种，主要在支持这种格式的QuarkXPress、PageMaker和其他应用软件上工作。DCS便于分色打印，Photoshop在使用DCS格式时，必须转换成CMYK颜色模式。

- **PCX**：PCX格式是DOS古老程序PC PaintBrush固有格式的扩展名，目前并不常用。

- **RAW**：RAW格式是一种灵活的文件格式，主要用于在应用程序与计算机平台之间传输图像。RAW格式支持具有Alpha通道的CMYK、RGB和灰度模式，以及无Alpha通道的多通道、Lab、索引和双色调模式。

- **PXR**：PXR格式是专门为高端图形应用程序设计的文件格式，它支持具有单个Alpha通道的RGB和灰度图像。

- **SCT**：SCT格式支持灰度图像、RGB图像和CMYK图像，但是不支持Alpha通道，主要用于Scitex计算机上的高端图像处理。

- **TGA**：TGA格式专用于使用Truevision视频板的系统，它支持一个单独Alpha通道的32位RGB文件，以及无Alpha通道的索引、灰度模式，并且支持16位和24位的RGB文件。

- 便携位图格式PBM：PBM格式支持单色位图（即1位/像素），可以用于无损数据传输。因为许多应用程序都支持这种格式，所以可以在简单的文本编辑器中编辑或创建这类文件。

1.3.9 快速导出为

执行"文件→导出→快速导出为PNG"命令，可以非常快速地将当前文件导出为PNG格式。其实，这个命令还能快速将文件导出为其他格式，执行"文件→导出→导出首选项"命令，在弹出的"首选项"窗口中可以设置快速导出的格式，在下拉列表中还可以看到JPG、GIF、SVG格式，如图1-154所示。选择不同的格式，在右侧可以进行相应参数的设置，如设置为JPG，设置完成后在"文件→导出"菜单下就出现了"快速导出为JPG"命令，如图1-155所示。

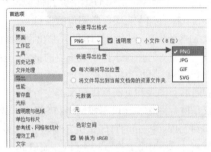

图 1-154

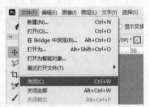

图 1-155

1.3.10 关闭文件

执行"文件→关闭"命令（快捷键:Ctrl+W）可以关闭当前所选的文件，如图1-156所示。单击文档窗口右上角的"关闭"按钮✕，也可关闭所选文件。执行"文件→关闭全部"命令或按Alt+Ctrl+W快捷键可以关闭所有打开的文件。

图 1-156

扫一扫，看视频

 提示：关闭并退出Photoshop。

执行"文件→退出"命令或者单击程序窗口右上角的"关闭"按钮，可以关闭所有的文件并退出Photoshop。

练习实例：使用置入嵌入对象命令制作拼贴画

文件路径	资源包\第1章\使用置入嵌入对象命令制作拼贴画
难易指数	★★★★★
技术掌握	打开命令、置入嵌入对象命令、栅格化智能图层

案例效果

案例效果如图1-157所示。

图 1-157

操作步骤

步骤 01 执行"文件→打开"命令，在弹出的"打开"窗口中找到素材位置，选择素材1.jpg，单击"打开"按钮，如图1-158所示。图片就打开了，素材中的参考线方便我们进行操作，如图1-159所示。

图 1-158

图 1-159

步骤 02 执行"文件→置入嵌入对象"命令，在打开的"置入嵌入对象"窗口中找到素材位置，选择素材2.jpg，单击"置入"按钮，如图1-160和图1-161所示。

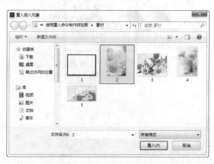

图 1-160

图 1-161

步骤 03 将图片素材向左移动，如图1-162所示。按Enter键完成置入操作，如图1-163所示。

图 1-162　　　　　　图 1-163

步骤 04 此时置入的对象为智能对象，可以将其栅格化。选择智能图层，然后右击，在弹出的菜单中执行"栅格化图层"命令，如图1-164所示。此时智能图层变为普通图层，如图1-165所示。

图 1-164　　　　　　图 1-165

步骤 05 使用同样的方式依次置入其他素材，最终效果如图1-166所示。

图 1-166

> 💬 **提示**：置入后不要忘记按下Enter。
>
> 置入对象后会显示定界框，如果不需要调整大小，也是需要按Enter键完成置入操作，因为定界框会影响到下一步的操作。

举一反三：置入标签素材制作网店商品主图

如果你是一位淘宝店主或想要尝试淘宝美工的工作，那么"置入嵌入对象"命令能够帮助你轻松打造一款"新品"。我们在Photoshop中打开一张产品的照片，如图1-167所示。接下来可以找到一款标签素材（可以搜索"标签 PNG"等关键词），找到一款适合的角标PNG素材，如图1-168所示。并将其置入当前文件中，如图1-169所示。这些比较常用的PNG素材或制作好的可以批量使用的PSD文件建议大家保存起来，以备使用。

图 1-167　　　　图 1-168　　　　图 1-169

课后练习：制作简单的照片排版

文件路径	资源包\第1章\制作简单的照片排版
难易指数	★★★★★
技术掌握	打开、置入嵌入对象、存储

扫一扫，看视频

案例效果

案例效果如图1-170所示。

图 1-170

1.4 查看图像

在Photoshop中编辑图像文件的过程中，有时需要观看画面整体，有时需要放大显示画面的某个局部，这时就可以使用工具箱中的"缩放工具"以及"抓手工具"。除此之外，"导航器"面板也可以帮助我们方便地定位到画面的某个部分。

【重点】1.4.1 缩放工具：放大、缩小、看细节

进行图像编辑时，经常需要对画面细节进行操作，这就需要将画面的显示比例放大一些。此时可以使用工具箱中的"缩放工具"，单击工具箱中的"缩放工具"按钮Q，将光标移动到画面中，如图1-171所示。单击即可放大图像显示比例，如需放大多倍，可以多次单击，如图1-172所示。也可以直接按下Ctrl键和"+"键放大图像显示比例。

扫一扫，看视频

"缩放工具"既可以放大，也可以缩小显示比例，在"缩放工具"的选项栏中可以切换该工具的模式，单击"缩小"按钮Q可以切换到缩小模式，在画布中单击，可以缩小图像。也可以直接按下Ctrl键和"—"键缩小图像显示比例，如图1-173所示。

图 1-171　　　　　　　图 1-172

图 1-173

提示："缩放工具"不改变图像本身大小。

使用"缩放工具"放大或缩小的只是图像在屏幕上显示的比例，图像的真实大小是不会发生改变的。

在"缩放工具"选项栏中可以看到其他一些选项设置，如图1-174所示。

图 1-174

- ☐ 调整窗口大小以满屏显示：勾选该复选框后，在缩放窗口的同时自动调整窗口的大小。
- ☐ 缩放所有窗口：如果当前打开了多个文档，勾选该复选框后可以同时缩放所有打开的文档窗口。
- ☑ 细微缩放：勾选该复选框后，在画面中按住鼠标左键并向左侧或右侧拖动，能够以平滑的方式快速放大或缩小窗口。
- 100%：单击该按钮，图像将以实际像素的比例进行显示。
- 适合屏幕：单击该按钮，可以在窗口中最大化显示完整的图像。
- 填充屏幕：单击该按钮，可以在整个屏幕范围内最大化显示完整的图像。

【重点】1.4.2 抓手工具：平移画面

扫一扫，看视频

当画面显示比例比较大的时候，有些局部可能就无法显示，这时可以使用工具箱中的"抓手工具"，在画面中按住鼠标左键并拖动，如图1-175所示。界面中显示的图像区域产生了变化，如图1-176所示。

提示：快速切换到"抓手工具"。

在使用其他工具时，按住Space键（空格键）即可快速切换到"抓手工具"状态，此时在画面中按住鼠标左键并拖动即可平移画面，松开Space键时，会自动切换回之前使用的工具。

中文版Photoshop 2020从入门到精通（微课视频 全彩版）

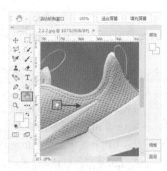

图 1-175　　　　　　　　图 1-176

1.4.3　使用导航器查看画面

　　"导航器"面板包含了图像的缩览图和各种窗口缩放工具。用于缩放图像的显示比例，以及查看图像特定区域。打开一张图片，执行"窗口→导航器"命令，打开"导航器"面板。在"导航器"面板中我们能够看到整幅图像，红色框内则是在窗口中显示的内容，如图 1-177 所示。接着将光标移动至"导航器"面板中的缩览图上方，光标变为抓手 🖐 形状时，按住鼠标左键并拖动即可移动图像画面，如图 1-178 所示。

图 1-177　　　　　　　　图 1-178

　　● 50% ：在这里可以输入缩放数值，然后按Enter键可以确认操作。图 1-179 和图 1-180 所示为不同缩放数值的对比效果。

图 1-179　　　　　　　　图 1-180

　　● ◢ / ◢◢ ：单击"缩小"按钮 ◢ 可以缩小图像的显示比例；单击"放大"按钮 ◢◢ 可以放大图像的显示比例，如图 1-181 和图 1-182 所示。

图 1-181　　　　　　　　图 1-182

　　● ▬▬▬▬ ：拖动缩放滑块可以放大或缩小窗口，如图 1-183 和图 1-184 所示。

图 1-183　　　　　　　　图 1-184

1.4.4　旋转视图工具

　　右击"抓手工具组"按钮，可以看到其中还有一个"旋转视图工具" 🔄 ，单击该按钮，接着在画面中按住鼠标左键并拖动，如图 1-185 所示。可以看到整个图像界面发生旋转，也可以在选项栏中设置特定的旋转角度，如图 1-186 所示。"旋转视图工具"旋转的是画面的显示角度，而不是对图像本身进行旋转。

图 1-185　　　　　　　　图 1-186

1.5　图像的颜色模式

　　颜色模式是将某种颜色表现为数字形式的模型，或者说是一种记录图像颜色的方式。简单来说，图像的颜色模式是指构成图像颜色的方式。就像绘画中，利用红、黄、蓝三原色可以调配出千变万化的颜色一样。在计算机图像的世界中，画面之所以呈现出不同的颜色，其实也都是由几种特定的颜色混合而成。计算机图像是用红（Red，简称R）、绿（Green，简称G）、蓝（Blue，简称B）3种基色的相互混合来表现所有彩色，由红、绿、蓝混合组成的图像就是通常我们所称的RGB颜色模式图像，如图1-187所示。

图 1-187

Photoshop中的图像颜色模式分为RGB模式、CMYK模式、HSB模式、Lab颜色模式、位图模式、灰度模式、索引颜色模式、双色调模式和多通道模式。想要更改图像的颜色模式，需要执行"图像→模式"命令，在子菜单中即可选择图像的颜色模式，如图1-188所示。图1-189所示为不同颜色模式的对比效果。

图 1-188

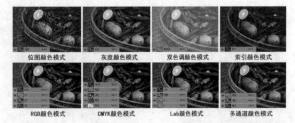

图 1-189

- RGB模式：RGB是通过红、绿、蓝3种原色光混合的方式来显示颜色。RGB分别代表Red（红色）、Green（绿色）、Blue（蓝）。在24位图像中，每一种颜色都有256种亮度值，因此，RGB颜色模式可以重现1670万种颜色。RGB颜色模式下的图像只有在发光体上才能显示出来，如显示器、电视。所以，制作用于在电子屏幕上显示的图像时，需要使用RGB颜色模式。RGB模式图像可以应用所有的命令及滤镜。

- CMYK模式：CMYK是商业印刷使用的一种四色印刷模式。CMY是3种印刷油墨名称的首字母，C代表Cyan（青色），M代表Magenta（洋红），Y代表Yellow（黄色），而

K代表Black（黑色）。CMYK模式的颜色数量要比RGB模式少，制作用于印刷的图像时，需要使用CMYK颜色模式。而且在CMYK模式下，有一些滤镜是不可用的。

- Lab模式：Lab颜色模式是Photoshop内部的颜色模式，用于不同颜色模式的转换。该模式有3个颜色通道，L代表明度，a、b代表颜色范围。Lab颜色模式的亮度分量（L）范围是0~100，在拾色器和"颜色"调板中，a代表绿色到红色的光谱变化，b代表蓝色到黄色的光谱变化，a、b的取值范围均为-128~127。Lab颜色模式同时包括RGB颜色模式和CMYK颜色模式中的所有颜色信息。所以在将RGB颜色模式转换成CMYK颜色模式时，要先将RGB颜色模式转换成Lab颜色模式，再将Lab颜色模式转换成CMYK颜色模式，这样就不会丢失过多的颜色信息。

- 灰度模式：灰度模式是一种无色的模式，在灰度模式下，图像可达到256级灰度，产生类似于黑白照片的图像效果。在8位图像中，最多有256级灰度，灰度图像中的每个像素都有一个0（黑色）~255（白色）之间的亮度值；在16位和32位图像中，图像的灰度级数比8位图像要大得多。

- 位图模式：位图模式的图像也常被称作黑白图像。位图模式只有黑白两种颜色，每个像素值包含一位数据，占用较小的存储空间。使用位图模式可以制作出不同的黑白对比强烈的图像。将图像转换为位图模式时，需要先将其转换为灰度模式，这样就可以先删除像素中的色相和饱和度信息，从而只保留亮度值。

- 双色调模式：双色调模式是由灰度模式发展而来的，它采用一组曲线来设置各种颜色油墨传递灰度信息的方式，是通过1~4种自定油墨创建的单色调、双色调、三色调和四色调的灰度图像。单色调是用非黑色的单一油墨打印的灰度图像，双色调、三色调和四色调分别是用2种、3种和4种油墨打印的灰度图像。想要将彩色图像转换为双色调模式，首先需要将图像转换为灰度模式。

- 索引颜色模式：索引颜色模式是网上和动画中常用的图像模式。索引颜色是位图图像的一种编码方法，该模式的像素只有8位，即图像只支持256种颜色。当用户从RGB模式转换到索引颜色模式时，所有的颜色将映射到这256种颜色中。转换后图像的颜色信息会丢失，造成图像失真。因此Photoshop中有许多滤镜和渐变都不支持该模式。

- 多通道模式：多通道模式是一种减少模式，将RGB图像转换为该模式后，可以得到青色、洋红和黄色通道。如果删除了RGB、CMYK、Lab颜色模式的任一通道，该图像都会转换为多通道模式。

例如，打开一张RGB颜色模式的图像，在文档的名称栏

中文版Photoshop 2020从入门到精通（微课视频 全彩版）

中可以看到该图像的颜色模式，如图1-190所示。除此之外，执行"窗口→通道"命令，打开"通道"面板，在其中也可以看到相应的颜色通道，如图1-191所示。我们都知道，一张RGB颜色模式的彩色图像是由R（红）、G（绿）、B（蓝）3种颜色构成的。每种颜色以特定的数量通过一定的模式进行混合，得到彩色的图像。而每种颜色所占的比例则由黑白灰在通道中体现。

息，而"Alpha通道"则用于储存选区。执行"窗口→通道"命令，打开"通道"面板，在"通道"面板中可以看到一个彩色的缩览图和几个灰色的缩览图，这些就是通道。"通道"面板主要用于创建、存储、编辑和管理通道，如图1-195所示。

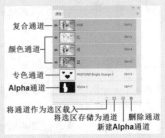

图1-195

图1-190　　　　　图1-191

颜色通道是将构成整体图像的颜色信息整理并表现为单色图像。默认情况下显示为灰度图像。打开一张图片，通道面板中显示的是颜色通道。这些颜色通道与图像的颜色模式是一一对应的。例如，RGB颜色模式的图像，其通道面板显示着RGB通道、R通道、G通道和B通道，如图1-192所示。RGB通道属于复合通道，显示整个图像的全通道效果，其他3个颜色通道则控制着各自颜色在画面中显示的多少。根据图像颜色模式的不同，颜色通道的数量也不同。CMYK颜色模式的图像有CMYK、青色、洋红、黄色、黑色5个通道，如图1-193所示。而索引颜色模式的图像只有一个通道，如图1-194所示。

复合通道：该通道用来记录图像的所有颜色信息。

颜色通道：用来记录图像颜色信息。不同颜色模式的图像显示的颜色通道个数不同，例如，RGB图像显示红通道、绿通道和蓝通道3个颜色通道，而CMYK则显示青色、洋红、黄色、黑色4个通道。

Alpha通道：用来保存选区的通道，可以在Alpha通道中绘画、填充颜色、填充渐变、应用滤镜等。在Alpha通道中白色部分为选区内部，黑色部分为选区外部，灰色部分则为半透明的选区。

将通道作为选区载入：单击该按钮可以载入所选通道的选区。在通道中白色部分为选区内部，黑色部分为选区外部，灰色部分则为半透明的选区。

将选区存储为通道：如果图像中有选区，单击该按钮，可以将选区中的内容存储到通道中。选区内部会被填充为白色，选区外部会被填充为黑色，羽化的选区为灰色。

创建新通道：单击该按钮，可以新建一个Alpha通道。

删除当前通道：将通道拖到该按钮上，可以删除选择的通道。在删除颜色通道时，特别要注意，如果删除的是红、绿、蓝通道中的一个，那么RGB通道也会被删除；如果删除的是复合通道，那么将删除Alpha通道和专色通道以外的所有通道。

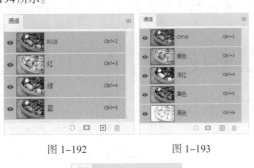

图1-192　　　　　图1-193

图1-194

1.6　错误操作的处理

当我们使用画笔和画布绘画时，画错了就需要很费力地擦掉或盖住；在暗房中冲洗照片时出现失误，照片可能就无法挽回了。与此相比，使用Photoshop等数字图像处理软件最大的便利之处就在于能够"重来"。操作出现错误，没关系，简单一个命令，就可以轻轻松松地"回到从前"。

提示：认识通道。

"通道"具有储存颜色信息和选区信息的功能。在Photoshop中有3种类型的通道："颜色通道""专色通道"和"Alpha通道"，"颜色通道""专色通道"是用于储存颜色信

[重点]1.6.1 撤销与还原操作

执行"编辑→还原"命令（快捷键:Ctrl+Z）可以撤销错误操作。执行"编辑→重做"命令或使用快捷键Shift+Ctrl+Z可以重做刚刚撤销过的操作。这两个命令非常常用，所以使用快捷键进行操作更加方便。

扫一扫，看视频

提示：增加可返回的步骤数目。

默认情况下Photoshop能够撤销20步历史操作，如果想要增多，可以执行"编辑→首选项→性能"命令，然后修改"历史记录状态"的数值即可，如图1-196所示。但要注意将"历史记录状态"数值设置得过大，会占用更多的系统内存。

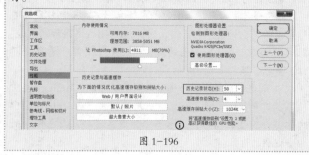

图1-196

1.6.2 "恢复"文件

对一个文件进行了一些操作后，执行"文件→恢复"命令，可以直接将文件恢复到最后一次保存时的状态。如果一直没有进行过保存操作，则可以返回到刚打开文件时的状态。

[重点]1.6.3 使用历史记录面板还原操作

在Photoshop中，对文档进行过的编辑操作被称为"历史记录"。而"历史记录"面板是Photoshop中用于记录文件进行过的操作记录功能的工具。执行"窗口→历史记录"命令，打开"历史记录"面板，如图1-197所示。

扫一扫，看视频

图1-197

（1）当我们对文档进行一些编辑操作时，会发现"历史记录"面板中会出现我们刚刚进行的操作条目，如图1-198所示。单击其中某一项历史记录操作，就可以使文档返回之前

的编辑状态，如图1-199所示。

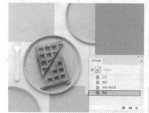 

图1-198　　　　　　　图1-199

（2）"历史记录"面板还有一项功能：快照。这项功能可以为某个操作状态快速"拍照"，将其作为一项"快照"，留在历史记录面板中，以便在很多操作步骤以后还能够返回到之前某个重要的状态。选择需要创建快照的状态，然后单击"创建新快照"按钮 ，如图1-200所示。即可出现一个新的快照，如图1-201所示。

图1-200　　　　　　　图1-201

（3）删除快照。在"历史记录"面板中选择需要删除的快照，然后单击"删除当前状态"按钮 或将快照拖到该按钮上，接着在弹出的对话框中单击"是"按钮即可删除。

1.7 打印设置

设计作品制作完成后，经常需要打印成为纸质的实物。想要进行打印，首先需要设置合适的打印参数。

[重点]1.7.1 设置打印选项

（1）执行"文件→打印"命令，打开"打印"窗口，在这里可以进行打印参数的设置。首先需要在右侧顶部设置要使用的打印机，输入打印份数，选择打印版面。单击"打印设置"按钮，可以在弹出的"打印机属性设置"窗口中设置打印布局、纸张、质量等参数。

（2）在"位置和大小"选项组中设置文档位于打印页面的位置和缩放大小（也可以直接在左侧打印预览图中调整图像大小）。勾选"图像居中"复选框，可以将图像定位于可打印区域的中心；取消勾选"图像居中"复选框，可以在"顶"和"左"输入框中输入数值来定位图像，也可以在预览区域中移动图像进行自由定位，从而打印部分图像。勾选"缩放以适合介质"复选框，可以自动缩放图像到适合纸张的可打印区域；取消勾选"缩放以适合介质"复选框，可以在"缩放"选项中输入图像的缩放比例，或在"高度"和"宽度"选项中设置图像的尺寸。勾选"打印选定区域"复选框可以启用对话框中的裁剪控制功能，调整定界框移动或缩放图像，如图1-202所示。

图1-202

（3）展开"色彩管理"选项，可以进行颜色的设置，如图1-203所示。

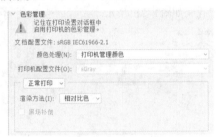

图1-203

- 颜色处理：设置是否使用色彩管理。如果使用色彩管理，则需要确定将其应用于程序中还是打印设备中。
- 打印机配置文件：选择适用于打印机和将要使用的纸张类型的配置文件。
- 渲染方法：指定颜色从图像色彩空间转换到打印机色彩空间的方式，共有"可感知""饱和度""相对比色""绝对比色"4个选项。"可感知"渲染将尝试保留颜色之间的视觉关系，色域外的颜色转变为可重现颜色时，色域内的颜色可能会发生变化。因此，如果图像的色域外颜色较多，"可感知"渲染是最理想的选择。"相对比色"渲染可以保留较多的原始颜色，是色域外颜色较少时的最理想选择。

（4）在"打印标记"选项组中可以指定页面标记，如图1-204所示。

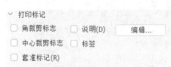

图1-204

- 角裁剪标志：在要裁剪页面的位置打印裁剪标记。可以在角上打印裁剪标记。在PostScript打印机上，选择

该选项也将打印星形色靶。
- 说明：打印在"文件简介"对话框中输入的任何说明文本（最多约300个字符）。
- 中心裁剪标志：在要裁剪页面的位置打印裁切标记。可以在每条边的中心打印裁切标记。
- 标签：在图像上方打印文件名。如果打印分色，则将分色名称作为标签的一部分进行打印。
- 套准标记：在图像上打印套准标记（包括靶心和星形靶）。这些标记主要用于对齐PostScript打印机上的分色。

（5）展开"函数"选项组，如图1-205所示。

图1-205

- 药膜朝下：使文字在药膜朝下（即胶片或相纸上的感光层背对）时可读。在正常情况下，打印在纸上的图像是药膜朝上打印的，感光层正对时文字可读。打印在胶片上的图像通常采用药膜朝下的方式打印。
- 负片：打印整个输出（包括所有蒙版和任何背景色）的反相版本。
- 背景：选择要在页面上的图像区域外打印的背景色。
- 边界：在图像周围打印一个黑色边框。
- 出血：在图像内而不是在图像外打印裁剪标记。

（6）全部设置完成后单击"打印"按钮即可打印文档。单击"确定"按钮会保存当前的打印设置。

1.7.2　打印一份

执行"编辑→打印一份"命令，即可以将设置好的打印选项快速打印当前文档。

1.7.3　创建颜色陷印

肉眼观察印刷品时，会出现一种深色距离较近，浅色距离较远的错觉，因此，在处理陷印时，需要使深色下的浅色不露出来，而保持上层的深色不变。"陷印"又称"扩缩"或"补漏白"，主要是为了弥补因印刷不精确而造成的相邻的不同颜色之间留下的无色空隙，如图1-206所示。只有图像的颜色为CMYK颜色模式时，"陷印"命令才可用。执行"图像→陷印"命令，可以打开"陷印"对话框。其中"宽度"选项表示印刷时颜色向外扩张的距离（图像是否需要陷印一般由印刷商决定，如果需要陷印，印刷商会告诉用户要在"陷印"对话框中输入的数值），如图1-207所示。

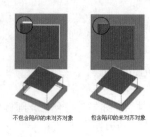

不含陷印的未对齐对象　　包含陷印的未对齐对象

图 1-206

图 1-207

图 1-210

1.8 综合实例: 使用新建、置入、储存命令制作饮品广告

文件路径	资源包\第1章\综合实例: 使用新建、置入、储存命令制作饮品广告
难易指数	★★★★★
技术掌握	新建命令、置入嵌入对象命令、储存命令

扫一扫，看视频

案例效果

案例效果如图1-208所示。

图 1-208

操作步骤

步骤 01 执行"文件→新建"命令或按Ctrl+N快捷键，在弹出的"新建文档"窗口中单击"打印"按钮，接着单击A4选项，再单击 🔁 按钮，最后单击"创建"按钮，如图1-209所示。新建文档完成，如图1-210所示。

图 1-209

步骤 02 执行"文件→置入嵌入对象"命令，在打开的"置入嵌入对象"窗口中找到素材位置，选择素材1.jpg，单击"置入"按钮，如图1-211所示。接着将鼠标移动到素材右上角处，按住Alt键的同时按住鼠标左键向右上角拖动扩大素材，如图1-212所示。然后双击或者按Enter键，此时定界框消失，完成置入操作，如图1-213所示。

图 1-211

图 1-212

图 1-213

步骤 03 使用同样的方式置入素材2.png，案例完成效果如图1-214所示。

图 1-214

步骤 04 执行"文件→存储"命令，在弹出的"保存在您的计算机上或保存到云文档"窗口中单击"保存在您的计算机上"按钮（勾选"不再显示"复选框，以后将不会再出现该窗口），如图1-215所示。在弹出的"另存为"窗口中找到要保存的位置，设置合适的文件名，设置"保存类型"为Photoshop(*.PSD;*.PDD)，单击"保存"按钮完成文件的储存，如图1-216所示。接着会弹出"Photoshop格式选项"对话框，单击"确定"按钮，即可完成文件的存储，如图1-217所示。

图 1-215　　　　　　　图 1-216

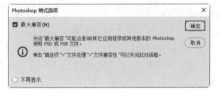

图 1-217

步骤 05 在没有安装特定的看图软件和Photoshop的计算机上，PSD格式的文档可能会比较难预览，为了方便预览，我们将文档存储为JPEG格式。执行"文件→存储为"命令，在弹出的"保存在您的计算机上或保存到云文档"窗口中单击"保存在您的计算机上"按钮，接着在弹出的"另存为"窗口中找到要保存的位置，设置合适的文件名，设置"保存类型"为JPEG(*.JPG;*.JPEG;*.JPE)，单击"保存"按钮，如图1-218所示。接着在弹出的"JPEG选项"对话框中设置"品质"为10，单击"确定"按钮，完成文件的存储，如图1-219所示。

图 1-218　　　　　　　图 1-219

1.9 模拟考试

主题：尝试以"春天"为主题，制作一幅以图像展示为主的画面。

要求：

（1）排版在A4版面中；

（2）自主选择图像素材（可在网络搜索相关图片）；

（3）版面使用图像不少于5幅；

（4）制作完成后存储为JPG格式文件；

（5）可参考画册排版类作品的版面布局。

考查知识点：新建文档、置入图片、存储文件等。

> 💡 **提示：**
>
> 通过本章的理论学习以及大量的实例练习，相信读者朋友应该已经掌握了相关功能的使用方法。本书中的"模拟考试"环节是开放式题目，模拟在实际工作中的常见设计项目。旨在锻炼读者朋友独立思考，独立解决问题的能力，也是对本章学习成果的检验。
>
> 读者朋友也可以在本书前言中提供的交流群中与大家一起交流分享你的"模拟考试"作品哦！

扫一扫，看视频

Photoshop基本操作

本章内容简介

通过上一章的学习，我们已经能够在Photoshop中打开图片或创建新的文件，并且能够向已有的文件中添加一些漂亮的装饰素材。本章将要学习一些最基本的操作。由于Photoshop是典型的图层制图软件，所以在学习其他操作之前必须要充分理解"图层"的概念，并熟练掌握图层的基本操作方法。在此基础上学习画板、剪切/复制/粘贴图像、图像的变形以及辅助工具的使用方法等。

重点知识掌握

- 掌握"图像大小"命令的使用方法
- 熟练掌握"裁剪工具"的使用方法
- 熟练掌握图层的选择、新建、删除、移动等操作
- 熟练掌握剪切、复制与粘贴
- 熟练掌握自由变换操作

通过本章学习，我能做什么？

通过本章的学习，我们将适应Photoshop的图层化操作模式，为后面的操作奠定坚实的基础。在此基础上，通过2.1节的学习，我们可对数字照片的尺寸进行调整，能够将图像调整为所需的尺寸，能够随意裁切、保留画面中的部分内容。对象的变形操作也是本章的重点内容，想要使对象"变形"有多种方式，最常用的是"自由变换"。通过本章的学习，我们可熟练掌握该命令，并将图层变换为所需的形态。

佳作欣赏

2.1 调整图像的尺寸及方向

当图像的尺寸及方向无法满足要求时，就需要进行调整，例如，上传证件照到网上的报名系统，要求尺寸在高度500像素以内，如图2-1所示；将相机拍摄的照片作为手机壁纸，需要将横版照片裁剪为竖版照片，如图2-2所示；想要将图片的大小限制在1MB以下等。学完本节后，这些问题就都能轻松解决了。

图2-1　　　　　　　　图2-2

重点 2.1.1 调整图像尺寸

（1）要想调整图像尺寸，可以使用"图像大小"命令来完成。选择需要调整尺寸的图像文件，执行"图像→图像大小"命令，打开"图像大小"窗口，如图2-3所示。

扫一扫，看视频

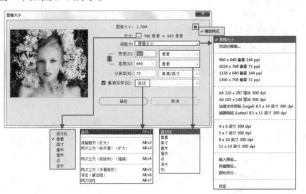

图2-3

- 尺寸：显示当前文档的尺寸。单击 ⑧ 按钮，在弹出的下拉列表中可以选择尺寸单位。
- 调整为：在该下拉列表中可以选择多种常用的预设图像大小。例如，想要将图像制作为适合A4大小的纸张，则可以在该下拉列表框中选择"A4 210×297毫米300dpi"。
- 宽度、高度：在文本框中输入数值，即可设置图像的宽度或高度。输入数值之前，需要在右侧的单位下拉列表中选择合适的单位，其中包括"像素""英寸""厘米"等。
- ⑧：启用"约束长宽比"按钮 ⑧ 时，对图像大小进行调整后，图片还会保持之前的长宽比。⑧ 未启用时，可以分别调整宽度和高度的数值。

- 分辨率：用于设置分辨率大小。输入数值之前，也需要在右侧的单位下拉列表中选择合适的单位。需要注意的是，即使增大"分辨率"数值也不会使模糊的图片变清晰，因为原本就不存在的细节只通过增大分辨率是无法"创造出"的。
- 重新采样：在该下拉列表框中可以选择重新取样的方式。
- 缩放样式：单击窗口右上角的 ✿ 按钮，在弹出的下拉菜单中选择"缩放样式"命令，此后，对图像大小进行调整时，其原有的样式会按照比例进行缩放。

（2）调整图像大小时，首先一定要设置正确的单位，接着在"宽度"和"高度"文本框中输入数值。默认情况下启用"约束长宽比" ⑧，修改"宽度"数值或"高度"数值时，另一个数值也会随之发生变化。该按钮适用于需要将图像尺寸限定在某个特定范围内的情况。例如，作品要求尺寸最大边长不超过1000像素。首先设置单位为"像素"；然后将"宽度"（也就是最长的边）数值改为1000像素，"高度"数值也会随之发生变化；最后单击"确定"按钮，如图2-4所示。

图2-4

（3）如果要输入的长宽比与现有图像的长宽比不同，则需要单击"约束长宽比"按钮 ⑧，使之处于未启用的状态。此时可以分别调整"宽度"和"高度"的数值；但修改了数值之后，可能会造成图像比例错误的情况。

例如，要求照片尺寸为宽300像素、高500像素（宽高比3:5），而原始图像宽600像素、高800像素（宽高比为3:4），那么修改图像大小之后，照片比例会变得很奇怪，如图2-5所示。此时应该先启用"约束长宽比" ⑧，按照要求输入较长的边（也就是"高度"）数值，使照片大小缩放到比较接近的尺寸，然后利用"裁剪工具"进行裁切，如图2-6所示。

（a）　　　　　（b）

图2-5

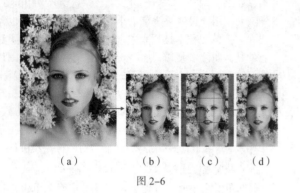

　　　　（a）　　　　　　（b）　　　（c）　　　（d）

图 2-6

练习实例：通过修改图像大小制作合适尺寸的图片

文件路径	资源包\第2章\通过修改图像大小制作合适尺寸的图片
难易指数	★★★★★
技术掌握	"图像大小"命令

扫一扫，看视频

案例效果

案例效果如图 2-7 所示。

图 2-7

操作步骤

步骤01 执行"文件→打开"命令，打开素材 1.jpg，如图 2-8 所示。执行"图像→图像大小"命令，打开"图像大小"窗口，可以看到图像的原始尺寸较大，如图 2-9 所示。本案例需要得到一个宽度、高度均为 500 像素的图像，而且大小要在 200KB 以下。

图 2-8

图 2-9

步骤02 单击"约束长宽比"按钮 ⑧，取消限制长宽比；设置"宽度"为 500 像素，"高度"为 500 像素；单击"确定"按钮，如图 2-10 所示（取消"约束长宽比"选项后，目标尺寸的比例要接近原图比例，否则会造成图像变形）。

图 2-10

步骤03 执行"文件→存储为"命令，在弹出的"另存为"窗口中设置文件保存位置和文件名，在"保存类型"下拉列表中选择 JPEG(*.JPG;*.JPFG;*.JPE)，单击"保存"按钮。为了减小文件的大小，便于网络传输，在弹出的"JPEG 选项"对话框中设置"品质"为 8（此时的文档大小符合我们的要求），单击"确定"按钮，如图 2-11 所示。

图 2-11

重点 2.1.2 动手练：修改画布大小

扫一扫，看视频

　　　　执行"图像→画布大小"命令，在弹出的"画布大小"窗口中可以调整可编辑的画面范围。在"宽度"和"高度"文本框中输入数值，可以设置修改后的画布尺寸。如果勾选"相对"复选框，"宽度"和"高度"数值将代表实际增加或减少的区域的大小，而不再代表整个文档的大小。输入正值表示增大画布，输入负值则表示减小画布。图 2-12 所示为原始图片，图 2-13

中文版Photoshop 2020从入门到精通（微课视频　全彩版）

所示为"画布大小"窗口。

图 2-12

图 2-13

● 定位：主要用来设置当前图像在新画布上的位置。图2-14和图2-15所示为不同定位位置的对比效果。

图 2-14

图 2-15

● 画布扩展颜色：当"新建大小"大于"当前大小"（即原始文档尺寸）时，在此处可以设置扩展区域的填充颜色。图2-16和图2-17所示分别为使用"前景色"与"背景色"填充扩展颜色的效果。

图 2-16

图 2-17

"画布大小"与"图像大小"的概念不同，"画布"指的是整个可以绘制的区域而非部分图像区域。例如，增大"图像大小"，会将画面中的内容按一定比例放大；而增大"画布大小"则在画面中增大了部分空白区域，原始图像没有变大，如图2-18所示。如果缩小"图像大小"，画面内容会按一定比例缩小；缩小"画布大小"，图像则会被裁掉一部分，如图2-19所示。

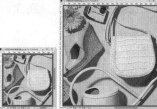

（a）600*600 像素 （b）图像大小：1000*1000 像素 （c）画布大小：1000*1000 像素

图 2-18

（a）600*600 　（b）图像大小：300*300 像素 （c）画布大小：300*300 像素

图 2-19

案例效果

案例处理前后的效果对比如图2-20和图2-21所示。

图2-20　　　　　　　　图2-21

【重点】2.1.3　动手练：使用裁剪工具

想要裁剪掉画面中的部分内容，最便捷的方法就是在工具箱中选择"裁剪工具" ，直接在画面中绘制出需要保留的区域即可。图2-22所示为该工具选项栏。

扫一扫，看视频

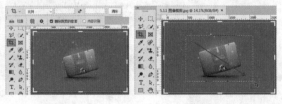

图2-22

（1）选择工具箱中的"裁剪工具" **ᄇ.**，此时画板边缘会显示控制点，如图2-23所示。接着在画面中按住鼠标左键拖动，绘制一个需要保留的区域，如图2-24所示。释放鼠标完成裁剪框的绘制，如图2-25所示。

（2）还可以对这个区域进行调整，将光标移动到裁剪框的边缘或四角处，按住鼠标左键拖动，即可调整裁剪框的大小，如图2-26所示。

图2-23　　　　　　　　图2-24

图2-25　　　　　　　　图2-26

（3）若要旋转裁剪框，可将光标放置在裁剪框外侧，当它变为带弧线的箭头形状时，按住鼠标左键拖动即可，如图2-27所示。调整完成后，按Enter键确认，如图2-28所示。

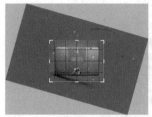

图2-27　　　　　　　　图2-28

（4）"裁剪工具"也能够用于放大画布。当需要放大画布时，若在选项栏中勾选"内容识别"复选框，则会自动补全由于裁剪造成的画面局部空缺，如图2-29所示；若取消勾选该复选框，则以背景色进行填充，如图2-30所示。

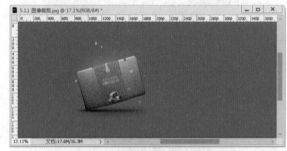

图2-29

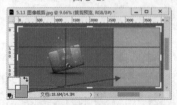

图2-30

（5）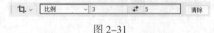 **比例**：该下拉列表用于设置裁切的约束方式。如果想要按照特定比例进行裁剪，可以在该下拉列表中选择"比例"选项，然后在右侧文本框中输入比例数值即可，如图2-31所示。如果想要按照特定的尺寸进行裁剪，则可以在该下拉列表中选择"宽×高×分辨率"选项，在右侧文本框中输入宽、高和分辨率的数值，如图2-32所示。想要随意裁剪的时候则需要单击"清除"按钮，清除长宽比。

图2-31

图 2-32

(6) 在工具选项栏中单击"拉直"  按钮，在图像上按住鼠标左键画出一条直线，释放鼠标后，即可通过将这条线校正为直线来拉直图像，如图2-33和图2-34所示。

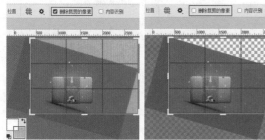

图 2-33　　　　　图 2-34

(7) 如果在工具选项栏中勾选"删除裁剪的像素"复选框，裁剪之后会彻底删除裁剪框外部的像素数据，如图2-35所示。如果取消勾选该复选框，多余的区域将处于隐藏状态，如图2-36所示。如果想要还原到裁切之前的画面，只需要再次选择"裁剪工具"，然后随意操作，即可看到原文档。

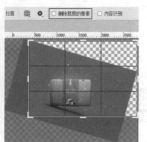

图 2-35　　　　　图 2-36

练习实例：使用裁剪工具裁剪出封面背景图

文件路径	资源包\第2章\使用裁剪工具裁剪出封面背景图
难易指数	★★★★★
技术掌握	裁剪工具

扫一扫，看视频

案例效果

案例处理前后的效果对比如图2-37和图2-38所示。

图 2-37　　　　　图 2-38

操作步骤

步骤 01 执行"文件→打开"命令，在弹出的"打开"窗口中找到素材位置，选择素材1.jpg，单击"打开"按钮，如图2-39所示。素材文件就被打开了，如图2-40所示。

图 2-39　　　　　图 2-40

步骤 02 单击工具箱中的"裁剪工具"按钮 ⌶，在画布上按住鼠标左键拖动绘制出一个矩形区域，选择要保留的部分，如图2-41所示。然后按Enter键或双击，即可完成裁剪。此时，可以看到矩形区域以外的部分被裁剪掉了，如图2-42所示。

步骤 03 执行"文件→置入嵌入对象"命令，在打开的"置入嵌入的对象"窗口中找到素材位置，选择素材2.png，单击"置入"按钮，如图2-43所示。将素材摆放在合适位置上，按Enter键完成置入操作，最终效果如图2-44所示。

图 2-41　　　　　图 2-42

图 2-43　　　　　图 2-44

2.1.4　动手练：使用透视裁剪工具

"透视裁剪工具"可以在对图像进行裁剪的同时调整图像的透视效果，常用于去除图像中的透视感，或者在带有透视感的图像中提取局部，也可以为图像添加透视感。

扫一扫，看视频

41

（1）例如打开一张带有透视感的图像，右击工具箱中的"裁切工具"组按钮 ，选择"透视裁剪工具" ，在画面相应的位置单击，如图2-45所示。接着沿着图像边缘以单击的方式绘制透视剪裁框，如图2-46所示。

图 2-45

图 2-46

（2）继续进行绘制，绘制出4个点即可，如图2-47所示。按Enter键完成裁剪，可以看到原本带有透视感的对象被"拉"成了平面图，如图2-48所示。

图 2-47

图 2-48

（3）如果以当前图像透视的反方向绘制裁剪框，则能够起到强化图像透视的作用，如图2-49和图2-50所示。

图 2-49

图 2-50

练习实例：使用透视裁剪工具去除透视感

文件路径	资源包\第2章\使用透视裁剪工具去除透视感
难易指数	★★★★★
技术掌握	透视裁剪工具

扫一扫，看视频

案例效果

案例处理前后的效果对比如图2-51和图2-52所示。

图 2-51

图 2-52

中文版Photoshop 2020从入门到精通（微课视频 全彩版）

操作步骤

步骤 01 执行"文件→打开"命令，在弹出的"打开"窗口中找到素材位置，选择素材1.jpg，单击"打开"按钮，如图2-53所示。素材即可在Photoshop中打开，如图2-54所示。

图 2-53

图 2-54

步骤 02 原图中的广告牌整体呈现出一种带有透视感的效果，需要去除这种透视感。单击工具箱中的"透视裁剪工具"按钮，接着在广告牌的左上角单击，然后将光标移动至右上角单击，如图2-55所示。继续在右下角处单击，然后在左下角处单击，完成裁剪框的绘制，如图2-56所示。

图 2-55   图 2-56

步骤 03 双击画布，完成裁剪。此时广告牌的透视效果被去除，并且裁剪框以外的内容也被删除掉了，最终效果如图2-57所示。

图 2-57

2.1.5　使用裁剪与裁切命令

裁剪与裁切命令都可以对画布大小进行一定的修整；但是两者存在很明显的不同，裁剪命令可以基于选区或裁剪框裁剪画布，而裁切命令可以根据像素颜色差别裁剪画布。

扫一扫，看视频

（1）打开一幅图像，然后使用"矩形选框工具"绘制一个选区，如图2-58所示。接着执行"图像→裁剪"命令，此时选区以外的像素将被裁剪掉，如图2-59所示。

图 2-58

图 2-59

（2）在不包含选区的情况下，执行"图像→裁切"命令，在弹出的"裁切"窗口中可以选择基于哪个位置的像素的颜色进行裁切，然后设置裁切的位置。若选中"左上角像素颜色"单选按钮，则将画面中与左上角颜色相同的像素裁切掉，如图2-60和图2-61所示。

图 2-60

图 2-61

（3）裁切命令最有趣的地方，就是可以用来裁剪透明像素。如果图像内存在如图2-62所示的透明区域（画面中灰白栅格部分代表没有像素，也就是透明），执行"图像→裁切"命令，在弹出的如图2-63所示的"裁切"窗口中选中"透明像素"单选按钮，然后单击"确定"按钮，就可以看到画面中透明像素被裁剪掉，如图2-64所示。

总结：无论使用"裁剪工具""裁切"还是"裁剪"命令，裁剪后的画布都是矩形的。

图2-62　　　　　　　　图2-63

图2-64

课后练习：使用裁切命令去除多余的像素

文件路径	资源包\第2章\使用裁切命令去除多余的像素
难易指数	★★★★★
技术掌握	裁切命令

案例效果

案例处理前后的效果对比如图2-65和图2-66所示。

图2-65　　　　　　图2-66

[重点]2.1.6　旋转画布

使用相机拍摄照片时，有时会由于相机朝向使照片产生横向或竖向效果。这些问题可以通过"图像→图像旋转"子菜单中的相应命令来解决，如图2-67所示。图2-68所示为原图及"180度""顺时针90度""逆时针90度""水平翻转画布""垂直翻转画布"的对比效果。

图2-67　　　　　　　　图2-68

执行"图像→图像旋转→任意角度"命令，在弹出的"旋转画布"窗口中输入特定的旋转角度，并设置旋转方向为"度顺时针"或"度逆时针"，如图2-69所示。图2-70所示为顺时针旋转60度的效果。旋转之后，画面中多余的部分被填充为当前的背景色。

图2-69　　　　　　　　图2-70

举一反三：旋转照片角度

将相机中的照片导入到计算机中时，经常会出现照片"立起来"或"躺下"的问题，如图2-71所示。此时可以执行"图像→图像旋转→逆时针90度"命令，使照片角度恢复正常，效果如图2-72所示。

图2-71　　　　　　图2-72

2.2　掌握"图层"的基本操作

Photoshop是一款以"图层"为基础操作单位的制图软件。换句话说，"图层"是在Photoshop中进行一切操作的载体。顾名思义，图层就是图+层，图即图像，层即分层、层叠。

简而言之，就是以分层的形式显示图像。例如，我们看到一个漂亮的广告作品，分为蓝色背景、艺术文字和模特3个部分。实际上这些元素处于不同图层，经过相互堆叠后形成一个完整的作品。图层可以想象成透明的玻璃板，最顶部的"玻璃板"是模特，中间的"玻璃板"是艺术字，最底部的"玻璃板"是背景。将这些"玻璃板"（图层）按照顺序依次堆叠摆放在一起，就呈现出了完整的作品，如图2-73所示。

（a）　　　　　　　　　　　　　（b）

图2-73

在"图层"模式下，操作起来非常方便、快捷。如要在画面中添加一些元素，可以新建一个空白图层，然后在新的图层中绘制内容。这样新绘制的图层不仅可以随意移动位置，还可以在不影响其他图层的情况下进行内容的编辑。图2-74所示为打开一张图片，其中包含一个背景图层，接着在一个新的图层上绘制了一些白色的斑点。由于白色斑点在另一个图层上，所以可以单独移动这些白色斑点的位置，或者对其大小和颜色等进行调整，所有的这些操作都不会影响到原图内容。

背景图层　　　　新建图层　　　　移动图层位置　　　更改图层颜色
（a）　　　　（b）　　　　（c）　　　　（d）

图2-74

除了方便操作以及图层之间互不影响外，Photoshop的图层之间还可以进行"混合"。例如，上方的图层降低了不透明度，如图2-75所示；逐渐显现出下方图层，如图2-76所示；或者通过设置特定的"混合模式"，如图2-77所示；使画面呈现出奇特的效果，如图2-78所示。这些内容将在后面的章节学习。

图2-75　　　　　　　　　图2-76

图2-77　　　　　　　　　图2-78

了解图层的特性后，我们来看一下它的"大本营"——"图层"面板。执行"窗口→图层"命令，打开"图层"面板，如图2-79所示。"图层"面板常用于新建图层、删除图层、选择图层、复制图层等，还可以进行图层混合模式的设置，以及添加和编辑图层样式等。

图2-79

其中各项介绍如下。

- 用于筛选特定类型的图层或查找某个图层。在左侧的下拉列表中可以选择筛选方式，在其列表右侧可以选择特殊的筛选条件。单击最右侧的按钮，可以启用或关闭图层过滤功能。

- 锁定：选中图层，单击"锁定透明像素"按钮，可以将编辑范围限制为只针对图层的不透明部分；单击"锁定图像像素"按钮，可以防止使用绘画工具修改图层的像素；单击"锁定位置"按钮，可以防止图层的像素被移动；单击按钮，可以防止在画板和画框内外自动嵌套；单击"锁定全部"按钮，可以锁定透明像素、图像像素和位置，处于这种状态下的图层将不能进行任何操作。

- 用来设置当前图层的混合模式，使之与下面的图像产生混合。在该下拉列表中提供了很多的混合模式，选择不同的混合模式，产生的图层混合效果不同。

- 不透明度：100%：用来设置当前图层的不透明度。

- 填充：100%：用来设置当前图层的填充不透明度。该选项与"不透明度"选项类似，但是不会影响图层样式效果。

- 显示/隐藏图层：当该图标显示为时表示当前图层处于可见状态，而显示为时则处于不可见状态。单击该图标，可以在显示与隐藏之间进行切换。

- 链接图层 ∞：选择多个图层后，单击该按钮，所选的图层会被链接在一起。被链接的图层可以在选中其中某一图层的情况下进行共同移动或变换等操作。当链接好多个图层以后，图层名称的右侧就会显示链接标志，如图2-80所示。

图2-80

- 添加图层样式 *fx*：单击该按钮，在弹出的菜单中选择一种样式，可以为当前图层添加该样式。
- 创建新的填充或调整图层 ◕：单击该按钮，在弹出的菜单中选择相应的命令，即可创建填充图层或调整图层。此按钮主要用于创建调色调整图层。
- 创建新组 ▭：单击该按钮即可创建出一个图层组。
- 创建新图层 ⊞：单击该按钮，即可在当前图层的上一层新建一个图层。
- 删除图层 🗑：选中图层后，单击该按钮，可以删除该图层。

> **提示**：特殊的"背景图层"。
>
> 当打开一张JPEG格式的照片或图片时，在"图层"面板中将自动生成一个"背景"图层，而且背景图层后方带着 🔒 图标。该图层比较特殊，无法移动或删除部分像素，有的命令可能也无法使用（如"自由变换""操控变形"等）。因此，如果想要对"背景"图层进行这些操作，需要单击 🔒 图标，即可将背景图层转换为普通图层，如图2-81所示。
>
>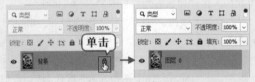
>
> 图2-81
>
> 默认情况下，"背景"图层是无法进行移动的，选择"背景"图层，选择工具箱中的"移动工具"，然后按住鼠标左键拖动，释放鼠标后在弹出的窗口中单击"转换到正常图层"按钮，也可将背景图层转换为普通图层，如图2-82所示。
>
>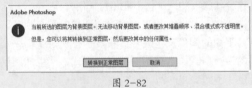
>
> 图2-82

〖重点〗2.2.1 图层操作第一步：选择图层

在使用Photoshop制图的过程中，文档中经常会包含很多图层，所以选择正确的图层进行操作就非常重要了；否则可能会出现明明想要删除

扫一扫，看视频

某个图层，却错误地删掉了其他对象。

1. 选择一个图层

当打开一张JPEG格式的图片时，在"图层"面板中将自动生成一个"背景"图层，如图2-83所示。此时该图层处于被选中的状态，所有操作也都是针对这个图层进行的。如果当前文档中包含多个图层（例如，在当前的文档中执行"文件→置入嵌入对象"命令，置入一张图片），此时，"图层"面板中就会显示两个图层。在图层面板中单击新建的图层，即可将其选中，如图2-84所示。在"图层"面板空白处单击，即可取消选择所有图层，如图2-85所示。没有选中任何图层时，图像的编辑操作就无法进行。

图2-83　　　　图2-84　　　　图2-85

2. 选择多个图层

想要对多个图层同时进行移动、旋转等操作时，就需要同时选中多个图层。在"图层"面板中首先单击选中一个图层，然后按住Ctrl键的同时单击其他图层（单击名称部分即可，不要单击图层的缩览图部分），即可选中多个图层，如图2-86和图2-87所示。

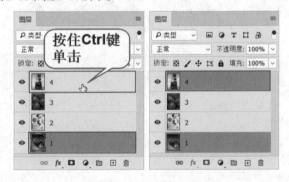

图2-86　　　　图2-87

〖重点〗2.2.2 新建图层

扫一扫，看视频

如要向图像中添加一些绘制的元素，最好创建新的图层，这样可以避免绘制失误而对原图产生影响。在"图层"面板底部单击"创建新图层"按钮 ⊞，即可在当前图层的上一层新建一个图层，如图2-88所示。单击某一个图层即可选中该图层，然后在其中进行绘图操作，如图2-89所示。

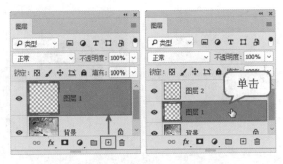

图 2-88　　　　　　图 2-89

当文档中的图层比较多时，可能很难分辨某个图层。为了便于管理，我们可以对已有的图层进行命名。将光标移动至图层名称处并双击，图层名称便处于激活的状态，如图 2-90 所示。接着输入新的名称，按Enter键确定，如图 2-91 所示。

图 2-90　　　　　　图 2-91

【重点】2.2.3　删除图层

选中图层，单击"图层"面板底部的"删除图层"按钮 🗑，如图 2- 92 所示。在弹出的对话框中单击"是"按钮，即可删除该图层（勾选"不再显示"复选框，可以在以后删除图层时省去这一步骤），如图 2-93 所示。如果画面中没有选区，直接按Delete键也可以删除所选图层。

图 2-92　　　　　　图 2-93

😊 提示：删除隐藏图层。

执行"图层→删除图层→隐藏图层"命令，可以删除所有隐藏的图层。

【重点】2.2.4　复制图层

想要复制某一图层，可以在该图层上右击，在弹出的快捷菜单中选择"复制图层"命令，如图 2-94 所示。在弹出的"复制图层"对话框中对复制的图层命名，然后单击"确定"按钮即可完成复制，如图 2-95 所示。此外，也可以在选中图层后，通过快捷键Ctrl+J来快速复制图层。如果包含选区，则可以快速将选区中的内容复制为独立图层。

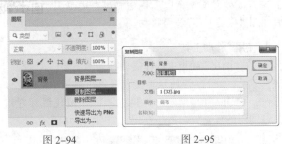

图 2-94　　　　　　图 2-95

😊 提示：修饰照片时养成复制"背景"图层的好习惯。

在对数码照片进行修饰时，建议复制"背景"图层后再进行操作，以免由于操作不当而无法回到最初状态。

【重点】2.2.5　调整图层顺序

在"图层"面板中，位于上方的图层会遮挡住下方的图层，如图 2-96 所示。在制图过程中经常需要调整图层堆叠的顺序。例如，置入一个新的背景素材时，默认情况下背景素材显示在顶部，这时就可以在"图层"面板中单击选择该图层，按住鼠标左键向下拖动，如图 2-97 所示。释放鼠标后，即可完成图层顺序的调整，此时画面的效果也会发生改变，如图 2-98 所示。

图 2-96　　　　　　图 2-97

图 2-98

提示：使用菜单命令调整图层顺序。

选中要移动的图层，然后执行"图层→排列"子菜单中的相应命令，也可以调整图层的排列顺序。

[重点]2.2.6 移动图层

如要调整图层的位置，可以使用工具箱中的"移动工具" ⊹ 来实现。如要调整图层中部分内容的位置，可以使用选区工具绘制出特定范围，然后使用"移动工具"进行移动。

扫一扫，看视频

1. 使用"移动工具"

（1）在"图层"面板中选择需要移动的图层（"背景"图层无法移动），如图2-99所示。接着选择工具箱中的"移动工具" ⊹ ，如图2-100所示。然后在画面中按住鼠标左键拖动，该图层的位置就会发生变化，如图2-101所示。

图2-99

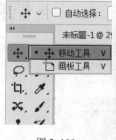 

图2-100　　　　　图2-101

（2）☑ 自动选择： 图层 ∨ ：在工具选项栏中勾选"自动选择"复选框时，如果文档中包含多个图层或图层组，可以在后面的下拉列表中选择要移动的对象。如果选择"图层"选项，使用"移动工具"在画布中单击时，可以自动选择"移动工具"下面包含像素的最顶层的图层；如果选择"组"选项，在画布中单击时，可以自动选择"移动工具"下面包含像素的最顶层的图层所在的图层组。

（3）☑ 显示变换控件 ：在工具选项栏中勾选"显示变换控件"复选框后，选择一个图层时，就会在图层内容的周围显示定界框，如图2-102所示。通过定界框可以进行缩放、旋转、切变等操作，变换完成后按Enter键确认，如图2-103所示。

图2-102　　　　　　　　图2-103

提示：水平移动、垂直移动。

在使用"移动工具"移动对象的过程中，按住Shift键可以沿水平或垂直方向移动对象。

2. 移动并复制

在使用"移动工具"移动图像时，按住Alt键拖动图像，可以复制图层，如图2-104所示。当图像中存在选区时，按住Alt键的同时拖动选区中的内容，则会在该图层内部复制选区中的部分，如图2-105和图2-106所示。

图2-104　　　　　图2-105

图2-106

提示：旧版本Photoshop中的"移动工具"。

在旧版本的Photoshop中，"移动工具"同样位于工具箱的第一位，但是图标为 ▶⊹ ，使用方法是一样的。

3. 在不同的文档之间移动图层

在不同文档之间使用"移动工具" ⊹ ，可以将图层复制到另一个文档中。新建一个空白文档，然后选择需要移动的图层，按住鼠标左键向新建的文档中拖动，如图2-107所示。释放鼠标即可将该图层复制到另一个文档中，如图2-108所示。

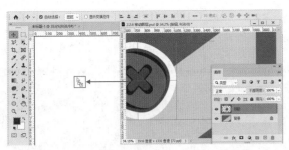

图 2-107

图 2-108

图 2-110

图 2-111

提示：移动选区中的像素。

当图像中存在选区时，选中普通图层，使用"移动工具"进行移动时，选中图层内的所有内容都会移动，且原选区显示透明状态。当选中的是背景图层，使用"移动工具"进行移动时，选区部分将会被移动且原选区位置被填充背景色。

步骤 02 按住 Alt 键，当"移动工具"光标变为 ▶ 形状后按住鼠标左键向右拖动，如图 2-112 所示。拖动到相应位置后释放鼠标即可完成移动并复制的操作，如图 2-113 所示。

图 2-112

练习实例：移动图层制作UI展示效果

文件路径	资源包\第2章\移动图层制作UI展示效果
难易指数	★★★★★
技术掌握	移动工具、移动复制

扫一扫，看视频

案例效果

案例效果如图 2-109 所示。

图 2-109

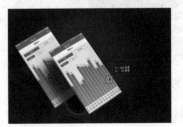

图 2-113

步骤 03 继续按住 Alt 键向右拖动复制出第 3 个，如图 2-114 所示。

图 2-114

操作步骤

步骤 01 打开素材文件 1.psd，在"图层"面板中选择需要移动的图层，如图 2-110 所示。接着选择工具箱中的"移动工具"，然后在画面中按住鼠标左键拖动，如图 2-111 所示。

练习实例：使用移动复制的方法制作欧式花纹服装面料

文件路径	资源包\第2章\使用移动复制的方法制作欧式花纹服装面料
难易指数	⭐⭐⭐⭐⭐
技术掌握	移动工具、移动复制

案例效果

案例效果如图2-115所示。

图2-115

操作步骤

步骤 01 执行"文件→打开"命令，打开1.psd文件。其中包含两个图层，图层1为花纹图层，"背景"图层为面料的底色，如图2-116和图2-117所示。本案例需要通过多次复制花纹图层，并将这些图层整齐地排列起来，制作出华丽的欧式风格服装面料的纹样效果。

图2-116　　　　　　　图2-117

步骤 02 复制图层的方法很多，如按快捷键Ctrl+J即可复制所选图层。具体到本案例，由于要将花纹图层复制多次，并且每次复制出的花纹图层都需要移动到不同位置上，这时使用"移动工具"进行移动复制便是很好的选择。首先单击工具箱中的"移动工具"按钮⊕，在"图层"面板中，选中图层1，然后在画面中按住鼠标左键并向左上角拖动，将花纹图层移动到画面左上角的位置，如图2-118所示。接下来，需要通过"移动复制"的方法复

制出另外一个花纹。仍然使用"移动工具"，在画面中按住鼠标左键的同时，按住Alt键向右拖动该花纹，即可复制出一个相同的花纹图层。将其移动到与原始花纹左侧贴齐的位置，如图2-119所示。由于默认开启了"智能参考线"，所以移动复制的过程中会出现参考线和移动的具体数值，通过观察能够确定是否水平移动（在需要垂直或水平移动时，配合Shift键可以保证在水平或垂直方向移动）。

图2-118　　　　　　　图2-119

步骤 03 以同样的方法，继续使用"移动工具"，在画面中按住鼠标左键的同时，按住Alt键向右拖动复制一个花纹，如图2-120所示。在"图层"面板中按住Ctrl键加选这3个图层，如图2-121所示。然后继续使用"移动工具"，按住鼠标左键的同时，按住Alt键向左下拖动复制这3个花纹，如图2-122所示。

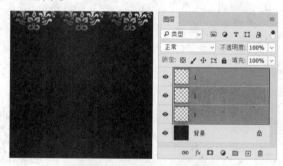

图2-120　　　　　　　图2-121

图2-122

步骤 04 此时第二排花纹由于错落排列，所以右侧有一部分空缺。选择最右侧的花纹，并进行移动复制（复制过程中注意观察智能参考线以及移动的数值是否准确），如图2-123所示。接下来，在"图层"面板中选中这两排花纹图层，如图2-124所示，向下移动复制，如图2-125所示。

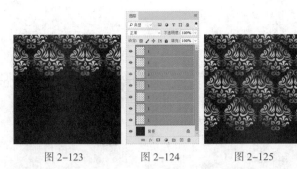

图 2-123　　　　图 2-124　　　　图 2-125

步骤 05 重新选中第一排的 3 个花纹,如图 2-126 所示,向下移动复制,最终效果如图 2-127 所示。

图 2-126　　　　　　图 2-127

2.2.7　导出图层内容

1. 快速导出为 PNG

"快速导出为 PNG"命令非常适合于快速将图层内容提取为独立文件的操作。选择一个或多个图层,在图层上右击,从弹出的快捷菜单中执行"快速导出为 PNG"命令,如图 2-128 所示。接着在弹出的"选择文件夹"窗口中设置一个输出的路径,然后单击"选择文件夹"按钮,如图 2-129 所示。接着就可以看到选中的图层被快速地导出了,如图 2-130 所示。

图 2-128　　　　　　　　图 2-129

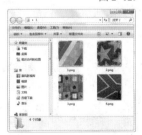

图 2-130

扫一扫,看视频

提示:设置图层快速导出格式。

默认情况下此处命令显示为"快速导出为 PNG",如果需要将图层快速导出为其他格式,可以通过执行"文件→导出→导出首选项"命令,在弹出的"首选项"窗口中设置快速导出的格式,如图 2-131 所示。

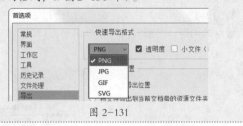

图 2-131

2. 导出为

"导出为"命令可以方便地将所选的图层导出为特定格式、特定尺寸的图片文件。选择一个或多个图层,在图层上右击,从弹出的快捷菜单中执行"导出为"命令,如图 2-132 所示。接着弹出"导出为"窗口。在这里首先需要在左侧导出列表中选择需要导出的图层(按住 Ctrl 键单击可以加选多个图层);在图层列表的上方可以进行图像缩放比例的设置;可以在窗口右侧顶部的列表中选择需要导出的格式,如果选择 JPG 格式则需要对图像"品质"进行设置;然后可以为图像指定"图像大小"以及"画笔大小";全部设置完成后,单击右下角的"导出"按钮完成操作,如图 2-133 所示。

图 2-132

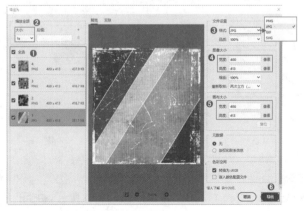

图 2-133

51

举一反三：快速导出文档中所用到的素材

步骤 01 若要导出文件中所用到的素材，使用"快速导出"命令最合适不过了。例如，"背景"图层这种占据整幅内容的图层可以导出为JPG格式，而一些带有透明像素的图层可以导出为PNG格式，如图2-134所示。首先，按住Ctrl键单击加选需要快速导出素材的图层，然后右击，在弹出的快捷菜单中选择"快速导出为PNG"命令，如图2-135所示。

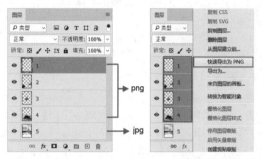

图 2-134　　　　　图 2-135

步骤 02 在弹出的"选择文件夹"窗口中选择一个合适的导出位置，然后单击"选择文件夹"按钮，如图2-136所示。导出完成后，在选择的文件夹中就会看到刚刚导出的素材，如图2-137所示。

图 2-136

图 2-137

步骤 03 选择需要导出为JPG格式的图层，右击，在弹出的快捷菜单中选择"导出为"命令，如图2-138所示。在弹出的"导出为"对话框中设置合适的格式，单击"导出"按钮，如图2-139所示。

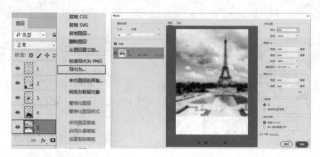

图 2-138　　　　　图 2-139

步骤 04 在弹出的如图2-140所示的"导出"窗口中找到一个合适的导出位置，并设置合适的文件名，然后单击"保存"按钮，即可完成导出操作，效果如图2-141所示。

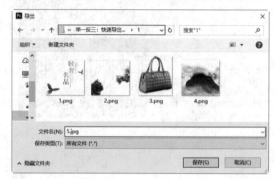

图 2-140

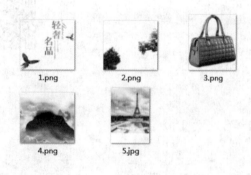

图 2-141

重点 2.2.8　动手练：对齐图层

在版面的编排中，有一些元素是必须要进行对齐的，如界面设计中的按钮、版面中的一些图案。那么如何快速、精准地进行对齐呢？使用"对齐"功能可以将多个图层对象排列整齐。

在对图层操作之前，先要选择图层，在此按住Ctrl键加选多个需要对齐的图层。接着选择工具箱中的"移动工具" ，在其选项栏中单击对应的对齐按钮，即可进行对齐，如图2-142所示。例如，单击"水平居中对齐"按钮，效果如图2-143所示。

中文版Photoshop 2020从入门到精通（微课视频 全彩版）

图 2-142　　　　　图 2-143

提示：不同的对齐方式。

　　■左对齐：将所选图层的中心像素与当前图层左边的中心像素对齐。

　　■水平居中对齐：将所选图层的中心像素与当前图层水平方向的中心像素对齐。

　　■右对齐：将所选图层的中心像素与当前图层右边的中心像素对齐。

　　■顶对齐：将所选图层顶端的像素与当前顶端的像素对齐。

　　■垂直居中对齐：将所选图层的中心像素与当前图层垂直方向的中心像素对齐。

　　■底对齐：将所选图层的底端像素与当前图层底端的中心像素对齐。

【重点】2.2.9　动手练：分布图层

　　多个对象已排列整齐了，那么怎么才能让每两个对象之间的距离是相等的呢？这时就可以使用"分布"功能。使用该功能可以将所选的图层以上下、左右两端的对象为起点和终点，将所选图层在这个范围内进行均匀的排列，得到具有相同间距的图层。在使用"分布"命令时，文档中必须包含多个图层（至少为3个图层，"背景"图层除外）。

扫一扫，看视频

　　首先加选3个或3个以上需要进行分布的图层，然后在工具箱中选择"移动工具" ⊕ ，在其选项栏中单击"垂直分布"按钮 ≡ ，可以均匀分布多个图层的垂直方向的间隔。单击"水平分布"按钮 ‖ ，可以均匀分布图层水平间隔。单击 ••• 按钮，在下拉面板中可以看到更多的分布按钮 ☰ ☰ ☰ ‖ ‖ ‖ ，单击相应按钮即可进行分布，如图2-144所示。例如，单击"垂直居中分布"按钮 ☰ ，效果如图2-145所示。

垂直分布　水平分布

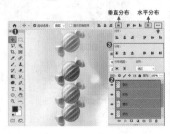

图 2-144　　　　　图 2-145

提示：不同的分布方式。

　　垂直顶部分布 ☰ ：平均每一个对象顶部基线之间的距离，调整对象的位置。

　　垂直居中分布 ☰ ：平均每一个对象水平中心基线之间的距离，调整对象的位置。

　　底部分布 ☰ ：平均每一个对象底部基线之间的距离，调整对象的位置。

　　左分布 ‖ ：平均每一个对象左侧基线之间的距离，调整对象的位置。

　　水平居中分布 ‖ ：平均每一个对象垂直中心基线之间的距离，调整对象的位置。

　　右分布 ‖ ：平均每一个对象右侧基线之间的距离，调整对象的位置。

举一反三：对齐、分布制作整齐版面

步骤 01 在版式设计中，对齐与分布功能的应用也非常广泛。在图2-146中，图片只是置入到了文档内，还没有进行调整。在"图层"面板中加选图片图层，如图2-147所示。

扫一扫，看视频

图 2-146　　　　　图 2-147

步骤 02 选择"移动工具" ⊕ ，在其选项栏中单击"水平居中对齐"按钮 ☰ ，如图2-148所示。接着单击 ••• 按钮，在下拉面板中单击"垂直居中分布"按钮，如图2-149所示。最后画面效果如图2-150所示。

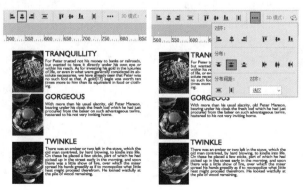

图 2-148　　　　　图 2-149

图 2-150

课后练习：对齐与分布制作波点图案

文件路径	资源包\第2章\对齐与分布制作波点图案
难易指数	★★★★★
技术掌握	复制图层、对齐与分布

扫一扫，看视频

案例效果

案例效果如图 2-151 所示。

图 2-151

2.2.10 锁定图层

"锁定"功能可以起到保护图层透明区域、图像像素或位置的作用，在"图层"面板的上半部分有多个锁定按钮，如图 2-152 所示。使用这些按钮可以根据需要完全锁定或部分锁定图层，以免因操作失误而对图层的内容造成破坏。

图 2-152

（1）打开一个文档，可以看到"人像"图层内存在透明区域，如图 2-153 所示。

图 2-153

（2）选择"人像"图层，然后单击"锁定透明像素"按钮，如图 2-154 所示。选择工具箱中的"画笔工具"，在画面中按住鼠标左键涂抹。此时可以看到人物上方出现了画笔涂抹后的痕迹，但是透明位置并没有。这是因为我们刚刚将透明像素位置锁定了，所以该区域受到了保护，如图 2-155 所示。

图 2-154　　　　　　图 2-155

> **提示：如何取消图层锁定状态？**
>
> 单击相应的按钮可以进行锁定，再次单击可以取消锁定。因此，在操作下一步之前，须再次单击"锁定透明像素"按钮取消锁定。

（3）单击"锁定图像像素"按钮，然后使用"画笔工具"在画面中按住鼠标左键拖动，随即会弹出一个警示对话框，表示因为锁定不能进行编辑，如图 2-156 所示。单击"确定"按钮，然后选择"移动工具"拖动人物，可以发现能够移动，如图 2-157 所示。可见激活该选项后，是不能进行绘画、擦除等操作的，但是可以进行移动。

图 2-156

中文版Photoshop 2020从入门到精通（微课视频 全彩版）

图 2-157

（4）单击"锁定位置"按钮 ✛，选择"画笔工具" ✎，在画面中按住鼠标左键涂抹，可以看到画笔涂抹的痕迹，如图 2-158 所示。但是如果使用"移动工具"进行移动，则会弹出警告对话框，如图 2-159 所示。可见激活该功能后，图层将不能移动。

图 2-158

图 2-159

（5）"防止在画板内外自动嵌套"是在有多个画板的情况下进行操作。例如，要将"人像"图层从"画板 1"中移动至"画板 2"中，如图 2-160 所示。在未启用该功能的情况下，使用"移动工具"拖动就能够移动，并且"人像"图层会移动到"画板 2"中，如图 2-161 所示；但是如果选择"人像"图层，然后单击"防止在画板内外自动嵌套"按钮 ◲，将"人像"向"画板 2"中拖动，虽然此时移动了人物的位置，但是它并未出现在"画板 2"中，如图 2-162 所示。该功能不仅能够针对图层，还能够针对整个画板。

图 2-160

图 2-161

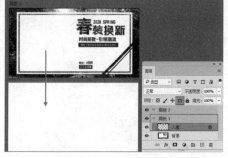

图 2-162

（6）"锁定全部"这个功能非常好理解，单击"锁定全部"按钮 🔒，该图层将不能进行任何操作。

提示：为什么锁定状态有空心的和实心的？

当图层被完全锁定之后，图层名称的右侧会出现一个实心的锁 🔒，如图 2-163 所示；当图层只有部分属性被锁定时，图层名称的右侧会出现一个空心的锁 🔒，如图 2-164 所示。

图 2-163　　　　图 2-164

2.2.11 动手练：使用"图层组"管理图层

"图层组"就像一个文件袋。在办公时如果有很多文件，我们会将同类文件放在一个文件袋中，并在文件袋上标明信息。在Photoshop中制作复杂的图像效果时也是一样的，"图层"面板中经常会出现数十个图层，把它们分门别类地"收纳"起来是个非常好的习惯，在后期操作中可以更加便捷地对画面进行处理。图2-165所示为一个书籍设计作品中所使用的图层，图2-166所示为借助"图层组"整理后的"图层"面板。

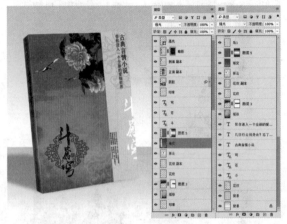

图 2-165

图 2-166

1. 创建图层组

单击"图层"面板底部的"创建新组"按钮 □ ，即可创建一个新的图层组，如图2-167所示。选择需要放置在组中的图层，按住鼠标左键拖动至"创建新组"按钮上，如图2-168所示，则以所选图层创建图层组，如图2-169所示。

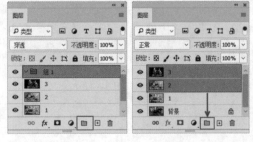

图 2-167   图 2-168

图 2-169

> 提示：如何创建"组中组"。
>
> 图层组中还可以嵌套其他图层组。将创建好的图层组移到其他组中即可创建出"组中组"。

2. 将图层移入或移出图层组

（1）选择一个或多个图层，按住鼠标左键拖动到图层组内，如图2-170所示。释放鼠标就可以将其移入该组中，如图2-171所示。

图 2-170   图 2-171

（2）将图层组中的图层拖动到组外，如图2-172所示。释放鼠标就可以将其从图层组中移出，如图2-173所示。

图 2-172   图 2-173

3. 取消图层编组

在图层组名称上右击，在弹出的快捷菜单中选择"取消图层编组"命令，如图2-174所示。图层组消失，而组中的图层并未被删除，如图2-175所示。

中文版Photoshop 2020从入门到精通（微课视频 全彩版）

图 2-174　　　　　　图 2-175

{重点}2.2.12　合并图层

合并图层是指将所有选中的图层合并成一个图层。例如，多个图层合并前如图2-176所示，将背景图层以外的图层进行合并后如图2-177所示。经过观察可以发现，画面的效果并没有什么变化，只是多个图层变成了一个图层。

扫一扫，看视频

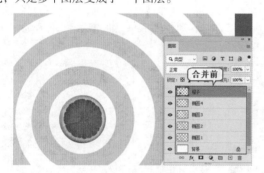

图 2-176

图 2-177

1. 合并图层

想要将多个图层合并为一个图层，可以在"图层"面板中单击选中某一图层，然后按住Ctrl键加选需要合并的图层，执行"图层→合并图层"命令或按快捷键Ctrl+E。

2. 合并可见图层

执行"图层→合并可见图层"命令或按Ctrl+Shift+E快捷键，可以将全部可见图层合并到背景图层中。

3. 拼合图像

执行"图层→拼合图像"命令，即可将全部图层合并到背景图层中。如果有隐藏的图层，则会弹出一个提示对话框，询问用户是否要删除隐藏的图层。

4. 盖印

盖印可以将多个图层的内容合并到一个新的图层中，同时保持其他图层不变。选中多个图层，然后按快捷键Ctrl+Alt+E，可以将这些图层中的图像盖印到一个新的图层中，而原始图层的内容保持不变。按快捷键Ctrl+Shift+Alt+E，可以将所有可见图层盖印到一个新的图层中。

{重点}2.2.13　栅格化图层

在Photoshop中新建的图层为普通图层。除此之外，Photoshop中还有几种特殊图层，如使用文字工具创建出的文字图层、置入后的智能对象图层、使用矢量工具创建出的形状图层、使用3D功能创建出的3D图层等。与智能对象非常相似，可以移动、旋转、缩放这些特殊图层，但是不能对其内容进行编辑。想要编辑这些特殊对象的内容，就需要将它们转换为普通图层。

栅格化图层就是将特殊图层转换为普通图层的过程。选择需要栅格化的图层，然后执行"图层→栅格化"子菜单中的相应命令，或者在"图层"面板中右击该图层，在弹出的快捷菜单中选择"栅格化图层"命令，如图2-178所示。随即可以看到特殊图层已转换为普通图层，如图2-179所示。

图 2-178　　　　　　图 2-179

课后练习：调整图层位置将横版广告变为竖版广告

文件路径	资源包\第2章\调整图层位置将横版广告变为竖版广告
难易指数	★★★★★
技术掌握	旋转图像、自由变换、移动图层、隐藏图层

扫一扫，看视频

案例效果

案例对比效果如图2-180和图2-181所示。

图2-180　　　　　　　　　图2-181

2.3　画板

近几个版本的Photoshop新增了"画板"功能，而稍早期的版本（如Photoshop CC）中并没有"画板"这一功能。在旧版本的Photoshop中想要制作多页面的文档，通常需要创建多个文件；而在新的Photoshop中，可以在一个文档中创建出多个画板。这样既方便多页面的同步操作，也能很好地观察整体效果，如图2-182所示。

图2-182

2.3.1　从图层新建画板

打开一张图片，默认情况下文档中是不带画板的。如果想要创建一个与当前画面等大的画板，可以通过"图层→新建→来自图层的画板"命令来完成。

（1）首先选择一个普通图层，然后执行"图层→新建→来自图层的画板"命令，如图2-183所示。弹出如图2-184所示的"从图层新建画板"窗口，在"名称"文本框中为画板命名，然后设置"宽度"与"高度"的数值，单击"确定"按钮，即可新建一个画板，如图2-185所示。

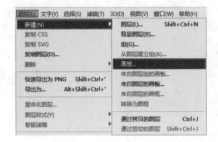

图2-183

图2-184　　　　　　　　　图2-185

（2）在"图层"面板中选择画板，右击，从弹出的快捷菜单中执行"取消画板编组"命令，即可取消画板，如图2-186和图2-187所示。

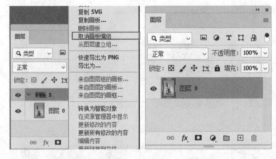

图2-186　　　　　　　　　图2-187

2.3.2　使用画板工具

1. 新建画板

（1）在"图层"面板中选中新建的画板，如图2-188所示。接着选择工具箱中的"画板工具"，在画板的四周会显示"添加新画板"按钮，如图2-189所示。

图2-188　　　　　　　　　图2-189

中文版Photoshop 2020从入门到精通（微课视频 全彩版）

（2）单击画板边缘的"添加新画板"按钮 ，可以新建一个与当前画板等大的新画板。例如，单击画板右侧的 按钮，即可在现有画板的右侧新建画板，如图2-190和图2-191所示。

图2-190　　　　　　　　图2-191

（3）选中一个画板，然后单击"画板工具"选项栏中的"添加新画板"按钮 ，接着在空白区域单击，即可得到等大的画板，如图2-192和图2-193所示。

图2-192　　　　　　　　图2-193

（4）也可以直接使用画板工具，在绘图区域按住鼠标左键并拖动，如图2-194所示。绘制随意大小的画板，如图2-195所示。

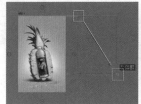

图2-194　　　　　　　　图2-195

2. 移动画板

在"图层"面板中选中需要移动的画板，使用"移动"工具，将光标移动到画面上，如图2-196所示。接着按住鼠标左键拖动，即可移动画板，如图2-197所示。

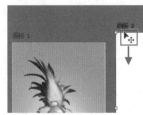
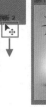

图2-196　　　　　　　　图2-197

3. 使用"画板工具"编辑画板

（1）按住鼠标左键并拖动画板定界框上的控制点，能够调整画板的大小，如图2-198所示。

图2-198

（2）还可在"画板工具"选项栏中更改画板的纵横。如果当前画板是横版，如图2-199所示，那么单击"制作纵版"按钮 即可将横版更改为纵版，如图2-200所示；反之，如果当前画板是纵版，那么单击"制作横版"按钮 即可将纵版更改为横版。

图2-199　　　　　　　　图2-200

举一反三：使用画板工具制作杂志的基础版式

在杂志版式设计中，页眉、页脚的版式都是统一的。既然可以利用画板功能在一个文档内新建多个画面，那么就可以制作一个带有页眉和页脚的"基础版式"，然后将该版式复制到其他画板中，在"基础版式"之上制作每个页面的内容。

扫一扫，看视频

步骤 01 首先新建文件，然后在文档内将"基础版式"制作好，如图2-201所示。接着选择版式背景所在的图层（如果它是背景图层，需要将其转换为普通图层），然后右击，在弹出的快捷菜单中选择"来自图层的画板"命令，如图2-202所示。

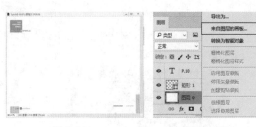

图 2-201　　　　　　图 2-202

步骤 02 在弹出的"从图层新建画板"对话框中设置合适的"名称"(因为我们选择的图层就是画板所需要的尺寸，所以"宽度"与"高度"的数值不用更改)，接着单击"确定"按钮，如图 2-203 所示。随即得到"画板 1"，然后单击"画板 1"将其拖动至"创建新图层"按钮 ▣ 上方，如图 2-204 所示。

图 2-203　　　　　　图 2-204

步骤 03 释放鼠标即可完成"画板 1"的复制，新的带有基础版式的画板自动出现在右侧，如图 2-205 所示。使用该方法可以再复制几个画板，如图 2-206 所示。

图 2-205

图 2-206

步骤 04 随着复制的进行，可以看到画板依次向右排列。如果要调整画板的位置，可以使用"移动工具"在图层面板中按住 Ctrl 键并单击需要移动的画板，拖动至调整位置，效果如图 2-207 所示。

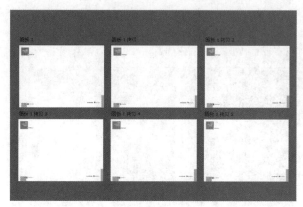

图 2-207

2.4　变换与变形

在"编辑"菜单中提供了多种对图层进行变换/变形的命令：内容识别缩放、操控变形、透视变形、自由变换、变换(变换与自由变换的功能基本相同，使用自由变换更方便一些)、自动对齐图层、自动混合图层，如图 2-208 所示。

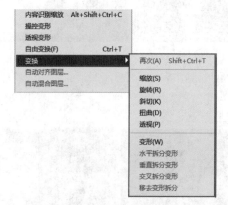

图 2-208

> 🎓 **提示**：背景图层无法进行变换。
>
> 打开一张图片后，有时会发现无法使用自由变换命令，这可能是因为打开的图片只包含一个背景图层。此时需要将其转换为普通图层，然后就可以使用"编辑→自由变换"命令了。

【重点】2.4.1　自由变换：缩放、旋转、扭曲、透视、变形

扫一扫，看视频

在制图过程中，经常需要调整普通图层的大小、角度，有时也需要对图层的形态进行扭曲、变形，这些都可以通过自由变换命令来实现。选中需要变换的图层，执行"编辑

→自由变换"命令（快捷键Ctrl+T）。此时对象进入自由变换状态，四周出现了定界框，4个角点处以及4条边框的中间都有控制点，如图2-209所示。完成变换后，按Enter键确认。如果要取消正在进行的变换操作，可以按Esc键。

图 2-209

1. 调整中心点位置

默认情况下中心点位于定界框的中心位置，在旋转过程中旋转的"轴"就是这个中心点。如果要更改中心点的位置，可以在自由变换状态下，勾选选项栏中的"参考点位置"复选框 ☑ ▦，在右侧的小图标上以单击的方式去选择中心点的位置。例如，设置中心点的位置为右下角 ☑ ▦，然后进行旋转，如图2-210所示。如果要移动中心点的位置，可以将光标移动至中心点上按住鼠标左键拖动即可移动中心点的位置，如图2-211所示。还可以按住Alt键单击设置中心点的位置。

图 2-210　　　　　图 2-211

2. 放大、缩小

选中需要变换的图层，使用快捷键Ctrl+T调出定界框，默认情况下选项栏中"水平缩放"和"垂直缩放"处于约束状态，如图2-212所示。此时拖动控制点，可以对图层进行等比例的放大或缩小，如图2-213所示。再次单击 ⧉ 按钮，可以使长宽比处于不锁定的状态，可以进行非等比缩放，如图2-214所示。如果按住Alt键的同时拖动定界框4个角点处的控制点，能够以中心点作为缩放中心进行缩放，如图2-215所示。在长宽比锁定的状态下，按住Shift键并拖动控制点进

行非等比缩放。在长宽比不锁定的状态下，按住Shift键并拖动控制点可以进行等比缩放。

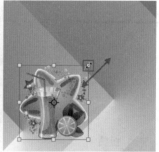

图 2-212　　　　　　　　图 2-213

图 2-214　　　　　　　　图 2-215

3. 旋转

将光标移动至控制点外侧，当其变为弧形的双箭头形状 ↰ 后，按住鼠标左键拖动即可进行旋转，如图2-216所示。旋转过程中按住Shift键可以15°为增量进行旋转。

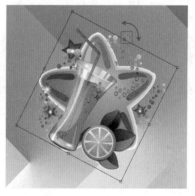

图 2-216

4. 斜切

在自由变换状态下，右击，在弹出的快捷菜单中选择"斜切"命令，然后按住鼠标左键拖动控制点，即可看到随着控制点的移动，定界框出现倾斜的效果，如图2-217和图2-218所示。

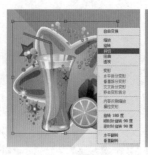
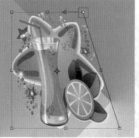

图 2-217　　　　　　　　　图 2-218

5. 扭曲

在自由变换状态下，右击，从弹出的快捷菜单中执行"扭曲"命令，可以在定界框边线处按住鼠标左键并拖动，也可以在控制点处按住鼠标并拖动，如图 2-219 和图 2-220 所示。

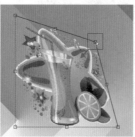

图 2-219　　　　　　　　　图 2-220

6. 透视

在自由变换状态下，右击，从弹出的快捷菜单中执行"透视"命令，拖动一个控制点即可产生透视效果，如图 2-221 和图 2-222 所示。此外，也可以选择需要变换的图层，执行"编辑→变换→透视"命令。

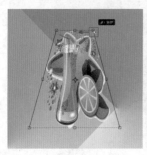
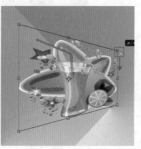

图 2-221　　　　　　　　　图 2-222

7. 变形

（1）在自由变换状态下，右击，从弹出的快捷菜单中执行"变形"命令，拖动网格线或控制点即可进行变形操作。在选项栏中"拆分"选项用来创建变形网格线，有"交叉拆分变形""垂直拆分变形"和"水平拆分变形"3 种方式，单击"交叉拆分变形"按钮，将光标移动到定界框内单击，即可同时创建水平和垂直方向的变形网格线，如图 2-223 所示。接着拖动控制点即可进行变形，如图 2-224 所示。

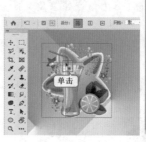

图 2-223　　　　　　　　　图 2-224

（2）单击"网格"按钮，在下拉菜单中能够选择网格的数量，如选择 3×3，即可看到相应的网格线，如图 2-225 所示。拖动控制点可以进行更加细致的变形操作，如图 2-226 所示。

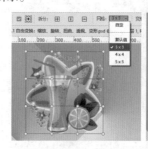
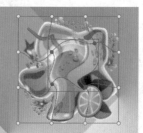

图 2-225　　　　　　　　　图 2-226

（3）单击"变形"按钮，在下拉列表中有多种预设的变形方式，如图 2-227 所示。单击选择一种后在选项栏中更改"扭曲""H"（水平扭曲）和"V"（垂直扭曲）的参数，如图 2-228 所示。

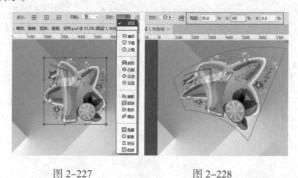

图 2-227　　　　　　　　　图 2-228

8. 旋转 180 度、顺时针旋转 90 度、逆时针旋转 90 度、水平翻转、垂直翻转

在自由变换状态下，右击，在弹出的快捷菜单的底部还有 5 个旋转的命令，即"旋转 180 度""顺时针旋转 90 度""逆时针旋转 90 度""水平翻转"与"垂直翻转"命令，如图 2-229 所示。顾名思义，根据这些命令的名字就能够判断出它们的用法。

图 2-229

9. 复制并重复上一次变换

如要制作一系列变换规律相似的元素，可以使用"复制并重复上一次变换"功能来完成。在使用该功能之前，需要先设定好一个变换规律。

复制一个图层，然后使用Ctrl+T调出自由变换定界框，然后调整"中心点"的位置，接着进行旋转和缩放的操作，如图2-230所示。接着按下Enter键确定变换操作，然后多次按快捷键Shift+Ctrl+Alt+T，可以得到一系列按照上一次变换规律进行变换的图形，如图2-231所示。

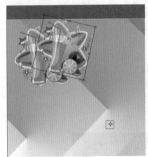

图 2-230

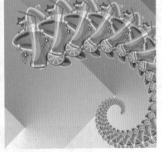

图 2-231

课后练习：使用自由变换功能等比例缩放卡通形象

文件路径	资源包\第2章\使用自由变换功能等比例缩放卡通形象
难易指数	★☆☆☆☆
技术掌握	自由变换命令、快速选择工具

案例效果

案例处理前后的效果对比如图2-232和图2-233所示。

图 2-232　　　　　　图 2-233

练习实例：使用变换命令制作立体书籍

文件路径	资源包\第2章\使用变换命令制作立体书籍
难易指数	★★★★☆
技术掌握	变换命令

案例效果

案例效果如图2-234所示。

图 2-234

操作步骤

步骤 01 执行"文件→打开"命令，在弹出的"打开"窗口中找到素材位置，选择素材1.jpg，单击"打开"按钮，如图2-235所示。随即素材在Photoshop中被打开，如图2-236所示。

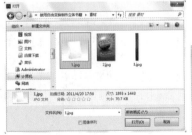

图 2-235　　　　　　图 2-236

步骤 02 执行"文件→置入嵌入对象"命令，在弹出的"置入嵌入对象"窗口中找到素材位置，选择素材2.jpg，单击"置入"按钮，如图2-237所示。将置入对象调整到合适的位置，然后按Enter键完成置入操作，如图2-238所示。

图 2-237　　　　　　　　图 2-238

步骤 03 选择该图层，右击，在弹出的快捷菜单中选择"栅格化图层"命令，如图 2-239 所示，即可将智能图层转换为普通图层。为了更好地进行变形，可以降低该图层的不透明度。选择该图层，设置其"不透明度"为 20%，如图 2-240 所示。画面效果如图 2-241 所示。

图 2-239　　　　　　　　图 2-240

图 2-241

步骤 04 执行"编辑→变换→扭曲"命令，调出定界框（也可以执行"编辑→自由变换"命令，在画面中右击，在弹出的快捷菜单中选择"扭曲"命令），接着将光标移动至右上角的控制点上，按住鼠标左键将控制点拖动至封面右上角处，如图 2-242 所示。继续将剩余 3 个控制点拖动至相应位置，如图 2-243 所示。

图 2-242　　　　　　　　图 2-243

步骤 05 调整完成后按下 Enter 键，完成变换操作，如图 2-244 所示。接着将图层 2 的"不透明度"设置为 100%，如图 2-245 所示。

图 2-244　　　　　　　　图 2-245

步骤 06 使用同样的方法制作书脊部分，最终效果如图 2-246 所示。

图 2-246

练习实例：使用复制并重复变换制作放射状背景

文件路径	资源包\第2章\使用复制并重复变换制作放射状背景
难易指数	★★★★★
技术掌握	复制并重复变换

扫一扫，看视频

案例效果

案例效果如图 2-247 所示。

图 2-247

操作步骤

步骤 01 执行"文件→打开"命令，在弹出的"打开"窗口中找到素材位置，选择素材 1.jpg，单击"打开"按钮，如图 2-248 所示。打开背景素材后，按快捷键 Ctrl+R 调出标尺，然后创建参考线，如图 2-249 所示。

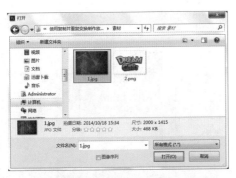

图 2-248

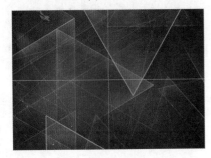

图 2-249

步骤 02 在"图层"面板中单击"创建新图层"按钮 ➕ ，创建一个新图层，如图 2-250 所示。单击工具箱中的"矩形选框工具"按钮 ▢ ，在画布上按住鼠标左键拖动，绘制一个矩形选区，如图 2-251 所示。

图 2-250   图 2-251

步骤 03 单击工具箱中的"前景色设置"按钮，在弹出的"拾色器"窗口中设置合适的颜色，单击"确定"按钮，如图 2-252 所示。按快捷键 Alt+Delete 为矩形填充颜色；按快捷键 Ctrl+D 取消选区，如图 2-253 所示。

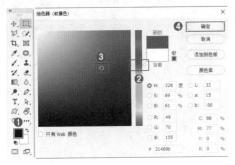

图 2-252

图 2-253

步骤 04 选择该图层，按快捷键 Ctrl+T 调出定界框，然后右击，在弹出的快捷菜单中选择"透视"命令，接着将矩形右上角的控制点向下拖动至中心位置，按 Enter 键完成透视，如图 2-254 所示。

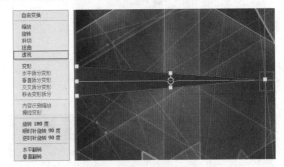

图 2-254

步骤 05 执行"编辑→自由变换"命令，将中心点移动到最右侧中心，然后在工具选项栏中设置"旋转角度"为 15 度，如图 2-255 所示。按 Enter 键完成变换。

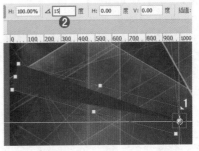

图 2-255

步骤 06 按快捷键 Ctrl+Shift+Alt+T，此时会按照设定的旋转角度复制一个相同的图层，如图 2-256 所示。多次按快捷键 Ctrl+Shift+Alt+T，旋转并复制出多个图层，构成一个放射状背景，如图 2-257 所示。

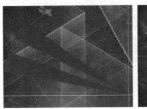

图 2-256

图 2-257

步骤07 在"图层"面板中按住Ctrl键单击加选所有三角形图层，使用快捷键Ctrl+E键进行合并图层的操作，如图2-258所示。

图 2-258

步骤08 在"图层"面板中选择图层"图层1拷贝23"，设置其"混合模式"为"划分"，"不透明度"为40%，如图2-259所示。画面效果如图2-260所示。

图 2-259   图 2-260

步骤09 继续调整放射状背景。选择该图层，按快捷键Ctrl+T调出定界框，然后将光标放在右上角处，按住快捷键Shift+Alt键拖动控制点，将其以中心点作为缩放中心进行等比例放大，如图2-261所示。最后按Enter键确认变换操作，效果如图2-262所示。

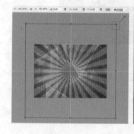
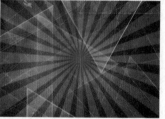

图 2-261   图 2-262

步骤10 执行"文件→置入嵌入对象"命令，在弹出的"置入嵌入对象"窗口中找到素材位置，选择素材2.png，单击"置入"按钮，如图2-263所示。按Enter键完成置入操作，最终效果如图2-264所示。

图 2-263

图 2-264

2.4.2 内容识别缩放

扫一扫，看视频

在变换图像时我们经常要考虑是否等比例的问题，因为很多不等比例的变形是不美观、不专业、不能用的。但是对于一些图形，等比例缩放确实能够保证画面效果不变形，但是图像尺寸可能就不尽如人意了。那么有没有一种方法既能保证画面效果不变形，又能不等比例地调整大小呢？答案是有的，可以使用"内容识别缩放"命令进行缩放操作。

（1）在图2-265中，可以看到画面非常宽，是常见的通栏广告的比例。但是如果想要将画面的宽度缩小一些，按快捷键Ctrl+T调出定界框，然后横向缩放，画面中的图形就变形了，如图2-266所示。

图 2-265   图 2-266

（2）若执行"编辑→内容识别缩放"命令调出定界框，在选项栏中取消"保持长宽比"选项，接着拖动控制点可以进行不等比例的缩放，随着横向缩小可以看到画面中的主体并未发生变形，而颜色较为统一的背景部分则进行了压缩，如图2-267所示。

图 2-267

> **提示："内容识别缩放"适用范围。**
>
> "内容识别缩放"适用于处理普通图层及选区内的部分，图像可以是RGB、CMYK、Lab和灰度颜色模式以及所有位深度。注意，"内容识别缩放"不适用于处理调整图层、图层蒙版、各个通道、智能对象、3D图层、视频图层、图层组，或者同时处理多个图层。

（3）如果要缩放人像图片，如图2-268所示，我们可以在执行"内容识别缩放"命令之后，单击选项栏中的"保护肤色"按钮，然后进行缩放。这样可以最大限度地保证人物比例，如图2-269所示。

图 2-268

图 2-269

> **提示："内容识别缩放"的"保护"功能。**
>
> 选择要保护的区域的Alpha通道。如果要在缩放图像时保留特定的区域，"内容识别缩放"允许在调整大小的过程中使用Alpha通道来保护内容。

课后练习：使用内容识别缩放命令制作迷你汽车

文件路径	资源包\第2章\使用内容识别缩放命令制作迷你汽车
难易指数	★★★★★
技术掌握	内容识别缩放命令

扫一扫，看视频

案例效果

案例处理前后的效果对比如图2-270和图2-271所示。

图 2-270　　　　　图 2-271

2.4.3　操控变形

"操控变形"命令通常用来修改人物的动作、发型、缠绕的藤蔓等。该功能通过可视网格，以添加控制点的方法扭曲图像。下面就使用这一功能来更改人物动作。

扫一扫，看视频

（1）选择需要变形的图层，执行"编辑→操控变形"命令，图像上将布满网格，在网格上单击添加"图钉"，这些"图钉"就是控制点，如图2-272所示。接下来，拖动图钉就能进行变形操作了，如图2-273所示。

图 2-272　　　　　图 2-273

> **提示："操控变形"中添加图钉的技巧。**
>
> 图钉添加得越多，变形的效果越精确。添加一个图钉并拖动，可以进行移动，达不到变形的效果。添加两个图钉，会以其中一个图钉作为"轴"进行旋转。当然，添加图钉的位置也会影响到变形的效果。

（2）还可以按住Shift键单击加选图钉，然后拖动进行变形，如图2-274所示。继续进行调整，然后按Enter键确认，效果如图2-275所示。如果需要删除图钉，可以按住Alt键，

将光标移动到要删除的图钉上，此时光标变为✂，单击即可删除图钉。

图 2-274　　　　　　图 2-275

练习实例：使用操控变形命令制作有趣的长颈鹿

文件路径	资源包\第2章\使用操控变形命令制作有趣的长颈鹿
难易指数	★★★★★
技术掌握	操控变形命令、变换命令

扫一扫，看视频

案例效果

案例处理前后的效果对比如图2-276和图2-277所示。

图 2-276　　　　　　图 2-277

操作步骤

步骤 01 执行"文件→打开"命令，在弹出的"打开"窗口中找到素材位置，选择素材1.psd，单击"打开"按钮。素材文件就被打开了，如图2-278所示。在"图层"面板中选择"图层1"，按快捷键Ctrl+J对其进行复制，如图2-279所示。

图 2-278　　　　　　图 2-279

步骤 02 选择"图层1拷贝"图层，执行"编辑→操控变形"命令，图像上将布满网格，通过单击添加多个图钉，如

图2-280所示。依次在图钉上按住鼠标左键拖动，即可移动图钉位置，使图像产生变形，如图2-281所示。调整完成后按Enter键，完成变形操作。

图 2-280　　　　　　图 2-281

步骤 03 选择"图层1拷贝"图层，执行"编辑→变换→水平翻转"命令，并向右移动到合适位置，然后按Enter键确认，最终效果如图2-282所示。

图 2-282

2.4.4　透视变形

扫一扫，看视频

"透视变形"可以对图像现有的透视关系进行变形。

（1）打开一张图片，如图2-283所示。执行"编辑→透视变形"命令，然后在画面中单击或按住鼠标左键拖动，绘制透视变形网格，如图2-284所示。

图 2-283　　　　　　图 2-284

（2）根据透视关系拖动控制点，调整透视变形网格，如图2-285所示。

（3）在另外一侧按住鼠标左键拖动绘制透视变形网格，当两个透视变形网格交叉时会有高亮显示，如图2-286所示。释放鼠标后会自动贴齐，如图2-287所示。

中文版Photoshop 2020从入门到精通（微课视频 全彩版）

图 2-285

图 2-286   图 2-287

（4）单击选项栏中的"变形"按钮，然后拖动控制点进行变形。随着控制点的调整，画面中的透视也在发生着变化，如图 2-288 所示。变形完成后按Enter键提交操作。接着可以使用"裁切工具"将空缺区域裁掉，最终效果如图2-289所示。

图 2-288

图 2-289

举一反三：使用透视变形命令更改空间关系

扫一扫，看视频

在一个画面中可以添加多个透视变形网格。打开图片，如图2-290所示。执行"编辑→透视变形"命令，绘制透视变形网格，如图2-291所示。接着拖动控制点进行变形，如图2-292所示。变形完成后按Enter键确认，效果如图2-293所示。

图 2-290   图 2-291

图 2-292   图 2-293

2.4.5　自动对齐图层

扫一扫，看视频

爱好摄影的朋友们可能会遇到这样的情况：在拍摄全景图时，由于拍摄条件的限制，可能要拍摄多张照片，然后通过后期进行拼接。使用"自动对齐图层"命令可以快速将单张图片组合成一张全景图。

（1）新建一个空白文档，然后置入素材。接着将置入的图层栅格化，如图2-294所示。然后适当调整图像的位置，图像与图像之间必须要有重合的区域，如图2-295所示。

图 2-294

图 2-295

> 💡 **提示：使用"裁剪工具"扩大画布。**
>
> 　如果不知道该新建多大的文档，可以先打开一张图片，然后将背景图层转换为普通图层，使用"裁剪工具"扩大画布。

（2）按住Ctrl键单击加选图层，然后执行"编辑→自动对齐图层"命令，打开"自动对齐图层"窗口。选中"自动"单选按钮，单击"确定"按钮，如图2-296所示。得到的画面效果如图2-297所示。在自动对齐之后，可能会出现透明像素，可以使用"裁剪工具"进行裁剪。

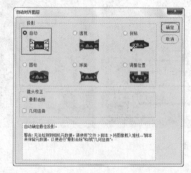

图 2-296

图 2-297

- **自动**：通过分析源图像，应用"透视"或"圆柱"版面。
- **透视**：通过将源图像中的一张图像指定为参考图像来创建一致的复合图像，然后变换其他图像，以匹配图层的重叠内容。

- **圆柱**：通过在展开的圆柱上显示各个图像来减少"透视"版面中出现的"领结"扭曲，同时图层的重叠内容仍然相互匹配。
- **球面**：将图像与宽视角对齐（垂直和水平）。指定某个源图像（默认情况下是中间图像）作为参考图像后，对其他图像执行球面变换，以匹配重叠的内容。
- **拼贴**：对齐图层并匹配重叠内容，不更改图像中对象的形状（如圆形将仍然保持为圆形）。
- **调整位置**：对齐图层并匹配重叠内容，但不会变换（伸展或斜切）任何源图层。
- **晕影去除**：对导致图像边缘（尤其是角落）比图像中心暗的镜头缺陷进行补偿。
- **几何扭曲**：补偿桶形、枕形或鱼眼失真。

练习实例：使用自动对齐命令制作宽幅风景照

文件路径	资源包\第2章\使用自动对齐命令制作宽幅风景照
难易指数	⭐⭐⭐⭐
技术掌握	自动对齐命令、裁剪工具

扫一扫，看视频

案例效果

案例效果如图2-298所示。

图 2-298

操作步骤

步骤01 执行"文件→新建"命令或按快捷键Ctrl+N，在弹出的"新建文档"窗口中设置"宽度"为1000像素，"高度"为450像素，然后单击"创建"按钮，如图2-299和图2-300所示。

图 2-299

中文版Photoshop 2020从入门到精通（微课视频 全彩版）

图 2-300

步骤 02 执行"文件→置入嵌入对象"命令，在弹出的"置入嵌入对象"窗口中找到素材位置，选择素材1.jpg，单击"置入"按钮，如图2-301所示。接着将置入对象移动到画面的左侧，将其等比例放大，如图2-302所示。

图 2-301

图 2-302

步骤 03 调整完成后按Enter键，完成置入操作。使用同样的方法置入素材2.jpg，然后调整图片位置与大小（在调整位置时素材2要与素材1有重叠的区域），如图2-303所示。继续置入另外两个素材，如图2-304所示。

图 2-303

图 2-304

步骤 04 按住Ctrl键加选4个图层，右击，在弹出的快捷菜单中选择"栅格化图层"命令，将智能图层转换为普通图层，如图2-305所示。

图 2-305

步骤 05 在加选图层的状态下，执行"编辑→自动对齐图层"命令，在弹出的"自动对齐图层"窗口中选中"自动"单选按钮，单击"确定"按钮，如图2-306所示。此时原本不连续的4张图片被连接在一起了，效果如图2-307所示。

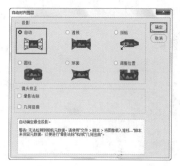

图 2-306

图 2-307

步骤 06 单击工具箱中的"裁剪工具"按钮 ，在画布上绘制一个裁剪框，如图2-308所示。完成裁剪后按Enter键确认，最终效果如图2-309所示。

图 2-308

图 2-309

2.4.6 自动混合图层

"自动混合图层"功能可以自动识别画面内容,并根据需要对每个图层应用图层蒙版,以遮盖过度曝光、曝光不足的区域或内容差异。使用"自动混合图层"命令可以缝合或者组合图像,从而在最终图像中获得平滑的过渡效果。

扫一扫,看视频

(1)打开一张素材图片,如图 2-310 所示。接着置入一张素材,并将置入的图层栅格化,如图 2-311 所示。

图 2-310   图 2-311

(2)按住 Ctrl 键加选两个图层,然后执行"编辑→自动混合图层"命令,在弹出的"自动混合图层"窗口中选中"堆叠图像"单选按钮,单击"确定"按钮,如图 2-312 所示。此时画面效果如图 2-313 所示。

- 全景图:将重叠的图层混合成全景图。
- 堆叠图像:混合每个相应区域中的最佳细节。对于已对齐的图层,该选项最适用。

> 📷 提示:"自动混合图层"功能的适用范围。
>
> "自动混合图层"功能仅适用于 RGB 或灰度图像,不适用于智能对象、视频图层、3D 图层或背景图层。

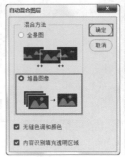

图 2-312   图 2-313

练习实例:使用自动混合图层命令制作对称世界

扫一扫,看视频

文件路径	资源包\第2章\使用自动混合图层命令制作对称世界
难易指数	★★★★★
技术掌握	裁切工具、复制图层、自由变换、自动混合

案例效果

案例效果如图 2-314 所示。

图 2-314

操作步骤

步骤 01 将风景素材 1 打开,然后单击"图层"面板中"背景"图层名称后方的 🔒 按钮,如图 2-315 所示。将背景图层转换为普通图层,如图 2-316 所示。

图 2-315   图 2-316

步骤 02 选择工具箱中的"裁剪工具" 🔲,在顶部向上拖动控制点将画布放大,如图 2-317 所示。按 Enter 键确定裁剪操作。选择素材1所在图层，使用快捷键Ctrl+J将图层复制一份，如图2-318所示。

图 2-317 　　　　　图 2-318

步骤 03 选择复制的图层，使用自由变换快捷键Ctrl+T，将光标定位到定界框内部，按住鼠标左键向上移动，将该图移动到画面的顶部，如图2-319所示。

图 2-319

步骤 04 右击，从弹出的快捷菜单中执行"垂直翻转"命令，如图2-320所示。接着按Enter键确定变换操作，画面效果如图2-321所示。

图 2-320

图 2-321

步骤 05 在"图层"面板中单击"新建图层"按钮，创建新图层，并将新图层移动到所有图层的最下方，如图2-322所示。

图 2-322

步骤 06 选择工具箱中的"矩形选框工具" ，在画面中间位置按住鼠标左键拖动绘制矩形选区，如图2-323所示。选择工具箱中的"吸管工具"，将光标移动至天空位置单击拾取颜色，快速设置前景色为天蓝色，如图2-324所示。

图 2-323 　　　　　图 2-324

步骤 07 选择新建的"图层1"图层，如图2-325所示。按下前景色填充快捷键Alt+Delete进行填充，如图2-326所示。使用快捷键Ctrl+D取消选区的选择。

图 2-325 　　　　　图 2-326

步骤 08 按住Ctrl键单击加选3个图层，执行"编辑→自动混合图层"命令，在打开的"自动混合图层"窗口中选中"堆叠图像"单选按钮，设置完成后单击"确定"按钮，如图2-327所示。此时3个图层的边界很好地融合在一起，画面效果如

图2-328所示。

步骤09 最后将文字素材2置入到文档中,并移动到画面中央位置,按下Enter键确定置入操作,案例完成效果如图2-329所示。

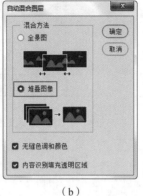
（a） （b）

图2-327

图2-328 图2-329

课后练习：使用自动混合图层命令制作清晰的图像

文件路径	资源包\第2章\使用自动混合图层命令制作清晰的图像
难易指数	★★★★★
技术掌握	自动混合图层命令

扫一扫，看视频

案例效果

案例效果如图2-330和图2-331所示。

图2-330 图2-331

2.5 常用辅助工具

　　Photoshop提供了多种方便、实用的辅助工具：标尺、参考线、智能参考线、网格、对齐等。使用这些工具可以轻松制作出尺度精准的对象和排列整齐的版面。

[重点]2.5.1 使用标尺

　　在对图像进行精确处理时，就要用到标尺工具了。

扫一扫，看视频

1. 开启标尺

　　执行"文件→打开"命令，打开一张图片。执行"视图→标尺"命令（快捷键Ctrl+R），在文档窗口的顶部和左侧出现标尺，如图2-332所示。

图2-332

2. 调整标尺原点

　　虽然标尺只能在窗口的左侧和上方，但是可以通过更改原点（也就是零刻度线）的位置来满足使用需要。默认情况下，标尺的原点位于窗口的左上方。将光标放置在原点上，然后按住鼠标左键拖动原点，画面中会显示出十字线。释放鼠标左键后，释放处便成了原点的新位置，同时刻度值也会发生变化，如图2-333和图2-334所示。想要使标尺原点恢复默认状态，在左上角两条标尺交界处双击即可。

图2-333 图2-334

3. 设置标尺单位

在标尺上右击，在弹出的快捷菜单中选择相应的单位，即可设置标尺的单位，如图2-335所示。

图 2-335

2.5.2　使用参考线

"参考线"是一种很常用的辅助工具，在平面设计中尤为适用。例如，制作对齐的元素时，徒手移动很难保证元素整齐排列；如果有了参考线，则可以在移动对象时自动"吸附"到参考线上，从而使画面更加整齐，如图2-336所示。除此之外，在制作一个完整的版面时，也可以先使用参考线将版面进行分割，之后再进行元素的添加，如图2-337所示。

扫一扫，看视频

图 2-336

图 2-337

"参考线"是一种显示在图像上方的虚拟对象（打印和输出时不会显示），用于辅助移动、变换过程中的精确定位。执行"视图→显示→参考线"命令，可以切换参考线的显示和隐藏状态。

1. 创建参考线

首先，按快捷键Ctrl+R打开标尺。将光标放置在水平标尺上，然后按住鼠标左键向下拖动，即可拖出水平参考线，如图2-338所示；将光标放置在左侧的垂直标尺上，然后按住鼠标左键向右拖动，即可拖出垂直参考线，如图2-339所示。

图 2-338

图 2-339

2. 移动和删除参考线

如果要移动参考线，单击工具箱中的"移动工具"按钮 ⊹ ，然后将光标放置在参考线上，当其变成分隔符 ⊹ 形状时，按住鼠标左键拖动，即可移动参考线，如图2-340所示。如果使用"移动工具"将参考线拖曳出画布之外，可以删除这条参考线，如图2-341所示。

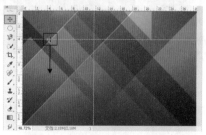

图 2-340

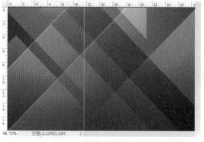

图 2-341

在创建、移动参考线时，按住Shift键可以使参考线与标尺刻度对齐；在使用其他工具时，按住Ctrl键可以将参考线放置在画布中的任意位置，并且可以让参考线不与标尺刻度对齐。

3. 删除所有参考线

如要删除画布中的所有参考线，可以执行"视图→清除参考线"命令。

2.5.3 智能参考线

"智能参考线"是一种在绘制、移动、变换等情况下自动出现的参考线，可以帮助用户对齐特定对象。例如，使用"移动工具"移动某个图层，如图2-342所示。移动过程中与其他图层对齐时就会显示出洋红色的智能参考线，而且还会提示图层之间的间距，如图2-343所示。

图 2-342

图 2-343

同样，缩放图层到某个图层一半尺寸时也会出现智能参考线，如图2-344所示。绘制图形时也会出现智能参考线，如图2-345所示。

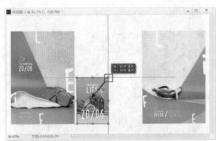

图 2-344

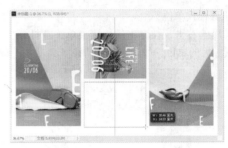

图 2-345

智能参考线默认情况下一直处于显示状态，但是在早期版本中不是自动开启的，需要执行"视图→显示→智能参考线"命令来开启。

2.5.4 网格

网格主要用来对齐对象。借助网格可以更精准地确定绘制对象的位置，尤其是在制作标志、绘制像素画时，网格更是必不可少的辅助工具。在默认情况下，网格显示为不打印出来的线条。打开一张图片，如图2-346所示。接着执行"视图→显示→网格"命令，就可以在画布中显示出网格，如图2-347所示。

 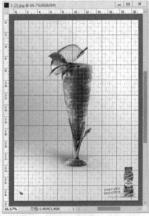

图 2-346　　　　　　图 2-347

默认情况下参考线为青色，智能参考线为洋红色，网格为灰色。如果正在编辑的文档与这些辅助对象的颜色非常相似，则可以更改参考线、网格的颜色。执行"编辑→首选项→参考线、网格和切片"命令，在弹出的"首选项"对话框中可以选择合适的颜色，还可以选择线条类型，如图2-348所示。

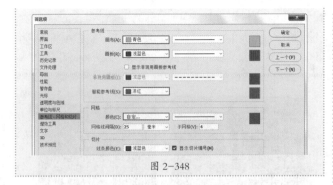

图 2-348

2.5.5 对齐

在移动、变换或创建新图形时，经常会感受到对象自动被"吸附"到另一个对象的边缘或某些特定位置，这是因为开启了"对齐"功能。"对齐"有助于精确地放置选区、裁剪选框、切片、形状和路径等。执行"视图→对齐"命令，可以切换"对齐"功能的开启与关闭。在"视图→对齐到"菜单下可以设置可对齐的对象，如图2-349所示。

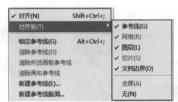

图 2-349

2.6 综合实例：使用复制和自由变换命令制作暗调合成

文件路径	资源包\第2章\综合实例：使用复制和自由变换命令制作暗调合成
难易指数	★★★★★
技术掌握	图层组的使用、自由变换、复制并重复变换

扫一扫，看视频

案例效果

案例效果如图2-350所示。

图 2-350

操作步骤

步骤 01 执行"文件→打开"命令，在弹出的"打开"窗口中找到素材位置，选择素材1.jpg，单击"打开"按钮，如图2-351所示。素材文件就被打开了，如图2-352所示。

图 2-351

图 2-352

步骤 02 在"图层"面板中单击"创建新组"按钮▭，新建"组1"，如图2-353所示。选中"组1"，执行"图层→重命名组"命令，将该组重命名为"旋转复制"，如图2-354所示。

图 2-353　　　　图 2-354

步骤 03 执行"文件→置入嵌入对象"命令，在弹出的"置入嵌入对象"窗口中找到素材位置，选择素材2.png，单击"置入"按钮，如图2-355所示。接着将光标移动到素材右上角处，按住鼠标左键向左下角拖动，等比例缩小素材，如图2-356所示。然后双击完成置入操作，如图2-357所示。

图 2-355

图 2-356　　　　　　　图 2-357

步骤 04 在"图层"面板中单击选择置入的素材图层，右击，在弹出的快捷菜单中选择"栅格化图层"命令，如图 2-358 所示。此时智能图层变为普通图层，如图 2-359 所示。

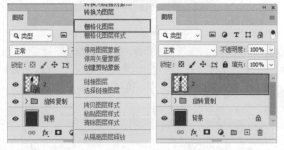

图 3-358　　　　　　　图 3-359

步骤 05 在"图层"面板中将该图层移动到"旋转复制"组中，如图 2-360 所示。

图 2-360

步骤 06 选择口红所在的图层，执行"编辑→自由变换"命令，将中心点向下移动，如图 2-361 所示。然后在选项栏中设置"旋转"为 15 度，如图 2-362 所示，按 Enter 键完成变换操作。

图 2-361　　　　　　　图 2-362

步骤 07 按快捷键 Ctrl+Shift+Alt+T，按照之前的变换规律旋转并复制出一个口红，如图 2-363 所示。通过按该快捷键多次进行旋转并复制，效果如图 2-364 所示。选择"旋转复制"图层组，右击，在弹出的快捷菜单中选择"合并组"命令，如图 2-365 所示。

图 2-363　　　　　　　图 2-364

图 3-365

步骤 08 选择"旋转复制"图层，设置其"混合模式"为"正片叠底"，如图 2-366 所示。此时画面效果如图 2-367 所示。

图 2-366　　　　　　　图 2-367

中文版Photoshop 2020 从入门到精通（微课视频 全彩版）

步骤 09 在"图层"面板中选中"旋转复制"图层，执行"图像→调整→去色"命令。此时该图层变为黑白效果，如图 2-368 所示。

图 2-368

步骤 10 选择该图层，按快捷键Ctrl+J对其进行复制。按快捷键Ctrl+T调出定界框，将光标定位到右上角的控制点处，然后按住快捷键Shift+Alt的同时拖动控制点，以中心点作为缩放中心进行等比放大，如图 2-369 所示。调整完成后按Enter键，完成变换操作。在"图层"面板中设置"合并—放大"图层的"混合模式"为"滤色"，"不透明度"为20%，如图 2-370 所示。画面效果如图 2-371 所示。

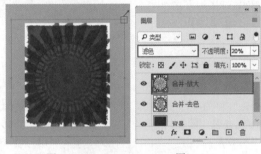

图 2-369   图 2-370

图 2-371

步骤 11 执行"文件→置入嵌入对象"命令，在弹出的"置入嵌入对象"窗口中找到素材位置，选择素材3.png，单击"置入"按钮，如图 2-372 所示。将素材调整到合适位置，然后按Enter键确认，最终效果如图 2-373 所示。

图 2-372   图 2-373

2.7 模拟考试

主题：将二寸证件照整齐地排版在一张A4纸上。

要求：

（1）将单张证件照处理为宽度3.5厘米，高度4.9厘米；

（2）尽可能地在版面中排列最多的照片；

（3）照片需要排列整齐，间距一致。

考查知识点：图像大小、画布大小、复制图层、移动图层、对齐与分布、自由变换等。

Chapter
03
第3章

选区与填色

本章内容简介

本章主要讲解最基本也是最常见的选区绘制方法，并介绍选区的基本操作，如移动、变换、显隐、储存等操作，在此基础上学习选区形态的编辑。学会了选区的使用方法后，我们可以对选区进行颜色、渐变以及图案的填充。

重点知识掌握

- 掌握使用选框工具和套索工具创建选区的方法
- 掌握颜色的设置以及填充方法
- 掌握渐变的使用方法
- 掌握选区的基本操作

通过本章学习，我能做什么？

通过本章的学习，我们能够轻松地在画面中绘制一些简单的选区，如长方形选区、正方形选区、椭圆选区、正圆选区、细线选区、随意的选区以及随意的带有尖角的选区等。有了选区后，就可以对选区内的内容进行单独的操作，可以复制为单独的图层，也可以删除这部分内容，还可以为选区内部填充颜色等。

佳作欣赏

3.1 创建简单选区

在创建选区之前,首先来了解一下什么是"选区"。我们可以将"选区"理解为一个限定处理范围的"虚线框",当画面中包含选区时,选区边缘显示为闪烁的黑白相间的虚线框,如图3-1所示。进行的操作只会对选区以内的部分起作用,如图3-2和图3-3所示。

图 3-1   图 3-2

图 3-3

选区功能的使用非常普遍,无论是照片修饰还是平面设计制图过程中,经常遇到要对画面局部进行处理、在特定范围内填充颜色或将部分区域删除的情况。这些都可以创建出选区,然后对选区进行操作。在Photoshop中包含多种选区制作工具,本节将要介绍的是一些最基本的选区绘制工具,通过这些工具可以绘制长方形选区、正方形选区、椭圆选区、正圆选区、细线选区、随意的选区以及随意的带有尖角的选区等,如图3-4所示。除了这些工具,还有一些用于"抠图"的选区制作工具和技法,将在后面的章节进行讲解。

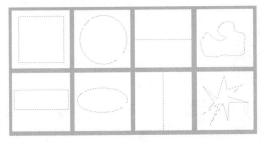

图 3-4

【重点】3.1.1 动手练:矩形选框工具

"矩形选框工具"可以创建出矩形选区与正方形选区。

(1)单击工具箱中的"矩形选框工具" ▯,

扫一扫,看视频

将光标移动到画面中,按住鼠标左键并拖动即可出现矩形的选区,释放鼠标后完成选区的绘制,如图3-5所示。在绘制过程中,按住Shift键的同时按住鼠标左键拖动可以创建正方形选区,如图3-6所示。

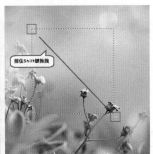

图 3-5   图 3-6

(2)在"矩形选框工具"的选项栏中可以看到选区运算的按钮 ▣▣▣▣。选区的运算是指选区之间的"加"和"减"。在绘制选区之前首先要注意此处的设置。如果想要创建出一个新的选区,那么需要单击"新选区"按钮 ▣,然后绘制选区。如果已经存在选区,那么新创建的选区将替代原来的选区,如图3-7所示;如果之前包含选区,单击"添加到选区"按钮 ▣可以将当前创建的选区添加到原来的选区中(按住Shift键也可以实现相同的操作),如图3-8所示;如果之前包含选区,单击"从选区减去"按钮 ▣可以将当前创建的选区从原来的选区中减去(按住Alt键也可以实现相同的操作),如图3-9所示;如果之前包含选区,单击"与选区交叉"按钮 ▣,接着绘制选区时只保留原有选区与新创建的选区相交的部分(按住快捷键Shift+Alt也可以实现相同的操作),如图3-10所示。

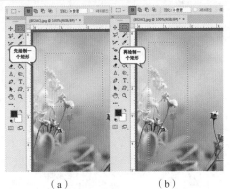

(a)   (b)

图 3-7

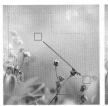

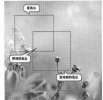

图 3-8   图 3-9   图 3-10

（3）在选项栏中可以看到"羽化"选项，"羽化"选项主要用来设置选区边缘的虚化程度。若要绘制"羽化"的选区，需要先在选项栏中设置参数，然后按住鼠标左键拖动进行绘制，选区绘制完成后可能看不出有什么变化，如图3-11所示。可以将前景色设置为某一彩色，然后使用前景色填充快捷键Alt+Delete进行填充，最后使用快捷键Ctrl+D取消选区的选择，此时就可以看到羽化选区填充后的效果，如图3-12所示。羽化值越大，虚化范围越宽；羽化值越小，虚化范围越窄。图3-13所示为羽化值为30像素的羽化效果。

图 3-11

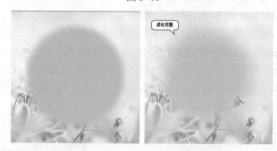

图 3-12　　　　　　　图 3-13

提示：选区警告。

当设置的羽化值过大，以至于任何像素都不大于50%选择时，Photoshop会弹出一个警告对话框，提醒用户羽化后的选区将不可见（选区仍然存在），如图3-14所示。

图 3-14

（4）"样式"选项用来设置矩形选区的创建方法。当选择"正常"选项时，可以创建任意大小的矩形选区；当选择"固定比例"选项时，可以在右侧的"宽度"和"高度"文本框输入数值，以创建固定比例的选区。例如，设置"宽度"为1，"高度"为2，那么创建出来的矩形选区的高度就是宽度的2倍，如图3-15所示。当选择"固定大小"选项时，可以在右

侧的"宽度"和"高度"文本框中输入数值，然后单击，即可创建一个固定大小的选区（单击"高度和宽度互换"按钮 ⇄ 可以切换"宽度"和"高度"的数值），如图3-16所示。

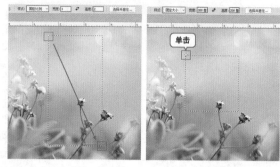

图 3-15　　　　　　　图 3-16

（5）在选项栏中单击"选择并遮住"按钮，则可以打开"选择并遮住"窗口，在该窗口中可以对选区进行平滑、羽化等处理。若想要关闭该窗口并且不做出更改，只需单击窗口右下角的"取消"按钮即可，如图3-17所示。

图 3-17

举一反三：巧用选区运算绘制镂空文字

扫一扫，看视频

步骤 01 选择需要制作镂空文字的图层，如图3-18所示。因为要制作文字，可以先建立辅助线，如图3-19所示。

图 3-18　　　　　　　图 3-19

步骤 02 选择"矩形选框工具"，单击选项栏中"添加到选区"

中文版Photoshop 2020从入门到精通（微课视频 全彩版）

按钮 ，然后参照辅助线位置绘制一个选区，如图3-20所示。接着继续在左侧绘制一个矩形选区，如图3-21所示。

图3-20

图3-21

步骤03 继续绘制选区，组合成字母E，如图3-22所示。接着选中蓝色矩形图层，按Delete键删除选区中的像素。然后使用快捷键Ctrl+D取消选区的选择，效果如图3-23所示。

图3-22

图3-23

举一反三：利用羽化选区制作暗角效果

"暗角"一词是摄影中常用的词语。当我们拍摄出的画面四角有变暗的现象，叫作"失光"，俗称"暗角"。在设计中，"暗角"能够将视线向画面中心引导，从而突出主题。

步骤01 打开图片，如图3-24所示。新建一个图层，将其填充为黑色。然后单击工具箱中的"椭圆选框工具"，在选项栏中设置"羽化"为100像素，然后绘制一个椭圆选区，如图3-25所示。

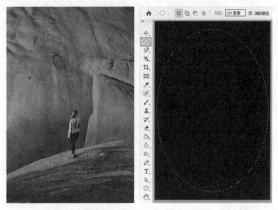

图3-24　　　　　　　图3-25

步骤02 选中黑色图层按Delete键，删除选区中的像素，此时暗角效果已经产生。如果觉得颜色太深，可以多次按Delete键删除，如图3-26所示。最后使用快捷键Ctrl+D取消选区的选择，如图3-27所示。

图3-26　　　　　　　图3-27

【重点】3.1.2 动手练：椭圆选框工具

"椭圆选框工具"主要用来制作椭圆选区和正圆选区。

（1）右击工具箱中的"选框工具组"按钮，在弹出的工具组列表中选择"椭圆选框工具" 。将光标移动到画面中，按住鼠标左键并拖动即可出现椭圆形的选区，释放鼠标后完成选区的绘制，如图3-28所示。在绘制过程中按住Shift键的同时按住鼠标左键拖动，可以创建正圆选区，如图3-29所示。

扫一扫，看视频

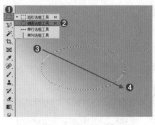

图 3-28　　　　　　　图 3-29

（2）选项栏中的"消除锯齿"复选框是通过柔化边缘像素与背景像素之间的颜色过渡效果，来使选区边缘变得平滑。图3-30所示是未勾选"消除锯齿"复选框时的图像边缘效果，图3-31所示是勾选了"消除锯齿"复选框的图像边缘效果。由于"消除锯齿"只影响边缘像素，因此不会丢失细节，这在剪切、复制和粘贴选区图像时非常有用。其他选项与"矩形选框工具"相同，这里不再重复讲解。

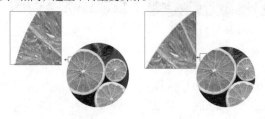

图 3-30　　　　　　　图 3-31

举一反三：巧用选区运算绘制卡通云朵

 步骤 01 选择"椭圆选区工具" ○，单击选项栏中的"添加到选区"按钮 □，然后按住鼠标左键拖动绘制一个圆形选区，如图3-32所示。继续绘制另外几个圆形选区，如图3-33和图3-34所示。

扫一扫，看视频

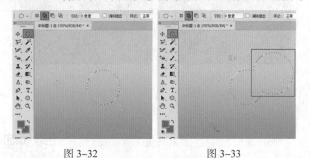

图 3-32　　　　　　　图 3-33

图 3-34

步骤 02 将选区填充为白色，如图3-35所示。还可以继续丰富云朵的细节，当然这需要利用到后面将要学习的知识，完成效果如图3-36所示。

图 3-35　　　　　　　图 3-36

举一反三：制作同心圆图形

如果想要制作多层次的同心圆图形，首先需要使用"椭圆选框工具" ○，按住Shift键绘制一个正圆选区，如图3-37所示。接着设置合适的前景色，在新的图层中使用快捷键Alt+Delete进行填充，如图3-38所示。继续新建图层并绘制彩色正圆，如图3-39所示。

扫一扫，看视频

图 3-37　　　　图 3-38　　　　图 3-39

多次重复这样的操作，在不同的图层上绘制不同颜色的正圆形，如图3-40所示。绘制完成后，我们会发现这些圆形很难对齐。所以可以按住Ctrl键加选这些图层，然后单击"移动工具"选项栏中的"水平居中对齐"和"垂直居中对齐"按钮进行对齐，如图3-41所示。应用效果如图3-42所示。

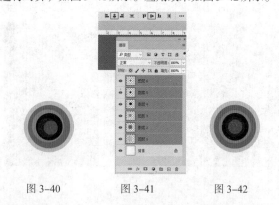

图 3-40　　　　图 3-41　　　　图 3-42

课后练习：使用椭圆选框工具制作人像海报

扫一扫，看视频

文件路径	资源包\第3章\使用椭圆选框工具制作人像海报
难易指数	★★★★★
技术掌握	椭圆形选框工具、填充颜色、反向选择

中文版Photoshop 2020从入门到精通（微课视频 全彩版）

案例效果

案例效果如图3-43所示。

图 3-43

3.1.3 单行/单列选框工具：1像素宽/1像素高的选区

扫一扫，看视频

"单行选框工具"和"单列选框工具"主要用来创建高度或宽度为1像素的选区，常用来制作分割线以及网格效果。

（1）右击工具箱中的"选框工具组"按钮，在弹出的工具组列表中选择"单行选框工具"，如图3-44所示。接着在画面中单击，即可绘制1像素高的横向选区，如图3-45所示。

图 3-44　　　　　　　图 3-45

（2）右击工具箱中的"选框工具组"按钮，在弹出的工具组列表中选择"单列选框工具"，如图3-46所示。接着在画面中单击，即可绘制1像素宽的纵向选区，如图3-47所示。

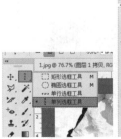

图 3-46　　　　　　　图 3-47

举一反三：年代感做旧效果

具有年代感的照片或电影最显著的特点有以下几种：颜色褪去、偏黄、饱和度低、模糊、残缺不全等。利用"单列选框工具"可以为画面增加一些细节缺失的效果。选择工具箱中的"单列选框工具"，接着在画面中单击即可绘制纵向的选区，如图3-48所示。单击选项栏中的"添加到选区"按钮，多次单击绘制多个单列选区，如图3-49所示。新建一个图层，然后将选区填充为白色，使用快捷键Ctrl+D取消选区的选择，效果如图3-50所示。

图 3-48　　　　　　　图 3-49

图 3-50

【重点】3.1.4 套索工具：绘制随意的选区

"套索工具"可以绘制出不规则形状的选区。例如，需要随意选择画面中的某个部分，或者绘制一个不规则的图都可以使用"套索工具"。

扫一扫，看视频

单击工具箱中的"套索工具"，将光标移动至画面中，按住鼠标左键拖动，如图3-51所示。最后将光标定位到起始位置时，释放鼠标即可得到闭合选区，如图3-52所示。如果在绘制中途释放鼠标左键，Photoshop会在该点与起点之间建立一条直线以封闭选区。

图 3-51 　　　　　　 图 3-52

扫一扫，看视频

　　快速蒙版与其说是一种蒙版，不如称之为是一种选区工具。因为使用"快速蒙版"工具创建出的对象就是选区。但是"快速蒙版"工具创建选区的方式与其他选区工具的使用方式有所不同。

　　（1）单击工具箱底部的"以快速蒙版模式编辑"按钮 ⬚ 或按Q键，该按钮变为 ⬚ ，表明已经处于"快速蒙版编辑模式"，如图3-57所示。在这种模式下可以使用"画笔工具""橡皮工具""渐变工具""油漆桶工具"等工具在当前的画面中进行绘制。快速蒙版下只能使用黑、白、灰进行绘制，使用黑色绘制的部分在画面中呈现出被半透明的红色覆盖的效果，使用白色画笔可以擦掉"红色部分"，如图3-58所示。

图 3-57

图 3-58

　　（2）绘制完成后再次单击工具箱中的"以标准模式编辑"按钮 ⬚ 或按Q键，退出快速蒙版编辑模式。得到红色以外部分的选区，如图3-59所示。接着可以为这部分选区填充颜色，观察效果，如图3-60所示。

图 3-59

【重点】3.1.5　多边形套索工具：创建带有尖角的选区

　　"多边形套索工具"能够创建转角比较尖锐的选区。选择工具箱中的"多边形套索工具" ⬚ ，接着在画面中单击确定起点，如图3-53所示。然后在转折的位置单击进行绘制，如图3-54所示。当绘制到起始位置时，光标变为 ⬚ 形状后单击，如图3-55所示。随即会得到选区，如图3-56所示。

图 3-53 　　　　　　 图 3-54

图 3-55 　　　　　　 图 3-56

　　　提示："多边形套索工具"的使用技巧。

　　在使用"多边形套索工具"绘制选区时，然后按住Shift键，可以在水平方向、垂直方向或45°方向上绘制直线。另外，按Delete键可以删除最近绘制的直线。

图 3-60

（3）在快速蒙版状态下不仅可以使用绘制工具，甚至可以使用部分滤镜和调色命令对快速蒙版的内容进行调整。这种调整就相当于把快速蒙版作为一个黑白图像，被涂抹的区域为黑色，为选区之外；未被涂抹的区域为白色，为选区之内。所以，就相当于对快速蒙版这一"黑白图像"进行滤镜操作，可以得到各种各样的效果，如图 3-61 所示。相应地，快速蒙版的边缘也会发生变化，如图 3-62 所示。

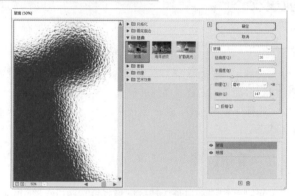

图 3-61

图 3-62

（4）退出快速蒙版状态后，选区边缘也发生变化，如图 3-63 所示。将选区填充为其他颜色，效果更加明显，如图 3-64 所示。

图 3-63

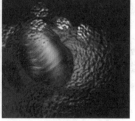

图 3-64

练习实例：使用快速蒙版制作有趣的斑点图

文件路径	资源包\第3章\使用快速蒙版制作有趣的斑点图
难易指数	☆☆☆☆☆
技术掌握	快速蒙版、彩色半调

扫一扫，看视频

案例效果

案例最终效果如图 3-65 所示。

图 3-65

操作步骤

步骤 01 执行"文件→新建"命令，新建一个空白文档，如图 3-66 所示。执行"文件→置入嵌入对象"命令，置入素材 1.jpg，然后按 Enter 键完成置入操作，并将该图层栅格化，如图 3-67 所示。

图 3-66

图 3-67

步骤 02 选中素材图层按下 Q 键进入快速蒙版模式，设置前景色为黑色，接着使用"画笔工具"在画面中涂抹绘制出不规则的区域，如图3-68所示。执行"滤镜→像素化→彩色半调"命令，设置"最大半径"为50像素，"通道1"为108，"通道2"为162，"通道3"为90，"通道4"为45，单击"确定"按钮完成设置，如图3-69所示。此时可以看到快速蒙版的边缘出现点状，如图3-70所示。

图3-68　　　　　　　　图3-69

图3-70

步骤 03 按下Q键退出快速蒙版编辑模式，此时画面如图3-71所示。按下Delete键，删除选区中的内容，如图3-72所示。

图3-71

图3-72

步骤 04 置入素材2.png，将置入对象调整到合适的大小、位置，再按Enter键完成置入操作，最终效果如图3-73所示。

图3-73

3.2　选区的基本操作

对创建完成的"选区"可以进行一些操作，如移动、全选、反选、取消选择、重新选择、储存与载入等。

扫一扫，看视频

【重点】3.2.1　取消选区

当绘制了一个选区后，会发现操作都是针对选区内部的图像进行。如果不需要对局部进行操作了，就可以取消选区。执行"选择→取消选择"命令或按快捷键Ctrl+D，可以取消选区状态。

3.2.2　重新选择

如果刚刚错误地取消了选区，可以将选区"恢复"回来。要恢复被取消的选区，可以执行"选择→重新选择"命令。

【重点】3.2.3　动手练：移动选区位置

创建完的选区可以进行移动，但是选区的移动不能使用"移动工具"，而要使用选区工具，否则移动的内容将是图像，而不是选区。将光标移动至选区内，光标变为形状后，按住鼠标左键拖动，如图3-74所示。拖动到相应位置后释放鼠标，完成移动操作。在包含选区的状态下，按→、←、↑、↓键可以1像素的距离移动选区，如图3-75所示。

图3-74　　　　　　　　图3-75

{重点} 3.2.4 全选

"全选"能够选择当前文档边界内的全部图像。执行"选择→全部"命令或按快捷键Ctrl+A即可进行全选，如图3-76所示。

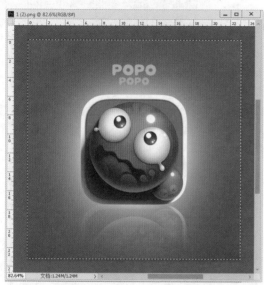

图 3-76

{重点} 3.2.5 反选

通过前面的学习，我们已经能够创建出多种选区，但是如果想要创建出与当前选择内容相反的选区，需要怎么做呢？其实很简单，首先创建出中间部分的选区（为了便于观察，此处图中网格的区域为选区内部），如图3-77所示，然后执行"选择→反向选择"命令（快捷键Shift+Ctrl+I），即可选择反向的选区，也就是原本没有被选择的部分，如图3-78所示。

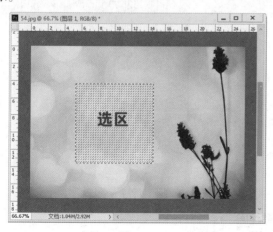

图 3-77

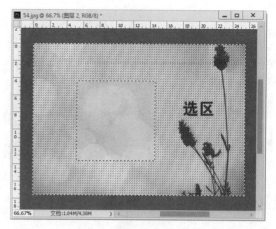

图 3-78

3.2.6 隐藏选区、显示选区

在制图过程中，有时画面中的选区边缘线可能会影响我们观察画面效果。执行"视图→显示→选区边缘"命令（快捷键Ctrl+H）可以切换选区的显示与隐藏状态。

3.2.7 动手练：存储选区、载入存储的选区

在Photoshop中选区是一种"虚拟对象"，无法直接被存储在文档中，而且一旦取消，选区就不复存在了。如果在制图过程中，某个选区需要多次使用，则可以借助"通道"功能将选区"存储"起来。

（1）执行"窗口→通道"命令，打开"通道"面板。此时如果画面中包含选区，如图3-79所示，在"通道"面板底部单击"将选区存储为通道"按钮 ■，可以将选区存储为"Alpha通道"，如图3-80所示。

图 3-79　　　　　　　图 3-80

（2）以通道形式存储的选区，可以在"通道"面板中按住Ctrl键的同时单击存储选区的通道蒙版缩略图，如图3-81所示，即可重新载入存储起来的选区，如图3-82所示。

图 3-81　　　　　图 3-82

{重点}3.2.8　载入当前图层的选区

在操作过程中经常需要得到某个图层的选区。例如，在文档内有两个图层，如图3-83所示。此时可以在"图层"面板中按住Ctrl键的同时单击该图层缩略图，即可载入该图层选区，如图3-84所示。

图 3-83　　　　　图 3-84

{重点}3.2.9　变换选区：缩放、旋转、扭曲、透视、变形

"选区"创建完成后，可以对已有的选区进行一定的编辑操作，如缩放选区、旋转选区、调整选区边缘、创建边界选区、平滑选区、扩展与收缩选区、羽化选区等，熟练掌握这些操作可以快速选择我们所需要的部分。

（1）绘制一个选区，如图3-85所示。执行"选择→变换选区"命令调出定界框，如图3-86所示。拖动控制点即可对选区进行变形，如图3-87所示。

图 3-85　　　　　图 3-86

图 3-87

（2）在选区变换状态下，在画布中右击，在弹出的快捷菜单中还可以选择其他变换方式，如图3-88所示。变换完成之后，按Enter键确定变换，如图3-89所示。

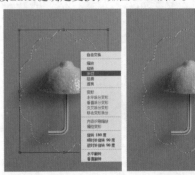

图 3-88　　　　　图 3-89

提示：变换选区的其他方法。

在选择选框工具的状态下，在选区内右击并执行"变换选区"命令即可调出变换选区定界框，如图3-90所示。

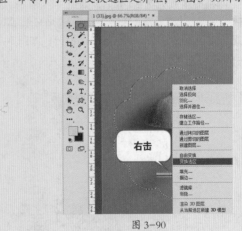

图 3-90

举一反三：变换选区制作投影

扫一扫，看视频

步骤 01 首先获取需要添加投影图形的选区，如图3-91所示。接着在图形下方新建一个图层，如图3-92所示。

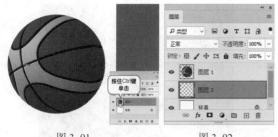

图 3-91　　　　　　　　图 3-92

步骤 02 执行"选择→变换选区"命令调出定界框，拖动控制点对选区进行变形，如图 3-93 所示。变换完成后按 Enter 键确定变换操作。然后为选区填充颜色，适当降低"不透明度"，然后使用快捷键 Ctrl+D 取消选区的选择。可以对阴影图层进行一定的"模糊"处理，使阴影更真实，效果如图 3-94 所示。

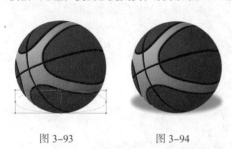

图 3-93　　　　　　　　图 3-94

对于已有的选区可以对其边界进行向外扩展、向内收缩、平滑、羽化等操作。

（1）"边界"命令作用于已有的选区，可以将选区的边界向内或向外进行扩展，扩展后的选区边界将与原来的选区边界形成新的选区。首先创建一个选区，如图 3-95 所示。执行"选择→修改→边界"命令，在弹出的"边界选区"窗口中设置"宽度"（宽度数值越大，新选区越宽），设置完成后单击"确定"按钮，如图 3-96 所示。边界选区效果如图 3-97 所示。

图 3-95　　　　　　　　图 3-96

图 3-97

（2）使用"平滑"命令可以将参差不齐的选区边缘平滑化。对选区执行"选择→修改→平滑"命令，在弹出的"平滑选区"窗口设置取样半径选项（数值越大，选区越平滑），设置完成后单击"确定"按钮，如图 3-98 所示。此时选区效果如图 3-99 所示。

图 3-98　　　　　　　　图 3-99

（3）"扩展"命令可以将选区向外延展，以得到较大的选区。对选区执行"选择→修改→扩展"命令，打开"扩展选区"窗口，通过设置"扩展量"控制选区向外扩展的距离（数值越大，距离越远），参数设置完成后单击"确定"按钮，如图 3-100 所示。扩展选区效果如图 3-101 所示。

图 3-100　　　　　　　　图 3-101

（4）"收缩"命令可以将选区向内收缩，使选区范围变小。对选区执行"选择→修改→收缩"命令，在弹出的"收缩选区"窗口中，通过设置"收缩量"选项控制选区的收缩大小（数值越大，收缩范围越大），设置完成后单击"确定"按钮，如图 3-102 所示。选区效果如图 3-103 所示。

图 3-102　　　　　　　　图 3-103

（5）"羽化"命令可以将边缘较"硬"的选区变为边缘比较"柔和"的选区。羽化半径越大，选区边缘越柔和。"羽化"命令是通过建立选区和选区周围像素之间的转换边界来模糊边缘，使用这种模糊方式将丢失选区边缘的一些细节。对选区执行"选择→修改→羽化"命令（快捷键：Shift+F6），打开"羽化选区"窗口，在该窗口中"羽化半径"选项用来设置边缘模糊的强度（数值越高边缘模糊范围越大），参数设置完成后单击"确定"按钮，如图 3-104 所示。此时选区效果如图 3-105 所示。接着可以按快捷键 Ctrl+Shift+I 将选区反选，然后按下键盘上的 Delete 键删除选区中的像素，此时边缘的像素呈现出柔和的过渡效果，如图 3-106 所示。

图 3-104

图 3-108

图 3-105

图 3-106

扫一扫,看视频

3.3 剪切/复制/粘贴图像

剪切、复制、粘贴相信大家都不陌生,剪切是将某个对象暂时存储到剪贴板中备用,并从原位置删除;复制是保留原始对象并复制到剪贴板中备用;粘贴则是将剪贴板中的对象提取到当前位置。

对于图像也是一样。想要使不同位置出现相同的内容,需要使用"复制""粘贴"命令;想要将某个部分的图像从原始位置去除并移动到其他位置,需要使用"剪切""粘贴"命令。

[重点]3.3.1 剪切

"剪切"就是暂时将选中的像素放入到计算机的"剪贴板"中,而选择的区域中像素就会消失。通常"剪切"与"粘贴"一同使用。

(1)选择一个普通图层(非"背景"图层),然后选择工具箱中的"矩形选框工具" □,按住鼠标左键拖动,绘制一个选区,如图3-107所示。执行"编辑→剪切"命令或按快捷键Ctrl+X,可以将选区中的内容剪切到剪贴板上,此时原始位置的图像消失了,如图3-108所示。

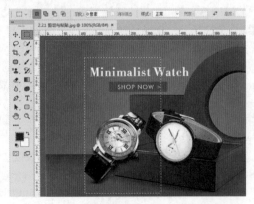

图 3-107

> **提示:为什么有时剪切后的区域不是透明的?**
>
> 当被选中的图层为普通图层时,剪切后的区域为透明区域。如果被选中的图层为背景图层,那么剪切后的区域会被填充为当前背景色。如果选中的图层为智能图层、3D图层、文字图层等特殊图层,则不能够进行剪切操作。

(2)执行"编辑→粘贴"命令或按快捷键Ctrl+V,可以将剪切的图像粘贴到画布中并生成一个新的图层,如图3-109和图3-110所示。

图 3-109

图 3-110

[重点]3.3.2 复制

创建选区后,执行"编辑→复制"命令或按快捷键Ctrl+C,可以将选区中的图像拷贝到剪贴板中,如图3-111所示。然后执行"编辑→粘贴"命令或按快捷键Ctrl+V,可以将复制的图像粘贴到画布中并生成一个新的图层,如图3-112所示。

图 3-111

中文版Photoshop 2020从入门到精通(微课视频 全彩版)

图 3-112

举一反三：使用复制、粘贴命令制作产品细节展示效果

在网购商城中经常能够看到产品细节展示的拼图，顾客从中可以清晰地了解到产品的细节。其制作方法非常简单，下面以在版面右侧黄色矩形位置添加产品细节展示效果为例进行说明。

扫一扫，看视频

步骤 01 选中产品图层，使用"矩形选框工具" ▢ 在需要表达细节的位置绘制一个矩形选区，然后按快捷键Ctrl+C进行复制，如图3-113所示。按快捷键Ctrl+V粘贴，然后按快捷键Ctrl+T调出定界框，再按住Shift键拖动控制点将其等比放大，如图3-114所示。

图 3-113　　　　图 3-114

步骤 02 按Enter键确认变换操作，如图3-115所示。使用同样的方法制作另外一处细节图，最终效果如图3-116所示。

图 3-115

图 3-116

3.3.3　合并复制

合并复制就是将文档内所有可见图层复制并合并到剪贴板中。打开一个含有多个图层的文档，执行"选择→全选"命令或按快捷键Ctrl+A全选当前图像，然后执行"编辑→合并复制"命令或按快捷键Ctrl+Shift+C，将所有可见图层复制并合并到剪贴板中，如图3-117所示。接着新建一个空白文档，按快捷键Ctrl+V，可以将合并复制的图像粘贴到当前文档或其他文档中，如图3-118所示。

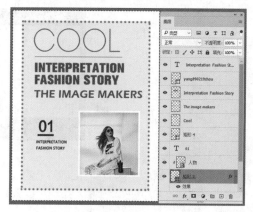

图 3-117

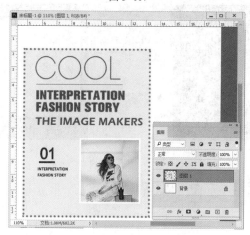

图 3-118

使用"清除"命令可以删除选区中的图像。清除图像分为两种情况，一种是清除普通图层中的像素，另一种是清除背景图层中的像素，两种情况遇到的问题和结果是不同的。

（1）打开一张图片，在"图层"面板中自动生成一个背景图层。使用"矩形选框工具" 绘制一个矩形选区，然后执行"编辑→清除"命令或按Delete键进行删除，如图3-119所示。在弹出的"填充"窗口中设置填充的内容，如选择"前景色"，然后单击"确定"按钮，如图3-120所示。此时可以看到选区中原有的像素消失了，而以前景色进行填充，如图3-121所示。

图3-119

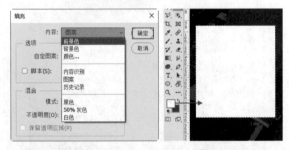

图3-120　　　　　　图3-121

（2）如果选择一个普通图层，然后绘制一个选区，接着按Delete键进行删除，如图3-122所示。随即可以看到选区中的像素消失了，如图3-123所示。

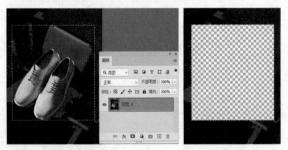

图3-122　　　　　　图3-123

3.4 颜色设置

当我们想要画一幅画时，首先想到的是纸、笔、颜料。在Photoshop中，"文档"就相当于纸，"画笔工具"是笔，

"颜料"则需要通过颜色的设置得到。需要注意的是：设置好的颜色不是仅用于"画笔工具"，在"渐变工具""填充命令""颜色替换画笔"，甚至是滤镜中都可能涉及颜色的设置。如图3-124~图3-126所示为使用到颜色的设计作品。

图3-124

图3-125　　　　　　图3-126

在Photoshop中可以从内置的色板中选择合适的颜色，也可以随意选择任何颜色，还可以从画面中选择某个颜色，本节就来学习几种颜色设置的方法。

【重点】3.4.1 认识前景色与背景色

扫一扫，看视频

在学习颜色的具体设置方法之前，首先我们来认识一下前景色和背景色。在工具箱的底部可以看到前景色和背景色设置按钮（默认情况下，前景色为黑色，背景色为白色），如图3-127所示。单击"前景色"/"背景色"按钮 ，可以在弹出的"拾色器"对话框中选取一种颜色作为前景色/背景色。单击 按钮可以切换所设置的前景色和背景色（快捷键为X），如图3-128所示。单击 按钮可以恢复默认的前景色和背景色（快捷键为D），如图3-129所示。

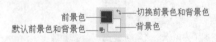

图3-127

图3-128　　　　　　图3-129

通常使用前景色的情况更多些，前景色通常被用于绘制图像、填充某个区域以及描边选区等，如图3-130所示。而背景色通常起到"辅助"的作用，常用于生成渐变填充和填充图像中被删除的区域（例如使用橡皮擦擦除背景图层时，被擦除的区域会呈现出背景色）。一些特殊滤镜也需要使用前景色和背景色，如"纤维"滤镜和"云彩"滤镜等，如图3-131所示。

图3-130　　　　　　　图3-131

{重点}3.4.2　在"拾色器"中选取颜色

认识了前景色与背景色之后，可以尝试单击前景色或背景色的小色块，就会弹出"拾色器"窗口。"拾色器"是Photoshop中最常用的颜色设置工具，不仅在设置前景色/背景色时使用，很多颜色设置（如文字颜色、矢量图形颜色等）都需要使用它。

以设置前景色为例，首先单击工具箱底部的"前景色"按钮 ，接着弹出"拾色器（前景色）"窗口，拖动颜色滑块到相应的色相范围内，然后将光标放在左侧的"色域"中，单击即可选择颜色，设置完毕后单击"确定"按钮完成操作，如图3-132所示。如果想要设定精确数值的颜色，也可以在"颜色值"处输入数字，设置完毕后，前景色随之发生了变化，如图3-133所示。

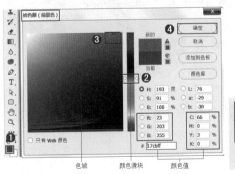

色域　　　颜色滑块　　　颜色值

图3-132　　　　　　图3-133

● 溢色警告 ▲：由于HSB、RGB以及Lab颜色模式中的一些颜色在CMYK印刷模式中没有等同的颜色，所以无法准确印刷出来，这些颜色就是常说的"溢色"。出现警告以后，可以单击警告图标下面的小颜色块，将颜色替换为CMYK颜色中与其最接近的颜色。

● 非Web安全色警告 ⬡：这个警告图标表示当前所设置的颜色不能在网络上准确显示出来。单击警告图标下面的小颜色块，可以将颜色替换为与其最接近的Web安全颜色。

● 只有Web颜色：勾选该复选框以后，只在色域中显示Web安全色。

● 添加到色板：单击该按钮，可以将当前所设置的颜色添加到"色板"面板中。

● 颜色库：单击该按钮，可以打开"颜色库"对话框。

3.4.3　动手练：使用"色板"面板选择颜色

制图过程中经常会遇到不知道用什么颜色合适的情况，这时不妨到"色板"面板中找找灵感！执行"窗口→色板"命令，打开"色板"面板，在其中默认情况下包含一些系统预设的颜色。

1. 使用"色板"设置前景色/背景色

执行"窗口→色板"命令，打开"色板"面板，在面板中包含多个颜色组，展开其中一个颜色组，然后单击颜色块即可将其设置为前景色，如图3-134所示。按住Alt键单击颜色块即可将其设置为背景色，如图3-135所示。"色板"面板最顶部会显示近期使用过的颜色，方便我们查找，如图3-136所示。

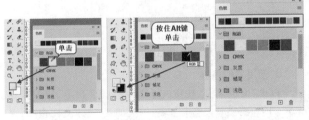

图3-134　　　　　图3-135　　　　　图3-136

2. 新建色板组

（1）单击"面板菜单"按钮执行"新建色板组"命令，在弹出的"组名称"窗口中设置合适的名称，然后单击"确定"按钮完成新建色板，如图3-137和图3-138所示。

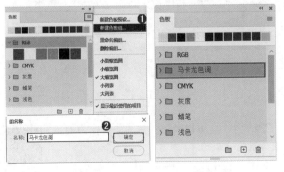

图3-137　　　　　　　图3-138

（2）选中色板组，设置一个前景色，然后单击"创建前景色的新色板"按钮 ⊞，在弹出的"色板名称"窗口中对新建的颜色进行命名，然后单击"确定"按钮，随即可以将当前的前景色添加到所选色板组中，如图3-139和图3-140所示。

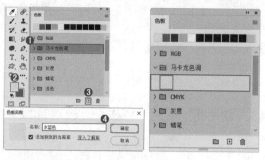

图 3-139　　　　　　　图 3-140

（3）如果要删除某一个颜色块，可以在该色块上按住鼠标左键的同时将其拖曳到"删除色板"按钮 🗑 上即可，如图3-141所示。删除颜色组的方法与之相同。

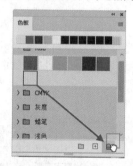

图 3-141

3. 使用其他色板

单击"面板菜单"按钮执行"旧版色板"命令，如图3-142所示。即可将"旧版色板"颜色组追加到"色板"面板中，打开色板组即可看到多个颜色组，如图3-143所示。

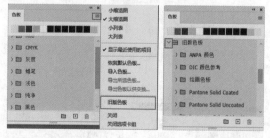

图 3-142　　　　　　　图 3-143

重点 3.4.4　吸管工具：选取画面中的颜色

"吸管工具"可以吸取图像的颜色作为前景色或背景色。

在工具箱中单击"吸管工具"按钮 ⚲，在选项栏中设置"取样大小"为"取样点"，"样本"

扫一扫，看视频

为"所有图层"，并勾选"显示取样环"复选框。然后使用"吸管工具"在图像中单击，此时拾取的颜色将作为前景色，如图3-144所示。按住Alt键，然后单击图像中的区域，此时拾取的颜色将作为背景色，如图3-145所示。

> **提示：吸管工具使用技巧。**
>
> 如果在使用绘画工具时需要暂时使用"吸管工具"拾取前景色，可以按住Alt键将当前工具切换到"吸管工具"，松开Alt键后即可恢复到之前使用的工具。
>
> 使用"吸管工具"采集颜色时，按住鼠标左键并将光标拖出画布之外，可以采集Photoshop的界面和界面以外的颜色信息。

图 3-144

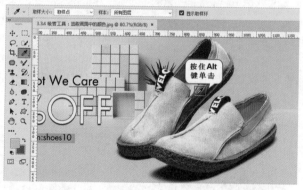

图 3-145

- 取样大小：设置吸管取样范围的大小。选择"取样点"选项时，可以选择像素的精确颜色；选择"3×3平均"选项时，可以选择所在位置3个像素区域以内的平均颜色；选择"5×5平均"选项时，可以选择所在位置5个像素区域以内的平均颜色。其他选项以此类推。
- 样本：可以从"当前图层"或"所有图层"中采集颜色。
- 显示取样环：勾选该复选框以后，可以在拾取颜色时显示取样环。

举一反三：从优秀作品中提取颜色

配色在设计作品中的地位非常重要，这项技能是靠长期的经验积累，配合敏锐的视觉得到的。但是对于很多新手来说，自己搭配出的颜色总是不尽如人意，这时可以通过借鉴优秀设计作品的色彩进行色彩搭配。

扫一扫，看视频

步骤 01 在"色板"面板中新建颜色组，如图3-146所示。打开一张图片，在这张图片中粉色系的色彩搭配很漂亮，可以从中拾取颜色以备之后使用。单击工具箱中的"吸管工具"按钮，在需要拾取颜色的位置单击拾取前景色，如图3-147所示。

图 3-146　　　　　　　图 3-147

步骤 02 将刚刚设置的前景色存储在"色板"面板中，如图3-148所示。继续在画面中单击进行颜色的拾取，并将其存储到"色板"面板中，如图3-149所示。以后就可以进行应用了。

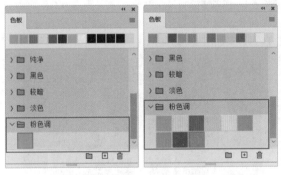

图 3-148　　　　　　　图 3-149

3.4.5 "颜色"面板

执行"窗口→颜色"命令，打开"颜色"面板。"颜色"面板中显示了当前设置的前景色和背景色，可以在该面板中设置前景色和背景色。

在"颜色"面板中可以单击前景色/背景色图标，接着设置颜色即可。在面板菜单中可以看到多种"颜色"面板的显示方式，默认情况下以"色相立方体"的模式显示，这种方式与"拾色器"非常相似。除此之外，还可以在菜单中选择其他的

显示方式，如图3-150所示。如果执行"建立Web安全曲线"命令，在该"颜色"的状态下，设置的颜色能够在不同的显示设备和操作系统上表现基本一致，是适合网页设计的选色方式，如图3-151所示。

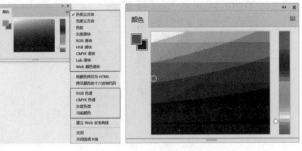

图 3-150　　　　　　　图 3-151

练习实例：填充合适的前景色制作运动广告

文件路径	资源包\第3章\填充合适的前景色制作运动广告
难易指数	
技术掌握	填充前景色

扫一扫，看视频

案例效果

案例效果如图3-152所示。

图 3-152

操作步骤

步骤 01 执行"文件→新建"命令，新建一个A4大小的空白文档。单击工具箱中的"前景色"按钮会弹出"拾色器"窗口。在窗口中间的颜色带上选择黄色，接着在左侧的色域中单击中黄色，单击"确定"按钮完成设置，如图3-153所示。此时前景色被设置为中黄色，按下快捷键Alt+Delete为当前画面填充前景色，如图3-154所示。

步骤 02 执行"文件→置入嵌入对象"命令，置入素材1.jpg。将置入对象调整到合适的大小、位置，按Enter键完成置入操作。然后选中该图层，执行"图层→栅格化→智能对象"命

令，将该图层栅格化，如图3-155所示。

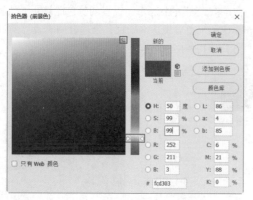

图3-153

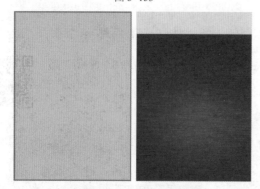

图3-154　　　　　　　图3-155

步骤 03 单击工具箱中的"多边形套索工具" ，在画布左边缘单击确定起点，移动到右侧边缘单击，接着向下移动一些，再次在右侧边缘单击，回到左侧边缘单击，最后回到起点处单击，绘制出一个平行四边形选区，如图3-156所示。继续使用"多边形套索工具" ，在选项栏上单击"添加到选区"按钮 ，并在画布上绘制另外一个平行四边形选框以及底部的选区，如图3-157所示。

图3-156　　　　　　　图3-157

步骤 04 在"图层"面板上单击"创建新图层"按钮 创建新图层，如图3-158所示。选中新建的图层，按快捷键Alt+Delete填充之前设置好的前景色颜色，随后按快捷键Ctrl+D取消选区的选择，如图3-159所示。

图3-158　　　　　　　图3-159

步骤 05 执行"文件→置入嵌入对象"命令，置入人像素材2.jpg，按Enter键确定置入操作。然后执行"图层→栅格化→智能对象"命令，将该图层栅格化，如图3-160所示。单击工具箱中的"多边形套索工具" ，在画布左上角上绘制一个三角形选区，如图3-161所示。

图3-160　　　　　　　图3-161

步骤 06 新建图层，为选区填充黄色，如图3-162所示。最后置入前景素材3.png，执行"图层→栅格化→智能对象"命令，最终效果如图3-163所示。

图3-162　　　　　　　图3-163

3.5 填充与描边

有了选区后，不仅可以删除画面中选区内的部分，还可以对选区内部进行填充，在Photoshop中有多种填充方式，可以填充不同的内容，需要注意的是没有选区也是可以进行填充的。除了填充，在包含选区的情况下还可为选区边缘进行描边。

【重点】3.5.1 快速填充前景色/背景色

前景色或背景色的填充是非常常用的，所以我们通常都使用快捷键进行操作。在"图层"面板中单击选择一个图层，如图3-164所示。接着设置合适的前景色，然后使用前景色填充快捷键Alt+Delete进行填充，效果如图3-165所示。

扫一扫，看视频

图 3-164

图 3-165

如果想要为特定区域填充颜色，首先需要绘制一个选区。新建一个图层，选择工具箱中的"多边形套索工具" ，然后在画面中单击3个点，当光标回到起点时，即可得到一个三角形选区，如图3-166所示。接着单击"背景色"按钮，在弹出的"拾色器"窗口中进行颜色的设置，设置完成后使用背景色填充快捷键Ctrl+Delete进行填充。最后使用快捷键Ctrl+D取消选区的选择，效果如图3-167所示。

图 3-166

图 3-167

练习实例：选择适合的颜色并填充

文件路径	资源包\第3章\选择适合的颜色并填充
难易指数	⭐⭐⭐⭐⭐
技术掌握	吸管工具、填充前景色

扫一扫，看视频

案例效果

案例效果如图3-168所示。

图 3-168

操作步骤

步骤 01 打开素材1，如图3-169所示。接着按住Ctrl键单击"图层"面板底部的"创建新图层"按钮 ，即可在选中的图层下方新建一个图层，如图3-170所示。

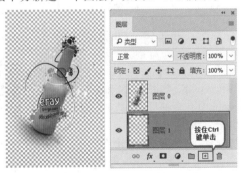

图 3-169　　　　　　图 3-170

步骤 02 选择颜色。选择素材图层，单击工具箱中的"吸管工具"按钮 ，在瓶身橙色的部分单击，吸取该颜色作为前景色，如图3-171所示。此时前景色颜色变为刚才用吸管吸取的颜色，然后选择底部图层，使用快捷键Alt+Delete进行前景色填充。此时本案例制作完成，如图3-172所示。

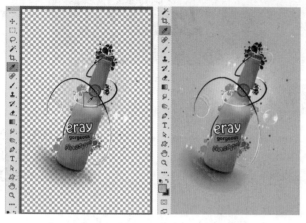

图 3-171　　　　　　　图 3-172

课后练习：使用矩形选框工具制作照片拼图

文件路径	资源包\第3章\使用矩形选框工具制作照片拼图
难易指数	★★★★★
技术掌握	矩形选框工具、颜色填充

案例效果

案例效果如图3-173所示。

图 3-173

{重点}3.5.2　动手练：使用填充命令

"填充"是指使画面整体或部分区域被覆盖上某种颜色或图案，如图3-174和图3-175所示。在Photoshop中有多种可供"填充"的方式，如使用"填充"命令和"油漆桶工具"等。

用"填充"命令可以为整个图层或选区内的部分填充颜色、图案、历史记录等，在填充的过程中还可以使填充的内容与原始内容产生混合效果。

图 3-174

图 3-175

执行"编辑→填充"命令（快捷键Shift+F5），打开"填充"窗口，如图3-176所示。在这里首先需要设置填充的内容，还可以进行混合的设置，设置完成后单击"确定"按钮进行填充。需要注意的是对文字图层、智能对象等特殊图层以及被隐藏的图层不能使用"填充"命令。

图 3-176

- 内容：用来设置填充的内容，包含前景色、背景色、颜色、内容识别、图案、历史记录、黑色、50%灰色和白色。
- 模式：用来设置此处的填充内容与原始图层中的内容的色彩叠加方式，其效果与"图层"混合模式相同，如图3-177所示为"变暗"模式效果；如图3-178所示为"叠加"模式效果。

图 3-177

图 3-178

- 不透明度：用来设置填充内容的不透明度。数值为100%时为完全不透明，如图3-179所示；数值为50%时为半透明，如图3-180所示；数值为0%时为完全透明，如图3-181所示。

图 3-179

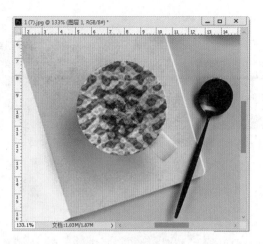

图 3-180

图 3-181

- 保留透明区域：勾选该复选框以后，只填充图层中包含像素的区域，而透明区域不会被填充。

1. 填充颜色

填充颜色是指以纯色进行填充，在"填充"内容列表中有"前景色""背景色"和"颜色"3个选项，如图3-182所示。其中"前景色"和"背景色"两个选项很好理解，就是将前景色和背景色进行填充。当设置"内容"为"颜色"时，弹出"拾色器"窗口，设置合适的颜色，单击"确定"按钮，完成填充操作，如图3-183所示。填充效果如图3-184所示。

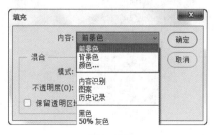

图 3-182

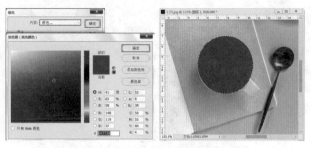

图 3-183　　　　　　　　图 3-184

2. 填充图案

选区中不仅可以填充纯色，还能够填充图案。选择需要填充的图层或选区，打开"填充"窗口，设置"内容"为"图案"，然后单击"自定图案"后侧的∨按钮，在下拉面板中打开任意一个图案组单击选择一个图案，然后单击"确定"按钮，如图 3-185 所示。填充效果如图 3-186 所示。

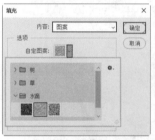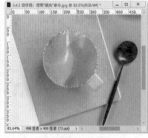

图 3-185　　　　　　　　图 3-186

3. 填充历史记录

设置"内容"为"填充历史记录"选项，即可填充历史记录面板中所标记的状态。

4. 填充黑色/50%灰色/白色

当设置"内容"为"黑色"时，即可填充为黑色，如图 3-187 所示；当设置"内容"为"50%灰色"时，即可填充为灰色，如图 3-188 所示；当设置"内容"为"白色"时，即可填充为白色，如图 3-189 所示。

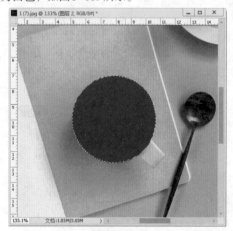

图 3-187

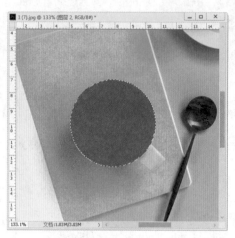

图 3-188

图 3-189

3.5.3　动手练：油漆桶工具

扫一扫，看视频

"油漆桶工具"可以用于填充前景色或图案。如果选中的图层为透明图层，创建了选区填充的区域为当前选区；如果没有创建选区，填充的就是整个画面；如果选中的图层带有图像，那么填充的区域为与鼠标单击处颜色相近的区域。

1. 使用油漆桶工具填充前景色

右击工具箱中的"渐变工具组"按钮，在其中选择"油漆桶工具" ◇。在选项栏中设置"填充模式"为"前景色"，"容差"为120，其他参数使用默认值即可，如图 3-190 所示。更改前景色，然后在需要填充的位置单击即可填充颜色，如图 3-191 所示。由此可见，使用"油漆桶工具"进行填充无须先绘制选区，而是通过"容差"数值控制填充区域的大小。容差值越大，填充范围越大；容差值越小，填充范围也就越小。如果是空白图层，则会完全填充到整个图层中。

图 3-190

图 3-191

- 模式：用来设置填充内容的混合模式。
- 不透明度：用来设置填充内容的不透明度。
- 容差：用来定义必须填充的像素的颜色的相似程度与选取颜色的差值。例如，将容差调到32，会以单击处颜色为基准，把范围上下浮动32以内的颜色都填充。设置较低的"容差"值会填充颜色范围内与鼠标单击处像素非常相似的像素；设置较高的"容差"值会填充更大范围的像素。图3-192所示为不同容差数值的对比效果。

（a）容差：10　　　（b）容差：80

图 3-192

- 消除锯齿：平滑填充选区的边缘。
- 连续的：勾选该复选框后，只填充图像中处于连续范围内的区域；取消勾选该复选框后，可以填充图像中的所有相似像素。
- 所有图层：勾选该复选框后，可以对所有可见图层中的合并颜色数据填充像素；取消勾选该复选框后，仅填充当前选择的图层。

2. 使用油漆桶工具填充图案

选择"油漆桶工具" ，在选项栏中设置填充模式为"图案"，单击图案后侧的 按钮，在下拉面板中单击选择一个图案，如图3-193所示。在画面中单击进行填充，效果如图3-194所示。

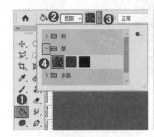 

图 3-193　　　　　　　图 3-194

课后练习：使用油漆桶工具为背景填充图案

文件路径	资源包\第3章\使用油漆桶工具为背景填充图案
难易指数	★★★★★
技术掌握	油漆桶工具

扫一扫，看视频

案例效果

案例效果如图3-195所示。

图 3-195

3.5.4　定义图案预设

虽然在Photoshop中可以载入外挂的图案库素材，但载入的图案并不一定合适。这时我们可以"自己动手，丰衣足食"，将图片或图片的局部定义为一个可以随时使用的"图案"。

打开一个图像，如果想要图像中的局部作为图案，那么可以框选出这个部分，如图3-196所示。执行"编辑→定义图案"命令，在弹出的"图案名称"窗口中设置一个合适的名称，单击"确定"按钮完成图案的定义，如图3-197所示。选择工具箱中的"油漆桶工具" ，在选项栏中设置"填充模式"为"图案"，然后在下拉面板的最底部选择刚刚定义的图案，单击即可用该图案进行填充，如图3-198所示。

图 3-196   图 3-197

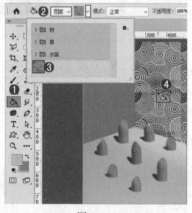

图 3-198

提示：定义的图案在Photoshop中是通用的。

使用快捷键Shift+F5打开"填充"窗口，设置"内容"为"图案"，在"自定图案"下拉列表中可以看到刚刚定义的图案，如图3-199所示。

图 3-199

3.5.5 使用"图案"面板管理图案

（1）使用"图案"面板能够存储、导入、管理图案。执行"窗口→图案"命令，打开"图案"面板。在打开的"图案"面板中能够选择已有的预设图案和之前新建的图案，如图3-200所示。如果要删除图案，可以选中图案按住鼠标左键向"删除图案"按钮 上方拖动，如图3-201所示。释放鼠标后即可删除图案。

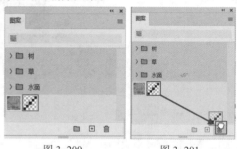

图 3-200   图 3-201

（2）选中一个图案，单击"面板菜单"按钮执行"导出所选图案"命令，如图3-202所示。在弹出的"另存为"窗口中设置合适的名称，然后单击"保存"按钮，如图3-203所示。在保存的位置即可看到相应文件，文件类型为.PAT，如图3-204所示。

图 3-202

图 3-203

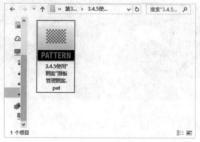

图 3-204

（3）如果要导入图案可以单击"面板菜单"按钮，执行"导入图案"命令，如图3-205所示。在弹出的"载入"窗口中选择图案文件，然后单击"载入"按钮，如图3-206所示。即可在"图案"面板中看到载入的图案。

图3-205

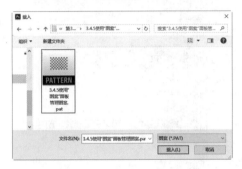

图3-206

（4）或者找到图案文件，然后按住鼠标左键向"图案"面板中拖动，如图3-207所示。释放鼠标后即可在"图案"面板中看到导入的图案，如图3-208所示。

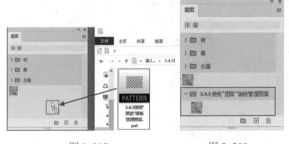

图3-207　　　　图3-208

【重点】3.5.6　动手练：渐变工具

"渐变"是指由多种颜色过渡而产生的一种效果。渐变是设计制图中非常常用的一种填充方式，使用渐变不仅能够制作出缤纷多彩的颜色，如图3-209所示作品中的背景还能够使"单一颜色"也能产生不那么单调的感觉。如图3-210所示，背景虽然看起来是蓝色的，但是仔细观察能够发现其实是不同亮度的蓝色的渐变。除此之外，"渐变"还能够制作出带有立体感的效果，如图3-211所示的按钮的凸起效果也是靠渐变的使用。"渐变工具"可以在

扫一扫，看视频

整个文档或选区内填充渐变色，并且可以创建多种颜色间的混合效果。

图3-209　　　　　　　图3-210

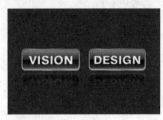

图3-211

1. 使用已有的渐变

（1）选择工具箱中的"渐变工具" ，然后单击选项栏中"渐变色条"右侧的 按钮，在下拉面板中能够看到多个渐变颜色组。单击 按钮打开任意一个颜色组，然后单击选中一个渐变颜色。选择渐变颜色后，渐变色条变为选择的颜色，用来预览，如图3-212所示。在不考虑选项栏中其他选项的情况下，就可以进行填充了。选择一个图层或绘制一个选区，按住鼠标左键拖动，释放鼠标完成填充操作，效果如图3-213所示。

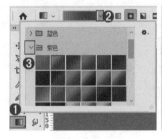 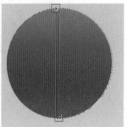

图3-212　　　　　　　图3-213

（2）选择好渐变颜色后，需要设置渐变类型。选项栏中 这5个选项是用来设置渐变类型，如图3-214所示。单击"线性渐变"按钮 ，可以以直线方式创建从起点到终点的渐变；单击"径向渐变"按钮 ，可以以圆形方式创建从起点到终点的渐变；单击"角度渐变"按钮 ，可以创建围绕起点以逆时针扫描方式的渐变；单击"对称渐变"按钮 ，可以使用均衡的线性渐变在起点的任意一侧创建渐变；单击"菱形渐变"按钮 ，可以以菱形方式从起点向外产生渐变，终点定义为菱形的一个角。

(a)线性渐变 (b)径向渐变 (c)角度渐变 (d)对称渐变 (e)菱形渐变

图 3-214

（3）选项栏中的"模式"是用来设置应用渐变时的混合模式；"不透明度"用来设置渐变色的不透明度。选择一个带有像素的图层，在选项栏中设置"模式"和"不透明度"，然后拖动进行填充，就可以看到相应的效果。图 3-215 所示为设置"模式"为"柔光"的效果；图 3-216 所示为设置"不透明度"为 50% 的效果。

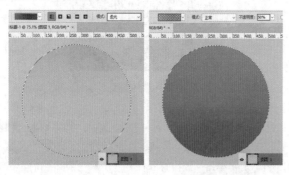

图 3-215　　　　　　图 3-216

（4）"反向"复选框用于转换渐变中的颜色顺序，以得到反方向的渐变结果，如图 3-217 所示分别是正常渐变和反向渐变效果。

（a）正常渐变　　　　（b）反向渐变

图 3-217

（5）勾选"仿色"复选框时，可以使渐变效果更加平滑，此复选框主要用于防止打印时出现条带化现象，但在计算机屏幕上并不能明显地体现出来。

2. 编辑不同的渐变颜色

预设中的渐变颜色是远远不够用的，大多数时候我们都需要通过"渐变编辑器"窗口自定义适合自己的渐变颜色。

（1）首先单击选项栏中的"渐变色条" ，弹出"渐变编辑器"，如图 3-218 所示。接着可以在渐变编辑器的上半部分看到很多"预设"效果，打开渐变组后单击即可选择某一种渐变效果，如图 3-219 所示。

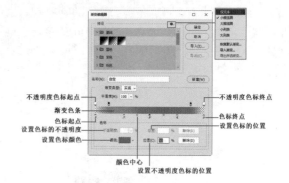

图 3-218

图 3-219

提示：巧用"前景色到背景色的渐变"。

先将想要的颜色设置为前景色与背景色，然后打开"渐变编辑器"窗口，展开"基础"渐变组，单击"前景色到背景色渐变"，即可快速得到想要的渐变颜色，如图 3-220 所示；单击第二个渐变颜色，即可快速编辑由前景色到透明的渐变颜色，如图 3-221 所示。

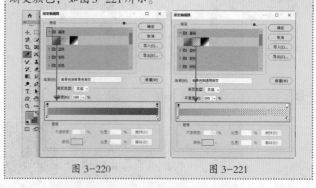

图 3-220　　　　　　图 3-221

（2）如果没有适合的渐变效果，可以在下方渐变色条中编辑合适的渐变效果。双击渐变色条底部的色标 ，在弹出的"拾色器"窗口中设置颜色，如图 3-222 所示。如果色标不够，可以在渐变色条下方单击，添加更多的色标，如图 3-223 所示。

中文版Photoshop 2020从入门到精通（微课视频 全彩版）

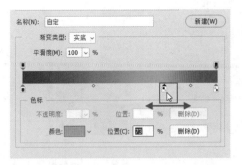

图 3-222

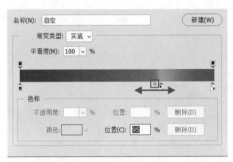

图 3-223

（3）按住色标并向左右拖动可以改变调色色标的位置，如图3-224所示。拖动颜色"颜色中心"滑块，可以调整两种颜色的过渡效果，如图3-225所示。

图 3-224

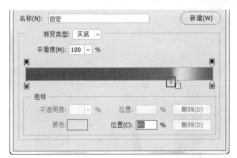

图 3-225

（4）若要制作出带有透明效果的渐变颜色，可以单击渐变色条上的色标。然后在"不透明度"数值框内设置参数，如图3-226所示。若要删除色标，可以选中色标后按住鼠标左键将其向渐变色条外侧拖动，释放鼠标即可删除色标，如

图3-227所示。

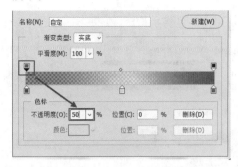

图 3-226

图 3-227

（5）渐变分为杂色渐变与实色渐变两种，在此之前我们所编辑的渐变颜色都为实色渐变，在"渐变编辑器"中设置"渐变类型"为"杂色"，可以得到由大量色彩构成的渐变，如图3-228所示。

图 3-228

● 粗糙度：用来设置渐变的平滑程度，数值越高颜色层次越丰富，颜色之间的过渡效果越鲜明。图3-229所示为不同参数的对比效果。

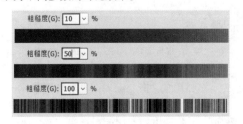

图 3-229

● 颜色模型：在下拉列表中选择一种颜色模型用来设置渐变，包括RGB、HSB和LAB。接着拖动滑块，可以

调整渐变颜色，如图3-230所示。

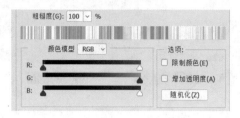

图3-230

- 限制颜色：将颜色限制在可以打印的范围内，以免颜色过于饱和。
- 增加透明度：可以向渐变中添加透明度像素，如图3-231所示。

图3-231

- 随机化：单击该按钮可以产生一个新的渐变颜色。

练习实例：使用渐变工具制作果汁广告

扫一扫，看视频

文件路径	资源包\第3章\使用渐变工具制作果汁广告
难易指数	★★★★★
技术掌握	渐变工具

案例效果

案例效果如图3-232所示。

图3-232

操作步骤

步骤01 新建一个宽度为30厘米，高度为21厘米的空白文档。单击工具箱中的"渐变工具"按钮 ■，在选项栏上单击渐变条，在弹出的"渐变编辑器"窗口中双击右侧滑块色标，在弹出的"拾色器"窗口中设置颜色为黄色，如图3-233所示。接着拖动左侧的滑块设置颜色为白色，单击"确定"按钮完成设置，如图3-234所示。

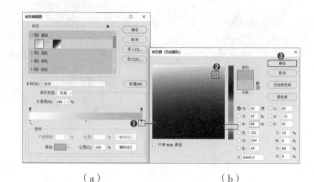

（a） （b）

图3-233

图3-234

步骤02 在选项栏上单击"径向渐变"按钮 ■，在画布右下角按住鼠标左键并向左上角拖动，如图3-235所示。释放鼠标，背景被填充为黄色系渐变，如图3-236所示。

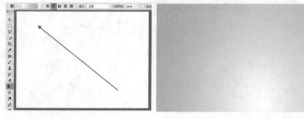

图3-235 图3-236

步骤03 执行"文件→置入嵌入对象"命令，置入素材1.jpg，接着将置入对象调整到合适的大小、位置，然后按Enter键完成置入操作。执行"图层→栅格化→智能对象"命令，将该图层栅格化，如图3-237所示。

图3-237

中文版Photoshop 2020从入门到精通（微课视频 全彩版）

步骤 04 在"图层"面板选中新置入的素材图层，设置"混合模式"为"线性加深"，如图3-238所示。效果如图3-239所示。

图 3-238　　　　　　　图 3-239

步骤 05 继续置入素材3.png，将置入对象调整到合适的大小、位置，然后按Enter键完成置入操作。执行"图层→栅格化→智能对象"命令，将该图层栅格化，效果如图3-240所示。

图 3-240

步骤 06 单击工具箱中的"横排文字工具"按钮 T，在选项栏上设置合适的字体、字号，设置"文本颜色"为绿色，在画布右下角处单击输入文字，输入完成后按快捷键Ctrl+Enter确认编辑结束并退出文本编辑，如图3-241所示。以同样的方式绘制另一段文字，最终效果如图3-242所示。

图 3-241　　　　　　　图 3-242

【重点】3.5.7　动手练：描边

"描边"指为图层边缘或选区边缘添加一圈彩色边线的操作。使用"编辑→描边"命令可以在选区或图层周围创建彩色的边框效果。"描边"操作通常用于"突出"画面中某些元素，如图3-243所示。或者用于使某些元素与背景中的内容"隔离"开，如图3-244所示。

扫一扫，看视频

（a）　　　　　　　（b）

图 3-243

（a）　　　　　　　（b）

图 3-244

（1）使用选区工具绘制需要描边部分的选区，如果不绘制选区，则会针对当前图层的外轮廓进行描边，如图3-245所示。执行"编辑→描边"命令，打开"描边"窗口，如图3-246所示。

图 3-245　　　　　　　图 3-246

提示：描边的小技巧。

在有选区的状态下使用"描边"命令可以沿选区边缘进行描边，在没有选区状态下使用"描边"命令可以沿画面边缘进行描边。

（2）设置描边选项。"宽度"选项用来控制描边的粗细，如图3-247所示为"宽度"为10像素的效果。"颜色"选项用来设置描边的颜色。单击"颜色"按钮，在弹出的"拾色器"窗口中设置合适的颜色，单击"确定"按钮，如图3-248所示。描边效果如图3-249所示。

图 3-247

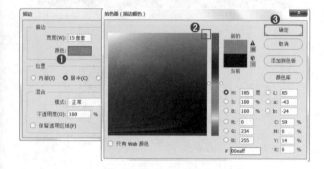

图 3-248

图 3-249

（3）"位置"选项能够设置描边位于选区的位置，包括"内部""居中"和"外部"3个选项，如图3-250所示为不同位置的效果。

（a）内部　　　　（b）居中　　　　（c）外部

图 3-250

（4）"混合"选项用来设置描边颜色的"混合模式"和"不透明度"。选择一个带有像素的图层，然后打开"描边"窗口，设置"模式"和"不透明度"，如图3-251所示。单击"确定"按钮，此时描边效果如图3-252所示。如果勾选"保留透明区域"复选框，则只对包含像素的区域进行描边。

图 3-251

图 3-252

课后练习：使用填充与描边制作剪贴画人像

扫一扫，看视频

文件路径	资源包\第3章\使用填充与描边制作剪贴画人像
难易指数	★★★★★
技术掌握	吸管工具、填充、描边

案例效果

案例效果如图3-253所示。

图 3-253

练习实例：制作手写感文字标志

扫一扫，看视频

文件路径	资源包\第3章\制作手写感文字标志
难易指数	★★★★★
技术掌握	套索工具、多边形套索工具、矩形选框工具、前景色填充

案例效果

案例效果如图3-254所示。

图 3-254

操作步骤

步骤 01 打开背景素材1.jpg，如图3-255所示。执行"文件→置入嵌入对象"命令，将素材2.png置入到文件中，将置入对象调整到合适的大小、位置，然后按Enter键完成置入操作，如图3-256所示。

图 3-255   图 3-256

步骤 02 使用"多边形套索工具"绘制"字母H"选区。新建图层，单击工具箱中的"多边形套索工具"按钮，在画面中单击，然后在下一个位置单击，继续通过单击的方法进行绘制，如图3-257所示。继续单击，完成字母H的绘制，如图3-258所示。

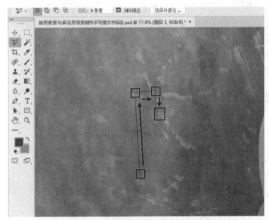

图 3-257

图 3-258

步骤 03 将"前景色"设置为黑色，然后使用快捷键Alt+Delete将选区填充为黑色（无须取消选区），如图3-259所示。新建图层，将"前景色"设置为黄色，使用Alt+Delete进行填充，按下Ctrl+D，取消选区。使用"移动工具"将黄色字母向左移动。此时文字呈现出立体的效果，如图3-260所示。

 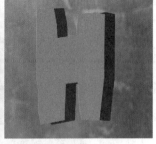

图 3-259   图 3-260

步骤 04 新建图层，单击工具箱中的"矩形选框工具"按钮，在选项栏上单击"添加到选区"按钮，在字母上绘制4个矩形选框，如图3-261所示。设置"前景色"为深灰色，使用快捷键Alt+Delete填充前景色，如图3-262所示。

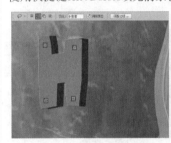 

图 3-261   图 3-262

步骤 05 开始制作字母上的"光泽"。新建图层，单击工具箱中的"套索工具"，在字母左侧绘制一个细长的选区，如图3-263所示。设置"前景色"为浅黄色，使用快捷键Alt+Delete进行填充，如图3-264所示。使用同样的方法绘制另外两处的光泽，如图3-265所示。

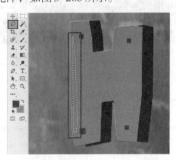

图 3-263

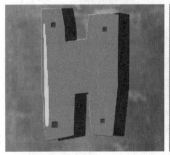 

图 3-264   图 3-265

步骤 06 使用同样的方式制作其他立体效果的字母，如图3-266所示。

图 3-266

步骤 07 新建图层，单击工具箱中的"套索工具"按钮 ○，按照文字的外形绘制稍大一些的文字轮廓选区，如图3-267所示。设置"前景色"为深棕色，按快捷键Alt+Delete为选区填充颜色，如图3-268所示。在"图层"面板中将该图层移动至全部文字图层的下方，效果如图3-269所示。

图 3-267

图 3-268　　　　　　图 3-269

步骤 08 在保留棕色图形选区的状态下，执行"选择→修改→扩展"命令，在弹出的"扩展选区"窗口中设置"扩展量"为38像素，单击"确定"按钮完成设置，如图3-270所示。这样在画布上会出现一个比之前的图形大的轮廓选区，如图3-271所示。

图 3-270　　　　　　图 3-271

步骤 09 在底部新建一个图层，设置前景色为更深的棕色，使用快捷键Alt+Delete填充前景色，如图3-272所示。最后置入素材3.png，将置入对象调整到合适的大小、位置，按Enter

键完成置入操作，最终效果如图3-273所示。

图 3-272　　　　　　图 3-273

3.6 综合实例：清新风格海报设计

文件路径	资源包\第3章\综合实例：清新风格海报设计
难易指数	★★★★★
技术掌握	矩形选框工具、填充、描边

扫一扫，看视频

案例效果

案例效果如图3-274所示。

图 3-274

操作步骤

步骤 01 执行"文件→新建"命令，新建一个宽度为1000像素，高度为1500像素，分辨率为72像素的空白文档，如图3-275所示。单击工具箱底部的"前景色"按钮，在弹出的"拾色器"窗口中设置颜色为粉色，设置完成后使用快捷键Alt+Delete进行前景色填充，如图3-276所示。

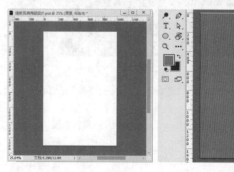

图 3-275　　　　　　图 3-276

步骤 02 新建一个图层，选择工具箱中的"矩形选框工具" ，在画面中间位置绘制选区，如图3-277所示。然后设置"前景色"为淡红色，设置完成后使用快捷键Alt+Delete进行前景色填充，如图3-278所示。操作完成后使用快捷键Ctrl+D取消选区。

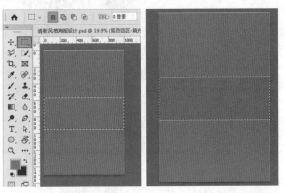

图 3-277　　　　　图 3-278

步骤 03 将素材置入到画面中。执行"文件→置入嵌入对象"命令，选择素材1.png，单击"置入"按钮将素材置入，如图3-279所示。然后调整素材大小并放在画面中淡红色矩形上方，最后将该图层进行栅格化处理，如图3-280所示。

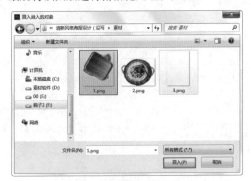

图 3-279

图 3-280

步骤 04 选择工具箱中的"矩形选框工具" ，在画面中绘制一个矩形选区，如图3-281所示。新建图层，然后执行"编辑→描边"命令，在弹出的"描边"窗口中设置"宽度"为14像素，"颜色"为白色，选中"内部"单选按钮，单击"确定"按钮，如图3-282所示。使用快捷键Ctrl+D取消选区的选择，效果如图3-283所示。

图 3-281

图 3-282　　　　　图 3-283

步骤 05 执行"文件→置入嵌入对象"命令，将素材2.png和3.png置入画面中，调整大小并放置在合适的位置，如图3-284和图3-285所示。此时本案例制作完成。

图 3-284　　　　　图 3-285

3.7 模拟考试

主题：以"读书日"为主题创作一幅招贴。

要求：

（1）招贴尺寸为A4，横版竖版均可；

（2）应用素材可在网络上下载使用；

（3）画面中需要出现图形元素，可使用选区工具与填充、描边功能制作；

（4）作品需要包含纯色的图形以及包含使用到渐变工具填充的图形；

（5）可在网络搜索"招贴设计"相关作品作为参考。

考查知识点：选区工具、颜色设置、填充纯色、渐变工具等。

Chapter
04
第4章

扫一扫，看视频

绘　　画

本章内容简介

　　Photoshop不仅可以用于图像处理和平面设计，在数字绘画领域，Photoshop也是一把好手！在Photoshop中，数字绘画主要使用到"画笔工具"和"橡皮擦工具"，从名称上就可以看出这两种工具一个负责绘制，另一个负责擦除。除此之外，配合"画笔设置"面板还可以轻松绘制出不同效果的笔触。

重点知识掌握

- 熟练掌握"画笔工具"和"橡皮擦工具"的使用方法
- 掌握"画笔设置"面板的使用方法

通过本章学习，我能做什么？

　　通过本章的学习，我们应该掌握使用Photoshop进行数字绘画的方法。但会用画笔工具并不代表就能够画出精美绝伦的"鼠绘"作品，想要画好画，最重要的不是工具，而是绘画功底。但是没有绘画基础的我们也可以尝试使用Photoshop绘制一些简单有趣的画作，说不定就突然发掘出自己的绘画天分！除此之外，在图像处理以及设计作品的制作过程中也经常需要使用到绘制以及擦除工具。

佳作欣赏

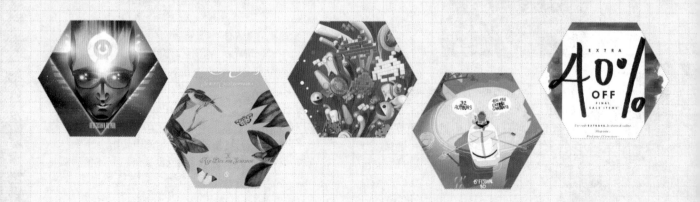

4.1 绘画工具

数字绘画是Photoshop的重要功能之一，在数字绘画的世界中无须使用不同的画布、不同的颜料就可以绘制出油画、水彩画、铅笔画、钢笔画等。只要你有强大的绘画功底，这些统统可以在Photoshop中模拟出来！在Photoshop中提供了非常强大的绘制工具以及方便的擦除工具，这些工具除了在数字绘画中能够使用到，在修图或平面设计、服装设计等方面也一样经常使用。

【重点】4.1.1 动手练：画笔工具

"画笔工具"是以前景色作为"颜料"在画面中进行绘制的。绘制的方法也很简单，如果在画面中单击，能够绘制出一个圆点（因为默认情况下的画笔工具笔尖为圆形），如图4-1所示。在画面中按住鼠标左键并拖动，即可轻松绘制出线条，如图4-2所示。

扫一扫，看视频

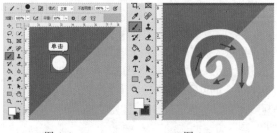

图4-1　　　　　图4-2

单击 ● 按钮，打开"画笔预设"选取器。在"画笔预设"选取器中包括多组画笔，展开其中某一个画笔组，然后单击选择一种合适的笔尖，并通过拖动滑块设置画笔的大小和硬度。使用过的画笔笔尖也会显示在"画笔预设"选取器中，如图4-3所示。

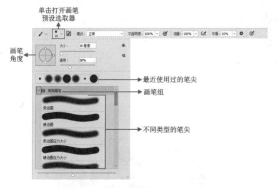

图4-3

设"选取器，如图4-4所示。

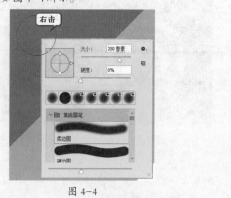

图4-4

- 角度/圆度：画笔的角度是指画笔的长轴在水平方向旋转的角度，如图4-5所示。圆度是指画笔在Z轴（垂直于画面，向屏幕内外延伸的轴向）上的旋转效果，如图4-6所示。

图4-5　　　　　图4-6

- 大小：通过设置数值或拖动滑块可以调整画笔笔尖的大小。在英文输入法状态下，可以按"["键和"]"键来减小或增大画笔笔尖的大小。
- 硬度：当使用圆形的画笔时硬度数值可以调整。数值越大，画笔边缘越清晰；数值越小，画笔边缘越模糊，如图4-7所示。

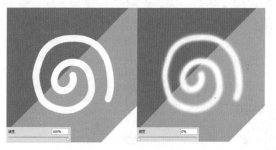

（a）硬度：100　　　（b）硬度：0

图4-7

- 模式：设置绘画颜色与下面现有像素的混合方法。
- ：单击该按钮即可打开"画笔设置"面板。
- 不透明度：设置画笔绘制出来的颜色的不透明度。数值越大，笔迹的不透明度越高；数值越小，笔迹的不透明度越低，如图4-8所示。

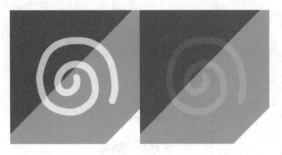

（a）不透明度：80　　（b）不透明度：15

图 4-8

- <img>：在使用带有压感的手绘板时，启用该项则可以对"不透明度"使用"压力"。在关闭该项时，"画笔预设"控制压力。
- 流量：设置将光标移到某个区域上方时应用颜色的速率。在某个区域上方进行绘画时，如果一直按住鼠标左键，颜色量将根据流动速率增大，直至达到"不透明度"设置。
- 平滑：用于设置所绘制的线条的流畅程度，数值越高，线条越平滑。
- <img>：激活该按钮以后，可以启用喷枪功能，Photoshop会根据鼠标左键的单击程度来确定画笔笔迹的填充数量。例如，关闭喷枪功能时，每单击一次会绘制一个笔迹；而启用喷枪功能以后，按住鼠标左键不放，即可持续绘制笔迹。
- <img>：在使用带有压感的手绘板时，启用该项则可以对"大小"使用"压力"。在关闭该项时，"画笔预设"控制压力。

　提示：使用"画笔工具"时，画笔的光标不见了怎么办？

在使用"画笔工具"绘画时，如果不小心按下了键盘上的 Caps Lock 大写锁定键，画笔光标就会由圆形〇（或其他画笔的形状）变为无论怎么调整大小都没有变化的"十字星"╋。这时只需要再按一下键盘上的 Caps Lock 大写锁定键即可恢复为可以调整大小的带有图形的画笔效果。

举一反三：使用画笔工具为画面增添朦胧感

扫一扫，看视频

"画笔工具"的操作非常灵活，经常可以用来进行润色、修饰画面细节，还可以用来为画面添加暗角效果。

（1）打开一张素材图片，可以通过使用"画笔工具"进行润色。首先按下键盘上的 I 键，切换到"吸管工具" <img>，在浅色花朵的位置单击拾取颜色。选择工具箱中的"画笔工具" <img>，展开"常规画笔组"，在其中选择"柔边圆"画笔，接着在选项栏中设置较大的笔尖，设置"硬度"为0。这样设置笔尖的边缘为柔角，绘制出的效果才能柔和自然。为了让绘制出的

效果更加朦胧，可以适当在选项栏中降低"不透明度"的数值，如图4-9和图4-10所示。

图 4-9

图 4-10

（2）在画面中按住鼠标左键拖动进行绘制。先绘制画面中的4个角点，然后利用柔角画笔的虚边在画面边缘进行绘制，效果如图4-11所示。最后可以为画面添加一些艺术字元素作为装饰，完成效果如图4-12所示。

图 4-11　　　　图 4-12

练习实例：使用"画笔"在照片上涂鸦

扫一扫，看视频

文件路径	资源包\第4章\使用"画笔"在照片上涂鸦
难易指数	★★★★★
技术掌握	前景色设置、画笔工具

案例效果

案例效果如图4-13所示。

图 4-13

中文版 Photoshop 2020 从入门到精通（微课视频　全彩版）

操作步骤

步骤 01 执行"文件→打开"命令，将素材 1.jpg 打开，如图 4-14 所示。

图 4-14

步骤 02 在画面中添加表情。首先制作眼睛，单击"图层"面板底部的"创建新图层"按钮 ➕ 新建一个图层，如图 4-15 所示。接着设置前景色为黑色，单击工具箱中的"画笔工具"按钮 ✎，在选项栏中设置"大小"为 70 像素的"硬边圆"画笔，设置完成后在画面中单击即可得到一个黑色圆形，作为眼睛的基本图形，如图 4-16 所示。

步骤 03 在当前画笔绘制状态下，设置前景色为白色，在选项栏中选择稍小一些的笔尖大小，设置完成后在眼睛位置单击，得到眼球高光，如图 4-17 所示。

图 4-15   图 4-16

图 4-17

步骤 04 制作眉毛和嘴巴。新建图层，设置前景色为黑色，使用大小合适的硬边圆笔尖，设置完成后在画面中按住鼠标左键拖动绘制眉毛，如图 4-18 所示。在当前绘制状态下，继续制作人物的另外一只眉毛和嘴巴，效果如图 4-19 所示。

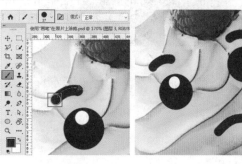

图 4-18   图 4-19

步骤 05 制作脸颊位置的腮红。新建图层，设置前景色为淡粉色，使用大小合适的柔边圆画笔，"硬度"为 0，设置"不透明度"为 30%，设置完成后在画面中单击，得到淡淡的、柔和的粉色笔触，如图 4-20 所示。此时由于设置的不透明度较低，所以在操作时需要多次单击鼠标才能制作出理想效果。

图 4-20

步骤 06 在当前绘制状态下，设置较小笔尖的硬边圆画笔，此时需要将"不透明度"恢复为 100%，接着设置前景色为白色，设置完成后在画面中按住鼠标左键进行绘制，如图 4-21 所示。然后继续绘制右脸颊的腮红，效果如图 4-22 所示。

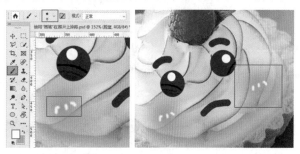

图 4-21   图 4-22

步骤 07 此时画面左侧的卡通表情制作完成，然后使用同样的方式制作其他的表情，效果如图 4-23 示。

图 4-23

课后练习：使用画笔工具绘制阴影增强画面真实感

扫一扫，看视频

文件路径	资源包\第4章\使用画笔工具绘制阴影增强画面真实感
难易指数	★★★★★
技术掌握	画笔工具

案例效果

案例处理前后对比效果如图4-24和图4-25所示。

图 4-24 　　　　　　　图 4-25

4.1.2 铅笔工具

"铅笔工具"位于"画笔工具组"中。在工具箱中右击"画笔工具"按钮✐，在弹出的工具组列表中可看到"铅笔工具"按钮✐，如图4-26所示。"铅笔工具"主要用于绘制硬边的线条（并不常用）。"铅笔工具"的使用方法与"画笔工具"非常相似，首先在选项栏中单击打开"画笔预设"选取器，接着选择一个笔尖样式并设置画笔大小（对于"铅笔工具"，硬度为0%或100%都是一样的效果）；然后可以在选项栏中设置模式和不透明度；在画面中按住鼠标左键进行拖动绘制即可。图4-27所示为铅笔工具绘制出的笔触。无论使用哪种笔尖，绘制出的线条边缘都非常硬，很有风格感。"铅笔工具"常用于制作像素画、像素风格图标等。

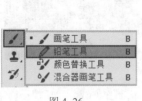

	画笔工具	B
	铅笔工具	B
	颜色替换工具	B
	混合器画笔工具	B

图 4-26 　　　　　　　图 4-27

举一反三：像素画

扫一扫，看视频

从"80后"玩游戏的"红白机"，到早期的黑白屏幕的手机，再到如今的计算机，像素画一直没有离开我们的视野。如今，像素画常作为一种绘画风格，更强调清晰的轮廓、明快的色彩，造型比较卡通，得到很多朋友的喜爱，如图4-28和图4-29所示。

图 4-28 　　　　　　　图 4-29

（1）想要绘制像素画非常简单，使用"铅笔工具"就可以实现。首先新建一个非常小的尺寸的文档，例如，这里创建了一个长宽均为20像素的文件，然后将背景图层隐藏。同时按住Alt键，滚动鼠标中轮将画布放大，放大后可以看到画布上的像素网格，通过像素网格可以进行绘制，如图4-30所示。设置一个合适的前景色，新建一个图层。接着选择"铅笔工具"✐，设置"大小"为1像素。然后在画面中按住Shift键绘制一段直线，如图4-31所示。

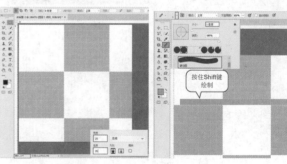

图 4-30 　　　　　　　图 4-31

（2）继续进行绘制，在绘制时要考虑所绘制图形的位置，此时绘制出的内容均为一个一个的小方块，如图4-32和图4-33所示。接着可以在绘制出图形的基础上进行装饰，完成效果如图4-34所示。

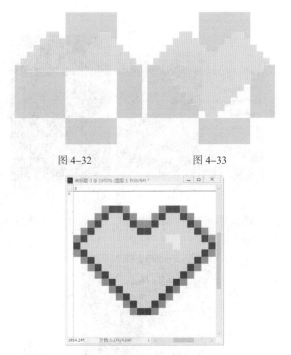

图 4-32   图 4-33

图 4-34

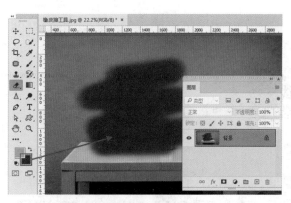

图 4-36

[重点] 4.1.3 橡皮擦工具

既然Photoshop中有"画笔"可以绘画，那么有没有橡皮能擦除呢？当然有！Photoshop中有3种可供"擦除"的工具："橡皮擦工具""魔术橡皮擦"和"背景橡皮擦"。"橡皮擦工具"是最基础也最常用的擦除工具。直接在画面中按住鼠标左键并拖动就可以擦除对象。而"魔术橡皮擦"和"背景橡皮擦"则是基于画面中颜色的差异，擦除特定区域范围内的图像。这两个工具常用于"抠图"。

扫一扫，看视频

"橡皮擦工具"位于橡皮擦工具组中。右击"橡皮擦工具"按钮 ，然后在弹出的工具组列表中选择"橡皮擦工具" 。接着选择一个普通图层，在画面中按住鼠标左键拖动，光标经过的位置像素被擦除了，如图4-35所示。若选了"背景"图层，使用"橡皮擦工具"进行擦除，则擦除的像素将变成背景色，如图4-36所示。

图 4-35

- 模式：选择橡皮擦的种类。选择"画笔"选项时，可以创建柔边擦除效果；选择"铅笔"选项时，可以创建硬边擦除效果；选择"块"选项时，擦除的效果为块状，如图4-37所示。
- 不透明度：用来设置"橡皮擦工具"的擦除强度。设置为100%时，可以完全擦除像素。当设置"模式"为"块"时，该选项将不可用。图4-38所示为设置不同"不透明度"数值的对比效果。
- 流量：用来设置"橡皮擦工具"的涂抹速度。图4-39所示为设置不同"流量"的对比效果。

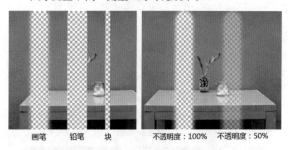

画笔   铅笔   块   不透明度：100%   不透明度：50%

图 4-37   图 4-38

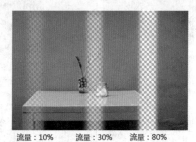

流量：10%   流量：30%   流量：80%

图 4-39

- 平滑：用于设置所擦除时线条的流畅程度，数值越高，线条越平滑。
- 抹到历史记录：勾选该复选框以后，"橡皮擦工具"的作用相当于"历史记录画笔工具"。

练习实例：使用橡皮擦工具擦除多余部分制作炫光人像

文件路径	资源包\第4章\使用橡皮擦工具擦除多余部分制作炫光人像
难易指数	★★★★★
技术掌握	橡皮擦工具

案例效果

案例效果前后对比如图4-40和图4-41所示。

图4-40　　　　　　　　图4-41

操作步骤

步骤01 执行"文件→打开"命令，打开素材1.jpg，如图4-42所示。执行"文件→置入嵌入对象"命令，置入素材2.jpg，接着将置入对象调整到合适的大小、位置，然后按Enter键完成置入操作，接着执行"图层→栅格化→智能对象"命令，将该图层栅格化，如图4-43所示。

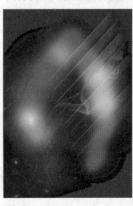 

图4-42　　　　　　　　图4-43

步骤02 选中新置入的素材图层，单击工具箱中的"橡皮擦工具"按钮，在画笔预设管理器中展开"常规画笔组"，在其中选择"柔边圆"画笔，设置其"大小"为200像素，"硬度"为0%，然后在人物背景处按住鼠标左键拖动进行擦除。此人像的黑色背景逐渐被擦除，显现出底部的背景图，如

图4-44所示。继续擦除背景，效果如图4-45所示。

图4-44　　　　　　　　图4-45

步骤03 置入素材3.jpg，并执行"图层→栅格化→智能对象"命令，将其栅格化，如图4-46所示。

图4-46

步骤04 在"图层"面板中选择新置入的素材图层，设置"混合模式"为"滤色"，如图4-47所示。最终效果如图4-48所示。

图4-47　　　　　　　　图4-48

举一反三：巧用橡皮擦融合两张图像

对于一些不需要十分精确抠图的对象，可使用"橡皮擦工具"擦除多余像素进行合成。首先打开素材，接着根据图片的大小将画布进行适当放大，如图4-49所示。接着置入另外一张风景素材，别忘记栅格化图层，如图4-50所示。

图 4-49

图 4-50

接着选择"橡皮擦工具" ，在画笔预设管理器中展开"常规画笔组"，在其中选择"柔边圆"画笔。为了让合成效果自然，适当地将笔尖调大一些，"硬度"一定要设置为0%，这样才能让擦除的过渡效果自然，还可以适当降低"不透明度"。接着在风景素材边缘按住鼠标左键拖动进行擦除。如果拿捏不准位置，可以先在"图层"面板中适当降低不透明度，在擦除完成后再调整为正常即可，如图4-51和图4-52所示。

图 4-51

图 4-52

课后练习：柔和色调化妆品海报

文件路径	资源包\第4章\柔和色调化妆品海报
难易指数	★★★★★
技术掌握	画笔工具、选框工具

案例效果

案例效果如图4-53所示。

图 4-53

4.1.4 动手练：图案图章工具

在工具箱中右击"仿制工具组"按钮 ，在弹出的工具列表中选择"图案图章工具" ，该工具可以使用"图案"进行绘画。在选项栏中设置合适的笔尖大小，在图案列表中选择一个合适的图案，如图4-54所示。接着在画面中按住鼠标左键涂抹，随即可以看到绘制效果，如图4-55所示。

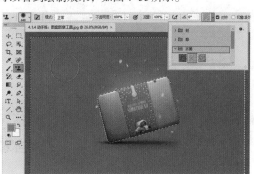

图 4-54

图 4-55

- 对齐：勾选该复选框以后，可以保持图案与原始起点的连续性，即使多次单击鼠标也不例外；取消勾选该复选框时，则每次单击都重新应用图案。
- 印象派效果：勾选该复选框以后，可以模拟出印象派效果的图案，如图4-56所示为勾选该复选框的涂抹效果。

图 4-56

课后练习：使用图案图章工具制作服装印花

扫一扫，看视频

文件路径	资源包\第4章使用图案图章工具制作服装印花
难易指数	★★★★★
技术掌握	图案图章工具

案例效果

案例处理前后对比效果如图4-57和图4-58所示。

图 4-57 　　　　　　　图 4-58

4.2 "画笔设置"面板：笔尖形状设置

画笔除了可以绘制出单色的线条外，还可以绘制出虚线、同时具有多种颜色的线条、带有图案叠加效果的线条、分散的笔触、透明度不均的笔触等，如图4-59所示。想要绘制出这些效果，都需要借助"画笔设置"面板。"画笔设置"面板并不只针对"画笔"工具属性的设置，而是针对大部分以画笔模式进行工作的工具，如画笔工具、铅笔工具、仿制图章工具、历史记录画笔工具、橡皮擦工具、加深工具、模糊工具等。图4-60和图4-61所示为能够使用到画笔并配合"画笔设置"面板绘制的效果。

扫一扫，看视频

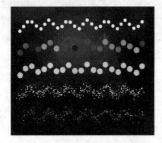

图 4-59

图 4-60 　　　　　　　图 4-61

[重点]4.2.1 认识"画笔设置"面板

在选项栏中可以单击打开"画笔预设选取器"，在"画笔预设选取器"中能设置笔尖样式、画笔大小、角度以及硬度。但是，各种绘制类工具的笔触形态属性可不仅仅是这些。执行"窗口→画笔设置"命令（快捷键F5），打开"画笔设置"面板，在这里可以看到非常多的参数设置，最底部显示着当前笔尖样式的预览效果。此时默认显示的是"画笔笔尖形状"页面，如图4-62所示。

在面板左侧列表还可以启用画笔的各种属性，如形状动态、散布、纹理、双重画笔、颜色动态、传递、画笔笔势等。想要启用某种属性，需要勾选该复选框，使之呈现启用状态 ☑。接着单击选项的名称，即可进入该选项设置页面，如图4-63所示。

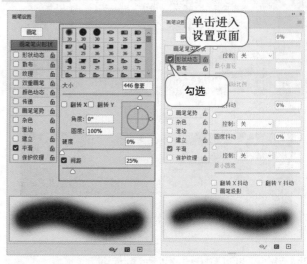

图 4-62 　　　　　　　图 4-63

> 📷 提示："画笔设置"面板用处多。
>
> "画笔""铅笔""颜色替换画笔""混合器画笔""橡皮""加深工具""减淡工具""模糊工具"等多种工具都可以通过"画笔设置"面板进行参数设置。

执行"窗口→画笔设置"命令(快捷键F5),打开"画笔设置"面板。默认情况下"画笔设置"面板显示着"画笔笔尖形状"设置页面,在这里可以对画笔的形状、大小、硬度等常用参数进行设置,除此之外,还可以对画笔的角度、圆度以及间距进行设置。这些参数选项非常简单,随意调整数值,就可以在底部看到当前画笔的预览效果,如图4-64所示。通过设置当前页面的参数可以制作出如图4-65和图4-66所示的各种效果。

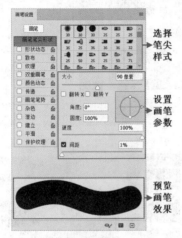

图4-64

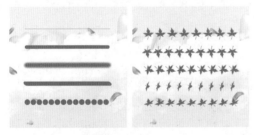

图4-65　　　　　　　图4-66

- 控制画笔的大小,可以直接输入像素值,也可以通过拖动滑块来设置画笔大小。调整不同的画笔大小,绘制效果如图4-67所示。

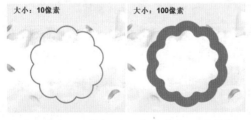

(a)大小:10像素　　(b)大小:100像素

图4-67

- □翻转X □翻转Y:将画笔笔尖在其X轴或Y轴上进行翻转,如图4-68所示为无翻转、翻转X、翻转Y的画笔

预览效果。使用圆形画笔时更改翻转看不到效果。为了效果明显,例图中选择了一种"草叶"形状的笔尖。

(a)无翻转　　(b)翻转X　　(c)翻转Y

图4-68

- 角度:0°:指定笔尖的长轴在水平方向旋转的角度,如图4-69所示为不同角度的效果。

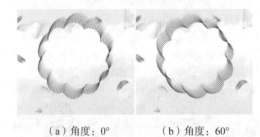

(a)角度:0°　　　　(b)角度:60°

图4-69

- 圆度:100%:设置画笔短轴和长轴之间的比率。可以简单地理解为画笔的"压扁"程度,"圆度"值为100%时,画笔未被"压扁";当"圆度"值为0%～100%时,画笔呈现出"压扁"状态,如图4-70所示。

(a)圆度:100　　(b)圆度:60　　(c)圆度:30

图4-70

- 硬度数值只在使用圆形画笔时可用,用来控制画笔硬度中心的大小。数值越小,画笔的柔和度越高,如图4-71所示。

(a)硬度:100%　　(b)硬度:30%　　(c)硬度:0%

图4-71

- 控制描边中两个画笔笔迹之间的距离。数值越高,笔迹之间的间距越大,如图4-72所示。

（a）间距：1%　（b）间距：100%　（c）间距：160%

图 4-72

扫一扫，看视频

举一反三：调整间距制作斑点相框

使用"画笔工具"可直接绘制出连续的直线，而通过在"画笔设置"面板中增大"间距"数值，则可以绘制出"虚线"效果。

（1）打开图片，从画面中吸取一个颜色作为前景色。接着按快捷键F5调出"画笔设置"面板，然后向右拖动"间距"滑块增加间距数值，增大"间距"的数值。最后按住Shift键拖动绘制直线，如图4-73和图4-74所示。

图 4-73　　　　　　　　　图 4-74

（2）从画面中吸取另外一个对比比较明显的颜色作为前景色。然后把光标放在圆点中间的缝隙处，按住鼠标左键的同时按住Shift键拖动绘制直线，如图4-75和图4-76所示。

图 4-75　　　　　　　　　图 4-76

（3）选择斑点图层复制一份移动到画面的下面，然后添加艺术字装饰，完成效果如图4-77所示。

图 4-77

举一反三：使用橡皮擦工具和调整画笔间距制作邮票

"橡皮擦工具"也可以通过"画笔设置"面板进行笔尖的设置。在这个案例中可以使用

扫一扫，看视频

"橡皮擦工具"，通过调整画笔间距进行擦除，制作出邮票边缘锯齿效果。

选择邮票图层，单击"橡皮擦工具" ，按F5键调出"画笔设置"面板，选择一个硬角的画笔，设置合适的笔尖大小，然后增加"间距"数值，如图4-78和图4-79所示。接着按住Shift键拖动进行擦除，如图4-80所示。继续进行擦除，完成效果如图4-81所示。

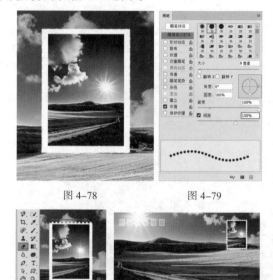

图 4-78　　　　　　　　　图 4-79

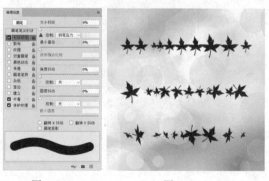

图 4-80　　　　　　　　　图 4-81

【重点】4.2.3　形状动态

执行"窗口→画笔设置"命令，打开"画笔设置"面板。在左侧列表中勾选"形状动态"复选框，使之变为启用状态 ，接着单击"形状动态"，进入形状动态设置页面，如图4-82所示。"形状动态"页面用于设置绘制出带有大小不同、角度不同、圆度不同笔触效果的线条。在"形状动态"页面中可以看到"大小抖动""角度抖动""圆度抖动"，此处的"抖动"就是指某项参数在一定范围内随机变换。数值越大，变化范围也就越大。图4-83所示为通过当前页面设置制作出的效果。

图 4-82　　　　　　　　　图 4-83

● 大小抖动 3% ：指定描边中画笔笔迹大小的改变方式。数值越高，图像轮廓越不规则，如图4-84和图4-85所示。

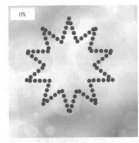
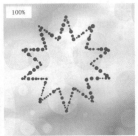

图4-84　　　　　　　图4-85

● 控制 钢笔斜度 ：“控制”下拉列表中可以设置“大小抖动”的方式。其中，“关”选项表示不控制画笔笔迹的大小变换；“渐隐”选项是按照指定数量的步长在初始直径和最小直径之间渐隐画笔笔迹的大小，使笔迹产生逐渐淡出的效果；如果计算机配置有绘图板，可以选择“钢笔压力”“钢笔斜度”“光笔轮”或“旋转”选项，然后根据钢笔的压力、斜度、钢笔位置或旋转角度来改变初始直径和最小直径之间的画笔笔迹大小，如图4-86和图4-87所示。

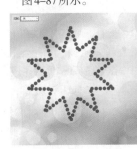
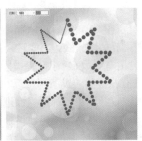

图4-86　　　　　　　图4-87

● 最小直径：当启用“大小抖动”选项以后，通过该选项可以设置画笔笔迹缩放的最小缩放百分比。数值越高，笔尖的直径变化越小，如图4-88和图4-89所示。

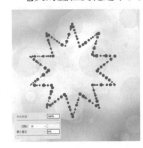
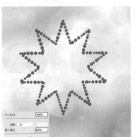

图4-88　　　　　　　图4-89

● 倾斜缩放比例：当“大小抖动”设置为“钢笔斜度”选项时，该选项用来设置在旋转前应用于画笔高度的比例因子。

● 角度抖动/控制：用来设置画笔笔迹的角度。如果要设置“角度抖动”的方式，可以在下面的“控制”下拉列表中进行选择。图4-90和图4-91所示为不同参数的效果。

图4-90　　　　　　　图4-91

● 圆度抖动/控制/最小圆度：用来设置画笔笔迹的圆度在描边中的变化方式。如果要设置“圆度抖动”的方式，可以在下面的“控制”下拉列表中进行选择。另外，“最小圆度”选项可以用来设置画笔笔迹的最小圆度，如图4-92和图4-93所示。

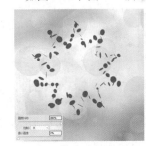
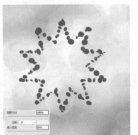

图4-92　　　　　　　图4-93

● □ 翻转X抖动 □ 翻转Y抖动：将画笔笔尖在其X轴或Y轴上进行翻转。

● □ 画笔投影：用绘图板绘图时，勾选该复选框，可以根据画笔的压力改变笔触的效果。

练习实例：设置形状动态绘制天使翅膀

文件路径	资源包第4章设置形状动态绘制天使翅膀
难易指数	★★★★★
技术掌握	画笔工具、画笔设置面板

扫一扫，看视频

案例效果

案例处理前后对比效果如图4-94和图4-95所示。

图4-94　　　　　　　图4-95

操作步骤

步骤 01 执行"文件→打开"命令，打开素材1.jpg，如图4-96所示。单击工具箱中的"画笔工具"按钮 ✐ ，执行"窗口→画笔设置"命令，在弹出的"画笔设置"面板中选择一个"柔边圆"笔尖，设置"大小"为15像素，"硬度"为0%，"间距"为100%，如图4-97所示。

图4-96　　　　　　　图4-97

步骤 02 勾选"形状动态"复选框，设置"大小抖动"为100%，如图4-98所示。新建图层，设置前景色为白色，接着在画面上按住鼠标左键并拖动，绘制翅膀形状，如图4-99所示。

图4-98　　　　　　　图4-99

步骤 03 新建图层，接着在画面中右击，在弹出的窗口中将画笔大小调小一些，如图4-100所示。在蝴蝶翅膀的内部绘制翅膀细节图案，如图4-101所示。

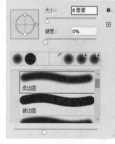

图4-100　　　　　　　图4-101

步骤 04 再次新建一个图层，在"画笔"面板中取消勾选"形状动态"复选框，然后设置"大小"为30像素，间距为1%，如图4-102所示。设置前景色为白色，接着在选项栏中设置"不透明度"为20%。然后在翅膀边缘的位置上绘制白色光晕，最终效果如图4-103所示。

图4-102　　　　　　　图4-103

【重点】4.2.4 散布

执行"窗口→画笔设置"命令，打开"画笔设置"面板。接着勾选"散布"复选框进入散布设置页面，如图4-104所示。"散布"页面用于设置描边中笔迹的数目和位置，使画笔笔迹沿着绘制的线条扩散。在"散布"页面中可以对散布的方式、数量和散布的随机性进行调整。数值越大，变化范围也就越大。在制作随机性很强的光斑、星光或树叶纷飞的效果时"散布"选项是必须需要设置的，如图4-105和图4-106所示是设置"散布"选项制作的效果。

图4-104

图 4-105　　　　　　图 4-106

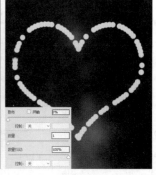

图 4-111　　　　　　图 4-112

● 散布 □两轴 0%／控制：关：指定画笔笔迹在描边中的分散程度，该值越高，分散的范围越广。当勾选"两轴"复选框时，画笔笔迹将以中心点为基准，向两侧分散。如果要设置画笔笔迹的分散方式，可以在下面的"控制"下拉列表中进行选择。图 4-107 和图 4-108 所示为将参数分别设置为 0% 和 449% 时绘画的对比效果。

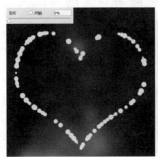
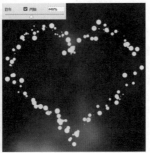

图 4-107　　　　　　图 4-108

● 数量 1 ：指定在每个间距间隔应用的画笔笔迹数量。数值越高，笔迹重复的数量越大，如图 4-109 和图 4-110 所示。

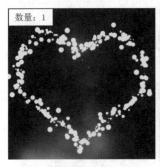

图 4-109　　　　　　图 4-110

● 数量抖动 0% ：指定画笔笔迹的数量如何针对各种间距间隔产生变化，如图 4-111 和图 4-112 所示为不同参数的对比效果。如果要设置"数量抖动"的方式，可以在下面的"控制"下拉列表中进行选择。

课后练习：使用形状动态与散布制作绚丽光斑

文件路径	资源包\第4章\使用形状动态与散布制作绚丽光斑
难易指数	★★★★★
技术掌握	画笔工具、画笔设置面板

扫一扫，看视频

案例效果

案例最终效果如图 4-113 所示。

图 4-113

4.2.5　纹理

执行"窗口→画笔设置"命令，打开"画笔设置"面板。在左侧列表中勾选"纹理"复选框，使之变为启用状态✅，接着单击"纹理"处，才能够进入纹理设置页面，如图 4-114 所示。"纹理"页面用于设置画笔笔触的纹理，使之可以绘制出带有纹理的笔触效果。在"纹理"页面中可以对图案的大小、亮度、对比度、混合模式等选项进行设置。图 4-115 所示为添加了不同纹理的笔触效果。

图 4-114　　　　　　　　图 4-115

- 设置纹理/反相：单击图案缩览图右侧的倒三角图标，可以在弹出的"图案"拾色器中选择一个图案，并将其设置为纹理，如图 4-116 所示。绘制出的笔触就会带有纹理，如图 4-117 所示。如果勾选"反相"复选框，可以基于图案中的色调来反转纹理中的亮点和暗点，如图 4-118 所示。

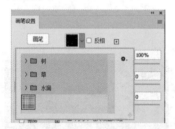

图 4-116

图 4-117　　　　　　　　图 4-118

- 缩放 62%：设置图案的缩放比例。数值越小，纹理越多越密集，如图 4-119 和图 4-120 所示为不同参数对比效果。

图 4-119　　　　　　　　图 4-120

- ☑ 为每个笔尖设置纹理：将选定的纹理单独应用于画笔描边中的每个画笔笔迹，而不是作为整体应用于画笔描边。如果取消勾选"为每个笔尖设置纹理"复选框，下面的"深度抖动"选项将不可用。
- 模式：：设置用于组合画笔和图案的混合模式。图 4-121 和图 4-122 所示分别是"正片叠底"和"减去"模式。

图 4-121　　　　　　　　图 4-122

- 模式：：设置油彩渗入纹理的深度。数值越大，渗入的深度越大，如图 4-123 和图 4-124 所示。

图 4-123　　　　　　　　图 4-124

- 最小深度：当"深度抖动"下面的"控制"选项设置为"渐隐""钢笔压力""钢笔斜度"或"光笔轮"选项，并且勾选了"为每个笔尖设置纹理"复选框时，"最小深度"选项用来设置油彩可渗入纹理的最小深度。
- 深度抖动 41%：当勾选"为每个笔尖设置纹理"复选框时，"深度抖动"选项用来设置深度的改变方式，如图 4-125 所示。然后要指定如何控制画笔笔迹的深度变化，可以从下面的"控制"下拉列表中进行选择，如图 4-126 所示。

图 4-125　　　　　　　　图 4-126

4.2.6 双重画笔

执行"窗口→画笔设置"命令，打开"画笔设置"面板，如图4-127所示。在左侧列表中勾选"双重画笔"复选框，使之变为启用状态 ☑，接着单击"双重画笔"，才能够进入双重画笔设置页面。在"双重画笔"设置页面中，可设置绘制的线条呈现出两种画笔混合的效果。在对"双重画笔"设置前，需要先设置"画笔笔尖形状"主画笔参数属性，再勾选"双重画笔"复选框。最顶部的"模式"是指选择从主画笔和双重画笔组合画笔笔迹时要使用的混合模式。然后从"双重画笔"选项中选择另外一个笔尖（即双重画笔）。其参数设置非常简单，大多与其他选项中的参数相同。图4-128所示为不同双重画笔的效果。

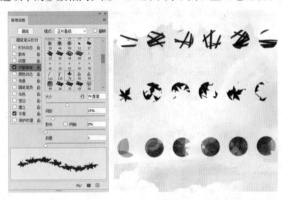

图4-127   图4-128

[重点] 4.2.7 颜色动态

执行"窗口→画笔设置"命令，打开"画笔设置"面板。在左侧列表中勾选"颜色动态"复选框，使之变为启用状态 ☑，接着单击"颜色动态"，才能够进入颜色动态设置页面，如图4-129所示。"颜色动态"页面用于设置绘制出颜色变化的效果，在设置颜色动态之前，需要设置合适的前景色与背景色，然后在颜色动态设置页面进行其他参数选项的设置。如果勾选"颜色动态"复选框可以绘制出颜色随机性很强的彩色斑点效果，如图4-130所示。

图4-129   图4-130

● ☑ 应用每笔尖：勾选该复选框后，每个笔触都会带有颜色，如果要设置"颜色动态"那么必须勾选该复选框。

● 前景/背景抖动/控制：用来指定前景色和背景色之间的油彩变化方式。数值越小，变化后的颜色越接近前景色；数值越大，变化后的颜色越接近背景色，如图4-131和图4-132所示。如果要指定如何控制画笔笔迹的颜色变化，可以在下面的"控制"下拉列表中进行选择。

图4-131   图4-132

● 色相抖动 `0%` ：设置颜色变化范围。数值越小，颜色越接近前景色；数值越大，色相变化越丰富，如图4-133和图4-134所示。

图4-133   图4-134

● 饱和度抖动 `48%` ：设置颜色的饱和度变化范围。数值越小，色彩的饱和度变化越小；数值越大，色彩的饱和度变化越大，如图4-135和图4-136所示。

图4-135   图4-136

● 亮度抖动 `49%` ：设置颜色亮度的随机性。数值越大，随机性越强，如图4-137和图4-138所示。

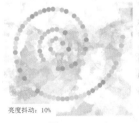 

图4-137   图4-138

● 纯度 +100% ：用来设置颜色的纯度。数值越小，笔迹的颜色越接近于黑白色，如图4-139所示；数值越大，颜色饱和度越高，如图4-140所示。

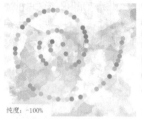

纯度：-100%

图4-139

纯度：100%

图4-140

【重点】4.2.8 传递

执行"窗口→画笔设置"命令，打开"画笔设置"面板。在左侧列表中勾选"传递"复选框，使之变为启用状态☑，接着单击"传递"处，才能够进入传递设置页面，如图4-141所示。"传递"选项用于设置笔触的不透明度、流量、湿度、混合等数值，以用来控制油彩在描边路线中的变化方式。"传递"选项常用于光效的制作，在绘制光效的时候，光斑通常带有一定的透明度，所以需要勾选"传递"复选框进行参数的设置，以增加光斑的透明度的变化，效果如图4-142所示。

图4-141

图4-142

● 不透明度抖动/控制：指定画笔描边中油彩不透明度的变化方式，最高值是选项栏中指定的不透明度值，如图4-143所示。如果要指定如何控制画笔笔迹的不透明度变化，可以从下面的"控制"下拉列表中进行选择，如图4-144所示。

● 流量抖动/控制：用来设置画笔笔迹中油彩流量的变化程度。如果要指定如何控制画笔笔迹的流量变化，可以从下面的"控制"下拉列表中进行选择。

● 湿度抖动/控制：用来控制画笔笔迹中油彩湿度的变化程度。如果要指定如何控制画笔笔迹的湿度变化，可以从下面的"控制"下拉列表中进行选择。

不透明度抖动 40%

图4-143

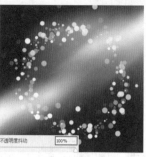

不透明度抖动 100%

图4-144

● 混合抖动/控制：用来控制画笔笔迹中油彩混合的变化程度。如果要指定如何控制画笔笔迹的混合变化，可以从下面的"控制"下拉列表中进行选择。

4.2.9 画笔笔势

"画笔笔势"选项是针对特定的笔刷样式进行设置的选项。在"画笔预设选取器"菜单中单击载入"旧版画笔"组，然后打开"默认画笔"组，接着选择一个毛刷画笔，如图4-145所示。然后在窗口的左上角有笔刷的缩览图，如图4-146所示。

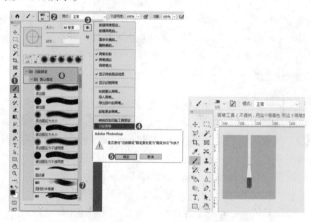

图4-145

图4-146

执行"窗口→画笔设置"命令，打开"画笔设置"面板。在左侧列表中勾选"画笔笔势"复选框，使之变为启用状态☑，勾选"画笔笔势"复选框，才能够进入画笔笔势设置页面，如图4-147所示。设置完成后按住鼠标左键拖动进行绘制，效果如图4-148所示。

● 倾斜X/倾斜Y：使笔尖沿X轴或Y轴倾斜。

● 旋转 48° ：设置笔尖旋转效果。

● 压力 100% ：压力数值越高绘制速度越快，线条效果越粗犷。

中文版Photoshop 2020从入门到精通（微课视频 全彩版）

图 4-147　　　　　　　　　图 4-148

4.2.10　其他选项

执行"窗口→画笔设置"命令，打开"画笔设置"面板。"画笔设置"面板中还有"杂色""湿边""建立""平滑"和"保护纹理"这5个复选框，这些复选框不能调整参数，如果要启用其中某个复选框，将其勾选即可，如图4-149所示。

图 4-149

- 杂色：为个别画笔笔尖增加额外的随机性，图4-150所示分别是取消勾选与勾选"杂色"复选框时的笔迹效果。当使用柔边画笔时，该复选框最能出效果。图4-151所示为取消勾选"杂色"与勾选"杂色"的对比效果。

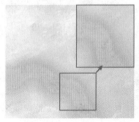

图 4-150　　　　　　　　　图 4-151

- 湿边：沿画笔描边的边缘增大油彩量，从而创建出水彩效果，图4-152和图4-153所示分别是取消勾选与勾选"湿边"复选框时的笔迹效果。

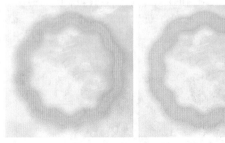

图 4-152　　　　　　　　　图 4-153

- 建立：模拟传统的喷枪技术，根据鼠标按键的单击程

度确定画笔线条的填充数量。

- 平滑：在画笔描边中生成更加平滑的曲线。当使用压感笔进行快速绘画时，该复选框最有效。
- 保护纹理：将相同图案和缩放比例应用于具有纹理的所有画笔预设。勾选该复选框后，在使用多个纹理画笔绘画时，可以模拟出一致的画布纹理。

举一反三：使用画笔工具绘制卡通蛇

（1）先设置合适的前景色与背景色，接着选择画笔工具。打开"画笔设置"面板，选择一个圆形笔尖，然后调整一定的"间距"参数，设置笔触的间距。因为希望颜色变化丰富些，所以勾选"颜色动态"复选框，切换到参数设置页面，然后勾选"应用每笔尖"复选框，接着设置"前景/背景抖动""色相抖动"选项，如图4-154所示。设置完成后新建图层，然后按住鼠标左键拖动进行绘制，效果如图4-155所示。

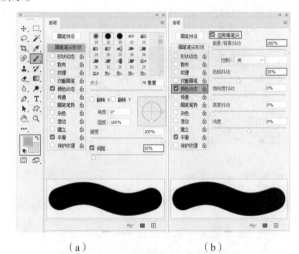

（a）　　　　　　　　（b）

图 4-154

图 4-155

（2）为了让图形更有立体感，可以选择该图层执行"图层→图层样式→斜面和浮雕"命令，在弹出的"图层样式"窗口中进行设置，如图4-156所示。画面效果如图4-157所示。

图 4-156

图 4-157

（3）接着可以绘制一些白色和黑色的圆点，作为卡通蛇的眼睛，如图4-158所示。使用同样的方式，调整不同前景色与背景色绘制其他卡通蛇，效果如图4-159所示。

图 4-158　　　　　　　图 4-159

4.3 使用不同的画笔

在"画笔预设选取器"中可以看到有多种可供选择的画笔笔尖类型，我们可以使用的只有这些吗？并不是。Photoshop还内置了多种类的画笔可供挑选，但其默认状态为隐藏，需要通过载入才能使用。除了内置的画笔，还可以在网络上搜索下载有趣的"画笔库"导入到Photoshop中进行使用。除此之外，还可以将图像"定义"为画笔，帮助我们绘制出奇妙的效果。

4.3.1 动手练：载入旧版画笔

除了目前显示在列表中的画笔类型外，在Photoshop中还可以载入"旧版画笔"。在画笔选取器中单击右上角的 ![gear] 按钮，显示命令菜单，执行"旧版画笔"命令，如图4-160所示。接着在弹出的窗口中单击"确定"按钮，如图4-161所示。然后在"画笔预设选取器"的底部可以看到"旧版画笔"画笔组，展开该组，即可看到很多不同的画笔样式，如图4-162所示。

图 4-160

图 4-161　　　　　　　图 4-162

[重点]4.3.2 动手练：自己创建一个"画笔"

Photoshop允许用户将图片或图片中的部分内容"定义"为画笔笔尖，方便用户在使用画笔、橡皮擦、加深、减淡等工具时使用。

（1）定义画笔的方式非常简单，选择要定义成笔尖的图像，如图4-163所示。执行"编辑→定义画笔预设"命令，接着在弹出的"画笔名称"对话框中设置画笔名称，并单击"确定"按钮，完成画笔的定义，如图4-164所示。在预览图中能够看到定义的画笔笔尖只保留了图像的明度信息，而没有色彩信息。这是因为画笔工具是以当前的前景色进行绘制的，所以定义画笔的图像色彩就没有必要存在了。

图 4-163　　　　　　　图 4-164

（2）定义好笔尖以后，在"画笔预设选取器"中可以看到新定义的画笔，如图4-165所示。选择自定义的笔尖后，就可以像使用系统预设的笔尖一样进行绘制了。通过绘制我们能够看到，原始用了定义画笔的图像中黑色的部分为不透明的部分，白色部分为透明部分，而灰色则为半透明，如图4-166所示。

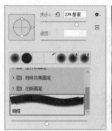 

图4-165　　　　　　图4-166

4.3.3　使用外挂画笔资源

网络上有很多笔刷资源，如羽毛笔刷、睫毛笔刷、头发笔刷等。在网络上下载笔刷后，可以将外挂笔刷载入到Photoshop中进行绘制。

（1）执行"窗口→画笔"命令，打开"画笔"面板，单击"面板菜单"按钮，执行"导入画笔"命令，如图4-167所示。在弹出的"载入"窗口中单击选择外挂画笔，接着单击"载入"按钮，如图4-168所示。然后在"画笔"面板的最底部可以看到载入的画笔笔尖，如图4-169所示。也可以尝试直接将笔刷文件拖动到Photoshop界面中进行载入。

图4-167

图4-168　　　　　　图4-169

（2）选择"画笔工具"，在画笔选取器的底部可以看到刚刚载入的画笔，如图4-170所示。接着就可以选择载入的画笔进行绘制，效果如图4-171所示。

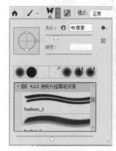 

图4-170　　　　　　图4-171

4.4　历史记录画笔工具组

"历史记录画笔"工具组中有两个工具："历史记录画笔"和"历史记录艺术画笔"，这两个工具是以"历史记录"面板中"标记"的步骤作为"源"，然后再在画面中绘制。绘制出的部分会呈现出标记的历史记录的状态。"历史记录画笔"会完全真实地呈现历史效果，而"历史记录艺术画笔"则会将历史效果进行一定的"艺术化"，从而呈现出一种非常有趣的艺术绘画效果。

4.4.1　动手练：历史记录画笔

"画笔工具"是以前景色为"颜料"，在画面中绘画。而"历史记录画笔"则是以"历史记录"为"颜料"，在画面中绘画。被绘制的区域就会回到历史操作的状态下。那么以哪一步历史记录进行绘制呢？这就需要执行"窗口→历史记录"命令，打开"历史记录"面板，在想要作为绘制内容的步骤前单击，使之出现 即可完成历史记录的设定，此时被标记的历史记录为最初状态，如图4-172所示。然后单击工具箱中的"历史记录画笔工具"按钮，适当调整画笔大小，在画面中进行适当涂抹（绘制方法与"画笔工具"相同），被涂抹的区域将还原为被标记的历史记录效果，如图4-173所示。

扫一扫，看视频

图4-172

图 4-173

4.4.2 历史记录艺术画笔

"历史记录艺术画笔工具"可以将标记的历史记录状态或快照用作源数据，然后以一定的"艺术效果"对图像进行修改。"历史记录艺术画笔工具"常用于为图像创建不同的颜色和艺术风格时使用。在工具箱中选择"历史记录艺术画笔工具" ，在选项栏中先对笔尖大小、样式、不透明度进行设置。接着单击"样式"按钮，在下拉列表中选择一个样式。"区域"用来设置绘画描边所覆盖的区域，数值越高覆盖的区域越大，描边的数量也越多。"容差"限定可应用绘画描边的区域，如图 4-174 所示。设置完毕后在画面中进行涂抹，效果如图 4-175 所示。

图 4-174　　　　　　图 4-175

- **样式**：选择一个选项来控制绘画描边的形状，包括"绷紧短""绷紧中"和"绷紧长"等，如图 4-176 所示。图 4-177 和图 4-178 所示分别是"松散长"和"绷紧卷曲"效果。

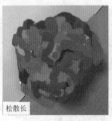

图 4-176　　　　　图 4-177　　　　　图 4-178

4.5 综合实例：使用绘制工具制作清凉海报

文件路径	资源包\第4章\综合实例：使用绘制工具制作清凉海报
难易指数	★★★★★
技术掌握	画笔工具、橡皮擦工具、画笔设置面板

扫一扫，看视频

案例效果

案例最终效果如图 4-179 所示。

图 4-179

操作步骤

步骤 01 执行"文件→新建"命令，创建一个A4尺寸的新文档。执行"文件→置入嵌入对象"命令，置入素材文件1.jpg，将其放置在画面顶部。选中该图层，执行"图层→栅格化→智能对象"命令，如图 4-180 所示。置入海水素材文件2.jpg，执行"图层→栅格化→智能对象"命令，调整大小及位置，如图 4-181 所示。

图 4-180　　　　　　图 4-181

步骤 02 编辑海水部分。单击工具箱中的"橡皮擦工具"按钮 ，在"画笔预设选取器"中展开"常规画笔组"，在其中选择"柔边圆"画笔，设置合适的画笔大小，擦除上方的部分海水，如图 4-182 所示。设置前景色为深蓝色，单击工具箱中的"画笔工具"按钮 ，设置一种"柔边圆"画笔，设置画笔"不透明度"为50%，在画面底部海水周边进行涂抹，加深周边海水颜色效果，如图 4-183 所示。

中文版Photoshop 2020从入门到精通（微课视频 全彩版）

图 4-182　　　　　　图 4-183

步骤 03 设置前景色为淡一点的蓝色，使用圆角画笔在海水中心位置进行涂抹，如图 4-184 所示。在选项栏中适当降低画笔的不透明度，继续在海水平面上进行涂抹，如图 4-185 所示。

图 4-184　　　　　　图 4-185

步骤 04 设置前景色为白色，单击工具箱中的"画笔工具" ✎，执行"窗口→画笔设置"命令，打开"画笔设置"面板。选择一种圆形画笔，设置画笔"大小"为 25 像素，"硬度"为 100%，增大画笔间距，如图 4-186 所示。在左侧列表中勾选"形状动态"复选框，设置"大小抖动"为 100%，如图 4-187 所示。勾选"散布"复选框，设置散布数值为 1000%，如图 4-188 所示。

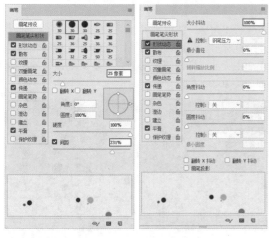

图 4-186　　　　　　图 4-187

图 4-188

步骤 05 勾选"传递"复选框，设置"不透明度抖动"为 100%，如图 4-189 所示。然后在画面中按住鼠标左键并拖动，绘制气泡，如图 4-190 所示。

图 4-189　　　　　　图 4-190

步骤 06 下面开始制作文字部分。单击工具箱中的"横排文字工具"按钮 T，在选项栏中设置合适的字体及大小，输入红色字母 E，如图 4-191 所示。按快捷键 Ctrl+T 自由变换，适当调整文字角度，按 Enter 键结束操作，如图 4-192 所示。

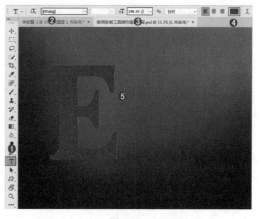

图 4-191

图 4-192

图 4-196

步骤 07 选择文字图层,执行"图层→图层样式→描边"命令,在弹出的"图层样式"窗口中设置"大小"为15像素,"位置"为"外部","颜色"为白色,如图4-193所示。在左侧样式列表中勾选"内发光"复选框,设置"混合模式"为"正常","不透明度"为100%,颜色为深一点的红色,"大小"为95像素,如图4-194所示。

步骤 09 为文字添加光泽感。按住Ctrl键单击文字图层的缩略图,载入文字图层选区。新建图层,设置前景色为白色,使用快捷键Alt+Delete为选区填充白色,如图4-197所示。在"图层"面板上设置图层"不透明度"为50%,如图4-198所示。单击工具箱中的"橡皮擦工具"按钮 ✐ ,使用硬角边的橡皮擦在文字左侧进行涂抹,隐藏多余的部分,如图4-199所示。

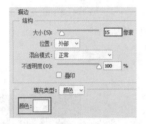

图 4-193

图 4-197　　　　　　图 4-198

图 4-194

步骤 08 勾选"投影"复选框,设置"混合模式"为"正常",颜色为灰色,"不透明度"为100%,"角度"为120度,"距离"为35像素,如图4-195所示。单击"确定"按钮完成操作,此时文字效果如图4-196所示。

图 4-199

步骤 10 新建图层,使用圆角边画笔单击绘制一个白色圆点,如图4-200所示。使用自由变换快捷键Ctrl+T调整圆点形状,如图4-201所示。将调整过的圆点调整角度,放置在文字左侧,如图4-202所示。

图 4-195

图 4-200　　　　　　图 4-201

中文版Photoshop 2020从入门到精通(微课视频 全彩版)

图 4-202

步骤 11 多次复制光斑，放置在字母的不同位置，如图 4-203 所示。用同样方法制作其他文字及其光泽，如图 4-204 所示。

图 4-203

图 4-204

步骤 12 置入前景素材 3.png，调整大小及位置，执行"图层→栅格化→智能对象"命令，如图 4-205 所示。设置前景色为白色，选择工具箱中的"画笔工具" ，按下快捷键 F5 打开"画笔设置"面板，然后选择一个不规则的笔尖，如图 4-206 所示。新建图层，在画面四周进行涂抹，为了绘制比较自然的效果，可以切换多种画笔类型，制作不规则的外框，最终效果如图 4-207 所示。

图 4-205

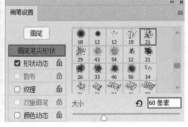

图 4-206

图 4-207

4.6 模拟考试

主题：以"自然"为主题绘制一幅简笔画。

要求：

（1）画面元素自定；

（2）使用合适的颜色进行绘制；

（3）尽可能使用不同的笔触效果；

（4）本试题不考查绘画功底；

（5）可在网络搜索"儿童插画""简笔画"等内容。

考查知识点：画笔工具、画笔预设选取器、颜色的设置、橡皮擦工具等。

Chapter 05

第5章

图像修饰

本章内容简介

图像修饰部分涉及的工具较多，可以分为两大类："仿制图章工具""修补工具""污点修复画笔工具""修复画笔工具"等工具主要是用于去除画面中的瑕疵；"模糊工具""锐化工具""涂抹工具""加深工具""减淡工具""海绵工具"则是用于图像局部的模糊、锐化、加深、减淡等美化操作。

重点知识掌握

- 熟练掌握去除画面瑕疵的使用方法
- 熟练掌握对画面局部进行模糊、锐化、加深、减淡的方法

通过本章学习，我能做什么？

通过本章的学习，我们应该掌握"去除"照片中地面上的杂物或不应出现的人物；能够去除人物面部的斑点、皱纹、眼袋、杂乱发丝，以及服装上多余的褶皱等；还可以对照片局部的明暗以及虚实程度进行调整，以实现突出强化主体物弱化环境背景的目的。

佳作欣赏

5.1 瑕疵修复

"修图"一直是Photoshop最为人所熟知的强项之一。通过其强大的功能，Photoshop可以轻松去除人物面部的斑点、环境中的杂乱物体，甚至想要"偷天换日"也不在话下。更重要的是这些工具的使用方法非常简单！只需要熟练掌握，并且多加练习就可以实现这些神奇的效果啦，如图5-1和图5-2所示。下面我们就来学习一下这些功能吧！

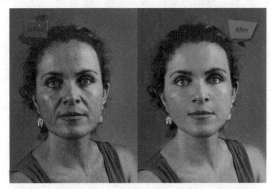

图 5-1

图 5-2

【重点】5.1.1 动手练：仿制图章工具

"仿制图章工具" 可以将图像的一部分通过涂抹的方式，"复制"到图像中的另一个位置上。"仿制图章工具"常用来去除水印、消除人物脸部斑点皱纹、去除背景部分不相干的杂物、填补图片空缺等。

扫一扫，看视频

（1）打开一张图片，接下来就通过仿制图章工具用现有的像素覆盖住需要去除的部分，如图5-3所示。为了实现对原图的保护，此时可以选择背景图层，然后使用快捷键Ctrl+J将背景图层复制一份，然后在复制得到的图层中进行操作，如图5-4所示。

图 5-3　　　　　　　　　图 5-4

（2）在工具箱中单击"仿制图章工具" ，接着设置合适的笔尖大小，然后在需要修复位置的附近按住Alt键并单击，进行像素样本的拾取，如图5-5所示。移动光标位置可以看到拾取了刚刚单击位置的像素，如图5-6所示。

图 5-5　　　　　　　　　图 5-6

- 对齐：勾选该复选框以后，可以连续对像素进行取样，即使释放鼠标以后，也不会丢失当前的取样点。
- 样本：在指定的图层中进行数据取样。

（3）在使用"仿制图章工具"进行修复时，要考虑到画面中的环境，因为刚刚在白色海浪位置进行了取样，此时可以将光标向右移动到海浪平行的区域单击或按住鼠标左键拖动涂抹将像素覆盖住人像，如图5-7所示。继续进行涂抹将拾取的像素样本覆盖住人像，如图5-8所示。

图 5-7　　　　　　　　　图 5-8

> 提示：使用"仿制图章工具"时可能遇到的问题。
>
> 在使用仿制图章工具时，经常会绘制出重叠的效果，如图5-9所示。造成这种情况可能是由于取样的位置太接近需要修补的区域，此时可以重新取样并进行覆盖操作。

图 5-9

（4）在修图的过程中，往往周围环境都比较复杂，需要不断进行重新取样。例如，海平面的位置呈现出一段直线，这时就需要重新进行取样，如图5-10所示。接着可以打开"画笔预设选取器"，通过设置"硬度"选项去调整笔尖边缘过渡的效果，继续进行涂抹，如图5-11所示。案例完成效果如图5-12所示。

图 5-10

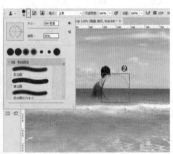

图 5-11

图 5-12

> 提示：在使用"仿制图章工具"时怎样才能够达到自然的效果？
>
> 使用仿制图章工具是需要技巧和耐心的，那么如何才能获得一个效果自然的画面呢？我们在修图过程中可以从以下几点进行考虑。
>
> 1. 细心观察
>
> 在修图的过程中，首先要观察图片，所取样的区域要与被覆盖的区域接近，纹理、光线、明暗程度都要考虑。
>
> 2. 要有耐心
>
> 在使用仿制图章工具要有耐心，尽量在操作的时候不要连续拖动，需要随时根据要修饰的细节内容进行取样。
>
> 3. 考虑边缘过渡效果
>
> 根据情况，通过设置笔尖的硬度调整边缘过渡效果。

练习实例：使用仿制图章净化照片背景

文件路径	资源包\第5章\使用仿制图章净化照片背景
难易指数	★★★★★
技术掌握	仿制图章工具

扫一扫，看视频

案例效果

案例处理前后对比效果如图5-13和图5-14所示。

图 5-13　　　　　图 5-14

操作步骤

步骤01 执行"文件→打开"命令，打开素材1.jpg。由于图像素材的后面背景建筑不美观，所以我们要将建筑背景抹除，如图5-15所示。单击工具箱中"仿制图章工具"按钮，在选项栏中选择一种"柔边圆"笔尖形状，设置其"大小"为80像素，"硬度"为0%，"模式"为"正常"，"不透明度"为100%。在天空位置按住Alt键单击进行取样，如图5-16所示。

图 5-15　　　　　图 5-16

步骤02 在人物右侧背景楼房上按住鼠标左键并拖动，遮盖远处的建筑，如图5-17所示。继续进行涂抹，效果如图5-18所示。

步骤03 使用同样的方法处理人物左侧背景，案例完成效果如图5-19所示。

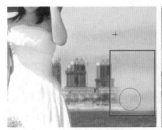

图 5-17 　　　　　　　　图 5-18

图 5-19

举一反三：克隆出多个蝴蝶

执行"窗口→仿制源"命令，打开"仿制源"面板。单击"仿制源"按钮，单击"水平翻转"按钮 ，然后设置合适的大小、旋转角度，如图 5-20 所示。接着选择"仿制图章工具"，在蝴蝶上方按住 Alt 键单击进行拾取，如图 5-21 所示。接着在画面中其他花朵上方按住鼠标左键涂抹，绘制出另外一只稍小一些的蝴蝶，效果如图 5-22 所示。

扫一扫，看视频

图 5-20 　　　　　　　　图 5-21

图 5-22

使用"污点修复画笔工具"可以消除图像中的小面积的瑕疵，或者去除画面中看起来比较"特殊"的对象，如去除人物面部的斑点、皱纹、凌乱发丝，或者去除画面中细小的杂物等。"污点修复画笔工具"不需要设置取样点，因为它可以自动从所修饰区域的周围进行取样。

扫一扫，看视频

（1）打开素材文件，如图 5-23 所示。选择"污点修复画笔工具" 。在选项栏中设置合适的笔尖大小，设置"模式"为"正常"，"类型"为"内容识别"，然后在需要去除的位置按住鼠标左键拖动，如图 5-24 所示。

图 5-23

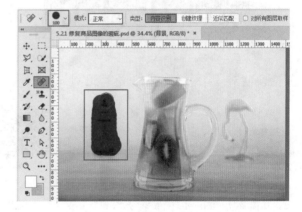

图 5-24

（2）释放鼠标后可以看到涂抹位置的物品消失了，如图 5-25 所示。使用同样的方法，可以继续去除其他部分，完成效果如图 5-26 所示。

图 5-25 　　　　　　　　图 5-26

● 模式：用来设置修复图像时使用的混合模式。除"正常""正片叠底"等常用模式以外，还有一个"替换"

模式，这个模式可以保留画笔描边的边缘处的杂色、胶片颗粒和纹理。

- **类型**：用来设置修复的方法。选择"近似匹配"选项时，可以使用选区边缘周围的像素来查找要用作选定区域修补的图像区域；选择"创建纹理"选项时，可以使用选区中的所有像素创建一个用于修复该区域的纹理；选择"内容识别"选项时，可以使用选区周围的像素进行修复。

课后练习：使用污点修复画笔为女孩去斑

文件路径	资源包\第5章\使用污点修复画笔为女孩去斑
难易指数	★★★★★
技术掌握	污点修复画笔工具

案例效果

案例处理前后对比效果如图5-27和图5-28所示。

图5-27　　　　　图5-28

[重点]5.1.3 动手练：修复画笔工具

"修复画笔工具"也可以用图像中的像素作为样本进行绘制，以修复画面中的瑕疵。

拍摄照片时，难免会有一些小的缺陷，如照片中会有多余物体或其他人入镜，如图5-29所示。通过"修复画笔工具"可以进行修复。在"修复工具组"上右击，在弹出的工具组列表中选择"修复画笔工具"，接着设置合适的笔尖大小，在选项栏中设置"源"为"取样"，在没有瑕疵的位置按住Alt键单击取样，如图5-30所示。然后在缺陷位置单击或按住鼠标左键拖动进行涂抹，释放鼠标，画面中多余的内容会被去除，如图5-31所示。画面效果如图5-32所示。

图5-29　　　　　图5-30

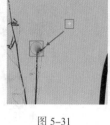 

图5-31　　　　　图5-32

- **源**：设置用于修复像素的源。选择"取样"选项时，可以使用当前图像的像素来修复图像；选择"图案"选项时，可以使用某个图案作为取样点。
- **对齐**：勾选该复选框以后，可以连续对像素进行取样，即使释放鼠标也不会丢失当前的取样点；取消勾选"对齐"复选框以后，则会在每次停止并重新开始绘制时使用初始取样点中的样本像素。
- **样本**：用来设置指定的图层中进行数据取样。选择"当前和下方图层"，可从当前图层以及下方的可见图层中取样；选择"当前图层"是仅从当前图层中进行取样；选择"所有图层"可以从可见图层中取样。

> **提示**："仿制图章工具"与"修复画笔工具"的区别。
>
> 与"仿制图章工具"不同的是，"修复画笔工具"可将样本像素的纹理、光照、透明度和阴影与所修复的像素进行匹配，从而使修复后的像素不留痕迹地融入图像的其他部分。

练习实例：使用修复画笔工具去除画面多余内容

文件路径	资源包\第5章\使用修复画笔工具去除画面多余内容
难易指数	★★★★★
技术掌握	修复画笔工具

案例效果

案例处理前后对比效果如图5-33和图5-34所示。

图5-33　　　　　图5-34

操作步骤

步骤01 执行"文件→打开"命令，打开素材1.jpg，如图5-35所示。本案例将使用"修复画笔工具"对画面右下角的文字部分进行去除。选择工具箱中的"修复画笔工具" ![icon]，在选项栏中设置笔尖为70像素，"模式"为"正常"，"源"为"取样"，接着按住Alt键的同时在文字下方的区域单击，进行取样，如图5-36所示。

图 5-35   图 5-36

步骤 02 将光标移动到画面中的文字上，按住鼠标左键并拖动涂抹。涂抹过的区域被覆盖上取样的内容，释放鼠标后，文字部分被去除掉了，如图5-37所示。继续进行涂抹，直至文字全部被覆盖，案例完成效果如图5-38所示。

图 5-37   图 5-38

【重点】5.1.4 动手练：修补工具

"修补工具"可以利用画面中的部分内容作为样本，修复所选图像区域中不理想的部分。

（1）在"修补工具组"上右击，在弹出的工具列表中单击"修补工具" ![icon]。修补工具的操作是基于选区的，所以在选项栏中有一些关于选区运算的操作按钮。在选项栏中设置修补模式为"内容识别"，其他参数保持默认。将光标移动至缺陷的位置，按住鼠标左键拖动沿着缺陷边缘进行绘制，如图5-39所示。释放鼠标得到一个选区，将光标放置在选区内，向其他位置拖动，拖动的位置是将选区中像素替代的位置，如图5-40所示。

图 5-39

图 5-40

（2）移动到目标位置后释放鼠标，稍等片刻就可以查看到修补效果，如果要取消选区的选择，可以使用快捷键Ctrl+D，如图5-41所示。此时可以看到画面中的瑕疵并没有修复干净，这时可以重复上一步操作继续修复，效果如图5-42所示。

图 5-41   图 5-42

- 结构：用来控制修补区域的严谨程度，数值越高，边缘效果越精准。
- 颜色：用来调整可修改源色彩的程度。
- 修补：将"修补"设置为"正常"时，可以选择图案进行修补。设置"修补"为"正常"，单击图案后侧的倒三角按钮，在下拉面板中选择一个图案，单击"使用图案"按钮，随即选区中将以图案进行修补。
- 源：选中"源"单选按钮时，将选区拖动到要修补的区域以后，释放鼠标左键就会用当前选区中的图像修补原来选中的内容。
- 目标：选中"目标"单选按钮时，则会将选中的图像复制到目标区域。
- 透明：勾选该复选框以后，可以使修补的图像与原始图像产生透明的叠加效果，该选项适用于修补具有清晰分明的纯色背景或渐变背景。

练习实例：使用修补工具去除背景中的杂物

文件路径	资源包\第5章\使用修补工具去除背景中的杂物
难易指数	⭐⭐⭐⭐⭐
技术掌握	修补工具

案例效果

案例处理前后对比效果如图5-43和图5-44所示。

图 5-43　　　　　　　图 5-44

操作步骤

步骤 01 执行"文件→打开"命令，打开素材1.jpg，如图5-45所示。本案例需要去除画面右侧的杂草。单击工具箱中的"修补工具"按钮，在选项栏设置"修补"为"内容识别"，"结构"为4，然后沿着杂草绘制选区，如图5-46所示。

图 5-45

图 5-46

步骤 02 将光标移动到选区内，按住鼠标左键向左移动，如图5-47所示。释放鼠标后，杂草被去除掉了，然后按下快捷键Ctrl+D取消选的选择，最终效果如图5-48所示。

图 5-47　　　　　　　图 5-48

举一反三：去水印

扫一扫，看视频

画面右下角位置有文字水印，如图5-49所示。选择工具箱中的"修补工具" ，在选项栏中设置"修补"为"内容识别"，接着按住鼠标左键在文字位置绘制选区。然后按住鼠标左键向上拖动选区，释放鼠标完成修复工作，如图5-50所示。最后使用快捷键Ctrl+D取消选区的选择，效果如图5-51所示。

图 5-49　　　　　　　图 5-50

图 5-51

也可以使用"仿制图章工具"去水印。选择工具箱中的"仿制图章工具" ，在选项栏中设置合适的笔尖大小，接着在文字上方按住Alt键单击拾取，如图5-52所示。在文字上按住鼠标左键涂抹，以拾取的像素覆盖住文字，如图5-53所示。

图 5-52　　　　　　　图 5-53

5.1.5 动手练：内容感知移动工具

扫一扫，看视频

使用"内容感知移动工具"移动选区中的对象，被移动的对象将会自动将影像与四周的影物融合在一起，而对原始的区域则会进行智能填充。需要改变画面中某一对象的位置时，可以尝试使用该工具。

（1）打开图像，在"修补工具组"上方右击，在工具列表中选择"内容感知移动工具" ，接着在选项栏中设置"模式"为"移动"，然后使用该工具在需要移动的对象上方按住鼠标左键拖动绘制选区，如图5-54所示。接着将光标移动至选区内部，按住鼠标左键向目标位置拖动，释放鼠标即可移动该对象，并带有一个定界框，如图5-55所示。最后按Enter键确定移动操作，使用快捷键Ctrl+D取消选区的选择，移动效果如图5-56所示。

图5-54

图5-55　　　　　　　　图5-56

（2）如果在选项栏中设置"模式"为"扩展"，则会将选区中的内容复制一份，并融入于画面中，效果如图5-57所示。

图5-57

课后练习：使用内容感知移动工具移动人物位置

文件路径	资源包\第5章\使用内容感知移动工具移动人物位置
难易指数	★★★★★
技术掌握	内容感知移动工具

扫一扫，看视频

案例效果

案例处理前后对比效果如图5-58和图5-59所示。

图5-58　　　　　　　　图5-59

5.1.6　动手练：红眼工具

"红眼"是指在暗光时拍摄人物、动物，瞳孔会放大让更多的光线通过，当闪光灯照射到人眼、动物眼的时候，瞳孔会出现变红的现象。使用"红眼工具"可以去除"红眼"现象。打开带有"红眼"问题的图片，在"修复工具组"上右击，在工具列表中选择"红眼工具" 。使用选项栏中的默认值即可，接着将光标移动至眼睛的上方单击，即可去除"红眼"，如图5-60所示。在另外一个眼睛上单击，完成去红眼的操作，效果如图5-61所示。

扫一扫，看视频

图5-60　　　　　　　　图5-61

● 瞳孔大小：用来设置瞳孔的大小，即眼睛暗色中心的大小。
● 变暗量：用来设置瞳孔的暗度。

> 提示：红眼工具的使用误区。
> 红眼工具只能去除"红眼"，而由于闪光灯闪烁产生的白色光点是无法使用该工具去除的。

5.1.7　使用填充命令识别并去除瑕疵

填充命令中有一种内容填充的方式为"内容识别"，这是一种非常智能的填充方式，它能够通过感知该选区周围的内容进行填充，填充的结果自然、真实。首先在需要填充的位置绘制一个选区，这个选区不用非常精确，如图5-62所示。执行"编辑→填充"命令，打开"填充"窗口，设置"内容"为"内容识别"，勾选"颜色适应"复选框，让选区边缘的颜色融合得更加自然。设置完成后，单击"确定"按钮，如图5-63所示。选区中的内容被自动去除，填充为周围相似的内容，效果如图5-64所示。在选中图层

扫一扫，看视频

为背景图层的情况下，按下Delete键可以直接打开"填充"窗口。

图 5-62

图 5-63

图 5-64

5.1.8 内容识别填充

"内容识别填充"命令可以非常智能地对所选区域的对象进行去除，并填补周围相似的内容，且该命令还能够对取样区域及需要去除的区域进行编辑调整。

（1）创建出需要去除对象的基本选区，如图5-65所示。

图 5-65

（2）执行"编辑→内容识别填充"命令，接着会进入内容识别填充的操作界面，左侧的图像区域为编辑区域，右侧为预览效果区域。在左侧区域中可以看到画面中部分区域被蒙上一层半透明的绿色，表明这些区域是用于填充选区内部分的取样区域。在右侧预览效果区域中可以看到选区内的部分几乎都被去除掉了，同时填充了周围相似的内容，如图5-66所示。

（3）在使用该命令时，软件会自动分析图像特点，选定用于取样的区域，但是如果软件分析的取样区域不准确，也可以手动进行调整。单击左侧工具箱最顶部的"取样画笔工具" ，然后在右侧可以进行"添加到取样" 或"从取样中减去" 的选择，接着可以设置笔刷的大小，如图5-67所示。

图 5-66

图 5-67

（4）设置完成后，就可以在左侧操作区域中进行涂抹，将需要进行取样的区域覆盖上绿色，如图5-68所示。

图 5-68

（5）最初绘制的需要去除区域的选区还可以在当前窗口中进行调整。例如，当前图像中选区范围紧贴着主体物，所以在右侧的预览效果中可以看到边界处填充效果并不是很自然，如图5-69所示。

图 5-69

（6）此时可以单击左侧工具箱中的"套索工具"⚲，使用该工具可以重新调整选区范围。如果想要使整个选区向外扩展一些，可以在选项栏中设置"量"的数值，然后单击"扩展"按钮。此时选区向外扩展了一些，同时填充效果也自然了很多，如图5-70所示。

图 5-70

（7）使用"套索工具"⚲还可以手动增大或缩小填充的区域。例如，在选项栏中单击"添加到选区"，然后在需要添加的区域上绘制选区，即可扩大选区范围，同时效果也会发生变化，如图5-71所示。

图 5-71

（8）同样，在选项栏中单击"从选区中减去"，然后在画面中绘制，即可减去部分区域，效果如图5-72所示。

图 5-72

（9）在右侧"输出到"列表中可以设置当前填充效果的输出方式，如选择"新建图层"，单击"确定"按钮，如图5-73所示。

图 5-73

（10）此时填充效果，也就是选区范围内的部分以单独的图层出现，如图5-74所示。如果选择"当前图层"，那么填充效果出现在原图层中，如果选择"复制图层"，则会复制图像并在复制的图像上进行填充。

图 5-74

5.1.9　消失点：修复带有透视的图像

如果想要对图片中某个部分的细节进行去除，或者想要在某个位置添加一些内容，对不带有透视感的图像直接使用"仿制图章""修补工具"等修饰工具即可。而如果要修饰的部分具有明显的透视感，这些工具可能就不那么合适了。而"消失点"滤镜则可以在包含透视平面（如建筑物的侧面、墙壁、地面或任何矩形对象）的图像中进行细节的修补，如图5-75所示。

（a）原图　　　　　　（b）修补工具处理

（c）消失点滤镜处理

图 5-75

（1）打开一张带有透视关系的图片，执行"滤镜→消失点"命令，在修补之前首先要让Photoshop知道图像的透视方式。单击"创建平面工具"按钮 ⊞，沿着建筑的边缘单击绘制透视网格，在绘制的过程中若有错误操作，可以按BackSpace键删除控制点。绘制完成后，若绘制的透视网格是红色的，那么说明刚刚绘制的透视框的透视关系是错误的，如图5-76所示。单击工具箱中的"编辑平面工具" ▸，拖动控制点调整网格形状，如图5-77所示。

图 5-76　　　　　　　　图 5-77

（2）单击工具箱中的"选框工具" ⊡，这里的选框工具是用于限定修补区域的工具。使用该工具在网格中按住鼠标左键拖动绘制选区，绘制出的选区也带有透视效果，如图5-78所示。

图 5-78

（3）单击工具箱中的"图章工具" ♣，在需要仿制的位置按住Alt键单击进行拾取，然后在空白位置单击按住鼠标左键拖动，可以看到绘制出的内容与当前平面的透视相符合，如图5-79所示。继续进行涂抹，仿制效果如图5-80所示。

图 5-79　　　　　　　　图 5-80

（4）制作完成后，单击"确定"按钮，效果如图5-81所示。

图 5-81

● 编辑平面工具 ▸：用于选择、编辑、移动平面的节点以及调整平面的大小。

● 创建平面工具 ⊞：用于定义透视平面的4个角节点。创建好4个角节点以后，可以使用该工具对节点进行移动、缩放等操作。

● 选框工具 ⊡：使用该工具可以在创建好的透视平面上绘制选区，以选中平面上的某个区域。建立选区以后，将光标放置在选区内，按住Alt键拖动选区，可以复制图像，如图5-82所示。

图 5-82

● 图章工具 ♣：使用该工具时，按住Alt键在透视平面内单击可以设置取样点，然后在其他区域拖动鼠标即可进行仿制操作。

> 提示："消失点"中的图章使用技巧。
>
> 选择"图章工具"后，在对话框的顶部可以设置该工具修复图像的"模式"。如果要绘画的区域不需要与周围的颜色、光照和阴影混合，可以选择"关"选项；如果要绘画的区域需要与周围的光照混合，同时又需要保留本像素的颜色，可以选择"明亮度"选项；如果要绘画的区域需要保留样本像素的纹理，同时又要与周围像素的颜色、光照和阴影混合，可以选择"开"选项。

● 画笔工具 ✎：该工具主要用来在透视平面上绘制选定的颜色。

- 变换工具 ：该工具主要用来变换选区，其作用相当于"编辑→自由变换"命令。图5-83所示是利用"选框工具"复制的图像，图5-84所示是利用"变换工具"对选区进行变换以后的效果。

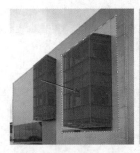 

图 5-83　　　　　　　　图 5-84

- 吸管工具 ：可以使用该工具在图像上拾取颜色，以用作"画笔工具"的绘画颜色。
- 测量工具 ：使用该工具可以在透视平面中测量项目的距离和角度。
- 抓手工具 /缩放工具 ：这两个工具的使用方法与工具箱中的相应工具完全相同。

5.2 图像的简单修饰

在Photoshop中可用于图像局部润饰的工具有："模糊工具""锐化工具"和"涂抹工具"，这些工具从名称上就能看出对应的功能，可以对图像进行模糊、锐化和涂抹处理；"减淡工具""加深工具"和"海绵工具"可以对图像局部的明暗、饱和度等进行处理。这些工具位于工具箱的两个工具组中，如图5-85所示。这些工具的使用方法都非常简单，都是在画面中按住鼠标左键并拖动（就像使用"画笔工具"一样）即可。想要对工具的强度等参数进行设置，需要在选项栏中调整。这些工具能制作出的效果如图5-86所示。

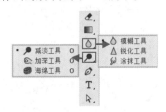

图 5-85

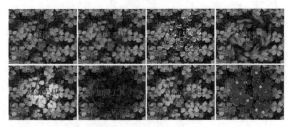

图 5-86

【重点】5.2.1　动手练：模糊工具

"模糊工具"可以轻松对画面局部进行模糊处理，其使用方法非常简单，单击工具箱中的"模糊工具"按钮 ，在选项栏中可以设置工具的"模式"和"强度"，如图5-87所示。"模式"包括"正常""变暗""变亮""色相""饱和度""颜色"和"明度"。如果仅需要使画面局部模糊一些，那么选择"正常"即可。选项栏中的"强度"选项是比较重要的选项，该选项用来设置"模糊工具"的模糊强度。图5-88所示为不同参数下在画面中涂抹一次的效果。

扫一扫，看视频

图 5-87

（a）强度：50　　　　　（b）强度：100

图 5-88

除了设置强度外，如果想要使画面变得更模糊，也可以多次在某个区域中涂抹以加强效果，如图5-89所示。

（a）一次涂抹　　　　　（b）多次涂抹

图 5-89

练习实例：使用模糊工具虚化背景

文件路径	资源包\第5章\使用模糊工具虚化背景
难易指数	★★★★★
技术掌握	模糊工具

扫一扫，看视频

案例效果

案例处理效果前后对比效果如图5-90和图5-91所示。

图5-90　　　　　　图5-91

操作步骤

步骤01 执行"文件→打开"命令，打开素材1.jpg。由于画面中的环境部分较为突出，我们可以对环境部分进行模糊，使主体人物凸显出来。单击工具箱中的"模糊工具"按钮 ◊.，在"画笔预设选取器"中选择"柔边圆"画笔，设置"画笔大小"为200像素，"硬度"为50%，如图5-92所示。接着将光标移动到画面的石头上按住鼠标左键拖动，涂抹过的区域明显变模糊了，如图5-93所示。

图5-92　　　　　　图5-93

步骤02 继续进行模糊处理，如图5-94所示。涂抹过程中需要注意，越远处的背景越需要多次涂抹，才能变得更加模糊，也更符合"近实远虚"的规律，完成效果如图5-95所示。

图5-94　　　　　　图5-95

举一反三：模糊工具打造柔和肌肤

光滑柔和的皮肤质感是大部分人像修图需要实现的效果。除了运用复杂的磨皮技法，"模糊工具"也能够进行简单的"磨皮"处理，特别适合新手操 扫一扫，看视频

作。在图5-96中，人物额头和面部有密集的斑点，而且颜色比较深，通过"模糊工具"可以使斑点模糊，并且使肌肤变得柔和。选择工具箱中的"模糊工具" ◊.，在选项栏中选择一个柔角画笔，这样涂抹的效果边缘会比较柔和、自然，然后设置合适的画笔笔尖，"强度"为50%，最后在皮肤的位置按住鼠标左键涂抹，随着涂抹可以发现像素变得柔和，斑点颜色也变浅了，如图5-97所示。继续涂抹，完成效果如图5-98所示。

图5-96　　　　　　图5-97

图5-98

【重点】5.2.2　动手练：锐化工具

扫一扫，看视频

"锐化工具"可以通过增强图像中相邻像素之间的颜色对比，来提高图像的清晰度。"锐化工具"与"模糊工具"的大部分选项相同，操作方法也相同。在工具箱中右击"锐化工具组"按钮，在弹出的工具列表中选择"锐化工具"。在选项栏中设置"模式"与"强度"，勾选"保护细节"复选框后，在进行锐化处理时，将对图像的细节进行保护。接着在画面中按住鼠标左键涂抹锐化。涂抹的次数越多，锐化效果越强烈，如图5-99所示。值得注意的是，如果反复涂抹锐化过度，会产生噪点和晕影，如图5-100所示。

图5-99　　　　　　图5-100

课后练习：使用锐化工具使主体物变清晰

文件路径	资源包\第5章\使用锐化工具使主体物变清晰
难易指数	★★★★★
技术掌握	锐化工具

扫一扫，看视频

案例效果

案例处理前后对比效果如图5-101和图5-102所示。

图5-101　　　　　　　　图5-102

5.2.3　动手练：涂抹工具

"涂抹工具"可以模拟手指划过湿油漆时所产生的效果。选择工具箱中的"涂抹工具" ，其选项栏与"模糊工具"选项栏相似，设置合适的"模式"和"强度"，接着在需要变形的位置按住鼠标左键拖动进行涂抹，光标经过的位置，图像发生了变形，如图5-103所示。图5-104和图5-105所示为不同"强度"的对比效果。若在选项栏中勾选"手指绘图"复选框，可以使用前景颜色进行涂抹绘制。

扫一扫，看视频

图5-103

强度：100%　　　　　　　强度：60%

图5-104　　　　　　　图5-105

重点 5.2.4　动手练：减淡工具

"减淡工具"可以对图像"亮部""中间调""阴影"分别进行减淡处理。选择工具箱中的"减淡工具" ，在选项栏中单击"范围"下拉列表，从中可以选择需要减淡处理的范围，有"高光""中间调""阴影"3个选项。"曝光度"参数是用来设置减淡的强度。如果勾选"保护色调"复选框，可以保护图像的色调不受影响，如图5-106所示。

扫一扫，看视频

设置完成后，调整合适的笔尖，在画面中按住鼠标左键进行涂抹，光标经过的位置亮度会有所提高。在某个区域上绘制的次数越多，该区域就会变得越亮，如图5-107所示。图5-108所示为设置不同"曝光度"进行涂抹的对比效果。

图5-106　　　　　　　　图5-107

（a）曝光度：20%　　　　（b）曝光度：100%

图5-108

练习实例：使用减淡工具减淡肤色

文件路径	资源包\第5章\使用减淡工具减淡肤色
难易指数	★★★★★
技术掌握	减淡工具

扫一扫，看视频

案例效果

案例处理前后对比效果如图5-109和图5-110所示。

图 5-109　　　　　　　　图 5-110

图 5-114　　　　　　　　图 5-115

操作步骤

步骤01 执行"文件→打开"命令，打开素材 1.jpg。单击工具箱中的"减淡工具" 🔍，在"画笔预设选取器"中展开"常规画笔组"，在其中选择"柔边圆"画笔，设置"大小"为 100 像素。在选项栏中设置"范围"为"中间调"，"曝光度"为 50，取消勾选"保护色调"复选框，如图 5-111 所示。接着将光标移动至脸部，按住鼠标左键在脸上拖动，将皮肤颜色提亮，如图 5-112 所示。

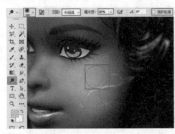

图 5-111　　　　　　　　图 5-112

步骤02 使用同样的方法对脸部其他区域进行亮度提升，最终效果如图 5-113 所示。

图 5-113

举一反三：使眼睛更有神采

眼睛分为眼白与眼球部分，通常眼白与眼球的明度对比增大，人物会显得比较有神采。首先打开图片，选择"减淡工具" 🔍，因为眼白为画面中的高光部分，所以在选项栏中设置"范围"为"高光"。由于曝光度越高，效果越强烈，但也是越容易"曝光"，所以参数无须设置过高，在这里设置"曝光度"为 30%。接着设置合适笔尖大小，然后在眼白的位置按住鼠标左键进行涂抹以提高亮度，如图 5-114 所示。然后可以对眼球处进行处理，设置"范围"为"中间调"，适当增大曝光度，在眼球的边缘部分涂抹，提亮眼球上的反光感，完成效果如图 5-115 所示。

举一反三：制作纯白背景

扫一扫，看视频

如果要将图 5-116 更改为白色背景，首先要观察图片，在这张图片中可以看到主体对象以外的部分为浅灰色，所以我们使用"减淡工具"把灰色的背景经过"减淡"处理使其变为白色即可。选择"减淡工具" 🔍，设置一个稍大的笔尖，"硬度"为 0%，这样涂抹的效果过渡自然。因为灰色在画面中为"高光"区域，所以设置"范围"为"高光"。为了快速使灰色背景变为白色背景，所以设置"曝光度"为 100%，设置完成后在灰色背景上按住鼠标左键涂抹，如图 5-117 所示。继续进行涂抹，完成效果如图 5-118 所示。

图 5-116　　　　　　　　图 5-117

图 5-118

【重点】5.2.5　动手练：加深工具

扫一扫，看视频

与"减淡工具"相反，"加深工具"可以对图像进行加深处理。使用"加深工具" 🔍，在画面中按住鼠标左键并拖动，光标移动过的区域颜色会加深。

将风景素材打开，如图 5-119 所示。通过压暗画面周围的亮度增加画面的明暗反差，使画面更加鲜明。选择工具箱中的"加深工具" 🔍，在选项栏中选择一个"柔边圆"笔尖，将笔尖调大些，接着设置"范围"为"中间调"，"曝光度"为 100%，取消勾选"保护色调"复选框，然后在画面左侧涂抹。光标经过的位置亮度会变暗，如图 5-120 所示。继续进行涂抹，左上角和左下角也需要压暗，案例完成效果如图5-121所示。

图 5-119

图 5-120　　　　　　　图 5-121

举一反三：制作纯黑背景

图5-122中的人物背景并不是纯黑色，可以通过使用"加深工具"在灰色的背景上涂抹，将背景变为黑色。选择工具箱中的"加深工具" ，设置合适的笔尖大小，因为深灰色在画面中为暗部，所以在选项栏中设置"范围"为"阴影"。因为不需要考虑色相问题，所以直接设置"曝光度"为100%。取消勾选"保护色调"复选框。设置完成后，在画面中背景位置按住鼠标左键涂抹，进行加深，效果如图5-123所示。

扫一扫，看视频

图 5-122　　　　　　　图 5-123

【重点】5.2.6　动手练：海绵工具

"海绵工具"可以增加或降低彩色图像局部内容的饱和度。如果是灰度图像，使用该工具则可以增加或降低对比度。

扫一扫，看视频

右击该工具组，在弹出的工具列表中选择"海绵工具" 。在选项栏中单击"模式"下拉按钮，在下拉列表中有"加色"与"去色"两个模式，要降低颜色饱和度时选择"去色"，要提高颜色饱和度时选择"加色"。设置"流量"，流量数值越大，加色或去色的效果越明显，如图5-124所示。当设置"去色"模式时，在需要降低饱和度的区域涂抹降低颜色饱和度，如图5-125所示。当设置"加色"模

时，在需要增加饱和度的区域涂抹可以提高颜色的饱和度，效果如图5-126所示。

图 5-124　　　　　　　图 5-125

图 5-126

若勾选"自然饱和度"复选框，可以在增加饱和度的同时防止颜色过度饱和而产生溢色现象；如果是要将颜色变为黑白，那么需要取消勾选该复选框。图5-127所示为勾选与取消勾选"自然饱和度"进行去色的对比效果。

（a）勾选"自然饱和度"　（b）取消勾选"自然饱和度"

图 5-127

练习实例：使用海绵工具进行局部去色

文件路径	资源包\第5章\使用海绵工具进行局部去色
难易指数	★★★★★
技术掌握	海绵工具

扫一扫，看视频

案例效果

案例处理前后对比效果如图5-128和图5-129所示。

图 5-128　　　　　　　图 5-129

操作步骤

步骤 01 执行"文件→打开"命令，打开素材1.jpg。本案

将使用"海绵工具"去除人像嘴部以外区域的饱和度。选择工具箱中的"海绵工具" 🧽，在"画笔预设选取器"中展开"常规画笔组"，在其中选择"柔边圆"画笔，设置"画笔大小"为160像素，"硬度"为50%。在选项栏中设置"模式"为"去色"，设置"流量"为100%，取消勾选"自然饱和度"复选框，如图5-130所示。接着在画面上按住鼠标左键拖动，光标经过的位置颜色变为了灰色，如图5-131所示。

图5-130

图5-131

步骤 02 继续在画面上拖动，将画面中嘴唇以外的部分都变成黑白的，如图5-132所示。右击，在弹出窗口中设置"画笔大小"为30像素，如图5-133所示。

图5-132　　　　　　　　图5-133

步骤 03 继续沿着嘴唇外边缘涂抹，去除边缘皮肤的颜色饱和度，如图5-134所示。继续进行涂抹，最终效果如图5-135所示。

图5-134　　　　　　　图5-135

5.2.7　动手练：颜色替换工具

扫一扫，看视频

"颜色替换工具"位于"画笔工具组"中，在工具箱中右击"画笔工具"按钮 ✏️，在弹出的工具组列表中可看到"颜色替换工具"。"颜色替换工具"能够以涂抹的形式更改画面中的部分颜色。

（1）选择工具箱中的"颜色替换工具" 🖌️，更改颜色之前首先需要设置合适的前景色，在不考虑选项栏中其他参数的情况下，按住鼠标左键拖动进行涂抹。能够看到光标经过的位置颜色发生了变化，效果如图5-136所示。继续在其他位置涂抹更改颜色，如图5-137所示。

图5-136　　　　　　　　图5-137

（2）选项栏中的"容差"数值对替换效果影响非常大，"容差值"控制着可替换的颜色区域的大小，容差值越大，可替换的颜色范围越大。图5-138所示为不同参数的对比效果。

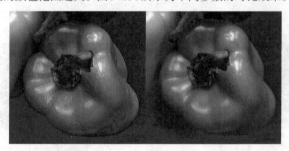

（a）容差：10　　　　　（b）容差：50

图5-138

（3）在选项栏中的"模式"列表下选择前景色与原始图像相混合的模式，其中包括"色相""饱和度""颜色"和"明度"。如果选择"颜色"模式，可以同时替换涂抹部分的色相、饱和度和明度。图5-139所示为不同"模式"的对比效果。

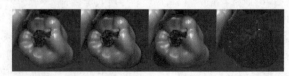

（a）色相　　（b）饱和度　　（c）颜色　　（d）明度

图5-139

练习实例：使用颜色替换工具更改局部颜色

文件路径	资源包\第5章\使用颜色替换工具更改局部颜色
难易指数	★★★★★
技术掌握	颜色替换工具

扫一扫，看视频

案例效果

案例效果前后对比如图5-140和图5-141所示。

图 5-140　　　　　　　图 5-141

操作步骤

步骤 01 执行"文件→打开"命令，打开素材1.jpg，如图5-142所示。本案例将使用"颜色替换工具"对画面中的局部颜色进行更改。设置前景色为橙色。选择工具箱中的"颜色替换工具" ▓，在选项栏上设置画笔"大小"为90像素，"模式"为"颜色"，单击"取样：连续"按钮，设置"限制"为"连续"，设置"容差"为30%。移动光标至画面中的水果上按住鼠标左键拖动，此时水果变为了橙色，如图5-143所示。

步骤 02 继续进行涂抹，效果如图5-144所示。用同样的方式继续绘制另一个水果，最终效果如图5-145所示。

图 5-142

图 5-143

图 5-144　　　　　　　图 5-145

5.2.8　混合器画笔：照片变绘画

"混合器画笔工具"位于"画笔工具组"中，"混合器画笔工具"可以像传统绘画过程中混合颜料一样混合像素。使用"混合器画笔工具"可以轻松模拟真实的绘画效果，并且可以混合画布颜色和使用不同的绘画湿度。

打开一张图片，如图5-146所示。在"画笔工具" ✒ 按钮上右击，在弹出的工具组列表中选择"混合器画笔" ✎。接着在选项栏中先设置合适的笔尖大小，单击预设按钮，在下拉列表中有12种预设方式，随便选择一种，然后在画面中按住鼠标左键涂抹。图5-147所示为"非常潮湿，深混合"效果。

- 自动载入 ☑：启用"自动载入"选项能够以前景色进行混合。
- 清理 ☑：启用"清理"选项可以清理油彩。
- 潮湿：控制画笔从画布拾取的油彩量。较高的设置会产生较长的绘画条痕，图5-148和图5-149所示分别是"潮湿"为100%和50%时的条痕效果。

图 5-146

图 5-147

图 5-148

图 5-149

- 载入：指定储槽中载入的油彩量。载入速率较低时，绘画描边干燥的速度会更快。
- 混合：控制画布油彩量与储槽油彩量的比例。当混合比例为100%时，所有油彩将从画布中拾取；当混合比例为0%时，所有油彩都来自储槽。
- 流量：控制混合画笔的流量大小。
- 对所有图层取样：拾取所有可见图层中的画布颜色。

5.3 综合实例：美化儿童照片

文件路径	资源包\第5章\美化儿童照片
难易指数	★★★★★
技术掌握	减淡工具、修补工具、海绵工具

案例效果

案例处理前后对比效果如图 5-150 和图 5-151 所示。

图 5-150

图 5-151

操作步骤

步骤 01 执行"文件→打开"命令将人物素材打开，如图 5-152 所示。目前画面整体偏暗，尤其环境部分明度偏低，导致环境看起来有一些脏。除此之外，画面左侧和右上角还存在一些多余的部分需要去除。选择背景图层，使用快捷键 Ctrl+J 将背景图层复制一份，如图 5-153 所示。

图 5-152

图 5-153

步骤 02 使用"减淡工具"将画面四周提亮。选择工具箱中的"减淡工具"，设置合适的笔尖大小，选择一个"柔边圆"笔尖，然后设置"范围"为"中间调"，"曝光度"为80%，勾选"保护色调"复选框，然后先在画面左侧位置涂抹，光标经过的区域亮度被提高，如图 5-154 所示。继续在画面中其他区域涂抹，适当提高人物和右侧背景部分的亮度，效果如图 5-155 所示。

图 5-154

图 5-155

步骤 03 使用"修补工具"去除画面多余物体。选择工具箱中的"修补工具"，设置"修补"为"正常"，选中"源"单选按钮，然后绘制画面左侧多余的部分所在区域，如图 5-156 所示。绘制完成后，将光标定位到选区中间，按住鼠标左键向左侧区域拖动，如图 5-157 所示。

步骤 04 释放鼠标后，按下快捷键 Ctrl+D 取消选区的选择，修补效果如图 5-158 所示。

图 5-156

图 5-157

图 5-158

步骤 05 继续选择工具箱中的"修补工具" ⊕，在画面右上角位置按住鼠标左键绘制选区，如图 5-159 所示。然后将光标定位到区域内，按住鼠标左键向画面左侧拖动，如图 5-160 所示。释放鼠标后，按下快捷键 Ctrl+D 取消选区的选择，修补效果如图 5-161 所示。

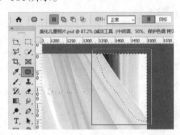
图 5-159

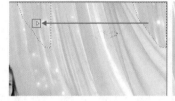
图 5-160

图 5-161

步骤 06 为了使环境的薄纱看起来更加洁白，需要适当降低薄纱的饱和度。选择工具箱中的"海绵工具" ●，在选项栏中设置合适的笔尖大小，选择一个"柔边圆"笔尖，设置"模式"为"去色"，"流量"为 40%，勾选"自然饱和度"复选框，然后在画面左侧位置涂抹，被涂抹的区域饱和度降低，薄纱看起来白了一些，如图 5-162 所示。继续在画面中其他的环境部分涂抹，案例完成效果如图 5-163 所示。

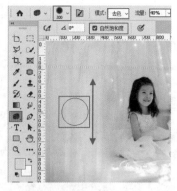
图 5-162

图 5-163

5.4 模拟考试

主题：为照片进行简单的修瑕美化。

要求：

（1）自行拍摄一张带有人物的照片，环境自定；

（2）尽最大能力去除画面中的瑕疵，如面部的斑点、痘印、多余的发丝，以及环境中多余的人或物等；

（3）处理画面的明暗问题，如人物偏暗、背景偏亮等；

（4）美化人物，如美白皮肤、亮眼、美化唇色、改变服装颜色等。

考查知识点：污点修复画笔、仿制图章工具、减淡工具、加深工具、模糊工具、锐化工具等。

Chapter
06
第6章

调　色

本章内容简介

调色是数码照片编修中非常重要的功能，图像的色彩在很大程度上能够决定图像的"好坏"，与图像主题相匹配的色彩才能够正确传达图像的内涵。对于设计作品也是一样，正确地使用色彩也是非常重要的。不同的颜色往往带有不同的情感倾向，对于观者心理产生的影响也不相同。在Photoshop中我们不仅要学习如何使画面的色彩"正确"，还可以通过调色技术的使用，制作各种各样风格化的色彩。

重点知识掌握

- 熟练掌握"调色"命令与调整图层的方法
- 能够准确分析图像色彩方面存在的问题并进行校正
- 熟练调整图像明暗、对比度问题
- 熟练掌握图像色彩倾向的调整
- 综合运用多种调色命令进行风格化色彩的制作

通过本章学习，我能做什么？

通过本章的学习，我们将学会十几种调色命令的使用方法。通过这些调色命令的使用，可以校正图像的曝光问题以及偏色问题，如图像偏暗/偏亮、对比度过低/过高、暗部过暗导致细节缺失、画面颜色暗淡、天不蓝、草不绿、人物皮肤偏黄/偏黑、图像整体偏蓝/偏绿/偏红等。还可以综合运用多种调色命令以及混合模式等功能制作出一些风格化的色彩，如小清新色调、复古色调、高彩色调、电影色、胶片色、反转片色、LOMO色等。调色命令的数量虽然有限，但是通过这些命令能够制作出的效果却是"无限的"。还等什么？一起来试一下吧！

佳作欣赏

6.1 调色前的准备工作

对于摄影爱好者来说，调色是数码照片后期处理的"重头戏"。一张照片的颜色能够在很大程度上影响观者的心理感受。比如同样一张食物的照片，如图6-1所示，哪张看起来更美味一些（美食照片通常饱和度高一些看起来会美味）？的确，"色彩"能够美化照片，同时色彩也具有强大的"欺骗性"。同样一张"行囊"的照片，如图6-2所示，以不同的颜色进行展示，迎接它的将是轻松愉快的郊游，还是充满悬疑与未知的探险？

（a） （b）

图6-1

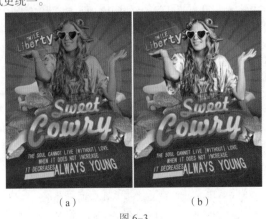

（a） （b）

图6-2

调色技术不仅在摄影后期中占有重要地位，在平面设计中也是不可忽视的重要组成部分。平面设计作品中经常用到各种各样的图片元素，而图片元素的色调与画面是否匹配也会影响到设计作品的成败。调色不仅要使元素变"漂亮"，更重要的是通过色彩的调整使元素"融合"到画面中。通过图6-3和图6-4可以看到部分元素与画面整体"格格不入"，而经过了颜色的调整，则会使元素不再显得突兀，画面整体气氛更统一。

（a） （b）

图6-4

色彩的力量无比强大，想要"掌控"这个神奇的力量，Photoshop这一工具必不可少。Photoshop的调色功能非常强大，不仅可以对错误的颜色（即色彩方面不正确的问题，如曝光过度、亮度不足、画面偏灰、色调偏色等）进行校正，如图6-5所示，而且能够通过调色功能的使用增强画面视觉效果，丰富画面情感，打造出风格化的色彩，如图6-6所示。

（a） （b）

图6-5

（a） （b）

图6-6

6.1.1 调色关键词

在进行调色的过程中，我们经常会听到一些关键词，如色调、色阶、曝光度、对比度、明度、纯度、饱和度、色相、颜色模式、直方图等，这些词大部分都与"色彩"的基本属性有关。下面就来简单了解一下"色彩"。

在视觉的世界里，"色彩"被分为两类：无彩色和有彩色，如图6-7所示。无彩色为黑、白、灰，有彩色则是除黑、白、灰以外的其他颜色，如图6-8所示。每种有彩色都有3大属性：色相、明度、纯度（饱和度），无彩色只具有明度这一个属性。

图6-7　　　　　　　图6-8

1. 色温（色性）

色彩除了色相、明度、纯度这3大属性外，还具有"温度"。色彩的"温度"也称为色温、色性，指色彩的冷暖倾向。越倾向于蓝色的颜色或画面为冷色调，如图6-9所示；越倾向于橘色的为暖色调，如图6-10所示。

图6-9　　　　　　　图6-10

2. 色调

色调也是我们经常提到的一个词语，指的是画面整体的颜色倾向。图6-11所示为青绿色调图像，图6-12所示为紫色调图像。

图6-11　　　　　　　图6-12

3. 影调

对摄影作品而言，影调又称为照片的基调或调子，指画面的明暗层次、虚实对比和色彩的色相明暗等之间的关系。由于影调的亮暗和反差的不同，通常以"亮暗"将图像分为"亮调""暗调"和"中间调"。也可以以"反差"将图像分为"硬调""软调"和"中间调"等多种形式。图6-13所示为亮调图像，图6-14所示为暗调图像。

图6-13　　　　　　　图6-14

4. 颜色模式

颜色模式是指将千千万万的颜色表现为数字形式的模型。简单来说，可以将图像的颜色模式理解为记录颜色的方式。在Photoshop中有多种颜色模式。执行"图像→模式"命令，可以将当前的图像更改为其他颜色模式：位图模式、灰度模式、双色调模式、索引颜色模式、RGB颜色模式、CMYK颜色模式、Lab颜色模式和多通道模式，如图6-15所示。设置颜色时，在"拾色器"窗口中可以选择不同的颜色模式进行颜色的设置，如图6-16所示。

图6-15

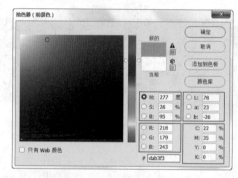

图6-16

虽然图像可以有多种颜色模式，但并不是所有的颜色模式都经常使用。通常情况下，制作用于显示在电子设备上的图像文档时使用RGB颜色模式；涉及需要印刷的产品时需要使用CMYK颜色模式；而Lab颜色模式是色域最宽的色彩模式，也是最接近真实世界颜色的一种色彩模式，通常使用在将RGB转换为CMYK过程中，可以先将RGB图像转换为Lab模式，然后再转换为CMYK模式。

提示：认识一下各种颜色模式。

位图模式：使用黑色、白色两种颜色值中的一个来表示图像中的像素。将一幅彩色图像转换为位图模式时，需要先将其转换为灰度模式，删除像素中的色相和饱和度信息之后才能执行"图像→模式→位图"命令，将其转换为位图。

灰度模式：灰度模式是用单一色调来表现图像，将彩色图像转换为灰度模式后会丢弃图像的颜色信息。

双色调模式：双色调模式不是指由两种颜色构成图像的颜色模式，而是通过1~4种自定油墨创建的单色调、双色调、三色调和四色调的灰度图像。想要将图像转换为双色调模式，首先需要先将图像转换为灰度模式。

索引颜色模式：索引颜色是位图像的一种编码方法，可以通过限制图像中的颜色总数来实现有损压缩。索引颜色模式的位图较其他模式的位图占用更少的空间，所以索引颜色模式位图广泛用于网络图形、游戏制作中，常见的格式有GIF、PNG-8等。

RGB颜色模式：RGB颜色模式是进行图像处理时最常使用到的一种模式，RGB模式是一种"加光"模式。RGB分别代表Red（红色）、Green（绿色）、Blue（蓝）。RGB颜色模式下的图像只有在发光体上才能显示出来，如显示器、电视等，该模式所包括的颜色信息（色域）有1670多万种，是一种真色彩颜色模式。

CMYK颜色模式：CMYK颜色模式是一种印刷模式，也叫"减光"模式，该模式下的图像只有在印刷品上才可以观察到。CMY是3种印刷油墨名称的首字母，C代表Cyan（青色）、M代表Magenta（洋红）、Y代表Yellow（黄色），而K代表Black（黑色）。CMYK颜色模式包含的颜色总数比RGB模式少很多，所以在显示器上观察到的图像要比印刷出来的图像亮丽一些。

Lab模式：Lab颜色模式是由L（照度）和有关色彩的a、b这3个要素组成，L表示Luminosity（照度），相当于亮度；a表示从红色到绿色的范围；b表示从黄色到蓝色的范围。

多通道模式：多通道颜色模式图像在每个通道中都包含256个灰度阶，对于特殊打印时非常有用。将一张RGB颜色模式的图像转换为多通道模式的图像后，之前的R、G、B 3个通道将变成C、M、Y 3个通道。多通道模式图像可以存储为PSD、PSB、EPS和RAW格式。

5. 直方图

"直方图"是用图形来表示图像的每个亮度级别的像素数量。在直方图中横向代表亮度，左侧为暗部区域，中部为中间调区域，右侧为高光区域；纵向代表像素数量，纵向越高，表示分布在这个亮度级别的像素越多，如图6-17所示。

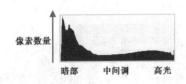

图6-17

那么直方图究竟是用来做什么的呢？直方图常用于观测当前画面是否存在曝光过度或曝光不足的情况。虽然我们在为数码照片进行调色时，经常是通过"观察"去判定画面是否偏亮或偏暗，但很多时候由于显示器问题或个人的经验不足，经常会出现"误判"。而"直方图"却总是准确直接地告诉我们图像是否曝光"正确"或曝光问题主要出在哪里。首先打开一张照片，如图6-18所示。执行"窗口→直方图"命令，打开"直方图"面板，设置"通道"为RGB。我们来观看一下当前图像的直方图，如图6-19所示。画面在直方图中显示为偏暗的部分较多，而亮部区域较少。与之相对的观察效果也是如此，画面整体更倾向于中、暗调。

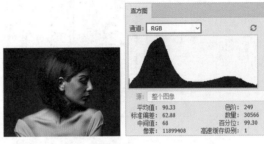

图6-18　　　　　　　　　图6-19

如果大部分较高的竖线集中在直方图右侧，左侧几乎没有竖线，则表示当前图像亮部较多，暗调几乎没有。该图像可能存在曝光过度的情况，如图6-20所示。如果大部分较高的竖线集中在直方图左侧，图像更有可能是曝光不足的暗调效果，如图6-21所示。

图6-20　　　　　　　　　图6-21

通过这样的分析，我们能够发现图像存在的问题，接下来就可以在后面的操作中对图像进行调整。一张曝光正确的照片通常应当是大部分色阶集中在中间调区域，亮部区域和暗部区域也应有适当的色阶。但是需要注意的是，我们并不是一味追求"正确"的曝光，很多时候画面的主题才是控制图像是何种影调的决定因素。

6.1.2　如何调色

在Photoshop的"图像"菜单中包含多种可以用于调色的命令，其中大部分位于"图像→调整"子菜单中，还有3个自动调色命令位于"图像"菜单下，这些命令可以直接作用于所选图层，如图6-22所示。执行"图层→新建调整图层"命令，如图6-23所示。在子菜单中可以看到与"图像→调整"子菜单中相同的命令，这些命令起到的调色效果是相同的，但是其使用方式略有不同，后面再进行详细讲解。

图 6-22

图 6-23

从上面的这些调色命令的名称上来看，大致能猜到这些命令的作用。所谓"调色"，是通过调整图像的明暗(亮度)、对比度、曝光度、饱和度、色相、色调等几大方面来实现图像整体颜色的改变。但如此多的调色命令，在真正调色时要从何入手呢? 很简单，只要把握住以下几点即可。

1. 校正画面整体的颜色错误

处理一张照片时，通过对图像整体的观察，最先考虑到的就是图像整体的颜色有没有"错误"，如偏色(画面过于偏向暖色调/冷色调、偏紫色、偏绿色等)、画面太亮(曝光过度)、太暗(曝光不足)、偏灰(对比度低，整体看起来灰蒙蒙的)、明暗反差过大等。如果出现这些问题，首先要对以上问题进行处理，使之变为一张曝光正确、色彩正常的图像，如图 6-24 和图 6-25 所示。

（a）　　　　　　　　　（b）

图 6-24

（a）　　　　　　　　　（b）

图 6-25

在对新闻图片进行处理时，可能无须对画面进行美化，需要最大限度地保留画面真实度，那么图像的调色可能到这里就结束了。如果想要进一步美化图像，接下来再进行别的处理。

2. 细节美化

通过第一步整体的处理，我们已经得到了一张"正常"的图像。虽然这些图像是基本"正确"的，但是仍然可能存在一些不尽如人意的细节，比如想要重点突出的部分比较暗，如图 6-26 所示；照片背景颜色不美观，如图 6-27 所示。

（a）　　　　　　　　　（b）

图 6-26

（a）　　　　　　　　　（b）

图 6-27

我们常需要制作同款产品的不同颜色的效果图，如图 6-28 所示，或改变人像中头发、嘴唇、瞳孔的颜色，如图 6-29 所示。对这些"细节"进行处理也是非常必要的，因为画面的重点常常就集中在一个很小的部分上。使用"调整图层"非常适合处理画面的细节。

图 6-28

图 6-29

图 6-32　　　　　　　　　图 6-33

3. 帮助元素融入画面

在制作一些平面设计作品或创意合成作品时，经常需要在原有的画面中添加一些其他元素，如在版面中添加主体人像；为人物添加装饰物；为海报中的产品周围添加一些陪衬元素；为整个画面更换一个新背景等。当后添加的元素出现在画面中时，可能会感觉合成得很"假"，或颜色看起来很奇怪。除去元素内容、虚实程度、大小比例、透视角度等问题，最大的可能性就是新元素与原始图像的"颜色"不统一。例如，环境中的元素均为偏冷的色调，而人物则偏暖，如图 6-30 所示。这时就需要对色调倾向不同的内容进行调色操作了。

（a）　　　　　　　　　（b）

图 6-30

例如，新换的背景颜色过于浓艳，与主体人像风格不一致时，也需要进行饱和度以及颜色倾向的调整，如图 6-31 所示。

（a）　　　　　　　　　（b）

图 6-31

4. 强化气氛，辅助主题表现

通过前面几个步骤，画面整体、细节以及新增的元素的颜色都被处理"正确"了。但是单纯"正确"的颜色是不够的，很多时候我们想要使自己的作品脱颖而出，需要的是超越其他作品的"视觉感受"。所以，我们需要对图像的颜色进行进一步的调整，而这里的调整考虑的是与图像主题相契合，如图 6-32 和图 6-33 所示为表现不同主题的不同色调作品。

6.1.3　调色必备"信息"面板

"信息"面板看似与调色操作没有关系，但是在"信息"面板中可以显示画面中取样点的颜色数值，通过数值的比对，能够分析出画面的偏色问题。执行"窗口→信息"命令，打开"信息"面板。

右击工具箱中的"吸管工具组"，在工具组列表中选择"颜色取样器工具" ，如图 6-34 所示，在画面中本应是黑、白、灰的颜色处单击设置取样点。在"信息"面板中可以到当前取样点的颜色数值。也可以在此单击创建更多的取样点（最多可以创建 10 个取样点），以判断画面是否存在偏色问题。因为无彩色的 R、G、B 数值应该相同或接近相同的，而某个数字偏大或偏小，则很容易判定图像的偏色问题。

例如，我们在本该是白色的瓷瓶上单击取样。在"信息"面板中可以看到 RGB 的数值分别是 201、189、185，如图 6-35 所示。既然本色是白色/淡灰色的对象，那么在不偏色的情况下，呈现出的 RGB 数值应该是一致的，而此时看到的数值中 R（红）值明显偏大，所以可以判断，画面存在偏红的问题。

图 6-34

图 6-35

在"信息"面板中还可以快速准确地查看清如光标坐标、颜色信息、选区大小、定界框的大小和文档大小等信息。

重点 6.1.4 动手练:使用调色命令调色

（1）调色命令的种类虽然很多，但是其使用方法都比较相似。首先选中需要操作的图层，如图6-36所示。执行"图像→调整"命令，在子菜单中可以看到很多调色命令，如"色相/饱和度"，如图6-37所示。

扫一扫，看视频

图6-36   图6-37

（2）大部分调色命令都会弹出参数设置窗口，在此窗口中可以进行参数选项的设置（反向、去色、色调均化命令没有参数调整窗口）。图6-38所示为"色相/饱和度"窗口，在此窗口中可以看到很多滑块，尝试拖动滑块的位置，画面颜色产生了变化，如图6-39所示。

图6-38

图6-39

（3）很多调整命令中都有"预设"，所谓的"预设"就是软件内置的一些设置好的参数效果。我们可以通过在预设列表中选择某一种预设，快速为图像施加效果。例如，在"色相/饱和度"窗口中单击"预设"，在预设列表中选择某一项，即可观察到效果，如图6-40和图6-41所示。

图6-40

图6-41

（4）很多调色命令都有"通道"列表和"颜色"列表可供选择。例如，默认情况下显示的是RGB，此时调整的是整个画面的效果。如果单击"颜色"在列表会看到红、绿、蓝等，选择某一项，即可针对这种颜色进行调整，如图6-42和图6-43所示。

图6-42

图6-43

　　使用图像调整命令时，如果在修改参数之后，还想将参数还原成默认数值，可以按住Alt键，对话框中的"取消"按钮会变为"复位"按钮，单击"复位"按钮即可还原为原始参数，如图6-44所示。

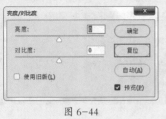

图6-44

【重点】6.1.5　动手练：使用调整图层调色

　　前面提到了，"调整命令"与"调整图层"能够起到的调色效果是相同的，但是"调整命令"是直接作用于原图层的，而"调整图层"则是将调色操作以"图层"的形式，存在于"图层"面板中。既然具有"图层"的属性，那么调整图层就具有以下特点：可以随时隐藏或显示调色效果；可以通过蒙版控制调色影响的范围；可以创建剪贴蒙版；可以调整透明度以减弱调色效果；可以随时调整图层所处的位置；可以随时更改调色的参数。相对来说，使用调整图层进行调色，可以操作的余地更大一些。

扫一扫，看视频

　　（1）选中一个需要调整的图层，如图6-45所示。接着执行"图层→新建调整图层"命令，在子菜单中可以看到很多命令，执行其中某一项，如图6-46所示。

图6-45　　　　　　　　图6-46

　　执行"窗口→调整"命令，打开"调整"面板，在"调整"面板中排列的图标与"图层→新建调整图层"菜单中的命令是相同的。可以在这里单击"调整"面板中的按钮创建调整图层，如图6-47所示。

　　另外，在"图层"面板底部单击"创建新的填充或调整图层"按钮，然后在弹出的菜单中选择相应的调整命令，如图6-48所示。

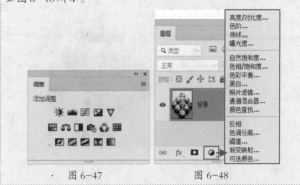

图6-47　　　　　　　　图6-48

　　（2）弹出一个"新建图层"的窗口，在此处可以设置调整图层的名称，单击"确定"即可，如图6-49所示。接着在"图层"面板中可以看到新建的调整图层，如图6-50所示。

图6-49　　　　　　　　图6-50

　　（3）与此同时，"属性"面板中会显示当前调整图层的参数设置（如果没有出现"属性"面板，可以双击该调整图层的缩览图，即可重新弹出"属性"面板），随意调整参数，如图6-51所示。此时画面颜色发生了变化，如图6-52所示。

图6-51　　　　　　　　图6-52

　　（4）在"图层"面板中能够看到每个调整图层都自动带有一个"图层蒙版"。在调整图层蒙版中可以使用黑、白、灰色来控制受影响的区域，白色为受影响，黑色为不受影响，灰色为受到部分影响。例如，想要使刚才创建的"色彩平衡"调整图层只对画面中的某一部分起作用，那么则需要在蒙版中使用黑色画笔涂抹不想要受调色命令影响的另一部分。单击选中"色彩平衡"调整图层的蒙版，然后设置"前景色"为黑色，单击"画笔工具"按钮，设置合适的画笔大小，在调整图层蒙版中涂抹黑色，如图6-53所示。被涂抹的区域变为了调色之前的效果，如图6-54所示。

图 6-53　　　　　　　图 6-54

> 提示：其他可以用于调色的功能。
>
> 在Photoshop中进行调色时，不仅可以使用调色命令和调整图层，还有很多可以辅助调色的功能，如通过对纯色图层设置图层"混合模式"或"不透明度"改变画面颜色；或者使用画笔工具、颜色替换画笔、加深工具、减淡工具、海绵工具等对画面局部颜色进行更改。

6.2　自动调色命令

在"图像"菜单下有3个用于自动调整图像颜色的命令：自动色调、自动对比度和自动颜色，如图6-55所示。这3个命令无须进行参数设置，执行命令后，Photoshop会自动计算图像颜色和明暗中存在的问题并进行校正，适合处理一些数码照片常见的偏色或偏灰、偏暗、偏亮等问题。

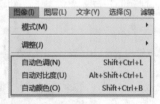

图 6-55

6.2.1　自动色调

"自动色调"命令常用于校正图像常见的偏色问题。打开一张略微有些偏色的图像，画面看起来有些偏黄，如图6-56所示。执行"图像→自动色调"命令，过多的黄色成分被去除了，效果如图6-57所示。

图 6-56　　　　　　　图 6-57

6.2.2　自动对比度

"自动对比度"命令常用于校正图像对比度过低的问题。打开一张对比度偏低的图像，画面看起来有些"灰"，如图6-58所示。执行"图像→自动对比度"命令，偏灰的图像会被自动提高对比度，效果如图6-59所示。

图 6-58　　　　　　　图 6-59

6.2.3　自动颜色

"自动颜色"命令主要用于校正图像中颜色的偏差，在如图6-60所示的图像中，灰白色的背景偏向于红色，执行"图像→自动颜色"命令，可以快速减少画面中的红色，效果如图6-61所示。

图 6-60　　　　　　　图 6-61

6.3　调整图像的明暗

在"图像→调整"菜单中有很多种调色命令，其中一部分调色命令主要针对图像的明暗进行调整。提高图像的明度可以使画面变亮，降低图像的明度可以使画面变暗；增强亮部区域的亮度并降低画面暗部区域的亮度则可以增强画面对比度，反之则会降低画面对比度，如图6-62和图6-63所示。

图 6-62　　　　　　　图 6-63

【重点】6.3.1　亮度/对比度

扫一扫，看视频

"亮度/对比度"命令常用于使图像变得更亮、变暗一些、校正"偏灰"（对比度过低）的图像、增强对比度使图像更"抢眼"或弱化对比度

中文版Photoshop 2020从入门到精通（微课视频 全彩版）

使图像柔和，如图6-64和图6-65所示。

图6-64　　　　　　　图6-65

打开一张图像，如图6-66所示。执行"图像→调整→亮度/对比度"命令，打开"亮度/对比度"窗口，如图6-67所示。执行"图层→新建调整图层→亮度/对比度"命令，可创建一个"亮度/对比度"调整图层。

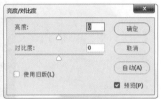

图6-66　　　　　　　图6-67

- 亮度：用来设置图像的整体亮度。数值由小到大变化，为负值时，表示降低图像的亮度；为正值时，表示提高图像的亮度，如图6-68所示。

（a）亮度：-100　　　（b）亮度：+30

图6-68

- 对比度：用于设置图像亮度对比的强烈程度。数值由小到大变化，为负值时，图像对比度减弱；为正值时，图像对比度增强，如图6-69所示。

（a）对比度：-50　　　（b）对比度：+100

图6-69

- 预览：勾选该复选框后，在"亮度/对比度"对话框中调节参数时，可以在文档窗口中观察到图像的亮度变化。
- 使用旧版：勾选该复选框后，可以得到与Photoshop CS3以前的版本相同的调整结果。

- 自动：单击"自动"按钮，Photoshop会自动根据画面进行调整。

【重点】6.3.2　动手练：色阶

扫一扫，看视频

"色阶"命令主要用于调整画面的明暗程度以及增强或降低对比度。"色阶"命令的优势在于可以单独对画面的阴影、中间调、高光以及亮部、暗部区域进行调整，而且可以对各个颜色通道进行调整，以实现色彩调整的目的，如图6-70和图6-71所示。

图6-70　　　　　　　图6-71

执行"图像→调整→色阶"命令（快捷键：Ctrl+L），可打开"色阶"对话框，如图6-72所示。执行"图层→新建调整图层→色阶"命令，可创建一个"色阶"调整图层，如图6-73所示。

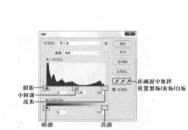

图6-72　　　　　　　图6-73

（1）打开一张图像，如图6-74所示。执行"图像→调整→色阶"命令，在"输入色阶"窗口中可以通过拖动滑块来调整图像的阴影、中间调和高光，同时也可以直接在对应的输入框中输入数值。向右拖动"阴影"滑块，画面暗部区域会变暗，如图6-75和图6-76所示。

图6-74

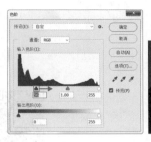

图 6-75 图 6-76

（2）尝试向左拖动"高光"滑块，画面亮部区域变亮，如图 6-77 和图 6-78 所示。

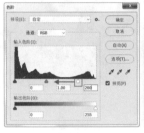

图 6-77 图 6-78

（3）向左拖动"中间调"滑块，画面中间调区域会变亮，受其影响，画面大部分区域会变亮，如图 6-79 和图 6-80 所示。

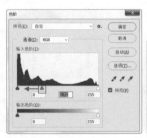

图 6-79 图 6-80

（4）向右拖动"中间调"滑块，画面中间调区域会变暗，受其影响，画面大部分区域会变暗，如图 6-81 和图 6-82 所示。

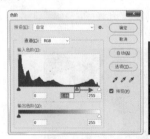

图 6-81 图 6-82

（5）在"输出色阶"中可以设置图像的亮度范围，从而降低对比度。向右拖动"暗部"滑块，画面暗部区域会变亮，画面会产生"变灰"的效果，如图 6-83 和图 6-84 所示。

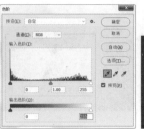

图 6-83 图 6-84

（6）向左拖动"亮部"滑块，画面亮部区域会变暗，画面同样会产生"变灰"的效果，如图 6-85 和图 6-86 所示。

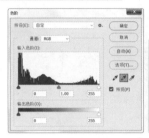

图 6-85 图 6-86

（7）使用"在图像中取样以设置黑场"按钮 在图像中单击取样，可以将单击点处的像素调整为黑色，同时图像中比该取样点暗的像素也会变成黑色，如图 6-87 和图 6-88 所示。

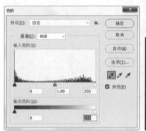

图 6-87 图 6-88

（8）使用"在图像中取样以设置灰场"按钮 在图像中单击取样，可以根据单击点像素的亮度来调整其他中间调的平均亮度，如图 6-89 和图 6-90 所示。

图 6-89 图 6-90

（9）使用"在图像中取样以设置白场"按钮 在图像中单击取样，可以将单击点处的像素调整为白色，同时图像

中文版Photoshop 2020从入门到精通（微课视频 全彩版）

中比该取样点亮的像素也会变成白色，如图6-91和图6-92所示。

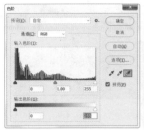

图6-91　　　　　　　　　图6-92

（10）如果想要使用"色阶"命令对画面颜色进行调整，则可以在"通道"列表中选择某个"通道"，然后对该通道进行明暗调整，使某个通道变亮，如图6-93所示，画面则会更倾向于该颜色，如图6-94所示。而使某个通道变暗，则会减少画面中该颜色的成分，而使画面倾向于该通道的补色。

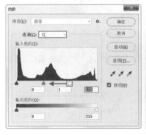

图6-93　　　　　　　　　图6-94

【重点】6.3.3　动手练：曲线

"曲线"命令既可用于对画面的明暗和对比度进行调整，又常用于校正画面偏色问题以及调整出独特的色调效果，如图6-95和图6-96所示。

扫一扫，看视频

图6-95　　　　　　　　　图6-96

执行"图像→调整→曲线"命令（快捷键：Ctrl+ M），打开"曲线"对话框，如图6-97所示。在曲线窗口中左侧为曲线调整区域，在这里可以通过改变曲线的形态，调整画面的明暗程度。曲线段上部分控制画面亮部区域；曲线中间段的部分控制画面中间调区域；曲线下半部分控制画面暗部区域。

在曲线上单击即可创建一个点，然后通过按住并拖动曲线点的位置调整曲线形态。将曲线上的点向左上移动可以使图像变亮，将曲线点向右下移动可以使图像变暗。

执行"图层→新建调整图层→曲线"命令，创建一个"曲线"调整图层，同样能够进行相同效果的调整，如图6-98所示。

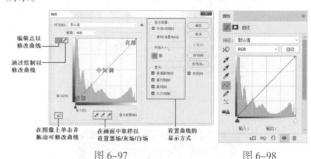

图6-97　　　　　　　　　图6-98

1. 使用"预设"的曲线效果

在"预设"下拉列表中共有9种曲线预设效果。图6-99和图6-100所示分别为原图与9种预设效果。

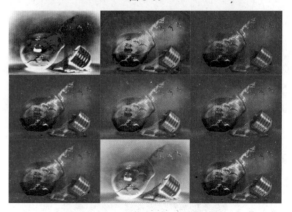

图6-99

图6-100

2. 提亮画面

预设并不一定适合所有情况，所以大部分时候都需要我们自己对曲线进行调整。例如，想让画面整体变亮一些，可以选择在曲线的中间调区域按住鼠标左键，并向左上拖动，如图6-101所示，此时画面就会变亮，如图6-102所示。因为通常情况下，中间调区域控制的范围较大，所以想要对画面整体进行调整时，大多会选择在曲线中间段部分进行调整。

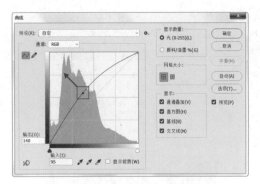

图 6-101

图 6-102

3. 压暗画面

想要使画面整体变暗一些，可以在曲线的中间调区域上按住鼠标左键并向右下拖动，如图 6-103 所示。效果如图 6-104 所示。

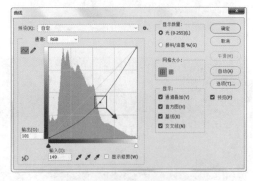

图 6-103

图 6-104

4. 调整图像对比度

想要增强画面对比度，则需要使画面亮部变得更亮，而暗部变得更暗，那么则需要将曲线调整为 S 形，在曲线上半段添加点并向左上拖动，在曲线下半段添加点并向右下拖动，

如图 6-105 所示。反之，想要使图像对比度降低，则需要将曲线调整为 Z 形，如图 6-106 所示。

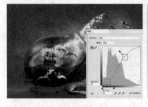 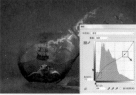

图 6-105 　　　　　　图 6-106

5. 调整图像的颜色

使用曲线可以校正偏色情况，也可以使画面产生各种各样的颜色倾向。例如，图 6-107 所示的画面倾向于红色，那么在调色处理时，就需要减少画面中的"红"。所以可以在通道列表中选择"红"，然后调整曲线形态，将曲线向右下调整。此时画面中的红色成分减少，画面颜色恢复正常，如图 6-108 所示。当然如果想要改变图像的色调，则可以调整单独通道的明暗来使画面颜色改变。

 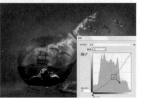

图 6-107 　　　　　　图 6-108

课后练习：使用曲线一步打造清新色调

文件路径	资源包\第6章\使用曲线一步打造清新色调
难易指数	★★★★★
技术掌握	曲线

扫一扫，看视频

案例效果

案例处理前后对比效果如图 6-109 和图 6-110 所示。

图 6-109 　　　　　　图 6-110

练习实例：使用曲线打造朦胧暖调

文件路径	资源包\第6章\使用曲线打造朦胧暖调
难易指数	★★★★★
技术掌握	曲线、镜头光晕

扫一扫，看视频

案例效果

案例处理前后对比效果如图6-111和图6-112所示。

图6-111　　　　　　　　图6-112

操作步骤

步骤01 执行"文件→打开"命令，在打开的窗口中选择背景素材1.jpg，单击"打开"按钮，如图6-113所示。

图6-113

步骤02 为画面增添一些"朦胧感"。在"图层"面板中选择该背景图层，右击，从弹出的快捷菜单中执行"复制图层"命令。接着对复制的图层执行"滤镜→模糊→高斯模糊"命令，在弹出的"高斯模糊"窗口中设置"半径"为50像素，单击"确定"按钮完成设置，如图6-114所示。画面效果如图6-115所示。

图6-114　　　　　　　　图6-115

步骤03 在"图层"面板中选择模糊的图层，单击"图层"面板底部的"添加图层蒙版"按钮。选择图层的蒙版，接着单击工具箱中的"画笔工具" ✐，设置合适的"大小"，"硬度"为0%，画笔"不透明度"为50%。在图层蒙版中人物部分和背景区域简单涂抹黑色，图层蒙版如图6-116所示。显露出底部清晰的人物和部分背景，如图6-117所示。

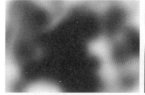

图6-116　　　　　　　　图6-117

步骤04 制作画面的暖色调。执行"图层→新建调整图层→曲线"命令，在弹出的"属性"面板中RGB曲线上半部分单击添加控制点并按住鼠标左键向上拖动。继续在曲线下半部分单击添加控制点，并按住鼠标左键向上拖动，通过改变曲线形状提高画面的亮度，如图6-118所示。单击RGB按钮，在下拉列表中选择"红"，调整"红"通道的曲线形态，使画面暗部区域偏红，如图6-119所示。继续设置"蓝"通道，在曲线上单击添加两个控制点，并按住鼠标左键向下拖动，通过调整减少画面中的蓝色，如图6-120所示。此时画面效果如图6-121所示。

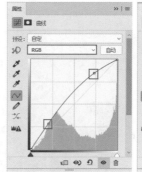

图6-118　　　　　　　　图6-119

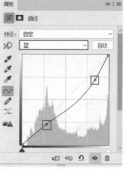

图6-120　　　　　　　　图6-121

步骤05 制作镜头光晕。新建图层，设置前景色为黑色，使用快捷键Alt+Delete填充黑色，如图6-122所示。执行"滤镜→渲染→镜头光晕"命令，在弹出的"镜头光晕"窗口中拖动光晕中的十字标，对光晕的方向进行改变，设置"亮度"为100%，选中"50-300毫米变焦"单选按钮，单击"确定"按钮完成设置，如图6-123所示。画面效果如图6-124所示。

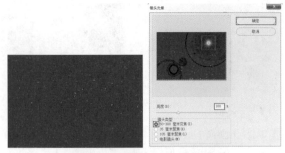

图 6-122 　　　　　　　　图 6-123

图 6-124

步骤 06 在"图层"面板中设置该图层的"混合模式"为"滤色"，如图 6-125 所示。画面效果如图 6-126 所示。

图 6-125 　　　　　　　　图 6-126

步骤 07 为了强化光晕效果，可以在"图层"面板中选择该光晕图层，右击，从弹出的快捷菜单中执行"复制图层"命令，叠加增强效果，如图 6-127 所示。使用同样的方法再叠加一层，效果如图 6-128 所示。

图 6-127 　　　　　　　　图 6-128

步骤 08 使用"横排文字工具" **T** 添加艺术字，如图 6-129 所示。最后制作照片框，单击工具箱中的"圆角矩形工具" □，在选项栏中设置"绘制模式"为"路径"，"半径"为 50 像素，在画面中按住鼠标左键拖动绘制圆角矩形路径，然后使用快捷键 Ctrl+Enter 将路径转化为选区，接着使用反向快捷键 Ctrl+Shift+I 将选区反选，设置前景色为白

色，使用 Alt+Delete 填充选区，按 Enter 键完成制作，取消选区，最终效果如图 6-130 所示。

图 6-129 　　　　　　　　图 6-130

练习实例：使用曲线柔化皮肤

文件路径	资源包\第 6 章\使用曲线柔化皮肤
难易指数	★★★★★
技术掌握	黑白、曲线

扫一扫，看视频

案例效果

案例处理前后对比效果如图 6-131 和图 6-132 所示。

图 6-131 　　　　　　　　图 6-132

操作步骤

步骤 01 执行"文件→打开"命令或按 Ctrl+O 快捷键，打开素材 1.jpg，如图 6-133 所示。本案例利用"曲线"调整图层对皮肤进行磨皮。对人像素材进行处理时，如果将人像照片放大观察，经常可以看到皮肤细节存在的一些问题，如斑点、细纹、毛孔比较明显、皮肤表面明暗不均匀等。除此之外，还存在面部立体感不足的问题。本案例中的一些问题如图 6-134 和图 6-135 所示。

图 6-133 　　　　图 6-134 　　　　图 6-135

步骤 02 斑点、细纹问题可以利用"污点修复画笔""仿制图章"等工具进行去除，而本案例中的毛孔、明暗不均匀以及立体感不足的情况都可以利用曲线进行调整。毛孔明显可以通过将每个毛孔的暗部提亮，使之与亮部明暗接近即可。皮肤明暗不均匀，可以利用曲线将偏暗的局部提亮一些。要想

增强面部立体感，则需要强化五官和面颊处的暗部，提亮亮部即可。以上的操作都是基于对皮肤的明暗进行调整，减少了皮肤细节处的明暗反差，肌肤就会变得柔和很多，如图6-136所示为明暗不均匀的皮肤效果的校正。

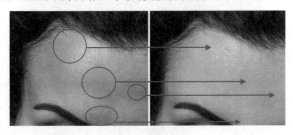

图6-136

步骤 03 打开人像照片，如果不仔细观察的话可能很难看到皮肤上细小的明暗和瑕疵。这就为使用曲线调整图层进行调整带来了很大的麻烦，不能明确地看到瑕疵在哪里，就无法进行修饰。由于曲线操作主要针对明暗进行调整，所以为了能更加方便地修饰操作，在进行皮肤调整之前可以创建用于辅助的观察图层，使画面在黑白状态下，能够更清晰地看出画面的明暗。而有些细小的明暗可能很难分辨，所以可以适当增强画面的对比度，以便观察到明暗细节，如图6-137所示。皮肤细节处理的变化效果非常微妙，需要放大进行仔细查看。

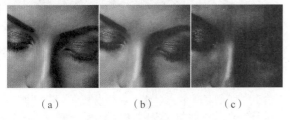

（a）　　　　　（b）　　　　　（c）

图6-137

步骤 04 在使用"曲线"柔化皮肤之前要建立两个观察图层，方便我们在使用"曲线"调整时观察。执行"图层→新建调整图层→黑白"命令，在弹出的"属性"面板中设置"红色"为40，"黄色"为60，"绿色"为40，"青色"为60，"蓝色"为20，"洋红"为80，如图6-138所示，继续执行"图层→新建调整图层→曲线"命令，在弹出的"属性"面板中单击曲线创建控制点，向下拖动控制点，如图6-139所示。

步骤 05 用于观察的图层创建完成，如图6-140所示。画面效果如图6-141所示。

步骤 06 在观察图层上可以看到人物面部黑白阴影分布不均，下面要使用曲线调整使人物皮肤黑白分明且柔和。首先，对整体进行调整，执行"图层→新建调整图层→曲线"命令，在弹出的"属性"面板中单击曲线创建控制点，向上拖动控制点，如图6-142所示。设置前景色为黑色，单击该调整图层的"图层蒙版缩览图"并使用快捷键Alt+Delete为其填充黑色，如图6-143所示。

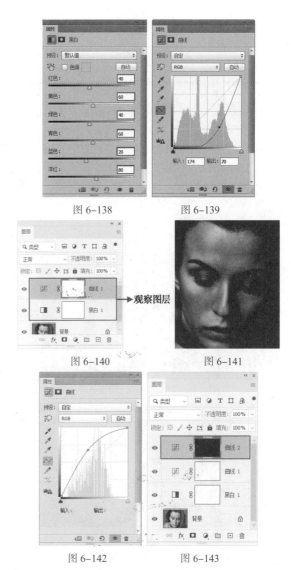

图6-138　　　　　图6-139

观察图层

图6-140　　　　　图6-141

图6-142　　　　　图6-143

步骤 07 单击工具箱中的"画笔工具" ✐，在选项栏中单击"画笔预设"下拉按钮，在"画笔预设"面板中设置"大小"为20像素，"硬度"为0%，"不透明度"为20%。然后放大额头处，可以看到额头处有明显的明暗不均匀处，如图6-144所示。可以使用设置好的半透明画笔在额头处偏暗的地方涂抹，被涂抹的区域中偏暗的部分被提亮，使这部分区域的明暗均匀，如图6-145所示。

图6-144　　　　　图6-145

步骤 08 隐藏两个观察图层，看一下彩色图片的对比效果，如图6-146和图6-147所示。

图 6-146　　　　　　图 6-147

步骤09 继续按照之前的操作，仔细观察皮肤上的明暗不均匀的地方，进行细致的涂抹。涂抹过程中需要根据要涂抹区域的大小调整画笔的大小。另外，为了便于观察，还需要随时调整观察图层的参数。图 6-148 和图 6-149 所示为在观察图层状态下的对比效果。图 6-150 所示为该曲线调整图层的蒙版效果，图 6-151 所示为人像皮肤部分的效果。

图 6-148　　　　　　图 6-149

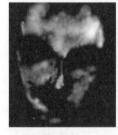

图 6-150　　　　　　图 6-151

步骤10 用同样的方法继续对面颊右侧进行处理。执行"图层→新建调整图层→曲线"命令，创建一个曲线调整图层，调整曲线形态，效果如图 6-152 所示。并使用半透明较小的画笔在蒙版中面颊右侧以及额头处偏暗的部分进行涂抹，如图 6-153 所示。画面对比效果如图 6-154 所示。

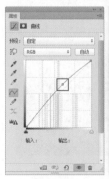

图 6-152　　　　　　图 6-153

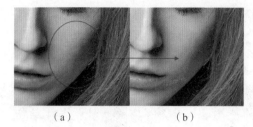

（a）　　　　　　　　（b）

图 6-154

步骤11 同样对人像额头处进行处理，如图 6-155 和图 6-156 所示为额头处的对比效果。

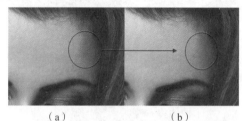

（a）　　　　　　　　（b）

图 6-155

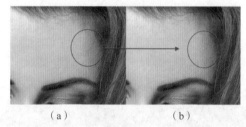

（a）　　　　　　　　（b）

图 6-156

步骤12 在人物脸部两侧添加阴影，使人物更有立体感。执行"图层→新建调整图层→曲线"命令，在弹出的"属性"面板中单击曲线创建控制点，向下拖动控制点，将画面压暗，如图 6-157 所示。同样，先将"图层蒙版"填充为黑色，如图 6-158 所示。

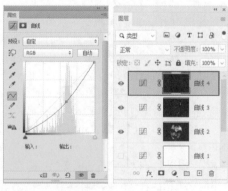

图 6-157　　　　　　图 6-158

步骤13 使用同样的方法用白色半透明的圆形柔角"画笔工具"对人物脸部两侧边缘进行涂抹，显示曲线效果，如图 6-159 所示。图 6-160 所示为蒙版效果，图 6-161 所示为在观察图层下的画面效果，可以看到面颊两侧变暗了，人物面部显得更加立体一些。

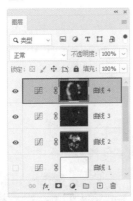

图 6-159

图 6-160

图 6-161

步骤 14 以上是对人物的全部调整，关闭观察图层，观察最终效果，如图6-162所示。人物皮肤变得柔和，而且面部立体感也有所增强，效果如图6-163所示。

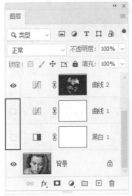

图 6-162

图 6-163

步骤 15 画面对比效果如图6-164所示。细节对比效果如图6-165~图6-168所示。由于人物皮肤质感精修的效果非常微妙，印刷效果可能不明显，请大家在下载的资源包中打开素材以及源文件，对比观察效果。

（a）

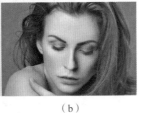
（b）

图 6-164

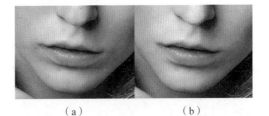
（a）　　　　　　　　　（b）

图 6-165

（a）　　　　　　　　　（b）

图 6-166

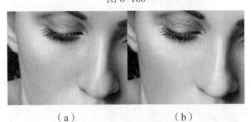
（a）　　　　　　　　　（b）

图 6-167

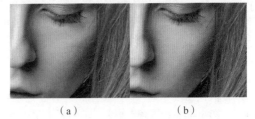
（a）　　　　　　　　　（b）

图 6-168

[重点]6.3.4　曝光度

"曝光度"命令主要用来校正图像曝光不足、曝光过度、对比度过低或过高的情况。打开一张图像，如图6-169所示。执行"图像→调整→曝光度"命令，打开"曝光度"对话框，如图6-170所示。例如，适当增大"曝光度"数值，可以使原本偏暗的图像变亮一些，如图6-171所示。

扫一扫，看视频

图 6-169

图 6-170

图 6-171

向左拖动曝光度滑块，可以降低曝光效果；向右拖动滑块，可以增强曝光效果。图 6-172 所示为不同参数的对比效果。

（a）曝光度：-2　（b）曝光度：0　（c）曝光度：2

图 6-172

"位移"选项主要对阴影和中间调起作用。减小"位移"数值可以使其阴影和中间调区域变暗，但对高光基本不会产生影响。图 6-173 所示为不同参数的对比效果。

（a）位移：-0.2　（b）位移：0　（c）位移：0.2

图 6-173

"灰度系数校正"用于控制画面中的中间调区域。滑块向左调整增大数值，中间调区域变亮；滑块向右调整减小数值，中间调区域变暗。图 6-174 所示为不同参数的对比效果。

（a）位移：3　（b）位移：1　（c）位移：0.3

图 6-174

扫一扫，看视频

"阴影/高光"命令可以单独对画面中的阴影区域以及高光区域的明暗进行调整。"阴影/高光"命令常用于恢复由于图像过暗导致的暗部细节缺失，以及图像过亮导致的亮部细节不明确等问题，如图 6-175 和图 6-176 所示。

图 6-175　　　　　图 6-176

（1）打开一张图像，如图 6-177 所示。执行"图像→调整→阴影/高光"命令，打开"阴影/高光"对话框，默认情况下只显示"阴影"和"高光"两个选项，如图 6-178 所示。增大阴影数值可以使画面暗部区域变亮，如图 6-179 所示。

图 6-177

图 6-178

图 6-179

（2）增大"高光"数值则可以使画面亮部区域变暗，如图 6-180 和图 6-181 所示。

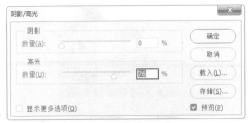

图 6-180

图 6-181

（3）"阴影/高光"可设置的参数并不只有这两个，勾选"显示更多选项"复选框以后，可以显示"阴影/高光"的完整选项，如图 6-182 所示。阴影选项组与高光选项组的参数是相同的。

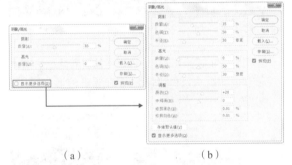

（a）　　　　　　　（b）

图 6-182

- 数量：用来控制阴影/高光区域的亮度。"阴影"的数值越大，阴影区域就越亮；"高光"的数值越大，高光区域就越暗，如图 6-183 所示。

（a）阴影数量：10　　　（b）阴影数量：50

（c）高光数量：10　　　（d）高光数量：50

图 6-183

- 色调：用来控制色调的修改范围，值越小，修改的范围越小。
- 半径：用于控制每个像素周围的局部相邻像素的范围大小。相邻像素用于确定像素是在阴影还是在高光中，数值越小，范围越小。
- 颜色：用于控制画面颜色感的强弱，数值越小，画面饱和度越低；数值越大，饱和度越高，如图 6-184 所示。

（a）颜色：-100　　（b）颜色：0　　（c）颜色：+100

图 6-184

- 中间调：用来调整中间调的对比度，数值越大，中间调的对比度越强，如图 6-185 所示。

（a）中间调：-100　（b）中间调：0　（c）中间调：+100

图 6-185

- 修剪黑色：该选项可以将阴影区域变为纯黑色，数值的大小用于控制变化为黑色阴影的范围。数值越大，变为黑色的区域越大，画面整体越暗。最大数值为 50%，过大的数值会使图像丧失过多细节，如图 6-186 所示。

（a）修剪黑色：0.01%（b）修剪黑色：20%（c）修剪黑色：50%

图 6-186

- 修剪白色：该选项可以将高光区域变为纯白色，数值的大小用于控制变化为白色高光的范围。数值越大，变为白色的区域越大，画面整体越亮。最大数值为 50%，过大的数值会使图像丧失过多细节，如图 6-187 所示。

（a）修剪白色：0.01%（b）修剪白色：20%（c）修剪白色：50%

图 6-187

- 存储默认值：如果要将对话框中的参数设置存储为默认值，可以单击该按钮。存储为默认值以后，再次打开"阴影/高光"对话框时，就会显示该参数。

6.4 调整图像的色彩

对图像"调色",一方面是针对画面明暗的调整,另一方面是针对画面"色彩"的调整。在"图像→调整"命令中有十几种针对图像色彩进行调整的命令。通过使用这些命令既可以校正偏色的问题,又能够为画面打造出各具特色的色彩风格,如图6-188和图6-189所示。

图 6-188　　　　　　　图 6-189

> **提示**:学习调色时要注意的问题。
>
> 调色命令虽然很多,但并不是每一种都特别常用。或者说,并不是每一种都适合自己使用。其实在实际调色过程中,想要实现某种颜色效果,往往是既可以使用这种命令,又可以使用那种命令。这时千万不要纠结于书中或教程中使用的某个特定命令,而去使用这个命令。我们只需要选择自己习惯使用的命令就可以。

重点 6.4.1　自然饱和度

"自然饱和度"可以增加或减少画面颜色的鲜艳程度。"自然饱和度"常用于使外景照片更加明艳动人,或者打造出复古怀旧的低彩效果,如图6-190和图6-191所示。在"色相/饱和度"命令中也可以增加或降低画面的饱和度,但是与之相比,"自然饱和度"的数值调整更加柔和,不会因为饱和度过高而产生纯色,也不会因为饱和度过低而产生完全灰度的图像。所以"自然饱和度"非常适用于数码照片的调色。

图 6-190　　　　　　　图 6-191

打开图像文件,如图6-192所示。执行"图像→调整→自然饱和度"命令,打开"自然饱和度"对话框,在这里可以对"自然饱和度"以及"饱和度"数值进行调整,如图6-193所示。执行"图层→新建调整图层→自然饱和度"命令,可以创建一个"自然饱和度"调整图层,如图6-194所示。

图 6-192

图 6-193　　　　　　　　图 6-194

- 自然饱和度:向左拖动滑块,可以降低颜色的饱和度;向右拖动滑块,可以增加颜色的饱和度,如图6-195所示。

（a）自然饱和度:-100　（b）自然饱和度:0　（c）自然饱和度:100

图 6-195

- 饱和度:向左拖动滑块,可以增加所有颜色的饱和度;向右拖动滑块,可以降低所有颜色的饱和度,如图6-196所示。

（a）饱和度:-100　　（b）饱和度:0　　（c）饱和度:100

图 6-196

课后练习:制作梦幻效果海的女儿

文件路径	资源包\第6章\制作梦幻效果海的女儿
难易指数	★★★★★
技术掌握	自然饱和度、曲线

扫一扫,看视频

案例效果

案例处理前后对比效果如图6-197和图6-198所示。

图 6-197　　　　　　　图 6-198

中文版Photoshop 2020从入门到精通（微课视频　全彩版）

[重点]6.4.2 色相/饱和度

用"色相/饱和度"命令可以对图像整体或局部的色相、饱和度以及明度进行调整，还可以对图像中的各个颜色（红、黄、绿、青、蓝、洋红）的色相、饱和度、明度分别进行调整。"色相/饱和度"命令常用于更改画面局部的颜色，或用于增强画面饱和度。

扫一扫，看视频

打开一张图像，如图6-199所示。执行"图像→调整→色相/饱和度"命令（快捷键：Ctrl+U），打开"色相/饱和度"对话框。默认情况下，可以对整个图像的色相、饱和度、明度进行调整，如调整色相滑块，如图6-200所示（执行"图层→新建调整图层→色相/饱和度"命令，可以创建"色相/饱和度"调整图层，如图6-201所示）。画面的颜色发生了变化，如图6-202所示。

图6-199

图6-200

图6-201　　图6-202

- 预设：在"预设"下拉列表中提供了8种色相/饱和度预设，如图6-203所示。

（a）氰版照相　（b）进一步增加　（c）增加饱和度　（d）旧样式
　　　　　　　　　饱和度

（e）红色提升　（f）深褐　（g）强饱和度　（h）黄色提升

图6-203

- 全图：在通道下拉列表中可以选择红色、黄色、绿色、青色、蓝色和洋红通道进行调整。如果想要调整画面某一种颜色的色相、饱和度、明度，可以在"颜色通道"列表中选择某一个颜色，然后进行调整，如图6-204所示。画面效果如图6-205所示。

图6-204

图6-205

- 色相：调整滑块可以更改画面各个部分或某种颜色的色相。例如，将粉色更改为黄绿色，将青色更改为紫色，如图6-206所示。

（a）色相：0　　　　（b）色相：85

图6-206

- 饱和度：调整饱和度数值可以增强或减弱画面整体或某种颜色的鲜艳程度。数值越大，颜色越艳丽，如图6-207所示。

（a）饱和度：-100　（b）饱和度：0　（c）饱和度：100

图6-207

- 明度：调整明度数值可以使画面整体或某种颜色的明亮程度增加。数值越大，越接近白色；数值越小，越接近黑色，如图6-208所示。

（a）明度：-100　（b）明度：0　（c）明度：100

图6-208

- 🖐在图像上单击并拖动可修改饱和度：用该工具在图像上单击设置取样点，如图6-209所示。然后将光标向左拖动可以降低图像的饱和度，向右拖动可以增加图像的饱和度，如图6-210所示。

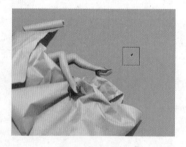

图6-209

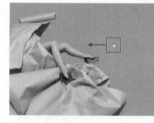 

图6-210

- 着色：勾选该复选框以后，图像会整体偏向于单一的色调，如图6-211所示。可以通过拖动3个滑块来调节图像的色调，如图6-212所示。

图6-211　　　　　　　　图6-212

举一反三：使用色相/饱和度制作七色花

扫一扫，看视频

当我们有单颜色的花朵时，可以尝试利用"色相/饱和度"对画面中的部分区域进行调色，以实现制作出多种颜色花瓣的效果。首先制作出花瓣的选区，如图6-213所示。执行"图层→新建调整图层→色相/饱和度"命令，在打开的"属性"面板中设置色相和饱和度的数值，如图6-214所示，即可在画面中观察到效果，只有选区中的花瓣颜色发生改变，如图6-215所示。

图6-213　　　　　　图6-214

图6-215

用同样的方法可以制作出其他花瓣的选区，并依次进行调色，如图6-216~图6-218所示。

图6-216　　　　　　　图6-217

图 6-218

练习实例：解决偏色问题

文件路径	资源包\第6章\解决偏色问题
难易指数	★★★★★
技术掌握	色相/饱和度、颜色取样器、信息面板

扫一扫，看视频

案例效果

案例处理前后对比效果如图6-219和图6-220所示。

图 6-219　　　　　　　图 6-220

操作步骤

步骤 01 将商品素材1.jpg打开，通过"颜色取样器工具"能够判断颜色的数量。选择工具箱中的"颜色取样器工具"，然后在画面中单击添加取样点，在弹出的"信息"面板中能够看到当前取样点的颜色数值，R（红色）的数值明显偏高，这说明画面整体偏向红色，如图6-221所示。

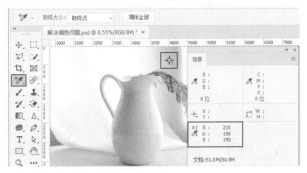

图 6-221

步骤 02 执行"图层→新建调整图层→色相/饱和度"命令，在弹出的"新建图层"窗口中单击"确定"按钮。因为偏向红色，所以设置颜色为"红色"，然后向左拖动"饱和度"滑块降低颜色的饱和度，如图6-222所示。此时画面色调如图6-223所示。

图 6-222　　　　　　　图 6-223

步骤 03 "洋红"也属于红色的一种，对于这张图而言，洋红对画面影响很小，将颜色设置为"红色"，将"饱和度"设置为最小，如图6-224所示。此时画面效果如图6-225所示。

图 6-224　　　　　　　图 6-225

步骤 04 或者新建"色相/饱和度"调整图层，单击"在图像上单击并拖动可修改饱和度"按钮，然后在偏色的位置向左拖动滑块降低饱和度，如图6-226所示。

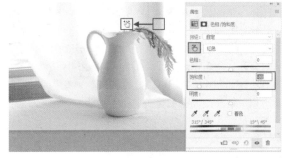

图 6-226

步骤 05 使用"在图像上单击并拖动可修改饱和度"在画面的底部拖动降低饱和度，如图6-227所示。案例完成效果如图6-228所示。

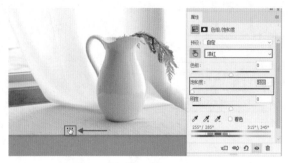

图 6-227

图 6-228

重点 6.4.3 色彩平衡

"色彩平衡"命令是根据颜色的补色原理，控制图像颜色的分布。根据颜色之间的互补关系，要减少某个颜色就增加这种颜色的补色。所以可以利用"色彩平衡"命令进行偏色问题的校正，如图 6-229 和图 6-230 所示。

扫一扫，看视频

图 6-229   图 6-230

打开一张图像，如图 6-231 所示。执行"图像→调整→色彩平衡"命令（快捷键: Ctrl+B），打开"色彩平衡"对话框。首先设置"色调平衡"，选择需要处理的部分是阴影区域，或是中间调区域，还是高光区域。接着可以在上方调整各个色彩的滑块，如图 6-232 所示。执行"图层→新建调整图层→色彩平衡"命令，可以创建一个"色彩平衡"调整图层，如图 6-233 所示。

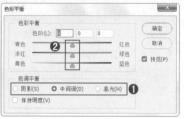

图 6-231   图 6-232

图 6-233

- 色彩平衡: 用于调整"青色-红色""洋红-绿色"以及"黄色-蓝色"在图像中所占的比例，可以手动输入，也可以拖动滑块来进行调整。例如，向左拖动"青色-红色"滑块，可以在图像中增加青色，同时减少其补色红色，如图 6-234 所示；向右拖动"青色-红色"滑块，可以在图像中增加红色，同时减少其补色青色，如图 6-235 所示。

图 6-234   图 6-235

- 色调平衡: 选择调整色彩平衡的方式，包含"阴影""中间调"和"高光"3 个选项，如图 6-236 所示分别是向"阴影""中间调"和"高光"添加蓝色以后的效果。

（a）阴影   （b）中间调   （c）高光

图 6-236

- 保留明度: 勾选"保留明度"复选框，可以保持图像的色调不变，以防止亮度值随着颜色的改变而改变，如图 6-237 所示为对比效果。

（a）启用"保留明度"　　（b）不启用"保留明度"

图 6-237

课后练习：打造清新淡雅色调

文件路径	资源包\第6章\打造清新淡雅色调
难易指数	★★★★★
技术掌握	混合模式、自然饱和度、曲线、可选颜色、色彩平衡

扫一扫，看视频

案例效果

案例处理前后对比效果如图 6-238 和图 6-239 所示。

图 6-238　　　　　　　图 6-239

【重点】6.4.4 黑白

"黑白"命令可以去除画面中的色彩，将图像转换为黑白效果，在转换为黑白效果后还可以对画面中每种灰度的明暗程度进行调整。"黑白"命令常用于将彩色图像转换为黑白效果，也可以使用"黑白"命令制作单色图像，如图 6-240 所示。

扫一扫，看视频

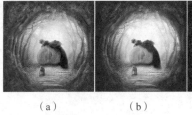

（a）　　　　　（b）　　　　　（c）

图 6-240

打开一张图像，如图 6-241 所示。执行"图像→调整→黑白"命令（快捷键：Alt+Shift+Ctrl+B），打开"黑白"对话

框，在这里可以对各个颜色的数值进行调整，以设置各个颜色转换为灰度后的明暗程度，如图 6-242 所示。执行"图层→新建调整图层→黑白"命令，创建一个"黑白"调整图层，如图 6-243 所示。画面效果如图 6-244 所示。

图 6-241　　　　　　　　　　图 6-242

图 6-243　　　　　　　　　图 6-244

- 预设：在"预设"下拉列表中提供了多种预设的黑白效果，可以直接选择相应的预设来创建黑白图像。
- 颜色：这6个选项用来调整图像中特定颜色的灰色调。例如，减小青色数值，会使包含青色的区域变深；增大青色数值，会使包含青色的区域变浅，如图 6-245 所示。

（a）青色：-200　　　（b）青色：300

图 6-245

●色调：想要创建单色图像，可以勾选"色调"复选框。接着单击右侧色块设置颜色；或者调整"色相"和"饱和度"数值来设置着色后的图像颜色，如图6-246所示。画面效果如图6-247所示。

图6-246　　　　　　　　图6-247

6.4.5　动手练：照片滤镜

"照片滤镜"命令与摄影师经常使用的"彩色滤镜"效果非常相似，可以为图像"蒙"上某种颜色，以使图像产生明显的颜色倾向。"照片滤镜"命令常用于制作冷调或暖调的图像。

扫一扫，看视频

（1）打开一张图像，如图6-248所示。执行"图像→调整→照片滤镜"菜单命令，打开"照片滤镜"对话框。在"滤镜"下拉列表中可以选择一种预设的效果应用到图像中，如选择"冷却滤镜"，如图6-249所示。此时图像变为冷调，如图6-250所示。执行"图层→新建调整图层→照片滤镜"命令，可以创建一个"照片滤镜"调整图层，如图6-251所示。

图6-248　　　　　　　　图6-249

图6-250　　　　　　　　图6-251

（2）如果列表中没有适合的颜色，也可以直接选中"颜色"单选按钮，自行设置合适的颜色，如图6-252所示。画面效果如图6-253所示。

图6-252　　　　　　　　图6-253

（3）设置"浓度"数值可以调整滤镜颜色应用到图像中的颜色百分比。数值越高，应用到图像中的颜色浓度就越高；数值越小，应用到图像中的颜色浓度就越低，如图6-254所示为不同浓度的对比效果。

（a）浓度：20%　（b）浓度：40%　（c）浓度：80%

图6-254

提示："保留明度"复选框。

勾选"保留明度"复选框以后，可以保留图像的明度不变。

6.4.6　通道混合器

扫一扫，看视频

使用"通道混合器"命令可以将图像中的颜色通道相互混合，能够对目标颜色通道进行调整和修复，常用于偏色图像的校正。

打开一张图像，如图6-255所示。执行"图像→调整→通道混合器"命令，打开"通道混合器"窗口，首先在"输出通道"列表中选择需要处理的通道，然后调整各个颜色滑块，如图6-256所示。执行"图层→新建调整图层→通道混合器"命令，可以在打开的"通道混合器"面板中设置调整图层，如图6-257所示。

图6-255

図 6-256   図 6-257

- 预设：Photoshop提供了6种制作黑白图像的预设效果。
- 输出通道：在下拉列表中可以选择一种通道来对图像的色调进行调整。
- 源通道：用来设置源通道在输出通道中所占的百分比。例如，设置"输出通道"为"红"，增大红色数值，如图6-258所示，画面中红色的成分增加，如图6-259所示。

图 6-258   图 6-259

- 总计：显示源通道的计数值。如果计数值大于100%，则有可能会丢失一些阴影和高光细节。
- 常数：用来设置输出通道的灰度值。负值可以在通道中增加黑色，正值可以通道中增加白色，如图6-260所示。

（a）红通道常数：−50 （b）红通道常数：0 （c）红通道常数：50

图 6-260

- 单色：勾选该复选框以后，图像将变成黑白效果。可以通过调整各个通道的数值，调整画面的黑白关系，如图6-261和图6-262所示。

图 6-261   图 6-262

6.4.7 动手练：颜色查找

不同的数字图像输入或输出设备都有自己特定的色彩空间，这就导致了色彩在不同的设备之间传输时可能会出现不匹配的现象。"颜色查找"命令可以使画面颜色在不同的设备之间精 扫一扫，看视频 确传递和再现。

（1）选中一张图像，如图6-263所示。执行"图像→调整→颜色查找"命令，打开"颜色查找"窗口。在该窗口中可以选择用于颜色查找的方式：3D LUT文件、摘要、设备链接，并在每种方式的下拉列表中选择合适的类型，如图6-264所示。

图 6-263

图 6-264

（2）选择完成后，可以看到图像整体颜色发生了风格化的变化，画面效果如图6-265所示。执行"图层→新建调整图层→颜色查找"命令，可以创建"颜色查找"调整图层，如图6-266所示。

图 6-265   图 6-266

（3）除了Photoshop自带的效果外，还可以在网上下载LUT文件，并通过选择"载入3D LUT..."选项，载入其他LUT文件，如图6-267所示。在"载入"窗口中可以看到在Photoshop中可以载入不同格式的3D LUT文件。例如，在此处选择一个文件，并单击"载入"按钮，如图6-268所示。接着在列表中就可以看到该3D LUT文件，如图6-269所示。此时画面效果也发生了相应的变化，如图6-270所示。

图 6-267　　　　　　　　图 6-268

图 6-269　　　　　　　　图 6-270

6.4.8　反相

扫一扫，看视频

　　"反相"命令可以将图像中的颜色转换为它的补色，呈现出负片效果，即红变绿、黄变蓝、黑变白。

　　执行"图像→调整→反相"命令（快捷键：Ctrl+I），即可得到反相效果，对比效果如图6-271和图6-272所示。"反相"命令是一个可以逆向操作的命令。执行"图层→新建调整图层→反相"命令，创建一个"反相"调整图层，该调整图层没有参数可供设置。

图 6-271　　　　　　　　图 6-272

举一反三：快速得到反向的蒙版

扫一扫，看视频

　　图层蒙版中是以黑白关系控制图像的显示与隐藏，黑色为隐藏，白色为显示。如果想要快速使隐藏的部分显示，使显示的部分隐藏，则可以对图层蒙版的黑白关系进行反向。选中图层的蒙版，如图6-273所示。执行"图像→调整→反相"命令，蒙版中黑白颠倒。原本隐藏的部分显示了出来，原本显示的部分被隐藏了，如图6-274所示。

图 6-273

图 6-274

6.4.9　色调分离

扫一扫，看视频

　　"色调分离"命令可以通过为图像设定色调数目来减少图像的色彩数量。图像中多余的颜色会映射到最接近的匹配级别。选择一个图层，如图6-275所示。执行"图像→调整→色调分离"命令，打开"色调分离"对话框，如图6-276所示。在"色调分离"对话框中可以进行"色阶"数量的设置，设置的"色阶"值越小，分离的色调越多；"色阶"值越大，保留的图像细节就越多，如图6-277所示。执行"图层→新建调整图层→色调分离"命令，可以创建一个"色调分离"调整图层，如图6-278所示。

图 6-275　　　　　　　　图 6-276

图 6-277　　　　　　　　图 6-278

6.4.10　阈值

"阈值"命令可以将图像转换为只有黑白两色的效果。选择一个图层，如图6-279所示。执行"图像→调整→阈值"命令，打开"阈值"对话框，如图6-280所示。执行"图层→新建调整图层→阈值"命令，创建"阈值"调整图层，如图6-281所示。"阈值色阶"数值可以指定一个色阶作为阈值，高于当前色阶的像素都将变为白色，低于当前色阶的像素都将变为黑色，效果如图6-282所示。

扫一扫，看视频

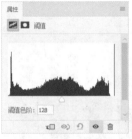

图6-279　　　　　　图6-280

图6-281　　　　　　图6-282

课后练习：使用阈值制作涂鸦墙

文件路径	资源包\第6章\使用阈值制作涂鸦墙
难易指数	★★★★★
技术掌握	阈值、混合模式

扫一扫，看视频

案例效果

案例处理前后对比效果如图6-283和图6-284所示。

图6-283　　　　　　图6-284

【重点】6.4.11　动手练：渐变映射

扫一扫，看视频

"渐变映射"是先将图像转换为灰度图像，然后设置一个渐变，将渐变中的颜色按照图像的灰度范围一一映射到图像中。使图像中

只保留渐变中存在的颜色。选择一个图层，如图6-285所示。执行"图像→调整→渐变映射"命令，打开"渐变映射"对话框。单击"灰度映射所用的渐变"按钮打开"渐变编辑器"对话框，在该对话框中可以选择或重新编辑一种渐变应用到图像上，如图6-286所示，画面效果如图6-287所示。执行"图层→新建调整图层→渐变映射"命令，可以创建一个"渐变映射"调整图层，如图6-288所示。

- 仿色：勾选该复选框以后，Photoshop会添加一些随机的杂色来平滑渐变效果。
- 反向：勾选该复选框以后，可以反转渐变的填充方向，映射出的渐变效果也会发生变化。

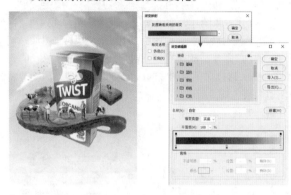

图6-285　　　　　　图6-286

图6-287　　　　　　图6-288

课后练习：使用渐变映射打造复古电影色调

文件路径	资源包\第6章\使用渐变映射打造复古电影色调
难易指数	★★★★★
技术掌握	渐变映射

扫一扫，看视频

案例效果

案例处理前后对比效果如图6-289和图6-290所示。

图 6-289　　　　　　　图 6-290

[重点]6.4.12　可选颜色

"可选颜色"命令可以为图像中各个颜色通道增加或减少某种印刷色的成分含量。使用"可选颜色"命令可以非常方便地对画面中某种颜色的色彩倾向进行更改。

扫一扫，看视频

（1）打开一张图片，这个图片呈现冷色调，通过"可选颜色"将其更改为暖色调，如图 6-291 所示。执行"图像→调整→可选颜色"命令，打开"可选颜色"窗口，先将"颜色"设置为"白色"，选择白色后调整的区域为高光区域，因为要将画面调整为暖色调，所以向右拖动"黄色"滑块增加画面中黄色的含量，如图 6-292 所示。此时画面效果如图 6-293 所示。

图 6-291　　　　　　　图 6-292

图 6-293

（2）设置"颜色"为"中间调"，然后向右拖动"黄色"滑块增加画面中间调部分的黄色含量，如图 6-294 所示。此时画面效果如图 6-295 所示。

图 6-294　　　　　　　图 6-295

（3）接着设置"颜色"为"黑色"，向左拖动"黄色"滑块，减少画面阴影部分的黄色含量，使阴影倾向于蓝紫色调，然后将"黑色"滑块向左拖动，使阴影更深，画面明暗对比更强，如图 6-296 所示。参数设置完成后单击"确定"按钮，画面效果如图 6-297 所示。

图 6-296　　　　　　　图 6-297

练习实例：使用"可选颜色"制作小清新色调

扫一扫，看视频

文件路径	资源包\第6章\使用"可选颜色"制作小清新色调
难易指数	★★★★★
技术掌握	可选颜色

案例效果

案例处理前后对比效果如图 6-298 和图 6-299 所示。

图 6-298　　　　　　　图 6-299

操作步骤

步骤 01 执行"文件→打开"命令，打开素材 1.jpg，如图 6-300 所示。执行"图层→新建调整图层→可选颜色"命令，随即弹出"属性"面板，如图 6-301 所示。

图 6-300　　　　　　　图 6-301

188

步骤 02 在这里设置"颜色"为"红色"，继续设置"黄色"数值为100%，如图6-302所示。使画面中皮肤的部分更倾向于黄色，画面效果如图6-303所示。

图 6-302　　　　　　　图 6-303

步骤 03 单击"颜色"下拉按钮，在下拉列表中选择"黄色"，并设置"黄色"数值为-100%，如图6-304所示。减少画面中的黄色成分，植物部分中的黄色成分减少，变为了青色，画面效果如图6-305所示。

图 6-304　　　　　　　图 6-305

步骤 04 继续设置"颜色"为"绿色"，调整"青色"数值为100%，"黄色"数值为-100%，如图6-306所示。植物更倾向于青色，画面效果如图6-307所示。

图 6-306　　　　　　　图 6-307

步骤 05 设置"颜色"为"中性色"，调整"黄色"数值为-50%，如图6-308所示。画面整体呈现出一种蓝紫色调，画面效果如图6-309所示。

图 6-308　　　　　　　图 6-309

步骤 06 设置"颜色"为"黑色"，调整"黄色"数值为-30%，如图6-310所示。使画面的暗部区域更倾向于紫色，画面效果如图6-311所示，本案例中调色的部分就操作完成了。

图 6-310　　　　　　　图 6-311

步骤 07 新建图层并填充为黑色。执行"滤镜→渲染→镜头光晕"命令，在"镜头光晕"窗口中将光晕调整到右侧，设置"亮度"为165%，设置"镜头类型"为"50-300毫米变焦"，如图6-312所示。参数设置完成后单击"确定"按钮，画面效果如图6-313所示。

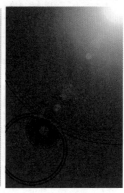

图 6-312　　　　　　　图 6-313

步骤 08 设置该图层的"混合模式"为"滤色"，如图6-314所示。

步骤 09 本案例制作完成，画面效果如图6-315所示。

图 6-314　　　　　　图 6-315

课后练习：夏季变秋季

文件路径	资源包\第6章\夏季变秋季
难易指数	★★★★★
技术掌握	曲线、可选颜色、自然饱和度

扫一扫，看视频

案例效果

案例处理前后对比效果如图6-316和图6-317所示。

图 6-316　　　　　　图 6-317

课后练习：复古色调婚纱照

文件路径	资源包\第6章\复古色调婚纱照
难易指数	★★★★★
技术掌握	曲线、色彩平衡、选取颜色

扫一扫，看视频

案例效果

案例处理前后对比效果如图6-318和图6-319所示。

图 6-318　　　　　　图 6-319

6.4.13　动手练：使用HDR色调

"HDR色调"命令常用于处理风景照片，可以使画面增强亮部和暗部的细节和颜色感，使图像更具有视觉冲击力。

扫一扫，看视频

（1）选择一个图层，如图6-320所示。执行"图像→调整→HDR色调"命令，打开"HDR色调"对话框，如图6-321所示。默认的参数增强了图像的细节感和颜色感，效果如图6-322所示。

图 6-320

图 6-321　　　　　　图 6-322

（2）在"预设"下拉列表中可以看到多种"预设"效果，如图6-323所示，单击即可快速为图像赋予该效果。图6-324所示为不同的预设效果。

图 6-323

（a）单色艺术效果　　　　　（b）更加饱和

图 6-324

中文版Photoshop 2020从入门到精通（微课视频 全彩版）

（3）虽然预设效果有很多种，但是实际使用的时候会发现预设效果与我们想要的效果还是有一定距离的，所以可以选择一个与预期较接近的"预设"，然后适当修改下方的参数，以制作出合适的效果。

- 半径：边缘光是指图像中颜色交界处产生的发光效果。半径数值用于控制发光区域的宽度，如图6-325所示。

（a）边缘光半径：20　　（b）边缘光半径：80

图6-325

- 强度：强度数值用于控制发光区域的明亮程度，如图6-326所示。

（a）边缘光强度：20　　（b）边缘光强度：80

图6-326

- 灰度系数：用于控制图像的明暗对比。向左拖动滑块，数值变大，对比度增强；向右拖动滑块，数值变小，对比度减弱，如图6-327所示。

（a）灰度系数：2　　　（b）灰度系数：0.2

图6-327

- 曝光度：用于控制图像明暗。数值越小，画面越暗；数值越大，画面越亮，如图6-328所示。

（a）曝光度：-3　　（b）曝光度：0　　（c）曝光度：2

图6-328

- 细节：增强或减弱像素对比度以实现柔化图像或锐化图像。数值越小，画面越柔和；数值越大，画面越锐利，如图6-329所示。

（a）细节：-100%　（b）细节：0%　（c）细节：300%

图6-329

- 阴影：设置阴影区域的明暗。数值越小，阴影区域越暗；数值越大，阴影区域越亮，如图6-330所示。

（a）阴影：-100%　　　（b）阴影：0%

图6-330

- 高光：设置高光区域的明暗。数值越小，高光区域越暗；数值越大，高光区域越亮，如图6-331所示。

（a）高光：-60%　　　（b）高光：60%

图6-331

- 自然饱和度：控制图像中色彩的饱和程度，增大数值可使画面颜色感增强，但不会产生灰度图像和溢色。
- 饱和度：可用于增强或减弱图像颜色的饱和程度，数值越大，颜色纯度越高，数值为-100%时为灰度图像。
- 色调曲线和直方图：展开该选项组，可以进行"色调曲线"形态的调整，此选项与"曲线"命令的使用方法基本相同。

6.4.14　去色

"去色"命令无须设置任何参数，可以直接将图像中的颜色去掉，使其成为灰度图像。打开一张图像，如图6-332所示，然后执行"图像→调整→去色"命令（快捷键：Shift+Ctrl+U），可以将其调整为灰度效果，如图6-333所示。

扫一扫，看视频

图6-332　　　　　　图6-333

"去色"命令与"黑白"命令都可以制作出灰度图像。但是"去色"命令只能简单地去掉所有颜色;而"黑白"命令则可以通过参数的设置来调整各个颜色在黑白图像中的亮度,以得到层次丰富的灰度照片。

6.4.15 匹配颜色

"匹配颜色"命令可以将图像1中的色彩关系映射到图像2中,使图像2产生与之相同的色彩。使用"匹配颜色"命令可以便捷地更改图像颜色,可以在不同的图像文件中进行"匹配",也可以匹配同一个文档中不同图层之间的颜色。

（1）打开需要处理的图像,图像1为青色调,如图6-334所示。将用于匹配的"源"图片置入,图像2为紫色调,如图6-335所示。

图6-334　　　　　　图6-335

（2）选择图像1所在的图层,隐藏其他图层,如图6-336所示。执行"图像→调整→匹配颜色"命令,弹出"匹配颜色"窗口,设置"源"为当前文档,然后选择紫色调的图像2所在图层,如图6-337所示。此时图像1变为了紫色调,如图6-338所示。

图6-336　　　　　　图6-337

图6-338

（3）在"图像选项"中还可以进行"明亮度""颜色强度""渐隐"的设置,设置完成后单击"确定"按钮,如图6-339所示。画面效果如图6-340所示。

图6-339　　　　　　图6-340

● 明亮度:用来调整图像匹配的明亮程度。
● 颜色强度:"颜色强度"选项相当于图像的饱和度,因此它用来调整图像色彩的饱和度。数值越低,画面越接近单色效果。
● 渐隐:"渐隐"选项决定了有多少源图像的颜色匹配到目标图像的颜色中。数值越大,匹配程度越低,越接近图像原始效果。
● 中和:"中和"复选框主要用来中和匹配后与匹配前的图像效果,常用于去除图像中的偏色现象。
● 使用源选区计算颜色:可以使用源图像中的选区图像的颜色来计算匹配颜色。
● 使用目标选区计算调整:可以使用目标图像中的选区图像的颜色来计算匹配颜色(注意,这种情况必须选择源图像为目标图像)。

[重点]6.4.16　动手练:替换颜色

扫一扫,看视频

"替换颜色"命令可以修改图像中选定颜色的色相、饱和度和明度,从而将选定的颜色替换为其他颜色。如果要更改画面中某个区域的颜色,常规的方法是先得到选区,然后填充其他颜色。而使用"替换颜色"命令可以免去很多麻烦,可以通过在画面中单击拾取的方式,直接对图像中指定颜色进行色相、饱和度以及明度的修改,即可实现颜色的更改。

（1）选择需要调整的图层。执行"图像→调整→替换颜色"命令,打开"替换颜色"窗口。首先需要在画面中取样,以设置需要替换的颜色。默认情况下选择的是"吸管工具" ![吸管], 将光标移动到需要替换颜色的位置单击拾取颜色,此时缩览图中白色的区域代表被选中(也就是会被替换的部分)。在拾取颜色时,可以配合容差值进行调整,如图6-341所示。如果有未选中的位置,可以使用"添加到取样"按钮,在未选中的位置单击,直到需要替换颜色的区域全部被选中(在缩览图中变为白色),如

图6-342所示。

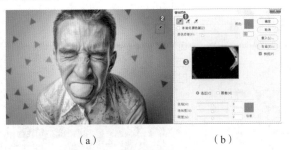

（a）　　　　　　　（b）

图 6-341

（a）　　　　　　　（b）

图 6-342

（2）更改"色相""饱和度"和"明度"选项调整替换的颜色，"结果"色块显示出替换后的颜色效果，如图6-343所示。设置完成后单击"确定"按钮。

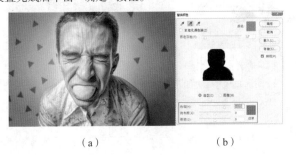

（a）　　　　　　　（b）

图 6-343

- 本地化颜色簇：该选项主要用来同时在图像上选择多种颜色。
- ：这3个工具用于在画面设置选中被替换的区域。使用"吸管工具"按钮在图像上单击，可以选中单击点处的颜色，同时在"选区"缩略图中也会显示出选中的颜色区域（白色代表选中的颜色，黑色代表未选中的颜色）。使用"添加到取样"按钮在图像上单击，可以将单击点处的颜色添加到选中的颜色中。使用"从取样中减去"按钮在图像上单击，可以将单击点处的颜色从选定的颜色中减去。
- 颜色容差：该选项用来控制选中颜色的范围。数值越大，选中的颜色范围越广。图6-344所示为"颜色容差"为20的效果，如图6-345所示为"颜色容差"为80的效果。

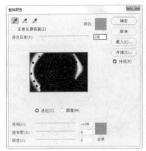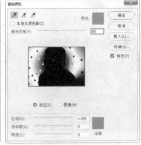

图 6-344　　　　　　　图 6-345

- 选区/图像：选中"选区"单选按钮，可以以黑白图像的方式进行显示，其中白色表示选中的颜色，黑色表示未选中的颜色，灰色表示只选中了部分颜色；选中"图像"单选按钮，则只显示图像。
- 色相/饱和度/明度：用于设置替换后颜色的参数。

6.4.17　色调均化

"色调均化"命令可以将图像中全部像素的亮度值进行重新分布，使图像中最亮的像素变成白色，最暗的像素变成黑色，中间的像素均匀分布在整个灰度范围内。

扫一扫，看视频

1. 均化整个图像的色调

选择需要处理的图层，如图6-346所示。执行"图像→调整→色调均化"命令，使图像均匀地呈现出所有范围的亮度级，如图6-347所示。

图 6-346　　　　　　　图 6-347

2. 均化选区中的色调

如果图像中存在选区，如图6-348所示。执行"色调均化"命令时会弹出"色调均化"对话框，用于设置色调均化的选项，如图6-349所示。

图 6-348　　　　　　　图 6-349

如果想要只处理选区中的部分，则选中"仅色调均化所选区域"单选按钮，如图6-350所示。如果选中"基于所选区域色调均化整个图像"单选按钮，则可以按照选区内的像素明暗，均化整个图像，如图6-351所示。

图 6-350　　　　　图 6-351

6.5 综合实例：外景人像写真调色

扫一扫，看视频

文件路径	资源包\第6章\综合实例：外景人像写真调色
难易指数	⭐⭐⭐⭐⭐
技术掌握	色彩平衡、曲线、色相/饱和度、自然饱和度

案例效果

案例处理前后对比效果如图6-352和图6-353所示。

图 6-352　　　　　图 6-353

操作步骤

步骤 01 执行"文件→打开"命令，在"打开"窗口中选择背景素材1.jpg，单击"打开"按钮，如图6-354所示。

图 6-354

步骤 02 在画面中可以看到背景的颜色与人物主体色彩过于相近，使主体人物显得很不突出。所以要对背景的草地进行调整，使其色彩鲜明。执行"图层→新建调整图层→色彩平衡"命令，在弹出的"属性"面板中设置"色调"为"中间调"，调整"青色"为-84，"洋红"为-10，"黄色"为-71，如图6-355所示。此时画面整体都倾向于绿色，效果如图6-356所示。

图 6-355　　　　　图 6-356

步骤 03 在画面中可以看到草地变得更葱绿，但同时也改变了人物的色彩。下面就对人物位置的调色效果进行去除。在"图层"面板中单击色彩平衡图层蒙版缩览图，单击工具箱中的"画笔工具" ✎，在选项栏中设置合适的画笔大小，"硬度"为0%，设置前景色为黑色，接着在图层蒙版中人物部分进行涂抹，图层蒙版缩览图效果如图6-357所示。可以看到在背景颜色不变的情况下，只有人物的调色效果被去除了，效果如图6-358所示。

图 6-357　　　　　图 6-358

步骤 04 执行"图层→新建调整图层→曲线"命令，在弹出的"属性"面板中调整曲线形态，如图6-359所示。增强画面对比度，如图6-360所示。

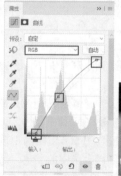 

图 6-359　　　　　图 6-360

步骤 05 此时可以看到画面顶部以及人物五官偏暗。需要在蒙版中还原这部分的明暗效果。在"图层"面板中单击曲线图层蒙版缩览图，单击工具箱中的"画笔工具" ✎，使用黑色画笔涂抹图层蒙版中顶部和人物偏暗的部分，图层蒙版效果如图6-361所示。此时画面颜色如图6-362所示。

图 6-361　　　　　　　　　　图 6-362

步骤 06 增强人物面部的对比度。执行"图层→新建调整图层→亮度/对比度"命令，在弹出的"属性"面板中设置"亮度"为0，"对比度"为53，如图6-363所示。此时画面效果如图6-364所示。

图 6-363　　　　　　　　　　图 6-364

步骤 07 在"图层"面板中选择"亮度/对比度"图层蒙版缩览图，设置前景色为黑色，使用快捷键Alt+Delete填充图层蒙版。接着使用白色画笔涂抹蒙版中皮肤的部分，图层蒙版效果如图6-365所示。此时只有皮肤部分的对比度增强了，如图6-366所示。

图 6-365　　　　　　　　　　图 6-366

步骤 08 调整人物皮肤的颜色。执行"图层→新建调整图层→色相/饱和度"命令，在弹出的"属性"面板中单击通道下拉按钮，在下拉列表中选择"红色"，设置"明度"为30，如图6-367所示。皮肤部分变亮，效果如图6-368所示。

图 6-367　　　　　　　　　　图 6-368

步骤 09 在"色相/饱和度"图层蒙版中使用黑色画笔涂抹皮肤以外的部分，图层蒙版效果如图6-369所示。还原头发以及其他部分的颜色，如图6-370所示。

图 6-369　　　　　　　　　　图 6-370

步骤 10 减少皮肤中的颜色感。执行"图层→新建调整图层→自然饱和度"命令，在弹出的"属性"面板中设置"饱和度"为-9，如图6-371所示。画面效果如图6-372所示。

图 6-371　　　　　　　　　　图 6-372

步骤 11 在"自然饱和度"图层蒙版中使用黑色画笔涂抹皮肤以外的部分，图层蒙版效果如图6-373所示。画面效果如图6-374所示。

图 6-373　　　　　　　　　　图 6-374

步骤 12 调整人物头发的颜色。执行"图层→新建调整图层→色相/饱和度"命令，在弹出的"属性"面板中设置"色相"为-7，如图6-375所示。画面效果如图6-376所示。

图 6-375　　　　　　　　　　图 6-376

步骤 13 在"色相/饱和度"图层蒙版中使用黑色画笔涂抹头发以外的部分，图层蒙版效果如图6-377所示。画面效果如

图6-378所示。

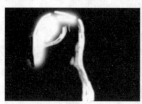
图6-377

图6-378

步骤 14 对画面中人物的眼睛和头顶部分进行提亮。新建图层，单击工具箱中的"画笔工具" ✐，使用白色画笔绘制头顶和眼睛部分，如图6-379所示。在"图层"面板中设置"混合模式"为"柔光"，如图6-380所示。画面效果如图6-381所示。

图6-379

图6-380

图6-381

步骤 15 增强图像的锐利感。使用快捷键Ctrl+Alt+Shift+E盖印当前画面效果。对得到的图层执行"滤镜→其他→高反差保留"命令，在弹出的"高反差保留"窗口中设置"半径"为4，如图6-382所示。单击"确定"按钮完成设置，效果如图6-383所示。

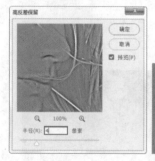
图6-382

图6-383

步骤 16 在"图层"面板中设置该图层的"混合模式"为"柔光"，如图6-384所示。画面效果如图6-385所示。

图6-384

图6-385

步骤 17 制作左上角的光感。单击工具箱中的"渐变工具" ▣，在选项栏中单击"渐变色条"，在弹出的"渐变编辑器"窗口中编辑一个黄色到透明的渐变，设置"渐变方式"为"线性渐变"。新建图层，接着在画面中按住鼠标左键拖动填充渐变，效果如图6-386所示。在"图层"面板中设置该图层"混合模式"为"滤色"，"不透明度"为76%，如图6-387所示。画面效果如图6-388所示。

图6-386

图6-387

图6-388

步骤 18 制作右下角的压暗效果。单击工具箱中的"画笔工具" ✐，选择一个圆形柔角画笔，降低画笔不透明度，设置前景色为墨绿色。新建图层，在画面右侧按住鼠标左键绘制，如图6-389所示。接着设置该图层"混合模式"为"叠加"，如图6-390所示。画面效果如图6-391所示。

图6-389

图 6-390   图 6-391

6.6 模拟考试

主题：尝试将照片调出复古感色调。

要求：

（1）自行选择一张未经过调色的照片进行处理；

（2）可使用的调色命令不限；

（3）可在网络搜索"复古色调""复古调色"等关键词获取灵感。

考查知识点：调色命令的综合使用。

Chapter
07
第7章

扫一扫，看视频

抠图与蒙版

本章内容简介

抠图是设计作品制作中的常用操作。本章将详细讲解几种比较常见的抠图技法，包括基于颜色差异进行抠图、使用钢笔工具进行精确抠图、使用通道抠出特殊对象等。不同的抠图技法适用于不同的图像，所以在进行实际抠图操作前，首先要判断使用哪种方式更适合。

重点知识掌握

- 掌握"快速选择工具""魔棒工具""磁性套索工具""魔术橡皮擦工具"的使用方法
- 熟练使用"钢笔工具"绘制路径并抠图
- 熟练掌握通道抠图
- 熟练掌握图层蒙版与剪贴蒙版的使用方法

通过本章学习，我能做什么？

通过本章的学习，我们可以掌握多种抠图方式。通过这些抠图技法，我们能够实现绝大部分的图像抠图操作。使用"快速选择工具""魔棒工具""磁性套索工具""魔术橡皮擦工具""背景橡皮擦工具"以及"色彩范围"命令能够抠出具有明显颜色差异的图像；主体物与背景颜色差异不明显的图像可以使用"钢笔工具"抠出；除此之外，类似长发、长毛动物、透明物体、云雾、玻璃等特殊图像，可以通过"通道抠图"抠出。

佳作欣赏

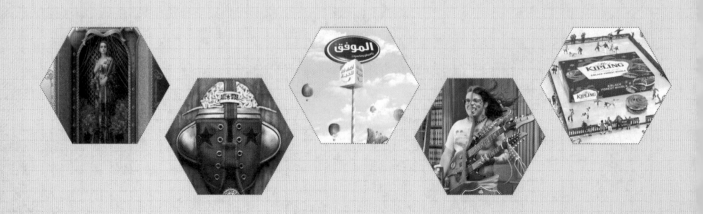

7.1 基于颜色差异抠图

大部分的"合成"作品以及平面设计作品都需要很多元素，这些元素有的可以利用Photoshop提供的相应功能创建出来，有的则需要从其他图像中"提取"。这个提取的过程就需要用到"抠图"。"抠图"是数码图像处理中的常用术语，指的是将图像中主体物以外的部分去除，或者从图像中分离出部分元素。图7-1所示为抠图合成的过程。

图 7-1

在Photoshop中抠图的方式有多种，如基于颜色的差异获得图像的选区、使用钢笔工具进行精确抠图、通过通道抠图等。本节主要讲解基于颜色的差异进行抠图的工具，Photoshop提供了多种通过识别颜色的差异创建选区的工具，如"对象选择工具""快速选择工具""魔棒工具""磁性套索工具""魔术橡皮擦工具""背景橡皮擦工具"以及"色彩范围"命令等。这些工具分别位于工具箱的不同工具组中以及"选择"菜单中，如图7-2和图7-3所示。

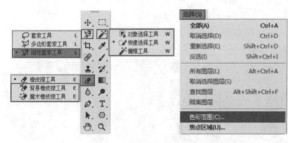

图 7-2   图 7-3

"对象选择工具""快速选择工具""魔棒工具""磁性套索工具"以及"色彩范围"命令主要用于创建主体物或背景部分的选区，抠出具有明显颜色差异的图像。例如，获取了主体物的选区，如图7-4所示，就可以将选区中的内容复制为独立图层，如图7-5所示；或者将选区反向选择，得到主体物以外的选区，删除背景，如图7-6所示。这两种方式都可以实现抠图操作。而"魔术橡皮擦工具"和"背景橡皮擦工具"则用于擦除背景部分。

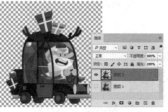

图 7-4   图 7-5

图 7-6

7.1.1 对象选择工具：自动识别主体物

"对象选择工具"可以通过识别画面主体物与环境之间的颜色、虚实，从而获取主体物的选区。

扫一扫，看视频

（1）打开一张图片，选择工具箱中的"对象选择工具" ，在选项栏中设置"模式"为"矩形"，然后在画面中按住鼠标左键拖动绘制矩形选区，如图7-7所示。释放鼠标后会自动识别绘制区域图形的选区，如图7-8所示。

图 7-7   图 7-8

（2）使用"对象选择工具"能够进行选区的运算。单击选项栏中的"添加到选区"按钮，然后在画面中其他图形的位置按住鼠标左键拖动绘制选区，如图7-9所示。释放鼠标后会在原有选区基础上得到新的选区，如图7-10所示。

图 7-9   图 7-10

（3）如果要获取的对象边缘不规则，也可以在选项栏中设置"模式"为"套索"，然后在需要得到选区的图形边缘按住鼠标左键拖动绘制选区，如图7-11所示。释放鼠标后即可得到图形的选区，如图7-12所示。

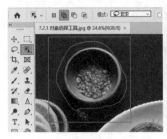

图 7-11　　　　　　　图 7-12

（4）继续得到画面中其他部分的选区，如图7-13所示。使用快捷键Ctrl+Shift+I将选区反选，得到背景部分的选区后，可以对选区范围内的部分进行调整。例如，使用快捷键Ctrl+U调出"色相/饱和度"窗口，并进行色相的更改，如图7-14所示。案例完成效果如图7-15所示。

图 7-13

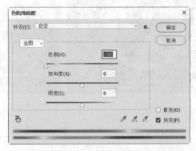

图 7-14

图 7-15

【重点】7.1.2　快速选择：拖动并自动创建选区

"快速选择工具"能够自动查找颜色接近的区域，并创建出这部分区域的选区。单击工具箱中的"快速选择工具"按钮，将光标定位在要创建选区的位置，然后在选项栏

扫一扫，看视频

中设置合适的绘制模式以及画笔大小，在画面中按住鼠标左键拖动，即可自动创建与光标移动过的位置颜色相似的选区，如图7-16和图7-17所示。

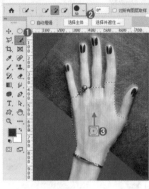
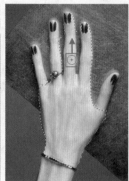

图 7-16　　　　　　　图 7-17

如果当前画面中已有选区，想要创建新的选区，可以单击"新选区"按钮，然后在画面中按住鼠标左键拖动，如图7-18所示。如果第一次绘制的选区不够，可以单击选项栏中的"添加到选区"按钮，即可在原有选区的基础上添加新创建的选区，如图7-19所示。如果绘制的选区有多余的部分，可以单击"从选区减去"按钮，接着在多余的选区部分涂抹，即可在原有选区的基础上减去当前新绘制的选区，如图7-20所示。得到完整选区后按下快捷键Ctrl+J将选区中的像素复制到独立图层，然后进行编辑操作。

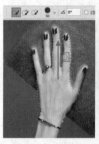
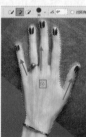
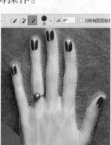

图 7-18　　　　　图 7-19　　　　　图 7-20

- 对所有图层取样：如果勾选该复选框，在创建选区时会根据所有图层显示的效果建立选取范围，而不仅是只针对当前图层。如果只想针对当前图层创建选区，需要取消勾选该复选框。
- 自动增强：降低选取范围边界的粗糙度与区块感。

课后练习：快速选择制作APP展示效果

扫一扫，看视频

文件路径	资源包\第7章\快速选择制作APP展示效果
难易指数	★★★★★
技术掌握	快速选择

案例效果

案例处理前后的效果对比如图7-21和图7-22所示。

图 7-21　　　　　　　　　图 7-22

7.1.3　魔棒：获取容差范围内颜色的选区

"魔棒工具"用于获取与取样点颜色相似部分的选区。使用"魔棒工具" 在画面中单击，光标所处的位置就是"取样点"，而颜色是否"相似"则是由"容差"数值控制的，容差数值越大，可被选择的范围越大。

扫一扫，看视频

"魔棒工具"与"快速选择工具"位于同一个工具组中。打开该工具组，从中选择"魔棒工具" ；在其选项栏中设置"容差"数值，并指定"选区绘制模式"（□ □ □ □ ）以及是否"连续"等；然后，在画面中单击，随即便可得到与光标单击位置颜色相近区域的选区，如图7-23所示。

图 7-23

如果画面中的选区的大小和位置不够理想，那么此时我们需要适当增大"容差"数值，然后重新制作选区，如图7-24所示。如果想要得到画面中多种颜色的选区，那么则需要在选项栏中单击"添加到选区"按钮 ，然后依次单击需要取样的颜色，接下来能够得到这几种颜色选区相加的结果，如图7-25所示。

图 7-24

图 7-25

- 取样大小：用来设置"魔棒工具"的取样范围。选择"取样点"，可以只对光标所在位置的像素进行取样；选择"3×3平均"，可以对光标所在位置3个像素区域内的平均颜色进行取样；其他的以此类推。
- 容差：决定所选像素之间的相似性或差异性，其取值范围为0~255。数值越低，对像素相似程度的要求越高，所选的颜色范围就越小；数值越高，对像素相似程度的要求越低，所选的颜色范围就越大，选区也就越大。图7-26所示为不同"容差"值时的选区效果。

（a）容差：20　　　　（b）容差：60

图 7-26

- 消除锯齿：默认情况下，"消除锯齿"复选框始终处于勾选状态。勾选此复选框，可以消除选区边缘的锯齿。
- 连续：当勾选该复选框时，只选择颜色连接的区域；当取消勾选该复选框时，可以选择与所选像素颜色接近的所有区域，当然也包含没有连接的区域。其效果对比如图7-27所示。

（a）未勾选"连续"　　（b）勾选"连续"

图 7-27

- 对所有图层取样：如果文档中包含多个图层，当勾选该复选框时，可以选择所有可见图层上颜色相近的区域；当取消勾选该复选框时，仅选择当前图层上颜色相近的区域。

课后练习：使用魔棒工具去除背景制作数码产品广告

扫一扫，看视频

文件路径	资源包\第7章\使用魔棒工具去除背景制作数码产品广告
难易指数	★★★★★
技术掌握	魔棒工具

案例效果

案例处理前后的效果对比如图7-28和图7-29所示。

图 7-28　　　　　　图 7-29

〔重点〕7.1.4　磁性套索：自动查找差异边缘绘制选区

"磁性套索工具"能够自动识别颜色差别，并自动描边具有颜色差异的边界，以得到某个对象的选区。"磁性套索工具"常用于快速选择与背景对比强烈且边缘复杂的对象。

扫一扫，看视频

（1）"磁性套索工具"位于套索工具组中。打开该工具组，从中选择"磁性套索工具" ，然后将光标定位到需要制作选区的对象的边缘处，单击确定起点，沿对象边界拖动鼠标，对象边缘处会自动创建出选区的边线，如图7-30所示。继续沿着对象边缘拖动鼠标，如果有错误的锚点，可以按下

Delete键删除最后绘制的锚点，还可通过单击的方式添加锚点，继续沿着对象边缘拖动鼠标，当鼠标移动到起始锚点位置时，光标会变为 状，如图7-31所示。

图 7-30　　　　　　图 7-31

（2）单击鼠标左键即可得到选区，如图7-32所示。得到选区后即可进行抠图、合成等操作，效果如图7-33所示。

图 7-32　　　　　　图 7-33

- 宽度："宽度"值决定了以光标中心为基准，光标周围有多少个像素能够被"磁性套索工具"检测到。如果对象的边缘比较清晰，可以设置较大的值；如果对象的边缘比较模糊，可以设置较小的值。
- 对比度：主要用来设置"磁性套索工具"感应图像边缘的灵敏度。如果对象的边缘比较清晰，可以将该值设置得高一些；如果对象的边缘比较模糊，可以将该值设置得低一些。
- 频率：在使用"磁性套索工具"勾画选区时，Photoshop会生成很多锚点。"频率"选项就是用来设置锚点的数量的。数值越高，生成的锚点越多，捕捉到的边缘越准确，但是可能会造成选区不够平滑，如图7-34所示为设置不同参数值时的对比效果。

（a）频率：20　　　（b）频率：100

图 7-34

中文版Photoshop 2020从入门到精通（微课视频 全彩版）

- 钢笔压力 ✑：如果计算机配有数位板和压感笔，可以单击该按钮，Photoshop会根据压感笔的压力自动调节"磁性套索工具"的检测范围。

重点 7.1.5 魔术橡皮擦工具：擦除颜色相似区域

"魔术橡皮擦工具"可以快速擦除画面中相同的颜色，使用方法与"魔棒工具"非常相似。"魔术橡皮擦工具"位于橡皮擦工具组中，右击工具组，在弹出的工具列表中选择"魔术橡皮擦工具" 。首先需要在选项栏中设置"容差"数值以及是否"连续"。设置完成后，在画面中单击，如图7-35所示，即可擦除与单击点颜色相似的区域，如图7-36所示。如果没有擦除干净，可以重新设置参数进行擦除，或者使用"橡皮擦工具"擦除远离主体物的部分。将背景擦除后就可以添加新背景，效果如图7-37所示。

图 7-35

图 7-36

图 7-37

- 容差：此处的"容差"与"魔棒工具"选项栏中的"容差"功能相同，都是用来限制所选像素之间的相似性或差异性。在此主要用来设置擦除的颜色范围。"容差"值越小，擦除的范围相对越小；"容差"值越大，擦除的范围相对越大。图7-38所示为设置不同参数值时的对比效果。

（a）容差：10　　　　（b）容差：30

图 7-38

- 消除锯齿：可以使擦除区域的边缘变得平滑。图7-39所示为勾选和取消勾选"消除锯齿"复选框的对比效果。

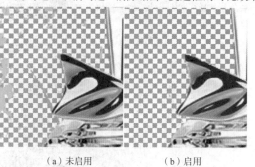

（a）未启用　　　　　（b）启用

图 7-39

- 连续：勾选该复选框时，只擦除与单击点像素相连接的区域。取消勾选该复选框时，可以擦除图像中所有与单击点像素相近似的像素区域，其对比效果如图7-40所示。

（a）未启用"连续"　　（b）启用"连续"

图 7-40

- 不透明度：用来设置擦除的强度。数值越大，擦除的像素越多；数值越小，擦除的像素越少，被擦除的部分变为半透明。数值为100%时，将完全擦除像素。图7-41所示为设置不同参数值时的对比效果。

（a）不透明度：100%　（b）不透明度：50%　（c）不透明度：10%

图 7-41

第7章　抠图与蒙版

203

7.1.6 背景橡皮擦工具：智能擦除背景像素

"背景橡皮擦工具"是一种基于色彩差异的智能化擦除工具，它可以自动采集画笔中心的色样，同时删除在画笔内出现的这种颜色，使擦除区域成为透明区域。

"背景橡皮擦工具"位于橡皮擦工具组中。打开该工具组，从中选择"背景橡皮擦工具"。将光标移动到画面中，光标呈现出中心带有+的圆形效果，其中圆形表示当前工具的作用范围，而圆形中心的+则表示在擦除过程中自动采集颜色的位置，如图7-42所示。在涂抹过程中会自动擦除圆形画笔范围内出现的相近颜色的区域，如图7-43所示。

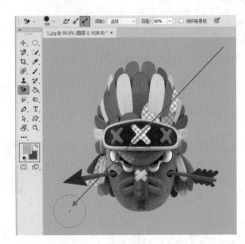

图 7-46

擦除的位置
拾取颜色

图 7-42　　　　　　　图 7-43

- ：用来设置取样的方式，不同的取样方式会直接影响到画面的擦除效果。激活"取样：连续"按钮，在拖动鼠标时可以连续对颜色进行取样，凡是出现在光标中心十字线以内的图像都将被擦除，如图7-44所示。激活"取样：一次"按钮，只擦除包含第一次单击处颜色的图像，如图7-45所示。激活"取样：背景色板"按钮，只擦除包含背景色的图像，如图7-46所示。

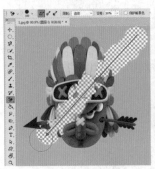

图 7-44　　　　　　　图 7-45

提示：如何为"魔术橡皮擦"选择合适的"取样方式"？

连续取样：这种取样方式会随画笔的圆形中心的+位置的改变而更换取样颜色，所以适合在背景颜色差异较大时使用。

一次取样：这种取样方式适合背景为单色或颜色变化不大的情况。因为这种取样方式只会识别画笔圆形中心的+第一次在画面中单击的位置，所以在擦除过程中不必特别留意+的位置。

背景色板取样：由于这种取样方式可以随时更改背景色板的颜色，从而方便地擦除不同的颜色，所以非常适合当背景颜色变化较大，而又不想使用擦除程度较大的"连续取样"方式的情况。

- 限制：设置擦除图像时的限制模式。选择"不连续"选项时，可以擦除出现在光标下任何位置的样本颜色；选择"连续"选项时，只擦除包含样本颜色并且相互连接的区域；选择"查找边缘"选项时，可以擦除包含样本颜色的连接区域，同时更好地保留形状边缘的锐化程度，如图7-47所示。

（a）不连续　　　（b）连续　　　（c）查找边缘

图 7-47

- 容差：用来设置颜色的容差范围。低容差仅限于擦除与样本颜色非常相似的区域，高容差可擦除范围更广的颜色，如图7-48所示。

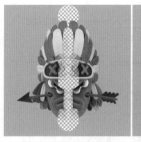

（a）容差：20% （b）容差：80%

图 7-48

● 保护前景色：勾选该复选框后，可以防止擦除与前景色匹配的区域。

练习实例：使用背景橡皮擦工具抠图合成人像海报

文件路径	资源包\第7章\使用背景橡皮擦工具抠图合成人像海报
难易指数	★★★★★
技术掌握	背景橡皮擦工具

扫一扫，看视频

案例效果

案例处理前后的效果对比如图7-49和图7-50所示。

图 7-49 图 7-50

操作步骤

步骤 01 执行"文件→打开"命令，或按Ctrl+O快捷键，在弹出的"打开"窗口中选择素材1.jpg，单击"打开"按钮，如图7-51所示。执行"文件→置入嵌入对象"命令，置入素材2.jpg，并将其调整到合适的大小、位置，按Enter键完成置入操作，然后将该图层栅格化，如图7-52所示。

步骤 02 选择人物图层，单击工具箱中的"背景橡皮擦工具"按钮，在其选项栏中单击"画笔预设"下拉按钮，在弹出的"画笔预设选取器"中设置"大小"为100像素，"硬度"为0%，单击"取样：连续"按钮，设置"限制"为"连续"，"容差"为20%，如图7-53所示。接着在人物白色背景处按住鼠标左键涂抹进行擦除，此时光标中心十字线处颜色接近的图像都被擦除，如图7-54所示。

图 7-51 图 7-52

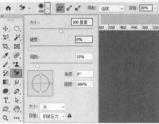 

图 7-53 图 7-54

步骤 03 继续对画面进行涂抹，可以看到人物左侧背景被去除，如图7-55所示。接下来处理头发边缘，可以将笔尖适当调小一些，按住鼠标左键拖动光标在头发边缘处涂抹，如图7-56所示。

步骤 04 人物头发边缘被抹除后，可以看到头发内部还有一些白色背景。在"背景橡皮擦工具"选项栏中设置"大小"为30像素，在白色背景区域涂抹，如图7-57所示。继续使用"背景橡皮擦工具"将画面右侧擦除干净，如图7-58所示。

图 7-55 图 7-56

图 7-57 图 7-58

步骤 05 此时在画面中可以看到，人物胳膊附近存在白色背景像素。在"背景橡皮擦工具"选项栏中设置"大小"为50像素，在人物胳膊处进行抹除，如图7-59所示。使用同样的方法，擦除其他部分的背景，效果如图7-60所示。

图 7-59　　　　　　　图 7-60

步骤 06 置入素材3.png，调整到合适的大小和位置，按Enter键完成置入，最终效果如图7-61所示。

图 7-61

7.1.7　色彩范围：获取特定颜色选区

"色彩范围"命令可根据图像中某一种或多种颜色的范围创建选区。执行"选择→色彩范围"命令，在弹出的"色彩范围"窗口中可以进行颜色的选择、颜色容差的设置，还可使用"添加到取样"吸管、"从选区中减去"吸管对选中的区域进行调整。

扫一扫，看视频

（1）打开一张图片，如图7-62所示。执行"选择→色彩范围"命令，弹出"色彩范围"窗口。在这里首先需要设置"选择"（取样方式）。打开该下拉列表框，可以看到其中有多种颜色取样方式可供选择，如图7-63所示。

图 7-62

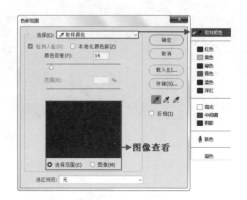

图 7-63

- **图像查看区域**：其中包含"选择范围"和"图像"两个单选按钮。当选中"选择范围"单选按钮时，预览区中的白色代表被选择的区域，黑色代表未选择的区域，灰色代表被部分选择的区域（即有羽化效果的区域）；当选中"图像"单选按钮时，预览区内会显示彩色图像。

（2）如果选择"红色""黄色""绿色"等选项，在图像查看区域中可以看到，画面中包含这种颜色的区域会以白色（选区内部）显示，不包含这种颜色的区域以黑色（选区以外）显示。如果图像中仅部分包含这种颜色，则以灰色显示。例如，图像中粉色的背景部分包含红色，皮肤和服装上也是部分包含红色，所以这部分显示为明暗不同的灰色，如图7-64所示。也可以从"高光""中间调"和"阴影"中选择一种方式，如选择"阴影"在图像查看区域可以看到被选中的区域变为白色，其他区域为黑色，如图7-65所示。

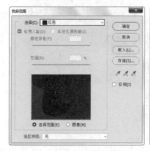 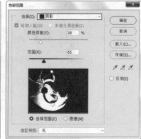

图 7-64　　　　　　图 7-65

- **选择**：用来设置创建选区的方式。选择"取样颜色"选项时，光标会变成 ✐ 形状，将其移至画布中的图像上，单击即可进行取样；选择"红色""黄色""绿色""青色"等选项时，可以选择图像中特定的颜色；选择"高光""中间调"和"阴影"选项时，可以选择图像中特定的色调；选择"肤色"时，会自动检测皮肤区域；选择"溢色"选项时，可以选择图像中出现的溢色。
- **检测人脸**：当"选择"设置为"肤色"时，勾选"检测人脸"复选框，可以更加准确地查找皮肤部分的选区。
- **本地化颜色簇**：勾选此复选框，拖动"范围"滑块可以控制要包含在蒙版中的颜色与取样点的最大和最小距离。

- 颜色容差：用来控制颜色的选择范围。数值越高，包含的颜色越多；数值越低，包含的颜色越少。
- 范围：当"选择"设置为"高光""中间调"和"阴影"时，可以通过调整"范围"数值，设置"高光""中间调"和"阴影"各个部分的大小。

（3）如果其中的颜色选项无法满足我们的需求，则可以在"选择"下拉列表框中选择"取样颜色"，光标会变成 ∕ 形状，将其移至画布中的图像上，单击即可进行取样，如图 7-66 所示。在图像查看区域中可以看到与单击处颜色接近的区域变为白色，如图 7-67 所示。

图 7-66　　　　　　图 7-67

（4）此时如果发现单击后被选中的区域范围有些小，原本非常接近的颜色区域并没有在图像查看区域中变为白色，可以适当增大"颜色容差"数值，使选择范围变大，如图 7-68 所示。

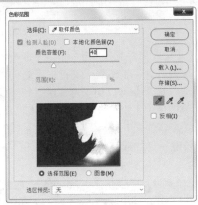

图 7-68

（5）虽然增大"颜色容差"可以增大被选中的范围，但还是会遗漏一些区域。此时可以单击"添加到取样"按钮 ∕₊，在画面中多次单击需要被选中的区域，如图 7-69 所示。也可以在图像查看区域中单击，使需要选中的区域变白，如图 7-70 所示。

- ∕ ∕₊ ∕₋：在"选择"下拉列表中"取样颜色"选项时，可以对取样颜色进行添加或减去。使用"吸管工具" ∕ 可以直接在画面中单击进行取样。如果要添加取样颜色，可以单击"添加到取样"按钮 ∕₊，然后在预览图像上单击，以取样其他颜色。如果要减去多余的取样颜色，可以单击"从取样中减去"按钮 ∕₋，然

后在预览图像上单击，以减去其他取样颜色。

图 7-69　　　　　　图 7-70

- 反相：将选区进行反转，相当于创建选区后，执行了"选择→反选"命令。

（6）为了便于观察选区效果，可以从"选区预览"下拉列表框中选择文档窗口中选区的预览方式。选择"无"选项时，表示不在窗口中显示选区；选择"灰度"选项时，可以按照选区在灰度通道中的外观来显示选区；选择"黑色杂边"选项时，可以在未选择的区域上覆盖一层黑色；选择"白色杂边"选项时，可以在未选择的区域上覆盖一层白色；选择"快速蒙版"选项时，可以显示选区在快速蒙版状态下的效果，如图 7-71 所示。

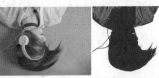

（a）无　　　　（b）灰度　　　　（c）黑色杂边

（d）白色杂边　　　（e）快速蒙版

图 7-71

（7）单击"确定"按钮，即可得到选区，如图 7-72 所示。单击"存储"按钮，可以将当前的设置状态保存为选区预设；单击"载入"按钮，可以载入存储的选区预设文件，如图 7-73 所示。

图 7-72　　　　　　图 7-73

课后练习：使用色彩范围命令制作中国风招贴

文件路径	资源包\第7章\使用色彩范围命令制作中国风招贴
难易指数	★★★★★
技术掌握	色彩范围、色相/饱和度命令

案例效果

案例效果如图7-74所示。

图 7-74

7.1.8 扩大选取和选取相似

"扩大选取"命令是基于"魔棒工具" ✎ 选项栏中指定的"容差"范围来决定选区的扩展范围。

首先绘制选区，接着选择工具箱中的"魔棒工具" ✎，在选项栏中设置"容差"数值，该数值越大所选取的范围越广。执行"选择→扩大选取"命令（没有参数设置窗口），接着Photoshop会查找并选择那些与当前选区中像素色调相近的像素，从而扩大选择区域，如图7-75所示。图7-76所示为"容差"数值设置为5像素后的选取效果。

图 7-75　　　　　　图 7-76

"选取相似"也是基于"魔棒工具"选项栏中指定的"容差"数值来决定选区的扩展范围。首先绘制一个选区，如图7-77所示。接着执行"选择→选取相似"命令后，Photoshop同样会查找并选择那些与当前选区中像素色调相近的像素，从而扩大选择区域，如图7-78所示。

图 7-77　　　　　　图 7-78

提示："选取相似"与"扩大选取"的区别。

"扩大选取"命令和"选取相似"这两个命令的最大共同之处就在于它们都是扩大选区区域。但是"扩大选取"命令只针对当前图像中连续的区域，非连续的区域不会被选择；而"选取相似"命令针对的是整张图像，意思就是说该命令可以选择整张图像中处于"容差"范围内的所有像素。图7-79所示为选区的位置；图7-80所示为使用"扩大选取"命令得到的选区；图7-81所示为使用"选取相似"得到的选区。

图 7-79　　　　　　图 7-80

图 7-81

〔重点〕7.1.9 选择并遮住：细化选区

"选择并遮住"命令是一个既可以对已有选区进行进一步编辑，又可以重新创建选区的功能。该命令可以用于对选区进行边缘检测，调整选区的平滑度、羽化、对比度以及边缘位置。

由于"选择并遮住"命令可以智能的细化选区，所以常用于长发、动物或细密的植物的抠图，如图7-82和图7-83所示。

图 7-82　　　　　　图 7-83

（1）首先使用快速选择工具创建选区，如图7-84所示。然后执行"选择→选择并遮住"命令，此时Photoshop界面发生了改变，如图7-85所示。左侧为一些用于调整选区以及视图的工具，左上方为所选工具的选项，右侧为选区编辑选项。

图 7-84

图 7-85

- 快速选择工具 ✔：通过按住鼠标左键拖动涂抹，软件会自动查找和跟随图像颜色的边缘创建选区。
- 调整半径工具 ✔：精确调整发生边缘调整的边界区域。制作头发或毛皮选区时可以使用"调整半径工具"柔化区域以增加选区内的细节。
- 画笔工具 ✔：通过涂抹的方式添加或减去选区。单击"画笔工具" ✔，在选项栏中单击"添加到选区"按钮 ⊕，单击 ✔ 按钮，在下拉面板中设置笔尖的"大小""硬度"和"距离"选项，在画面中按住鼠标左键拖动进行涂抹，涂抹的位置就会显示出像素，也就是在原来选区的基础上添加了选区，如图7-86所示。若单击"从选区减去"按钮 ⊖，在画面中涂抹，即可减去选区，如图7-87所示。

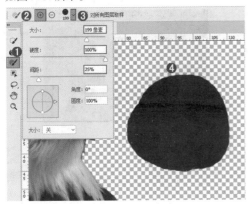

图 7-86

图 7-87

- 对象选择工具 ▣：在定义的区域内查找并自动选择一个对象。
- 套索工具组 ✔：在该工具组中有"套索工具"和"多边形套索工具"两种工具。使用该工具可以在选项栏中设置选区运算的方式，如图7-88所示。例如，选择"套索工具"，设置运算方式为"添加到选区" ◻，然后在画面中绘制选区，效果如图7-89所示。

图 7-88 　　　　图 7-89

（2）在界面右侧的"视图模式"选项组中可以进行视图显示方式的设置。单击视图列表，在下拉列表中选择一个合适的视图模式，如图7-90所示。

图 7-90

- 视图：在"视图"下拉列表中可以选择不同的显示效果。图7-91所示为各种方式的显示效果。

图 7-91

- 显示边缘：显示以半径定义的调整区域。
- 显示原稿：可以查看原始选区。
- 高品质预览：勾选该复选框，能够以更好的效果预览选区。

（3）此时图像对象边缘仍然有黑色的像素，可以设置"边缘检测"的"半径"选项进行调整。"半径"选项确定发生边缘调整的选区边界的大小。对于锐边，可以使用较小的半径；对于较柔和的边缘，可以使用较大的半径。图7-92和图7-93所示为将半径分别设置为3和29时的对比效果。

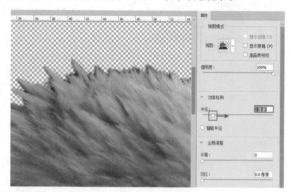

图7-92

图7-93

- 智能半径：自动调整边界区域中发现的硬边缘和柔化边缘的半径。

（4）"全局调整"选项组主要用来对选区进行平滑、羽化和扩展等处理，如图7-94所示。因为羽毛边缘柔和所以适当调整"平滑"和"羽化"选项，如图7-95所示。

图7-94　　　　　图7-95

- 平滑：减少选区边界中的不规则区域，以创建较平滑的轮廓。图7-96和图7-97所示为不同参数的对比效果。

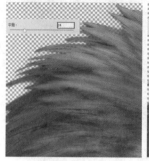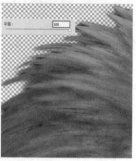

图7-96　　　　　图7-97

- 羽化：模糊选区与周围的像素之间过渡效果。
- 对比度：锐化选区边缘并消除模糊的不协调感。在通常情况下，配合"智能半径"选项调整出来的选区效果会更好。
- 移动边缘：当设置为负值时，可以向内收缩选区边界；当设置为正值时，可以向外扩展选区边界。
- 清除选区：单击该按钮可以取消当前选区。
- 反相：单击该按钮，即可得到反向的选区。

（5）此时选区调整完成，接下来需要进行"输出"，在"输出"选项组中可用来设置选区边缘的杂色以及设置选区的输出方式。设置"输出到"为"选区"，如图7-98所示。单击"确定"按钮，即可得到选区，如图7-99所示。使用快捷键Ctrl+J将选区复制到独立图层，然后为其更换背景，效果如图7-100所示。

图7-98　　　　　图7-99

图7-100

- 净化颜色：将彩色杂边替换为附近完全选中的像素颜色。颜色替换的强度与选区边缘的羽化程度是成正比的。
- 输出到：设置选区的输出方式，单击"输出到"按钮，在下拉列表中可以选择相应的输出方式，如图7-101所示。

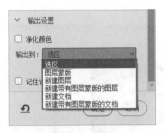

图 7-101

- 记住设置：选中该复选框，在下次使用该命令的时候会默认显示上次使用的参数。
- 复位工作区 ↺：单击该按钮可以使当前参数恢复默认效果。

练习实例：使用选择并遮住为长发模特换背景

文件路径	资源包\第7章\使用选择并遮住为长发模特换背景
难易指数	★★★★★
技术掌握	选择并遮住、快速选择

扫一扫，看视频

案例效果

案例处理前后效果如图7-102和图7-103所示。

图 7-102

图 7-103

操作步骤

步骤 01 打开背景素材1.jpg，如图7-104所示。执行"文件→置入嵌入对象"命令，将人像素材2.jpg置入到文件中，调整到合适大小、位置后按Enter键完成置入操作，并将其栅格化，如图7-105所示。

图 7-104

图 7-105

步骤 02 单击工具箱中的"快速选择工具" ，在人像区域按住鼠标左键并拖动，制作出人物部分的大致选区，单击选项栏中的"选择并遮住"按钮，如图7-106所示。

图 7-106

步骤 03 为了便于观察，首先在"选择并遮住"窗口中设置视图模式为"黑底"，如图7-107所示。此时在画面中可以看到选区以内的部分显示，选区以外的部分被半透明的黑色遮挡，如图7-108所示。

图 7-107

图 7-108

步骤 04 单击界面左侧的"调整边缘画笔工具"按钮 ，在人物左侧头发部分按住鼠标左键涂抹，可以看到头发边缘的选区逐渐变得非常精确，如图7-109所示。继续处理右侧的头发部分，效果如图7-110所示。

图 7-109

图 7-110

中文版Photoshop 2020 从入门到精通（微课视频 全彩版）

步骤 05 单击界面右下角的"确定"按钮得到选区，如图7-111所示。对当前选区使用快捷键Ctrl+Shift+I将选区反向选择，得到背景部分选区，如图7-112所示。

图7-111　　　　　　　图7-112

步骤 06 选中人像图层，按下Delete键将背景部分删除，如图7-113所示。使用快捷键Ctrl+D取消选区。最后执行"文件→置入嵌入对象"命令，置入素材3.png，最终效果如图7-114所示。

图7-113　　　　　　　图7-114

7.2 焦点区域

　　"焦点区域"命令能够自动识别画面中处于拍摄焦点范围内的图像，并制作该部分的选区。使用"焦点区域"命令可以快速获取图像中最清晰部分的选区，常用来进行"抠图"操作。

扫一扫，看视频

　　（1）打开一张图片，如图7-115所示。执行"选择→焦点区域"命令，打开"焦点区域"窗口，如图7-116所示。此时无须设置，稍等片刻画面中即可创建出选区，如图7-117所示。

图7-115　　　　　　　图7-116

图7-117

　　（2）创建的选区范围可以通过"焦点对准范围"进行调

整，数值越大范围越广，但是通过这种方法调整的选区有时并不能令人满意，会出现多选或少选的情况，如图7-118所示。通过"添加选区工具" 和"减去选区工具" 手动调整选区的大小。单击"减去选区工具" ，在选项栏中可以设置笔尖的大小，如图7-119所示。

图7-118　　　　　　　图7-119

　　（3）在画面中选区上方按住鼠标左键拖动涂抹即可从选区中减去这一部分，如图7-120所示。单击"添加选区工具" ，在需要添加选区的位置按住鼠标左键拖动，选中需要选中的位置。在操作的过程中可以随时调整笔尖的大小，如图7-121所示。

图7-120　　　　　　　图7-121

　　（4）选区调整满意以后，就需要进行"输出"了。单击"输出到"按钮，在下拉列表中可以选择一种选区保存的方式，如图7-122所示。为了方便后期的编辑处理，在这里选择"图层蒙版"，单击"确定"按钮，即可创建图层蒙版，如图7-123所示。此时图像已经抠取完成，最后可以更换背景进行合成，效果如图7-124所示。

图7-122

图7-123　　　　　　　图7-124

● 视图：用来显示被选择的区域，默认的视图模式为"闪烁虚线"，即选区。单击"视图"右侧的倒三角按钮可以看到"闪烁虚线""叠加""黑底""白底""黑白""图层"和"显示图层"视图模式，如图7-125所示。图7-126所示为"叠加"视图模式，图7-127所示为"黑底"视图模式。

图 7-125   图 7-126

图 7-127

● 焦点对准范围：用来调整所选范围。数值越大，选择范围越大。

● 图像杂色级别：在包含杂色的图像中选定过多背景时增加图像杂色级别。

● 输出到：用来设置选区的范围的保存方式，包括"选区""新建图层""新建带有图层蒙版的图层""新建文档"和"新建带有图层蒙版的文档"选项。

● 选择并遮住：单击"选择并遮住"按钮即可打开"选择并遮住"窗口。

● 添加选区工具 ：按住鼠标左键拖动可以扩大选区。

● 减去选区工具 ：按住鼠标左键拖动可以缩小选区。

7.3 使用图框工具

"图框"也被称为"画框"，可用于限定图层显示的范围。使用"图框工具"可以创建出方形和圆形的图框。除此之外，还能够将图形或文字转换为图框，并将图层限定到图形或文字的

扫一扫，看视频

范围内。

（1）选择一个图层，如图7-128所示，选择工具箱中的"图框工具"，单击选项栏中的"矩形画框"按钮 ，接着在图层所在的位置按住鼠标左键拖动绘制图框，如图7-129所示。

图 7-128

图 7-129

（2）释放鼠标后即可看到该图层中画框以外的部分隐藏了，此时单击"图层"面板中的图框缩览图，拖动控制点即可调整图框的大小，如图7-130所示。如果单击"图层"面板中的图层内容缩览图，可以调整图层内容的大小、位置，如图7-131所示。

（3）将文字图层转换为图框对象。例如，此处包含一个文字图层以及一个图像图层，如图7-132和图7-133所示。

图 7-130

图 7-131

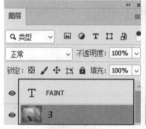

图 7-132　　　　　　　　图 7-133

（4）选中文字图层，右击，从弹出的快捷菜单中执行"转换为图框"命令，如图 7-134 所示。在弹出的"新建帧"窗口中单击"确定"按钮，如图 7-135 所示，即可将文字图层转换为图框，效果如图 7-136 所示。

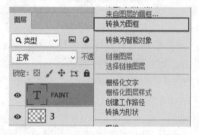

图 7-134

图 7-135

图 7-136

（5）将图像图层拖动到该文字图框上，如图 7-137 所示。随后图像显示在文字图框中，如图 7-138 所示。

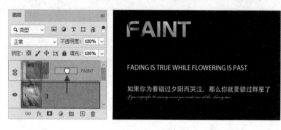

图 7-137　　　　　　　　图 7-138

（6）如果要替换图框中的内容，选中图框图层右击，从弹出的快捷菜单中执行"替换内容"命令，如图 7-139 所示。在弹出的"替换内容"窗口中单击选择一个图片，接着单击"置入"按钮，如图 7-140 所示。可以适当调整替换的图像的位置和大小，效果如图 7-141 所示。

图 7-139　　　　　　　　图 7-140

图 7-141

（7）如果想要删除图框，恢复到图层原始效果，可以在图框上右击，从弹出的快捷菜单中执行"从图层删除图框"命令，如图 7-142 所示。画面效果如图 7-143 所示。

图 7-142　　　　　　　　图 7-143

提示：如何创建其他形状的图框？

其他形状的图框可以通过绘制矢量形状图形，并选中形状图层，右击，从弹出的快捷菜单中执行"转换为图框"命令即可。

7.4 蒙版与抠图

"蒙版"这个词语对于摄影爱好者来说并不陌生。"蒙版"原本是摄影术语，是指用于控制照片不同区域曝光的传统暗房技术。Photoshop中的蒙版功能主要用于画面的修饰与"合成"。什么是"合成"呢？"合成"这个词的含义是：由部分组成整体。在Photoshop的世界中，就是将原本不在一张图像上的内容，通过一系列的手段进行组合拼接，使之出现在同一画面中，呈现出一张新的图像，如图7-144所示。看起来是不是很神奇？其实在前面的学习中，我们已经进行过一些简单的"合成"了，如利用抠图工具将人像从原来的照片中"抠"出来，并放到新的背景中，如图7-145所示。

图 7-144　　　　　　图 7-145

在这些"合成"的过程中，经常需要将图片的某些部分隐藏，以显示出特定内容。直接擦掉或删除多余的部分是一种"破坏性"的操作，被删除的像素无法复原。而借助蒙版功能则能够轻松地隐藏或恢复显示部分区域。

Photoshop中共有4种蒙版：剪贴蒙版、图层蒙版、矢量蒙版和快速蒙版。这4种蒙版的原理与操作方式各不相同，下面我们简单了解一下各种蒙版的特性。

剪贴蒙版：以下层图层的"形状"控制上层图层显示的"内容"，常用于合成中为某个图层赋予另外一个图层中的内容。

图层蒙版：通过"黑白"来控制图层内容的显示和隐藏。图层蒙版是经常使用的功能，常用于合成中图像某部分区域的隐藏。

矢量蒙版：以路径的形态控制图层内容的显示和隐藏。路径以内的部分被显示，路径以外的部分被隐藏。由于以矢量路径进行控制，所以可以实现蒙版的无损缩放。

快速蒙版：以"绘图"的方式创建各种随意的选区。与其说它是蒙版的一种，不如称之为选区工具的一种。

【重点】7.4.1　图层蒙版

"图层蒙版"是设计制图中非常常用的一项工具。该功能常用于隐藏图层的局部内容，来实现画面局部修饰或合成作品的制作。这种隐藏而非删除的编辑方式是一种非常方便的非破坏性编辑方式。

扫一扫，看视频

为某个图层添加图层蒙版后，可以通过在图层蒙版中绘制黑色或者白色，来控制图层的显示与隐藏。图层蒙版是一种非破坏性的抠图方式。在图层蒙版中显示黑色的部分，其图层中的内容会变为透明；灰色部分为半透明；白色则是完全不透明，如图7-146所示。

（a）原图　　　（b）图层蒙版　　　（c）效果

图 7-146

创建图层蒙版有两种方式：在没有任何选区的情况下可以创建出空的蒙版，画面中的内容不会被隐藏；而在包含选区的情况下创建图层蒙版，选区内部的部分为显示状态，选区以外的部分会隐藏。

1. 直接创建图层蒙版

选择一个图层，单击"图层"面板底部的"添加图层蒙版"按钮 ▣，即可为该图层添加图层蒙版，如图7-147所示。该图层的缩览图右侧会出现一个图层蒙版缩览图的图标，如图7-148所示。每个图层只能有一个图层蒙版，如果已有图层蒙版，再次单击该按钮创建出的是矢量蒙版。图层组、文字图层、3D图层、智能对象等特殊图层都可以创建图层蒙版。

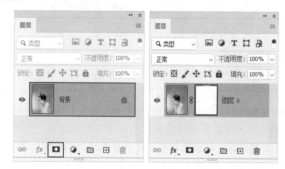

图 7-147　　　　　　图 7-148

单击图层蒙版缩览图，接着可以使用画笔工具在蒙版中进行涂抹。在蒙版中只能使用灰度进行绘制。蒙版中被绘制了黑色的部分，图像相应的部分会隐藏，如图7-149所示。蒙版中被绘制了白色的部分，图像相应的部分会显示，如图7-150所示。图层蒙版中绘制了灰色的部分，图像相应的部分会以半透明的方式显示，如图7-151所示。

图 7-149

图 7-150

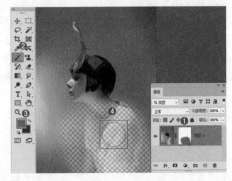

图 7-151

还可以使用"渐变工具"或"油漆桶工具"对图层蒙版进行填充。单击图层蒙版缩览图，使用"渐变工具" ■ 在蒙版中填充从黑到白的渐变，白色部分为显示，黑色部分为隐藏，灰度部分为半透明的过渡效果，如图7-152所示。使用"油漆桶工具" ◇，在选项栏中设置填充类型为"图案"，然后选中一个图案，在图层蒙版中进行填充，图案内容会转换为灰度，如图7-153所示。

图 7-152

图 7-153

2. 基于选区添加图层蒙版

如果当前画面中包含选区，选中需要添加图层蒙版的图层，单击"图层"面板底部的"添加图层蒙版"按钮 ■ ，选区以内的部分显示，选区以外的部分将被图层蒙版隐藏，如图7-154和图7-155所示。这样既能够实现抠图的目的，又能够不删除主体物以外的部分。一旦需要重新对背景部分进行编辑，还可以停用图层蒙版，回到之前的画面效果。

图 7-154

图 7-155

> **提示：图层蒙版的编辑操作。**
>
> **停用图层蒙版：** 在图层蒙版缩览图上右击，从弹出的快捷菜单中执行"停用图层蒙版"命令，即可停用图层蒙版，使蒙版效果隐藏，原图层内容全部显示出来。
>
> **启用图层蒙版：** 在停用图层蒙版以后，如果要重新启用

图层蒙版，可以在蒙版缩略图上右击，然后选择"启用图层蒙版"命令。

删除图层蒙版：如果要删除图层蒙版，可以在蒙版缩略图上右击，然后在弹出的菜单中选择"删除图层蒙版"命令。

链接图层蒙版：默认情况下，图层与图层蒙版之间带有一个链接图标，此时移动或变换原图层，蒙版也会发生变化。如果不想在变换图层或蒙版时影响对方，可以单击链接图标取消链接。如果要恢复链接，可以在取消链接的地方单击。

应用图层蒙版：可以将蒙版效果应用于原图层，并且删除图层蒙版。图像中对应蒙版中的黑色区域删除，白色区域保留下来，而灰色区域将呈半透明效果。在图层蒙版缩略图上右击，选择"应用图层蒙版"命令。

转移图层蒙版：图层蒙版是可以在图层之间转移的。在要转移的图层蒙版缩览图中按住鼠标左键并拖动到其他图层上，释放鼠标后即可将该图层的蒙版转移到其他图层上。

替换图层蒙版：如果将一个图层蒙版移动到另外一个带有图层蒙版的图层上，则可以替换该图层的图层蒙版。

复制图层蒙版：如果要将一个图层蒙版复制到另外一个图层上，可以按住Alt键的同时，将图层蒙版拖动到另外一个图层上。

载入蒙版的选区：蒙版可以转换为选区。按住Ctrl键的同时单击图层蒙版缩览图，蒙版中白色的部分为选区内，黑色的部分为选区外，灰色为羽化的选区。

举一反三：使用图层蒙版轻松融图制作户外广告

户外巨型广告多是楼盘广告、建筑围挡等，这类广告中很多是宽幅画面，而我们通常使用的素材都是比较常规的比例，在保留画面内容以及比例的情况下很难构成画面的背景。所以通常可以将素材以外的区域以与素材相似的颜色进行填充，并将图像边缘部分利用图层蒙版"隐藏"。需要注意的是，想要更好地使图像素材融于背景色中，素材边缘的隐藏应该是非常柔和的过渡，可以使用从黑到白的渐变，也可以使用黑色柔角画笔在蒙版中涂抹。

扫一扫，看视频

（1）例如，我们需要使用一个深蓝色的海洋素材制作一个宽幅的广告，而素材的长宽比并不满足要求，如图7-156所示。所以我们可以在素材中选取两种深浅不同的蓝色，为背景填充带有一些过渡感的渐变色彩，如图7-157所示。

图 7-156

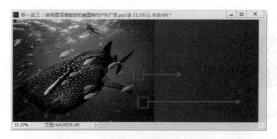
图 7-157

（2）由于当前的素材直接摆放在画面左侧，而照片的边缘线非常明显。所以需要为该素材图层添加图层蒙版，并使用从黑到白的柔和渐变填充蒙版，如图7-158所示。

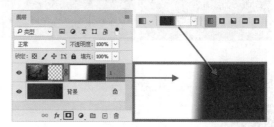
图 7-158

（3）此时素材边缘被柔和地隐藏了一些，与渐变色背景融为一体，如图7-159所示。接着可以在广告上添加一些文字信息，如图7-160所示。

图 7-159

图 7-160

（4）将这些图层合并并自由变换，摆放在广告牌素材上，如图7-161和图7-162所示。

图 7-161

图 7-162

课后练习：使用图层蒙版制作阴天变晴天

文件路径	资源包\第7章\使用图层蒙版制作阴天变晴天
难易指数	⭐⭐⭐⭐⭐
技术掌握	图层蒙版

案例效果

案例处理前后的对比效果如图7-163和图7-164所示。

图 7-163 　　　　　　图 7-164

练习实例：使用蒙版制作古典婚纱版式

文件路径	资源包\第7章\使用蒙版制作古典婚纱版式
难易指数	⭐⭐⭐⭐⭐
技术掌握	图层蒙版

案例效果

案例最终效果如图7-165所示。

图 7-165

操作步骤

步骤 01 新建一个横版的文件，设置前景色为深青色，使用快捷键Alt+Delete将背景填充为青色，如图7-166所示。新建图层并命名为"矩形"。使用"矩形选框工具"绘制矩形选区，并填充淡青色，如图7-167所示。

图 7-166 　　　　　　图 7-167

步骤 02 为淡青色"矩形"图层添加图层样式。选择该图层，执行"图层→图层样式→描边"命令，打开"图层样式"窗口。在"描边"选项组中设置"大小"为21像素，"位置"为"外部"，"混合模式"为"正常"，"填充类型"为"颜色"，"颜色"为黑色，参数设置如图7-168所示。画面效果如图7-169所示。

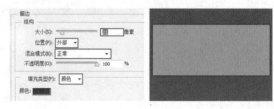

图 7-168 　　　　　　图 7-169

步骤 03 执行"文件→置入嵌入对象"命令，置入木纹理素材1.jpg，执行"图层→栅格化→智能对象"命令。设置"木纹理"图层的"混合模式"为"柔光"，"不透明度"为80%，参数设置如图7-170所示。画面效果如图7-171所示。

图 7-170 　　　　　　图 7-171

步骤 04 执行"文件→置入嵌入对象"命令，置入人物素材2.jpg。执行"图层→栅格化→智能对象"命令。按住Ctrl键单击"矩形"图层缩览图，得到矩形选区，如图7-172所示。选择人物图层，单击"添加图层蒙版"按钮 🔲，基于选区为人物图层添加图层蒙版，画面效果如图7-173所示。

图 7-172

图 7-173

步骤 05 将前景色设置为黑色，单击工具箱中的"画笔工具"按钮 ✔。在画布中右击，在弹出的"画笔选取器"中设置合适的"大小"，"硬度"为0%，参数设置如图7-174所示。单击"人物"图层蒙版缩览图，进入图层蒙版编辑状态。使用黑色画笔在人物左上角和右侧涂抹，利用柔角画笔制作出柔和的过渡效果，如图7-175所示。

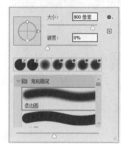 

图 7-174　　　　　　　　图 7-175

步骤 06 执行"文件→置入嵌入对象"命令，置入人物素材3.jpg。执行"图层→栅格化→智能对象"命令，将该图层命名为2。将其摆放在画面合适位置，如图7-176所示。单击工具箱中的"圆角矩形工具"按钮 □，在选项栏中设置绘制模式为"路径"，"半径"为30像素。在相应位置绘制圆角矩形，如图7-177所示。

图 7-176　　　　　　　　图 7-177

步骤 07 圆角矩形绘制完成后使用快捷键Ctrl+Enter得到选区。使用快捷键Shift+F6打开"羽化选区"窗口，设置"羽化半径"为20像素，如图7-178所示。单击"确定"按钮，选区效果如图7-179所示。

图 7-178　　　　　　　　图 7-179

步骤 08 选择右侧人物照片图层，单击"添加图层蒙版"按钮 ◻，基于选区为该图层添加图层蒙版，如图7-180和图7-181所示。

图 7-180　　　　　　　　图 7-181

步骤 09 执行"文件→置入嵌入对象"命令，置入装饰素材4.png，执行"图层→栅格化→智能对象"命令，完成本案例的制作，效果如图7-182所示。

图 7-182

重点 7.4.2　剪贴蒙版

"剪贴蒙版"需要至少两个图层才能够使用，其原理是通过使用处于下方图层（基底图层）的形状，限制上方图层（内容图层）的显示内容。也就是说，"基底图层"的形状决定了形状，而"内容图层"则控制显示的图案。图7-183所示为一个剪贴蒙版组。

扫一扫，看视频

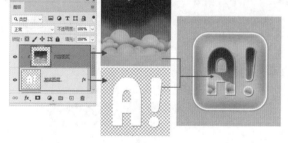

图 7-183

（1）想要创建剪贴蒙版，必须有两个或两个以上的图层，一个作为基底图层，其他的图层可作为内容图层。例如，打开一个包含多个图层的文档，如图7-184所示，接着在上方用作"内容图层"的图层上右击，从弹出的快捷菜单中执行"创建剪贴蒙版"命令，如图7-185所示。

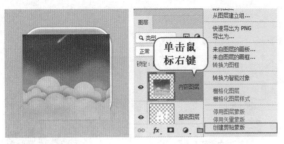

图 7-184　　　　　　图 7-185

（2）内容图层前方出现了 ⬇ 符号，表明此时已经为下方的图层创建了剪贴蒙版，如图 7-186 所示。此时内容图层只显示了下方基底图层形状范围内的部分，如图 7-187 所示。

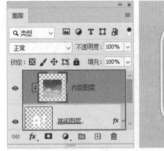

图 7-186　　　　　　图 7-187

（3）如果有多个内容图层，可以将这些内容图层全部放在基底图层的上方，然后在"图层"面板中选中，右击，从弹出的快捷菜单中执行"创建剪贴蒙版"命令，如图 7-188 所示。画面效果如图 7-189 所示。

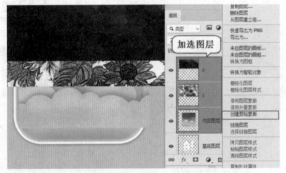

图 7-188

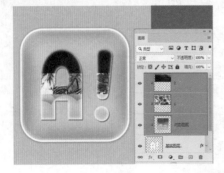

图 7-189

（4）如果想要使剪贴蒙版组上出现图层样式，那么需要为"基底图层"添加图层样式，如图 7-190 和图 7-191 所示。否则附着于内容图层的图层样式可能无法显示。

图 7-190　　　　　　图 7-191

（5）当对"内容图层"的"不透明度"和"混合模式"进行调整时，只有与"基底图层"混合效果发生变化，不会影响到剪贴蒙版中的其他图层，如图 7-192 所示。当对"基底图层"的"不透明度"和"混合模式"调整时，整个剪贴蒙版中的所有图层都会以设置不透明度数值以及混合模式进行混合，如图 7-193 所示。

图 7-192

图 7-193

（6）在剪贴蒙版组中，如果对基底图层的位置或大小进行调整，则会影响剪贴蒙版组的形态，如图 7-194 所示。基底图层只能有一个，而内容图层则可以有多个，如图 7-195

所示。而对内容图层进行增减或编辑，则只会影响显示内容。如果内容图层小于基底图层，那么露出来的部分则显示为基底图层，如图7-196所示。

图 7-194   图 7-195   图 7-198   图 7-199

图 7-196

举一反三：使用调整图层与剪贴蒙版进行调色

调整图层时，可以借助剪贴蒙版功能，使调色效果只对一个图层起作用。例如，某文档包括两个图层，如图7-200所示。在这里我们需要对图层1进行调色，创建一个"色相/饱和度"调整图层，参数如图7-201所示，此时画面整体颜色都产生了变化，如图7-202所示。

> **提示：调整剪贴组中的图层顺序。**
>
> （1）剪贴蒙版组中的内容图层顺序可以随意调整，基底图层如果调整了位置，原本剪贴蒙版组的效果会发生错误。
> （2）如果内容图层一旦移动到基底图层的下方，就相当于释放剪贴蒙版。
> （3）在已有剪贴蒙版的情况下，将一个图层拖动到基底图层上方，即可将其加入剪贴蒙版组中。

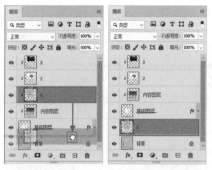

图 7-200   图 7-201

图 7-202

（7）如果想要去除剪贴蒙版，可以剪贴蒙版组中最底部的内容图层上右击，然后在弹出的菜单中选择"释放剪贴蒙版"命令，如图7-197所示。如果在包含多个内容图层时，想要释放某一个内容图层，可以在"图层"面板中拖动该内容图层到基底图层的下方，就相当于释放剪贴蒙版，如图7-198和图7-199所示。

由于调整图层只针对图层1进行调整，所以需要将该调整图层放在目标图层的上方，右击，从弹出的快捷菜单中执行"创建剪贴蒙版"命令，如图7-203所示，此时背景图层不受影响，如图7-204所示。

图 7-197

图 7-203   图 7-204

练习实例：使用剪贴蒙版制作多彩拼贴标志

文件路径	资源包\第7章\使用剪贴蒙版制作多彩拼贴标志
难易指数	★★★★★
技术掌握	创建剪切蒙版

扫一扫，看视频

案例效果

案例最终效果如图7-205所示。

图 7-205

操作步骤

步骤 01 新建一个空白文档，使用快捷键Ctrl+R打开标尺，然后建立一些辅助线，如图7-206所示。单击工具箱中的"矩形工具"按钮□，在选项栏上设置"绘制模式"为"形状"，设置"填充颜色"为浅粉色，在画面上绘制一个矩形，接着在选项栏上设置运算模式为"合并形状"，如图7-207所示。

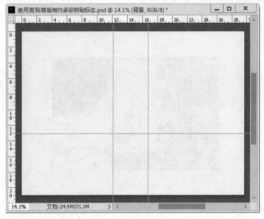

图 7-206

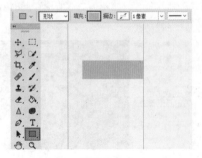

图 7-207

步骤 02 继续在画面上绘制其他的矩形，如图7-208所示。绘制的这些图形位于同一图层中，如图7-209所示。

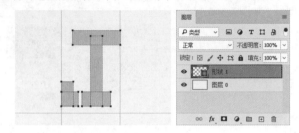

图 7-208　　　　　　图 7-209

步骤 03 新建一个图层，设置前景色为粉红色。单击工具箱中的"矩形选框工具"□，绘制一个矩形选区。按快捷键Alt+ Delete填充前景色，按快捷键Ctrl+D取消选区选择，如图7-210所示。用同样的方式绘制其他颜色的矩形，如图7-211所示。

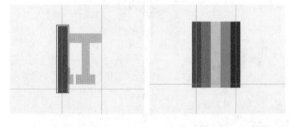

图 7-210　　　　　　图 7-211

步骤 04 按住Ctrl键单击加选彩色矩形图层，使用自由变换快捷键Ctrl+T调出定界框，然后适当旋转，如图7-212所示。按Enter键确定变换操作，接着在加选图层的状态下，执行"图层→创建剪贴蒙版"命令，超出底部图形的区域被隐藏，此时效果如图7-213所示。

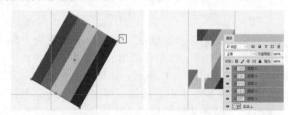

图 7-212　　　　　　图 7-213

步骤 05 单击工具箱中的"横排文字工具"T，在选项栏中设置合适的字体、字号，设置文本颜色为深灰色，在画面上单击输入文字，如图7-214所示。以同样的方式输入其他文字，如图7-215所示。

步骤 06 执行"文件→置入嵌入对象"命令，置入素材1.jpg，将该图层作为背景图层放置在构成标志图层的下方，最终效果如图7-216所示。

图 7-214　　　　　　　图 7-215

图 7-216

课后练习：使用剪贴蒙版制作用户信息页面

文件路径	资源包\第7章\使用剪贴蒙版制作用户信息页面
难易指数	★★★★★
技术掌握	剪贴蒙版、矩形工具

扫一扫，看视频

案例效果

案例最终效果如图7-217所示。

图 7-217

7.5　钢笔精确抠图

　　虽然前面讲到的几种基于颜色差异的抠图工具可以进行非常便捷的抠图操作，但还是有一些情况无法处理，如主体物与背景非常相似的图像、对象边缘模糊不清的图像、基于颜色抠图后对象边缘参差不齐的情况等，这些都无法利用前面学到的工具很好地完成抠图操作。这时就需要使用"钢笔工具"进行精确路径的绘制，然后将路径转换为选区，删除背景或单独把主体物复制出来，就完成抠图了，

如图7-218所示。

（a）原图　　（b）钢笔绘制路径　　（c）转换为选区

（d）提取主体物　　（e）合成

图 7-218

7.5.1　认识"钢笔工具"

　　"钢笔工具"是一种矢量工具，主要用于矢量绘图以及抠图。矢量绘图有3种不同的模式，其中"路径"模式允许我们使用"钢笔工具"绘制出矢量的路径。使用钢笔工具绘制的路径可控性极强，而且可以在绘制完毕后进行重复修改，所以非常适合绘制精细而复杂的路径。而且"路径"可以转换为"选区"，有了选区就可以轻松完成抠图操作。因此，使用"钢笔工具"进行抠图是一种比较精确的抠图方法。

扫一扫，看视频

　　在使用"钢笔工具"抠图之前，先来认识几个概念。使用"钢笔工具"以"路径"模式绘制出的对象是路径。路径是由一些锚点连接而成的线段或曲线。当调整锚点位置或弧度时，路径形态也会随之发生变化，如图7-219和图7-220所示。

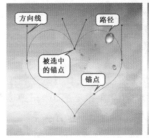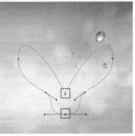

图 7-219　　　　　　　图 7-220

锚点可以决定路径的走向以及弧度。锚点有两种：尖角

锚点和平滑锚点。如图7-221所示，平滑的锚点上会显示一条或两条"方向线"（有时也被称为"控制棒"或"控制柄"），"方向线"两端为"方向点"，"方向线"和"方向点"的位置共同决定了这个锚点的弧度，如图7-222和图7-223所示。

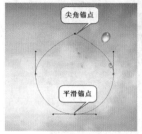
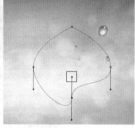

图 7-221　　　　　图 7-222

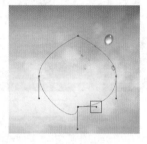

图 7-223

在使用"钢笔工具"进行精确抠图的过程中，我们要用到钢笔工具组和选择工具组，其中包括"钢笔工具""自由钢笔工具""弯度钢笔工具""添加锚点工具""删除锚点工具""转换点工具""路径选择工具""直接选择工具"，如图7-224和图7-225所示。"钢笔工具"和"自由钢笔工具"用于绘制路径，而其他工具都是用于调整路径的形态。通常我们会使用"钢笔工具"尽可能准确地绘制出路径，然后使用其他工具进行细节形态的调整。

图 7-224　　　　　　图 7-225

重点 7.5.2 "钢笔工具"绘制路径

1.绘制直线/折线路径

单击工具箱中的"钢笔工具"按钮 ，在其选项栏中设置"绘制模式"为"路径"。在画面中单击，画面中出现一个锚点，这是路径的起点，如图7-226所示。接着在下一个位置单击，在两个锚点之间可以生成一段直线路径，如图7-227所示。继续以单击的方式进行绘制，可以绘制出折线路径，如图7-228所示。

图 7-226

图 7-227　　　　　图 7-228

提示：终止路径的绘制。

如果要终止路径的绘制，可以在使用"钢笔工具"的状态下按Esc键；单击工具箱中的其他任意一个工具，也可以终止路径的绘制。

2.绘制曲线路径

曲线路径由平滑的锚点组成。使用"钢笔工具"直接在画面中单击，创建出的是尖角的锚点。想要绘制平滑的锚点，需要按住鼠标左键拖动，此时可以看到按下鼠标左键的位置生成了一个锚点，而拖动的位置显示了方向线，如图7-229所示。此时可以按住鼠标左键，同时向上、下、左、右拖动方向线，调整方向线的角度，曲线的弧度也随之发生变化，如图7-230所示。

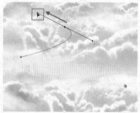

图 7-229　　　　　图 7-230

3.绘制闭合路径

路径绘制完成后，将"钢笔工具"光标定位到路径的起点处，当它变为 。形状时，如图7-231所示，单击即可闭合路径，如图7-232所示。

中文版Photoshop 2020从入门到精通（微课视频 全彩版）

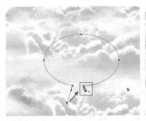

图 7-231　　　　　图 7-232

提示：如何删除路径？

　　路径绘制完成后，如果需要删除路径，可以在使用"钢笔工具"的状态下右击，在弹出的快捷菜单中选择"删除路径"命令。

4. 继续绘制未完成的路径

　　对于未闭合的路径，如要继续绘制，可以将"钢笔工具"光标移动到路径的一个端点处，当它变为 ◇ 形状时，单击该端点，如图 7-233 所示。接着将光标移动到其他位置进行绘制，可以看到在当前路径上向外产生了延伸的路径，如图 7-234 所示。

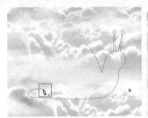

图 7-233　　　　　图 7-234

提示：继续绘制路径时的注意事项。

　　如果光标变为 ◇ 形状，那么此时绘制的是一条新的路径，而不是在之前路径的基础上继续绘制。

7.5.3　编辑路径形态

1. 选择路径、 移动路径

　　单击工具箱中的"路径选择工具"按钮 ▶，在需要选中的路径上单击，路径上出现锚点，表明该路径处于选中状态，如图 7-235 所示。按住鼠标左键拖动，即可移动该路径，如图 7-236 所示。

图 7-235　　　　　图 7-236

2. 选择锚点、 移动锚点

　　右击选择工具组按钮，在弹出的选择工具组中选择"直接选择工具" ▷。使用"直接选择工具"可以选择路径上的锚点或方向线，选中之后可以移动锚点、调整方向线。将光标移动到锚点位置，单击可以选中其中某一个锚点，如图 7-237 所示。框选可以选中多个锚点，如图 7-238 所示。按住鼠标左键拖动，可以移动锚点位置，如图 7-239 所示。在使用"钢笔工具"状态下，按住 Ctrl 键可以切换为"直接选择工具"，松开 Ctrl 键会变回"钢笔工具"。

图 7-237

图 7-238　　　　　图 7-239

提示：快速切换"直接选择工具"。

　　在使用"钢笔工具"状态下，按住 Ctrl 键可以快速切换为"直接选择工具"。

3. 添加锚点

　　如果路径上的锚点较少，细节就无法精细地刻画。此时可以使用"添加锚点工具"在路径上添加锚点。

　　右击钢笔工具组按钮，在弹出的钢笔工具组中选择"添加锚点工具"按钮 ⌀。将光标移动到路径上，当它变成 ◇ 形状时单击，即可添加一个锚点，如图 7-240 所示。添加了锚点后，就可以使用"直接选择工具"调整锚点位置了，如图 7-241 和图 7-242 所示。

4. 删除锚点

　　要删除多余的锚点，可以使用钢笔工具组中的"删除锚点工具" ⌀ 来完成。右击钢笔工具组，在弹出的钢笔工具组中选择"删除锚点工具" ⌀，将光标放在锚点上单击，即可删除锚点，如图 7-243 和图 7-244 所示。

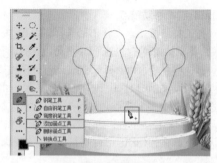

图 7-240

图 7-241

图 7-242

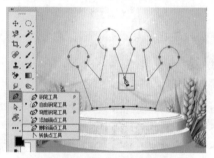

图 7-243

图 7-244

换点工具"，在平滑锚点上单击，可以使平滑的锚点转换为尖角的锚点，如图7-245所示。在尖角的锚点上按住鼠标左键拖动，即可调整锚点的形状，使其变得平滑，如图7-246所示。在使用"钢笔工具"状态下，按住Alt键可以切换为"转换点工具"，松开Alt键会变回"钢笔工具"。

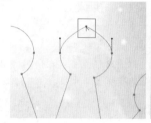

图 7-245

图 7-246

重点 7.5.4 将路径转换为选区

路径已经绘制完了，想要抠图，最重要的一个步骤就是将路径转换为选区。在使用"钢笔工具"状态下，在路径上右击，在弹出的快捷菜单中选择"建立选区"命令，如图7-247所示。在弹出的"建立选区"窗口中可以进行"羽化半径"的设置，如图7-248所示。

图 7-247

图 7-248

"羽化半径"为0时，选区边缘清晰、明确；羽化半径越大，选区边缘越模糊，如图7-249所示。按快捷键Ctrl+Enter，可以迅速将路径转换为选区。

（a）羽化半径：0像素　（b）羽化半径：7像素　（c）羽化半径：50像素

图 7-249

7.5.5 钢笔工具精确抠图

钢笔抠图需要使用的工具已经学习过了，下面梳理一下钢笔抠图的基本思路：首先使用"钢笔工具"绘制大致轮廓（注意，绘制模式必须设置为"路径"），如图7-250所示；接着使用"直

扫一扫，看视频

提示：快速添加或删除锚点。

在选项栏中勾选"自动添加/删除"复选框后，使用"钢笔工具"，将光标放在路径上，光标也会变成 形状，单击即可添加一个锚点。将光标移动到锚点上，当它变为 形状时，单击也可以删除锚点。

5. 转换锚点类型

"转换点工具"可以将锚点在尖角锚点与平滑锚点之间进行转换。右击钢笔工具组，在弹出的钢笔工具组中单击"转

中文版Photoshop 2020从入门到精通（微课视频 全彩版）

接选择工具""转换点工具"等工具对路径形态进行进一步调整，如图7-251所示；路径准确后转换为选区（在无须设置羽化半径的情况下，可以按快捷键Ctrl+Enter），如图7-252所示；得到选区后选择反相删除背景或将主体物复制为独立图层，如图7-253所示；抠图完成后可以更换新背景，添加装饰元素，完成作品的制作，如图7-254所示。

图 7-250   图 7-251   图 7-252

图 7-253   图 7-254

1. 使用"钢笔工具"绘制人物大致轮廓

（1）为了避免原图层被破坏，可以复制人像图层，并隐藏原图层。单击工具箱中的"钢笔工具"按钮，在其选项栏中设置"绘制模式"为"路径"，将光标移至人物边缘，单击生成锚点，如图7-255所示。将光标移至下一个转折点处，单击生成锚点，如图7-256所示。

图 7-255   图 7-256

（2）继续沿着人物边缘绘制路径，如图7-257所示。当绘制至起点处光标变为 形状时，单击闭合路径，如图7-258所示。

图 7-257   图 7-258

2. 调整锚点位置

（1）在使用"钢笔工具"状态下，按住Ctrl键切换到"直接选择工具"。在锚点上按住鼠标左键，将锚点拖动至人物边缘，如图7-259所示。继续将临近的锚点移至人物边缘，如图7-260所示。

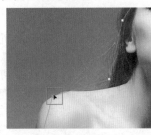 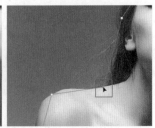

图 7-259   图 7-260

（2）继续调整锚点位置。若遇到锚点数量不够的情况，可以添加锚点，再继续移动锚点位置，如图7-261所示。在工具箱中选择"钢笔工具"，将光标移至路径处，当它变为 形状时，单击即可添加锚点，如图7-262所示。

图 7-261   图 7-262

（3）若在调整过程中锚点过于密集，如图7-263所示，可以将"钢笔工具"光标移至需要删除的锚点的位置，当它变为 形状时，单击即可将锚点删除，如图7-264所示。

 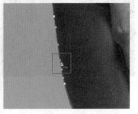

图 7-263   图 7-264

3. 将尖角的锚点转换为平滑锚点

调整了锚点位置后，虽然锚点的位置贴合到人物边缘，但是本应是带有弧度的线条却呈现出尖角的效果，如图7-265所示。在工具箱中选择"转换点工具"，在尖角的锚点上按住鼠标左键拖动，使之产生弧度，如图7-266所示。接着在方向线上按住鼠标左键拖动，即可调整方向线角度，使之与人物形态相吻合，如图7-267所示。

图7-265　　　　　　图7-266　　　　　　图7-267

4. 将路径转换为选区

路径调整完成，效果如图7-268所示。按快捷键Ctrl+Enter，将路径转换为选区，如图7-269所示。按Ctrl+Shift+I快捷键将选区反向选择，然后按Delete键，将选区中的内容删除，此时可以看到手臂处还有部分背景，如图7-270所示。同样使用钢笔工具绘制路径，转换为选区后删除，如图7-271所示。

图7-268　　图7-269　　图7-270　　图7-271

5. 后期装饰

执行"文件→置入嵌入对象"命令，为人物添加新的背景和前景，并摆放在合适的位置，完成合成作品的制作，如图7-272和图7-273所示。

图7-272　　　　　　　　图7-273

7.5.6　磁性钢笔工具

"磁性钢笔工具"能够自动捕捉颜色差异的边缘以快速绘制路径。其使用方法与"磁性套索"非常相似，但是"磁性钢笔工具"绘制出的是路径，如果效果不满意可以继续对路径进行调整，常用于抠图操作中。"磁性钢笔工具"并不是一个独立的工具，需要在使用"自由钢笔工具"状态下，在其选项栏中勾选"磁性的"复选框，才会将其切换为"磁性钢笔工具"。在画面中主体物边缘单击并沿轮廓拖动，可以看到磁性钢笔工具会自动捕捉颜色差异较大的区域来创建路径，如图7-274所示。继续拖动鼠标完成路径的绘制，此时可能会出现绘制的路径与主体物形态不符合的情况，如图7-275所示。可以继续使用钢笔工具组以及"直接选择工具"对其进行调整，如图7-276所示。

图7-274

图7-275　　　　　　　图7-276

7.6　通道抠图

"通道抠图"是一种比较专业的抠图技法，能够抠出其他抠图方式无法抠出的对象。对于带有毛发的小动物和人像、边缘复杂的植物、半透明的薄纱或云朵、光效等一些比较特殊的对象，我们都可以尝试使用通道抠图，如图7-277~图7-282所示。

图7-277　　　　　　　图7-278

中文版Photoshop 2020从入门到精通（微课视频　全彩版）

图 7-279　　　　　　　图 7-280

图 7-281　　　　　　　图 7-282

7.6.1　通道抠图原理

通道抠图的主体思路就是在各个通道中进行对比，找到一个主体物与环境黑白反差最大的通道（默认情况下，颜色通道和Alpha通道显示为灰度），复制并进行操作；然后进一步强化通道黑白反差，得到合适的黑白通道；最后单击"通道"面板底部的"将通道作为选区载入"按钮 ⊙，将通道转换为选区（通道中白色的部分为选区内部，黑色的部分为选区外部，灰色区域为羽化选区）。返回到原图中，完成抠图，如图7-283所示。

原图　　　　复制主体物与环境反差较大的通道　　　增加通道的黑白对比

载入通道选区　　　回到原图层　　　去除背景

图 7-283

提示：通道抠图注意事项。

虽然通道抠图的功能非常强大，但并不难掌握，前提是要理解通道抠图的原理。首先，我们要明白以下几件事。

（1）通道与选区可以相互转化（通道中的白色为选区内部，黑色为选区外部，灰色可得到半透明的选区）。

（2）通道是灰度图像，排除了色彩的影响，更容易进行明暗的调整。

（3）不同通道黑白内容不同，抠图之前找对通道很重要。

（4）不可直接在原通道上进行操作，必须复制通道。直接在原通道上进行操作，会改变图像颜色。

{重点}7.6.2　动手练：使用通道进行抠图

本节以一幅长发美女的照片为例进行讲解，如图7-284所示。如果想要将人像从背景中分离出来，使用"钢笔工具"抠图可以提取身体部分，而头发边缘处无法处理，因为发丝边缘非常细密。此时可以尝试使用通道抠图。

图 7-284

（1）复制"背景"图层，将其他图层隐藏，这样可以避免破坏原始图像。选择需要抠图的图层，执行"窗口→通道"命令，在弹出的"通道"面板中逐一观察并选择主体物与背景黑白对比最强烈的通道。经过观察，"蓝"通道中头发与背景之间的黑白对比较为明显，如图7-285所示。因此，选择"蓝"通道，右击，在弹出的快捷菜单中选择"复制通道"命令，创建出"蓝 拷贝"通道，如图7-286所示。

图 7-285　　　　　　　图 7-286

（2）利用调整命令来增强复制出的通道黑白对比，使选区与背景区分开来。选择"蓝 拷贝"通道，按Ctrl+M快捷键，在弹出的"曲线"窗口中单击"在图像中取样以设置黑场"按钮，然后在人物皮肤上单击。此时皮肤部分连同比皮肤暗的区域全部变为黑色，如图7-287所示。单击"在图像中取样以设置白场"按钮，单击背景部分，背景变为全白，如图7-288所示。设置完成后，单击"确定"按钮。

图 7-287

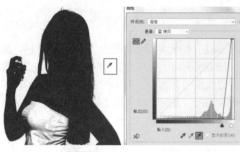

图 7-288

（3）将前景色设置为黑色，使用"画笔工具"将人物面部以及衣服部分涂抹成黑色，如图7-289所示。调整完毕后，选中该通道，单击"通道"面板下方的"将通道作为选区载入"按钮 ○ ，得到人物的选区，如图7-290所示。

图 7-289　　　　　　　图 7-290

（4）单击RGB复合通道，如图7-291所示。回到"图层"面板，选中复制的图层，按Delete键删除背景。此时人像以外的部分被隐藏，如图7-292所示。最后为人像添加一个新的背景，如图7-293所示。

图 7-291

图 7-292　　　　　　　图 7-293

课后练习：通道抠图——动物皮毛

扫一扫，看视频

文件路径	资源包\第7章\通道抠图——动物皮毛
难易指数	★★★★★
技术掌握	通道抠图

案例效果

案例效果如图7-294和图7-295所示。

图 7-294　　　　　　　图 7-295

课后练习：通道抠图——透明物体

扫一扫，看视频

文件路径	资源包\第7章\通道抠图——透明物体
难易指数	★★★★★
技术掌握	通道抠图

案例效果

案例效果如图7-296和图7-297所示。

图 7-296　　　　　　　图 7-297

课后练习：通道抠图——云雾

扫一扫，看视频

文件路径	资源包\第7章\通道抠图——云雾
难易指数	★★★★★
技术掌握	通道抠图

案例效果

案例效果如图7-298和图7-299所示。

图 7-298　　　　　　　图 7-299

7.7 综合实例：使用抠图工具制作食品广告

文件路径	资源包\第7章\综合实例：使用抠图工具制作食品广告
难易指数	★★★★★
技术掌握	快速选择工具

扫一扫，看视频

案例效果

案例效果如图7-300所示。

图7-300

操作步骤

步骤01 执行"文件→新建"命令，新建一个横向的A4大小的空白文档，如图7-301所示。执行"文件→置入嵌入对象"命令，置入素材1.jpg，并将其调整到合适的大小、位置，然后按Enter键完成置入，最后将该图层栅格化，如图7-302所示。

图7-301 图7-302

步骤02 继续置入素材2.jpg，并且将其栅格化，如图7-303所示。单击工具箱中的"快速选择工具"按钮 ✎，在其选项栏中单击"添加到选区"按钮，设置合适的笔尖大小；然后在蓝色背景上按住鼠标左键拖动，即可看到选区随着光标的移动不断扩大，如图7-304所示。

图7-303

图7-304

步骤03 继续按住鼠标左键拖动，得到蓝色背景的选区，如图7-305所示。按Delete键删除选区中的像素，然后按Ctrl+D快捷键取消选区，如图7-306所示。

图7-305 图7-306

步骤04 使用"横排文字工具" T 在画面的左上角单击并输入文字，如图7-307所示。选择工具箱中的"直线工具" ∕，在其选项栏中设置"绘制模式"为"形状"，"填充"为深黄色，"粗细"为1像素，然后在文字下方绘制一段直线，如图7-308所示。

图7-307

图7-308

步骤05 选择工具箱中的"矩形工具" □，在其选项栏中设置"绘制模式"为"形状"，"填充"为黄色，然后在文字下方绘制一个矩形，如图7-309所示。继续使用"横排文字工具"输入画面中的其他文字，效果如图7-310所示。

图 7-309

图 7-312

步骤**07** 按Delete键删除选区中的像素，然后按Ctrl+D快捷键取消选区，最终效果如图7-313所示。

图 7-310

步骤 **06** 制作边框效果。新建图层，单击工具箱中的"圆角矩形工具"按钮 ◻，将前景色设置为黄色，在其选项栏中设置"绘制模式"为"像素"，"半径"为20像素，然后在画面中按住鼠标左键拖动，绘制一个圆角矩形，如图7-311所示。接着，选择工具箱中的"矩形选框工具" ◻，在黄色圆角矩形上绘制一个矩形选区，如图7-312所示。

图 7-313

7.8 模拟考试

主题：尝试制作一幅电商产品宣传广告。

要求：

（1）画面需要包含商品及人物，可从网络下载；

（2）需要对产品及人物进行抠图，抠图方式不限；

（3）需要保证抠图后的产品及人物边缘清晰，不残留背景像素；

（4）新背景及画面其他元素要与产品风格相匹配；

（5）如需添加文字，可参考"第10章 文字"章节相关内容；

（6）可在网络搜索"电商广告"等关键词，从优秀的作品中寻找灵感。

考查知识点：抠图技法的综合使用。

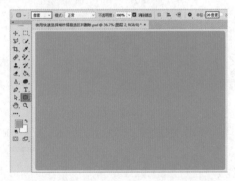

图 7-311

扫一扫，看视频

图层混合与图层样式

本章内容简介

　　本章讲解图层的高级功能：图层的透明效果、混合模式与图层样式。这几项功能是设计制图中经常需要使用的功能，"不透明度"与"混合模式"使用方法非常简单，常用在多图层混合中。而"图层样式"则可以为图层添加描边、阴影、发光、颜色、渐变、图案以及立体感的效果，其参数可控性较强，能够轻松制作出各种各样的常见效果。

重点知识掌握

- 图层不透明度的设置
- 图层混合模式的设置
- 图层样式的使用方法
- 使用多种图层样式制作特殊效果

通过本章学习，我能做什么？

　　通过本章图层透明度、混合模式的学习，我们能够轻松制作出多个图层混叠的效果，如多重曝光、融图、为图像增添光效、使苍白的天空出现蓝天白云、照片做旧、增强画面色感、增强画面冲击力等。当然，想要制作出以上效果，不仅需要设置合适的混合模式，更需要找到合适的素材。掌握了"图层样式"，可以制作出带有各种"特征"的图层，如浮雕、描边、光泽、发光、投影等。通过多种图层样式的共同使用，可以为文字或形状图层模拟出水晶质感、金属质感、凹凸质感、钻石质感、糖果质感、塑料质感等。

佳作欣赏

8.1 为图层设置透明效果

透明度的设置是数字化图像处理最常用到的功能。在使用画笔绘图时可以进行画笔不透明度的设置，对图像进行颜色填充时也可以进行透明度的设置，而在图层中还可以针对每个图层进行透明效果的设置。顶部图层如果产生了半透明的效果，就会显露出底部图层的内容。透明度的设置常用于使多张图像/图层产生融合效果。图8-1和图8-2所示为制作中需要设置透明效果的作品。

图8-1   图8-2

想要使图层产生透明效果，需要在"图层"面板中进行设置。由于透明效果是应用于图层本身的，所以在设置透明度之前需要在"图层"面板中选中需要设置的图层，此时在"图层"面板的顶部可以看到"不透明度"和"填充"这两个选项，默认数值为100%，表示图层完全不透明，如图8-3所示。可以在选项后方的数值框中直接输入数值以调整图层的透明效果。这两个选项都是用于制作图层透明效果的，数值越大，图层越不透明；数值越小，图层越透明，如图8-4所示。

图8-3

（a）不透明度：100% （b）不透明度：50%   （c）不透明度：0%

图8-4

扫一扫，看视频

重点 8.1.1 动手练：设置"不透明度"

"不透明度"作用于整个图层（包括图层本身的形状内容、像素内容、图层样式、智能滤镜等）的透明属性。

（1）例如，对一个带有图层样式的图层设置不透明度，如图8-5所示。单击"图层"面板中的该图层，单击不透明度数值后方的下拉箭头，可以通过拖动滑块来调整透明效果，如图8-6所示。将光标定位在"不透明度"文字上，按住鼠标左键并左右拖动，也可以调整不透明度效果，如图8-7所示。

图8-5

图8-6   图8-7

（2）要想设置精确的透明度参数，也可以直接设置数值，如图8-8所示设置"不透明度"为50%。此时图层本身以及图层的描边样式等属性也都变成半透明效果，如图8-9所示。

图8-8   图8-9

8.1.2 填充：设置图层本身的透明效果

与"不透明度"相似，"填充"也可以使图层产生透明效果。但是设置"填充"不透明度只影响图层本身内容，对附加的图层样式等效果部分没有影响。例如，将"填充"数值

中文版Photoshop 2020从入门到精通（微课视频 全彩版）

调整为20%，图层本身内容变透明了，而描边等的图层样式还完整显示着，如图8-10和图8-11所示。

图8-10　　　　　　　　图8-11

举一反三：利用填充不透明度制作透明按钮

当为一个按钮添加了很多图层样式后，可以看到按钮呈现出较为丰富的效果，如图8-12所示。如果想要使按钮产生一定的透明效果，直接修改"不透明度"会使整个按钮产生透明效果，而无法保留表面的凸起、描边和图案。所以，我们可以在图层面板中减小"填充"数值，如图8-13所示。此时按钮变为半透明效果，如图8-14所示。

扫一扫，看视频

图8-12　　　　　　　　图8-13

图8-14

课后练习：使用图层样式与填充不透明度制作对比效果

文件路径	资源包\第8章\使用图层样式与填充不透明度制作对比效果
难易指数	⭐⭐⭐⭐⭐
技术掌握	图层样式、填充不透明度

扫一扫，看视频

案例效果

案例处理前后的对比效果如图8-15和图8-16所示。

图8-15　　　　　　　　图8-16

8.2　图层的混合效果

图层的"混合模式"是指当前图层中的像素与下方图层之间像素的颜色混合方式。"混合模式"不仅使用在"图层"中，在绘图工具、修饰工具、颜色填充等情况下都可以使用到"混合模式"。图层混合模式的设置主要用于多张图像的融合、使画面同时具有多个图像中的特质、改变画面色调、制作特效等情况。而且不同的混合模式作用于不同的图层中往往能够产生千变万化的效果，所以对于混合模式的使用，不同的情况下并不一定要采用某种特定样式，我们可以多次尝试，有趣的效果自然就会出现，如图8-17和图8-20所示。

图8-17　　　　　　　　图8-18

图8-19　　　　　　　　图8-20

8.2.1 动手练：设置混合模式

想要设置图层的混合模式，需要在图层面板中进行。当文档中存在两个或两个以上的图层时（只有一个图层时设置混合模式没有效果），如图8-21所示，单击选中图层（背景图层以及锁定全部的图层无法设置混合模式），然后单击"混合模式"下拉按钮 ϕ ，在下拉列表中单击选中某一个，当前画面效果将会发生变化，如图8-22所示。

图 8-21

图 8-22

在下拉列表中可以看到，多种"混合模式"被分为6组，如图8-23所示。在选中了某一种混合模式后，保持混合模式按钮处于"选中"状态，然后滚动鼠标中轮，即可快速查看各种混合模式的效果，如图8-24所示。这样也方便我们找到一种合适的混合模式。

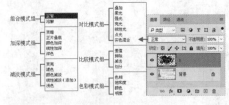

图 8-23

图 8-24

8.2.2 "组合"模式组

"组合"模式组中包括两种模式："正常"和"溶解"。默认情况下，新建的图层或置入的图层模式均为"正常"，这种模式下"不透明度"为100%时则完全遮挡下方图层，如图8-25和图8-26所示。降低该图层不透明度可以隐约显露出下方图层，如图8-27所示。

图 8-25

图 8-26　　　　　　　图 8-27

"溶解"模式会使图像中透明度区域的像素产生离散效果。"溶解"模式在降低图层的"不透明度"或"填充"数值时，效果更明显。这两个参数的数值越低，像素离散效果越明显，如图8-28所示。

（a）不透明度：50%　　（b）不透明度：80%

图 8-28

重点 8.2.3 "加深"模式组

"加深"模式组中包含5种混合模式，这些混合模式可以使当前图层的白色像素被下层较暗的像素替代，使图像产生变暗效果。

- 变暗：比较每个通道中的颜色信息，并选择基色或混合色中较暗的颜色作为结果色，同时替换比混合色亮的像素，而比混合色暗的像素保持不变，如图8-29所示。
- 正片叠底：任何颜色与黑色混合产生黑色，任何颜色与白色混合保持不变，如图8-30所示。

图8-29　　　　　　　图8-30

- 颜色加深：通过增加上下层图像之间的对比度来使像素变暗，与白色混合后不产生变化，如图8-31所示。
- 线性加深：通过减小亮度使像素变暗，与白色混合不产生变化，如图8-32所示。

图8-31　　　　　　　图8-32

- 深色：通过比较两个图像的所有通道数值的总和，然后显示数值较小的颜色，如图8-33所示。

图8-33

重点 8.2.4　"减淡"模式组

"减淡"模式组包含5种混合模式。这些模式会使图像中黑色的像素被较亮的像素替换，而任何比黑色亮的像素都可能提亮下层图像。所以"减淡"模式组中的模式会使图像变亮。

- 变亮：比较每个通道中的颜色信息，并选择基色或混合色中较亮的颜色作为结果色，同时替换比混合色暗的像素，而比混合色亮的像素保持不变，如图8-34所示。
- 滤色：与黑色混合时颜色保持不变，与白色混合时产生白色，如图8-35所示。

图8-34　　　　　　　图8-35

- 颜色减淡：通过减小上下层图像之间的对比度来提亮底层图像的像素，如图8-36所示。
- 线性减淡（添加）：与"线性加深"模式产生的效果相反，可以通过提高亮度来减淡颜色，如图8-37所示。

图8-36　　　　　　　图8-37

- 浅色：比较两个图像的所有通道数值的总和，然后显示数值较大的颜色，如图8-38所示。

图8-38

课后练习：使用混合模式制作梦幻色彩

文件路径	资源包\第8章\使用混合模式制作梦幻色彩
难易指数	★★★★★
技术掌握	混合模式、不透明度、渐变工具

扫一扫，看视频

案例效果

案例处理前后对比效果如图8-39和图8-40所示。

图 8-39 图 8-40

练习实例：使用混合模式制作"人与城市"

文件路径	资源包\第8章\使用混合模式制作"人与城市"
难易指数	★★★★★
技术掌握	混合模式、不透明度

扫一扫，看视频

案例效果

案例最终效果如图 8-41 所示。

图 8-41

操作步骤

步骤 01 执行"文件→打开"命令，在"打开"窗口中选择背景素材 1.jpg，单击"打开"按钮，如图 8-42 所示。执行"文件→置入嵌入对象"命令，在弹出的"置入嵌入对象"窗口中选择素材 2.jpg，单击"置入"按钮，并放到适当位置，按Enter键完成置入。执行"图层→栅格化→智能对象"命令，将该图层栅格化为普通图层，如图 8-43 所示。

图 8-42 图 8-43

步骤 02 要使人物侧影的头部显示出背景，在"图层"面板中设置"混合模式"为"滤色"，如图 8-44 所示。画面效果如

图 8-45 所示。

图 8-44 图 8-45

步骤 03 调整不透明度。在"图层"面板中设置"不透明度"为90%，如图 8-46 所示。画面效果如图 8-47 所示。

图 8-46 图 8-47

步骤 04 在画面中添加文字。单击工具箱中的"横排文字工具" **T**，在选项栏中设置合适的字体、字号，"填充"为深紫色，在画面中右下角单击输入文字，如图 8-48 所示。

图 8-48

重点 8.2.5 "对比"模式组

"对比"模式组包括7种模式，使用这些混合模式可以使图像中50%的灰色完全消失，亮度值高于50%灰色的像素都提亮下层的图像，亮度值低于50%灰色的像素则使下层图像变暗，以此加强图像的明暗差异。

- 叠加：对颜色进行过滤并提亮上层图像，具体取决于底层颜色，同时保留底层图像的明暗对比，如图 8-49 所示。
- 柔光：使颜色变暗或变亮，具体取决于当前图像的颜色。如果上层图像比50%灰色亮，则图像变亮；如果上层

中文版Photoshop 2020从入门到精通（微课视频 全彩版）

图像比50%灰色暗，则图像变暗，如图8-50所示。

图 8-49　　　　　　　图 8-50

● 强光：对颜色进行过滤，具体取决于当前图像的颜色。如果上层图像比50%灰色亮，则图像变亮；如果上层图像比50%灰色暗，则图像变暗，如图8-51所示。

● 亮光：通过增加或减小对比度来加深或减淡颜色，具体取决于上层图像的颜色。如果上层图像比50%灰色亮，则图像变亮；如果上层图像比50%灰色暗，则图像变暗，如图8-52所示。

图 8-51　　　　　　　图 8-52

● 线性光：通过减小或增加亮度来加深或减淡颜色，具体取决于上层图像的颜色。如果上层图像比50%灰色亮，则图像变亮；如果上层图像比50%灰色暗，则图像变暗，如图8-53所示。

● 点光：根据上层图像的颜色来替换颜色。如果上层图像比50%灰色亮，则替换比较暗的像素；如果上层图像比50%灰色暗，则替换较亮的像素，如图8-54所示。

图 8-53　　　　　　　图 8-54

● 实色混合：将上层图像的RGB通道值添加到底层图像的RGB值。如果上层图像比50%灰色亮，则使底层图像变亮；如果上层图像比50%灰色暗，则使底层图像变暗，如图8-55所示。

图 8-55

举一反三：使用强光混合模式制作双重曝光效果

双重曝光是一种摄影中的特殊技法，通过对画面进行两次曝光，以取得重叠的图像。在Photoshop中也可以尝试制作双重曝光效果。首先，将两个图片放在一个文档中，选中顶部的图层，设置混合模式为"强光"，如图8-56和图8-57所示。此时画面产生了重叠的效果，如图8-58所示。我们也可以尝试其他混合模式，观察效果。

图 8-56　　　　　　　图 8-57

图 8-58

课后练习：使用混合模式制作彩绘嘴唇

文件路径	资源包\第8章\使用混合模式制作彩绘嘴唇
难易指数	★★★★★
技术掌握	柔光混合模式

扫一扫，看视频

案例效果

案例处理前后对比效果如图8-59和图8-60所示。

图 8-59   图 8-60

8.2.6 "比较"模式组

"比较"模式组包含4种模式，这些混合模式可以对比当前图像与下层图像的颜色差别。将颜色相同的区域显示为黑色，不同的区域显示为灰色或彩色。如果当前图层中包含白色，那么白色区域会使下层图像反相，而黑色不会对下层图像产生影响。

- 差值：上层图像与白色混合将反转底层图像的颜色，与黑色混合则不产生变化，如图8-61所示。
- 排除：创建一种与"差值"模式相似，但对比度更低的混合效果，如图8-62所示。

图 8-61   图 8-62

- 减去：从目标通道中相应的像素上减去源通道中的像素值，如图8-63所示。
- 划分：比较每个通道中的颜色信息，然后从底层图像中划分上层图像，如图8-64所示。

图 8-63   图 8-64

8.2.7 "色彩"模式组

"色彩"模式组包括4种混合模式，这些混合模式会自动识别图像的颜色属性（色相、饱和度和亮度）。然后再将其中的一种或两种应用在混合后的图像中。

- 色相：用底层图像的明亮度和饱和度以及上层图像的色相来创建结果色，如图8-65所示。
- 饱和度：用底层图像的明亮度和色相以及上层图像的饱和度来创建结果色，在饱和度为0的灰度区域应用该模式不会产生任何变化，如图8-66所示。

图 8-65   图 8-66

- 颜色：用底层图像的明亮度以及上层图像的色相和饱和度来创建结果色，这样可以保留图像中的灰阶，对于为单色图像上色或给彩色图像着色非常有用，如图8-67所示。
- 明度：用底层图像的色相和饱和度以及上层图像的明亮度来创建结果色，如图8-68所示。

图 8-67   图 8-68

练习实例：制作运动鞋创意广告

文件路径	资源包\第8章\制作运动鞋创意广告
难易指数	★★★★★
技术掌握	混合模式、不透明度

扫一扫，看视频

案例效果

案例处理前后对比效果如图8-69和图8-70所示。

图 8-69   图 8-70

操作步骤

步骤 01 新建一个宽度为2500像素，高度为1800像素的文件，并将画布填充黑色。执行"文件→置入嵌入对象"命令，置入素材1.jpg，执行"图层→栅格化→智能对象"命令，如图8-71所示。单击工具箱中的"魔术橡皮擦工具"按钮 ，在图片中白色处单击，将白色背景擦除，如图8-72所示。

图 8-71

图 8-72

步骤 02 制作鞋上的花纹。执行"文件→置入嵌入对象"命令，置入花朵素材2.png，并摆放在合适位置。执行"图层→栅格化→智能对象"命令，如图8-73所示。设置该图层的"混合模式"为"柔光"，如图8-74所示。画面效果如图8-75所示。

图 8-73   图 8-74

图 8-75

步骤 03 选择"花"图层，使用快捷键Ctrl+J将其复制到独立图层，并将该图层的"混合模式"设置为"明度"，进行适当缩放后摆放在鞋子上方，如图8-76所示。画面效果如图8-77所示。

图 8-76   图 8-77

步骤 04 使用"橡皮擦工具"将多余的花瓣擦除，效果如图8-78所示。

图 8-78

步骤 05 执行"文件→置入嵌入对象"命令，置入彩条素材3.jpg，摆放在合适位置，执行"图层→栅格化→智能对象"命令，如图8-79所示。设置该图层的"混合模式"为"颜色减淡"，"不透明度"为37%，如图8-80所示。

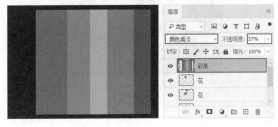

图 8-79   图 8-80

步骤 06 按住Ctrl键单击鞋图层的缩览图，载入选区。然后执行"选择→反选"命令，得到背景选区。选中彩条图层，按下键盘上的Delete键，将多余部分删除，效果如图8-81和图8-82所示。

图 8-81   图 8-82

步骤 07 置入光效素材4.jpg，如图8-83所示。执行"图层→栅格化→智能对象"命令，设置该图层的"混合模式"为"滤色"，如图8-84所示。图像效果如图8-85所示。

步骤 08 在背景图层上方新建图层，使用"画笔工具"通过更改画笔颜色绘制一些半透明的"光斑"，如图8-86和图8-87所示。

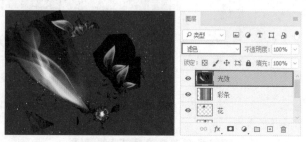

图 8-83   图 8-84

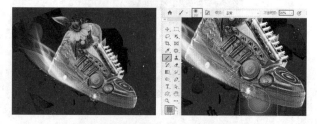

图 8-85   图 8-86

图 8-87

步骤 09 将"光斑"图层进行复制，将复制后的图层向上移动至合适位置，如图8-88所示。并设置该图层的"混合模式"为"溶解"，"不透明度"为6%，如图8-89所示。画面效果如图8-90所示。

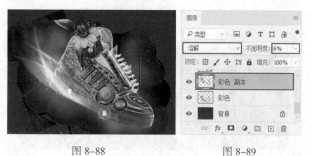

图 8-88   图 8-89

图 8-90

步骤 10 置入背景装饰素材5.png，放置在"光斑"图层的上一层，执行"图层→栅格化→智能对象"命令，效果如图8-91所示。置入前景装饰素材，放在最顶层，并移动至合适位置，完成本案例的制作，效果如图8-92所示。

图 8-91   图 8-92

8.3 为图层添加样式

"图层样式"是一种附加在图层上的"特殊效果"，如浮雕、描边、光泽、发光、投影等。这些样式可以单独使用，也可以多种样式共同使用。图层样式在设计制图中应用非常广泛，如制作带有凸起感的艺术字、为某个图形添加描边、制作水晶质感的按钮、模拟向内凹陷的效果、制作带有凹凸纹理效果、为图层表面赋予某种图案、制作闪闪发光的效果等，如图8-93和图8-94所示。

图 8-93

图 8-94

Photoshop中共有10种"图层样式"：斜面和浮雕、描

中文版Photoshop 2020从入门到精通（微课视频 全彩版）

边、内阴影、内发光、光泽、颜色叠加、渐变叠加、图案叠加、外发光与投影。从名称中就能够猜到这些样式是用来制造什么效果的。图8-95所示为未添加样式的图层；图8-96所示为这些图层样式单独使用的效果。

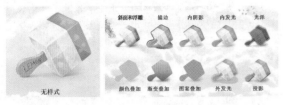

图 8-95　　　　　　图 8-96

【重点】8.3.1 动手练：使用图层样式

1. 添加图层样式

（1）想要使用图层样式，首先需要选中图层（不能是空图层），如图8-97所示。接着执行"图层→图层样式"命令，在子菜单中可以看到图层样式的名称以及图层样式的相关命令，如图8-98所示。单击某一项图层样式命令，即可弹出"图层样式"对话框。

扫一扫，看视频

图 8-97　　　　　　图 8-98

（2）窗口左侧区域为图层样式列表，在某一项样式前单击，样式名称前面的复选框内有 ✓ 标记，表示在图层中添加了该样式。接着单击样式的名称，才能进入该样式的参数设置页面。调整好相应的设置以后单击"确定"按钮，即可为当前图层添加该样式，如图8-99和图8-100所示。

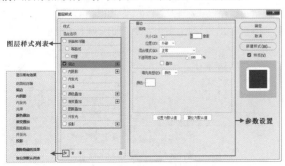

图 8-99

图 8-100

> **提示：图层样式显示不全怎么办？**
>
> 如果"图层样式"窗口左侧的列表中只显示了部分样式，那么可以单击左下角的 fx. 按钮，执行"显示所有效果"命令，即可显示其他未启用的命令，如图8-101和图8-102所示。

图 8-101

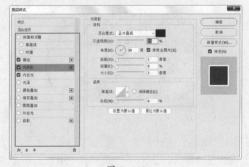

图 8-102

（3）对同一个图层可以添加多个图层样式，在左侧图层列表中可以单击多个图层样式的名称，即可启用该图层样式，如图8-103和图8-104所示。

图 8-103

图 8-104

（4）有的图层样式名称后方带有一个➕，表明该样式可以被多次添加，如单击"描边"样式后方的➕，在图层样式列表中出现了另一个"描边"样式，设置不同的描边大小和颜色，如图 8-105 所示。此时该图层出现了两层描边，如图 8-106 所示。

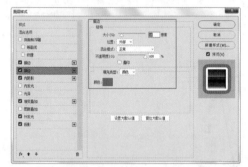

图 8-105

图 8-106

（5）图层样式也会按照上下堆叠的顺序显示，上方的样式会遮挡下方的样式。在图层样式列表中可以对多个相同样式的上下排列顺序进行调整。例如，选中该图层 3 个描边样式中的一个，单击底部的"向上移动效果"按钮⬆可以将该样式向上移动一层，单击"向下移动效果"按钮⬇可以将该样式向下移动一层，如图 8-107 所示。

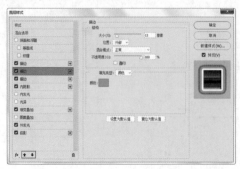

图 8-107

提示：为图层添加样式的其他方法。

也可以在选中图层后，单击"图层"面板底部的"添加图层样式"fx按钮，接着在弹出的菜单中可以选择合适的样式，如图 8-108 所示。或者在"图层"面板中双击需要添加样式的图层缩览图，也可以打开"图层样式"对话框。

图 8-108

2. 编辑已添加的图层样式

为图层添加了图层样式后，在"图层"面板中该图层上会出现已添加的样式列表，单击下拉箭头 即可展开图层样式堆栈，如图 8-109 所示。在"图层"面板中双击该样式的名称，弹出"图层样式"面板，进行参数的修改即可，如图 8-110 所示。

图 8-109　　　　　　　图 8-110

3. 拷贝和粘贴图层样式

当已经制作好了一个图层的样式，而其他图层或其他文件中的图层也需要使用相同的样式，则可以使用"拷贝图层样式"功能快速赋予该图层相同的样式。选择需要复制图层样式的图层，在图层名称上右击，从弹出的快捷菜单中执行"拷贝图层样式"命令，如图 8-111 所示。接着选择目标图层，右击，执行"粘贴图层样式"命令，如图 8-112 所示。此时另外一个图层也出现了相同的样式，如图 8-113 所示。

图 8-111　　　　　　　图 8-112

中文版Photoshop 2020从入门到精通（微课视频 全彩版）

图 8-113

4. 缩放图层样式

图层样式的参数大小很大程度上能够影响图层的显示效果。有时为一个图层赋予了某个图层样式后，可能会发现该样式的尺寸与本图层的尺寸不成比例，那么此时就可以对该图层样式进行"缩放"。展开图层样式列表，在图层样式上右击，从弹出的快捷菜单中执行"缩放效果"命令，如图8-114所示。然后可以在弹出的"缩放图层效果"窗口中设置缩放数值，如图8-115所示。经过缩放的图层样式尺寸会产生相应的放大或缩小，如图8-116所示。

图 8-114　　　　　　　　图 8-115

图 8-116

5. 隐藏图层效果

展开图层样式列表，在每个图层样式前都有一个可用于切换显示或隐藏的图标 ●，如图8-117所示。单击"效果"前的 ● 按钮可以隐藏该图层的全部样式，如图8-118所示。单击单个样式前的 ● 图标，则可以只隐藏对应的样式，如图8-119所示。

图 8-117

图 8-118

图 8-119

> 提示：隐藏文档中的全部样式。
>
> 如果要隐藏整个文档中的图层样式，可以执行"图层→图层样式→隐藏所有效果"命令。

6. 去除图层样式

想要去除图层的样式，可以在该图层上右击，从弹出的快捷菜单中执行"清除图层样式"命令，如图8-120所示。如果只想去除众多样式中的一种，可以展开样式列表，将某一样式拖动到"删除图层"按钮上，就可以删除该图层样式，如图8-121所示。

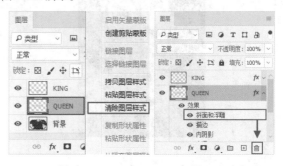

图 8-120　　　　　　　图 8-121

7. 栅格化图层样式

与栅格化文字、栅格化智能对象、栅格化矢量图层相同，"栅格化图层样式"可以将"图层样式"变为普通图层的一个部分，使图层样式部分可以像普通图层中的其他部分一样进行编辑处理。在该图层上右击，执行"栅格化图层样式"命令，如图8-122所示。此时该图层的图层样式也出现在图层的本身内容中了，如图8-123所示。

图 8-122　　　　　　　图 8-123

　提示：旧版本Photoshop中的"图层样式"。

　　稍早期版本的Photoshop中的"图层样式"功能与现在有所不同，虽然样式的种类没有区别，但是早期版本不能同时为一个图层添加多个相同的样式。

课后练习：拷贝图层样式制作具有相同样式的对象

文件路径	资源包\第8章\拷贝图层样式制作具有相同样式的对象
难易指数	★★★★★
技术掌握	斜面和浮雕、投影、渐变叠加、拷贝图层样式、粘贴图层样式

扫一扫，看视频

案例效果

　　案例最终效果如图8-124所示。

图 8-124

[重点] 8.3.2　斜面和浮雕

　　使用"斜面和浮雕"样式可以为图层模拟从表面凸起的立体感。在"斜面和浮雕"样式中包含多种凸起效果，如"外斜面""内斜面""浮雕效果""枕状浮雕""描边浮雕"。"斜面和浮雕"样式主要通过为图层添加高光与阴影，使图像产生立体感，常用于制作立体感的文字或者带有厚度感的对象效果。选中图层，如图8-125所示。执行"图层→图层样式

→斜面浮雕"命令，打开"斜面和浮雕"参数设置面板，如图8-126所示。所选图层会产生凸起效果，如图8-127所示。

　　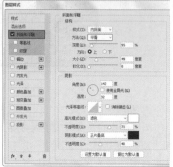

图 8-125　　　　　　　图 8-126

图 8-127

●**样式**：从列表中选择斜面和浮雕的样式，其中包括"外斜面""内斜面""浮雕效果""枕状浮雕""描边浮雕"。选择"外斜面"，可以在图层内容的外侧边缘创建斜面；选择"内斜面"，可以在图层内容的内侧边缘创建斜面；选择"浮雕效果"，可以使图层内容相对于下层图层产生浮雕状的效果；选择"枕状浮雕"，可以模拟图层内容的边缘嵌入到下层图层中产生的效果；选择"描边浮雕"，可以将浮雕应用于图层的"描边"样式的边界，如果图层没有"描边"样式，则不会产生效果。图8-128所示为不同样式的效果。

（a）外斜面　　（b）内斜面　　（c）浮雕效果

（d）枕状浮雕　　（e）描边浮雕

图 8-128

●**方法**：用来选择创建浮雕的方法。选择"平滑"可以得

到比较柔和的边缘；选择"雕刻清晰"可以得到最精确的浮雕边缘；选择"雕刻柔和"可以得到中等水平的浮雕效果。图8-129所示为不同方法的效果。

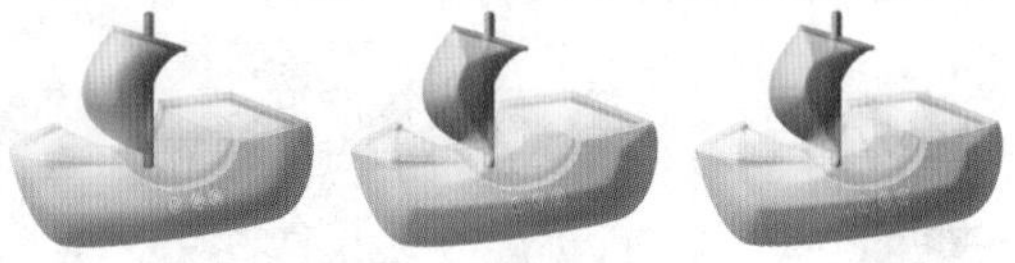

（a）平滑　　　（b）雕刻清晰　　　（c）雕刻柔和

图 8-129

- 深度：用来设置浮雕斜面的应用深度，该值越高，浮雕的立体感越强。图8-130所示为不同深度参数的效果。

（a）深度：20　　（b）深度：80　　（c）深度：120

图 8-130

- 方向：用来设置高光和阴影的位置，该选项与光源的角度有关。图8-131所示为不同方向参数的效果。

（a）方向：上　　　（b）方向：下

图 8-131

- 大小：该选项表示斜面和浮雕的阴影面积的大小。图8-132所示为不同大小参数的效果。

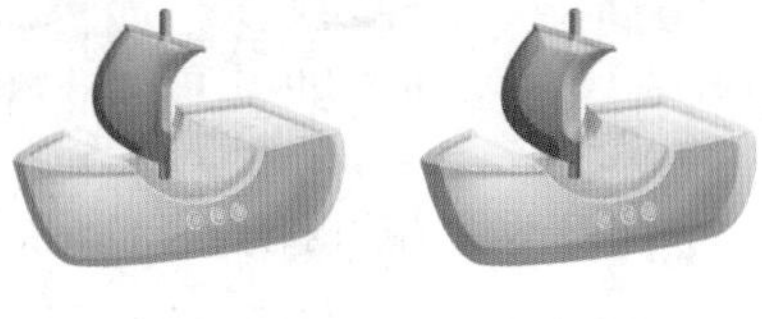

（a）大小：10　　　（b）大小：20

图 8-132

- 软化：用来设置斜面和浮雕的平滑程度。图8-133所示为不同软化参数的效果。

（a）软化：0　　　（b）软化：10

图 8-133

- 角度：用来设置光源的发光角度。图8-134所示为不同

角度参数的效果。

（a）角度：30°　　（b）角度：80°　　（c）角度：150°

图 8-134

- 高度：用来设置光源的高度。
- 使用全局光：如果勾选该复选框，那么所有浮雕样式的光照角度都将保持在同一个方向。
- 光泽等高线：选择不同的等高线样式，可以为斜面和浮雕的表面添加不同的光泽质感，也可以自己编辑等高线样式。图8-135所示为不同类型的等高线效果。

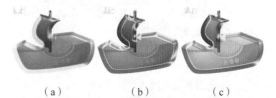

（a）　　　　　（b）　　　　　（c）

图 8-135

- 消除锯齿：当设置了光泽等高线时，斜面边缘可能会产生锯齿，勾选该复选框可以消除锯齿。
- 高光模式/不透明度：这两个选项用来设置高光的混合模式和不透明度，后面的色块用于设置高光的颜色。
- 阴影模式/不透明度：这两个选项用来设置阴影的混合模式和不透明度，后面的色块用于设置阴影的颜色。

1. 等高线

在样式列表中"斜面和浮雕"样式下方还有另外两个样式："等高线"和"纹理"。勾选"斜面和浮雕"样式下面的"等高线"复选框，切换到"等高线"设置面板，如图8-136所示。使用"等高线"可以在浮雕中创建凹凸起伏的效果，如图8-137所示。

图 8-136

图 8-137

2. 纹理

勾选图层样式列表中的"纹理"复选框，启用该样式，单击并切换到"纹理"设置面板，如图8-138所示。"纹理"样式可以为图层表面模拟凹凸效果，如图8-139所示。

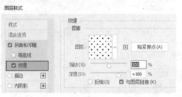

图 8-138　　　　　图 8-139

- **图案**：单击"图案"，可以在弹出的"图案"拾色器中选择一个图案，并将其应用到斜面和浮雕上。
- **从当前图案创建新的预设**➕：单击该按钮，可以将当前设置的图案创建为一个新的预设图案，同时新图案会保存在"图案"拾色器中。
- **贴紧原点**：将原点对齐图层或文档的左上角。
- **缩放**：用来设置图案的大小。
- **深度**：用来设置图案纹理的使用程度。
- **反相**：勾选该复选框以后，可以反转图案纹理的凹凸方向。
- **与图层链接**：勾选该复选框以后，可以将图案和图层链接在一起，这样在对图层进行变换等操作时，图案也会跟着一同变换。

课后练习：使用图层样式制作卡通文字

文件路径	资源包\第8章\使用图层样式制作卡通文字
难易指数	★★★★★
技术掌握	斜面和浮雕、描边

扫一扫，看视频

案例效果

案例最终效果如图8-140所示。

图 8-140

[重点]8.3.3 描边

"描边"样式能够在图层的边缘处添加纯色、渐变色以及图案的边缘。通过参数设置可以使描边处于图层边缘以内的部分、图层边缘以外的部分，或者使描边出现在图层边缘内外。选中图层，如图8-141所示。执行"图层→图层样式→描边"命令，在"描边"面板中可以对描边大小、位置、混合模式、不透明度、填充类型以及填充内容进行设置，如图8-142所示。图8-143所示为颜色描边、渐变描边、图案描边效果。

图 8-141　　　　　图 8-142

图 8-143

- **大小**：用于设置描边的粗细，数值越大，描边越粗。
- **位置**：用于设置描边与对象边缘的相对位置，选择外部描边位于对象边缘以外；选择内部描边则位于对象边缘以内；选择"居中"，描边一半位于对象轮廓以外、一半位于对象轮廓以内，如图8-144所示。

（a）外部　　（b）居中　　（c）内部

图 8-144

- **混合模式**：用于设置描边内容与底部图层或本图层的混合方式。
- **不透明度**：用于设置描边的不透明度，数值越小，描边越透明。
- **叠印**：勾选此复选框，描边的不透明度和混合模式会应用于原图层内容表面，如图8-145所示。

（a）启用叠印　　（b）未启动叠印

图 8-145

- 填充类型：在列表中可以选择描边的类型，包括"渐变""颜色""图案"。选择不同方式，下方的参数设置也不相同。
- 颜色：当填充类型为"颜色"时，可以在此处设置描边的颜色。

"内阴影"样式可以为图层添加从边缘向内产生的阴影样式，这种效果会使图层内容产生凹陷效果。选中图层，如图8-146所示。执行"图层→图层样式→内阴影"命令，在"内阴影"参数面板中可以对"内阴影"的结构以及品质进行设置，如图8-147所示。图8-148所示为添加了"内阴影"样式后的效果。

图 8-146　　　　　　图 8-147

图 8-148

- 混合模式：用来设置内阴影与图层的混合方式，默认设置为"正片叠底"模式。
- 阴影颜色：单击"混合模式"选项右侧的颜色块，可以设置内阴影的颜色。
- 不透明度：设置内阴影的不透明度，数值越低，内阴影越淡。
- 角度：用来设置内阴影应用于图层时的光照角度，指针方向为光源方向，相反方向为投影方向。
- 使用全局光：当勾选该复选框时，可以保持所有光照的角度一致；取消勾选该复选框时，可以为不同的图层分别设置光照角度。
- 距离：用来设置内阴影偏移图层内容的距离。
- 阻塞：可以在模糊之前收缩内阴影的边界。"大小"选项与"阻塞"选项是相互关联的，"大小"数值越高，可设置的"阻塞"范围就越大。

- 大小：用来设置投影的模糊范围，数值越高，模糊范围越广，反之内阴影越清晰。
- 等高线：调整曲线的形状来控制内阴影的形状，可以手动调整曲线形状也可以选择内置的等高线预设。
- 消除锯齿：混合等高线边缘的像素，使投影更加平滑。该选项对于尺寸较小且具有复杂等高线的内阴影比较实用。
- 杂色：用来在投影中添加杂色的颗粒感效果，数值越大，颗粒感越强。

"内发光"样式主要用于产生从图层边缘向内发散的光亮效果。选中图层，如图8-149所示。执行"图层→图层样式→内发光"命令，如图8-150所示。在"内发光"参数面板中可以对"内发光"的结构、图素以及品质进行设置。效果如图8-151所示。

图 8-149　　　　　　图 8-150

图 8-151

- 混合模式：设置发光效果与下面图层的混合方式。
- 不透明度：设置发光效果的不透明度。
- 杂色：在发光效果中添加随机的杂色效果，使光晕产生颗粒感。
- 发光颜色：单击"杂色"选项下面的颜色块，可以设置发光颜色；单击颜色块后面的渐变条，可以在"渐变编辑器"对话框中选择或编辑渐变色。
- 方法：用来设置发光的方式。选择"柔和"方法，发光效果比较柔和；选择"精确"选项，可以得到精确的发光边缘。
- 源：控制光源的位置。
- 阻塞：用来在模糊或清晰之前收缩内发光的边界。

- 大小：设置光晕范围的大小。
- 等高线：使用等高线可以控制发光的形状。
- 范围：控制发光中作为等高线目标的部分或范围。
- 抖动：改变渐变的颜色和不透明度的应用。

8.3.6　光泽

"光泽"样式可以为图层添加受到光线照射后，表面产生的映射效果。"光泽"通常用来制作具有光泽质感的按钮和金属。选中图层，如图8-152所示。执行"图层→图层样式→光泽"命令，打开"图层样式"窗口，如图8-153所示。在"光泽"参数面板中可以对"光泽"的颜色、混合模式、不透明度、角度、距离、大小、等高线进行设置，如图8-154所示。

图 8-152

图 8-153

图 8-154

8.3.7　颜色叠加

"颜色叠加"样式可以为图层整体赋予某种颜色。选中图层，如图8-155所示。执行"图层→图层样式→颜色叠加"命令，在"图层样式"窗口中可以通过调整颜色的混合模式与透明度来调整该图层的效果，如图8-156所示。画面效果如图8-157所示。

图 8-155　　　　　　图 8-156

图 8-157

课后练习：使用颜色叠加图层样式

文件路径	资源包\第8章\使用颜色叠加图层样式
难易指数	★★★★★
技术掌握	"颜色叠加"图层样式、自由变换

扫一扫，看视频

案例效果

案例最终效果如图8-158所示。

图 8-158

8.3.8　渐变叠加

"渐变叠加"样式与"颜色叠加"样式非常相似，都是以特定的混合模式与不透明度使某种色彩混合于所选图层，但是"渐变叠加"样式是以渐变颜色对图层进行覆盖。所以该样式主要用于使图层产生某种渐变色的效果。选中图层，如图8-159所示。执行"图层→图层样式→渐变叠加"命令，弹出"图层样式"窗口，如图8-160所示。"渐变叠加"不仅能够制作带有多种颜色的对象，更能够通过巧妙的渐变颜色设置制作出突起、凹陷等三维效果以及带有反光的质感效果。在"渐变叠加"参数面板中可以对"渐变叠加"的渐变颜色、混合模式、角度、缩放等参数进行设置，效果如图8-161所示。

图 8-159　　　　　　图 8-160

图 8-161

课后练习：使用渐变叠加样式制作多彩招贴

文件路径	资源包\第8章\使用渐变叠加样式制作多彩招贴
难易指数	★★★★★
技术掌握	为图层组添加图层样式、渐变叠加样式

扫一扫，看视频

案例效果

案例最终效果如图8-162所示。

图 8-162

8.3.9 图案叠加

"图案叠加"样式与前两种"叠加"样式的原理相似，"图案叠加"样式可以在图层上叠加图案。选中图层，如图8-163所示，执行"图层→图层样式→图案叠加"命令，弹出"图层样式"窗口，如图8-164所示。在"图案叠加"参数面板中可以对"图案叠加"的图案、混合模式、不透明度等参数进行设置，如图8-165所示。

图 8-163

图 8-164

图 8-165

重点 8.3.10 外发光

"外发光"样式与"内发光"样式非常相似，使用"外发光"样式可以沿图层内容的边缘向外创建发光效果。选中图层，如图8-166所示，执行"图层→图层样式→外发光"命令，弹出"图层样式"窗口，如图8-167所示。在"外发光"参数面板中可以对"外发光"的结构、图素以及品质进行设置，效果如图8-168所示。"外发光"样式可用于制作自发光效果，以及人像或其他对象的梦幻般的光晕效果。

图 8-166

图 8-167

图 8-168

"投影"样式与"内阴影"样式比较相似，"投影"样式用于制作图层边缘向后产生的阴影效果。选中图层，如图8-169所示。执行"图层→图层样式→投影"命令，弹出"图层样式"窗口，如图8-170所示。接着可以通过设置参数来增强某部分层次感以及立体感，效果如图8-171所示。

图 8-169

图 8-170

图 8-171

- 混合模式：用来设置投影与下面图层的混合方式，默认设置为"正片叠底"模式。
- 阴影颜色：单击"混合模式"选项右侧的颜色块，可以设置阴影的颜色。
- 不透明度：设置投影的不透明度。数值越低，投影越淡。
- 角度：用来设置投影应用于图层时的光照角度。指针方向为光源方向，相反方向为投影方向。
- 使用全局光：当勾选该复选框时，可以保持所有光照的角度一致；取消勾选该复选框时，可以为不同的图层分别设置光照角度。
- 距离：用来设置投影偏移图层内容的距离。
- 大小：用来设置投影的模糊范围，该值越高，模糊范围越广，反之投影越清晰。
- 扩展：用来设置投影的扩展范围。注意，该值会受到"大小"选项的影响。
- 等高线：以调整曲线的形状来控制投影的形状，可以手动调整曲线形状也可以选择内置的等高线预设，如图8-172所示为不同参数的对比效果。

图 8-172

- 消除锯齿：混合等高线边缘的像素，使投影更加平滑。该选项对于尺寸较小且具有复杂等高线的投影比较实用。
- 杂色：用来在投影中添加杂色的颗粒感效果，数值越大，颗粒感越强，如图8-173所示为不同参数的对比效果。

（a）杂色：0%　　（b）杂色：50%　　（c）杂色：100%

图 8-173

- 图层挖空投影：用来控制半透明图层中投影的可见性。勾选该复选框后，如果当前图层的"填充"数值小于100%，则半透明图层中的投影不可见。

练习实例：动感缤纷艺术字

文件路径	资源包\第8章\动感缤纷艺术字
难易指数	★★★★★
技术掌握	图层样式、渐变、钢笔工具

扫一扫，看视频

案例效果

案例最终效果如图8-174所示。

图 8-174

操作步骤

步骤 01 执行"文件→打开"命令，或按快捷键Ctrl+O，在弹出的"打开"窗口中选择素材1.jpg，单击"打开"按钮，如图8-175所示。接着制作渐变背景，新建图层，单击工具箱中的"渐变工具" ■，在选项栏中单击渐变色条，在弹出的"渐变编辑器"窗口中编辑一个黑色到紫色渐变，设置"渐变方式"为"线性渐变"，将光标定位在画面左上角，按住鼠标左键向右下角拖动填充渐变，如图8-176所示。

 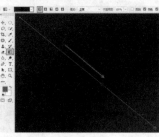

图 8-175　　　　　　　　图 8-176

步骤 02 在"图层"面板上设置"不透明度"为90%，如图8-177所示。画面效果如图8-178所示。

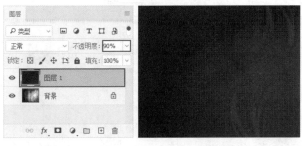

图 8-177　　　　　图 8-178

步骤 03 在画面中绘制一个云朵形状，单击工具箱中的"钢笔工具" ，在选项栏中设置"绘制模式"为"路径"。在画面中绘制路径，如图8-179所示。使用快捷键Ctrl+Enter将路径转化为选区，设置前景色为白色，新建图层，使用快捷键Alt+Delete填充选区，按快捷键Ctrl+D取消选区，如图8-180所示。

图 8-179　　　　　图 8-180

步骤 04 为云朵添加立体效果。执行"图层→图层样式→斜面和浮雕"命令，在弹出的"图层样式"窗口中设置"样式"为"内斜面"，"方法"为"平滑"，"深度"为358%，"方向"为"上"，"大小"为16像素，"软化"为0像素，"角度"为148度，"高度"为30度，"高光模式"为"滤色"，"高光"颜色为白色，"不透明度"为75%，"阴影模式"为"正片叠底"，"阴影颜色"为黑色，"不透明度"为75%，单击"确定"按钮完成设置，如图8-181所示。画面效果如图8-182所示。

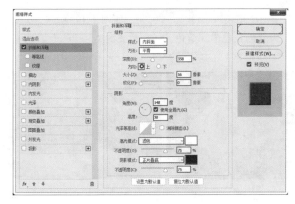

图 8-181

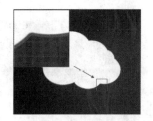

图 8-182

步骤 05 单击工具箱中的"画笔工具" ，在选项栏中设置"大小"为500像素，"硬度"为0像素，设置前景色为蓝色。新建图层，在画面中云朵的中间位置按住鼠标左键拖动绘制，如图8-183所示。单击工具箱中的"椭圆选框工具" ，在画面上部按住Shift键的同时按住鼠标左键拖动绘制正圆选区。单击工具箱中的"渐变工具" ，在选项栏中单击"渐变编辑色条"，在弹出的"渐变编辑器"窗口中编辑一个白色到黄色渐变，单击"确定"按钮完成编辑，如图8-184所示。将光标移动到画面中圆形选区的上部，按住鼠标左键向下拖动为选区填充渐变，如图8-185所示。

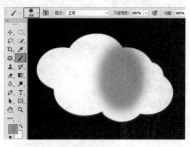

图 8-183

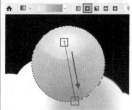

图 8-184　　　　　图 8-185

步骤 06 单击工具箱中的"画笔工具" ，在选项栏中设置"大小"为500像素，"硬度"为0%，设置前景色为橘黄色。新建图层，在画面中黄色圆形的位置单击绘制出圆形的暗部，如图8-186所示。

步骤 07 在圆形中间制作立体投影文字。单击工具箱中的"横排文字工具" ，在选项栏中设置合适字体、字号，"填充颜色"为白色，在画面中单击并输入文字，如图8-187所示。使用自由变换快捷键Ctrl+T调出定界框，适当旋转，按Enter键完成变换，如图8-188所示。

图 8-186

图 8-187

图 8-188

步骤 08 选择文字,执行"图层→图层样式→描边"命令,在弹出的"图层样式"窗口中设置"大小"为3像素,"位置"为"居中","混合模式"为"正常","不透明度"为100%,"填充类型"为"颜色","颜色"为黄色,如图8-189所示。勾选"投影"复选框,设置"混合模式"为"正片叠底","阴影颜色"为橘黄色,"不透明度"为75%,"角度"为148度,"距离"为26像素,"扩展"为13%,"大小"为21像素,单击"确定"按钮完成设置,如图8-190所示。画面效果如图8-191所示。

图 8-189

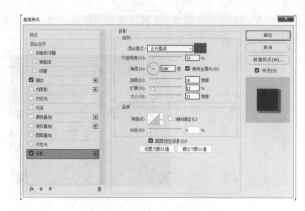

图 8-190

图 8-191

步骤 09 单击工具箱中的"横排文字工具" T,在选项栏中设置合适的字体、字号,并填充颜色,在画面中单击输入文字,当输入到S更改填充颜色,继续输入,效果如图8-192所示。

图 8-192

步骤 10 制作文字的底色。单击工具箱中的"多边形套索工具" ,沿着文字形状绘制选区,如图8-193所示。新建图层,设置前景色为深蓝色,使用快捷键Alt+ Delete填充颜色,效果如图8-194所示。

图 8-193　　　　　图 8-194

11 继续使用"多边形套索工具"，在文字底色图层中绘制多边形选区，如图8-195所示。单击工具箱中的"渐变工具"，在选项栏中单击渐变色条，在弹出的"渐变编辑器"窗口中编辑一个蓝色系渐变，设置"渐变方式"为"线性渐变"，将光标移动到选区上按住鼠标左键向下拖动填充渐变，如图8-196所示。使用同样的方法制作其他渐变多边形，如图8-197所示。

图 8-195

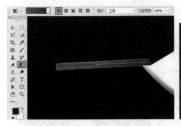 

图 8-196　　　　　　　图 8-197

步骤 12 为文字底色制作立体效果。执行"图层→图层样式→斜面和浮雕"命令，在弹出的"图层样式"窗口中设置"样式"为"内斜面"，"方法"为"平滑"，"深度"为100%，"方向"为"上"，"大小"为16像素，"软化"为0像素，"角度"为145度，"高度"为30度，"高光模式"为"滤色"，"高光颜色"为"白色"，"不透明度"为75%，"阴影模式"为"正片叠底"，"阴影颜色"为"黑色"，"不透明度"为75%，如图8-198所示。勾选"等高线"复选框，设置"范围"为5%，单击"确定"按钮，如图8-199所示。画面效果如图8-200所示。

步骤 13 执行"文件→置入嵌入对象"命令，在打开的"置入嵌入对象"窗口中选择素材2.png，单击"置入"按钮，按Enter键完成置入。执行"图层→栅格化→智能对象"命令，将该图层栅格化，如图8-201所示。

 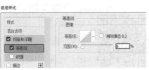

图 8-198　　　　　　　图 8-199

图 8-200　　　　　　　图 8-201

步骤 14 为文字添加立体渐变效果，如图8-202所示。选中主体文字图层，将其移动到文字底色图层的上方。执行"图层→图层样式→斜面和浮雕"命令，在弹出的"图层样式"窗口中设置"样式"为"内斜面"，"方法"为"雕刻清晰"，"深度"为83%，"方向"为"上"，"大小"为29像素，"软化"为1像素，如图8-203所示。勾选"等高线"复选框，设置"范围"为57%，如图8-204所示。

图 8-202　　　　　　　图 8-203

图 8-204

步骤 15 继续勾选"渐变叠加"复选框，设置"混合模式"为"正常"，"不透明度"为100%，"渐变"为青色系渐变，"样式"为"线性"，"角度"为-79度，"缩放"为100%，如图8-205所示。勾选"投影"复选框，设置"混合模式"为"正片叠底"，"投影颜色"为黑色，"不透明度"为75%，"角度"为148度，"距离"为7像素，"扩展"为28%，"大小"为35像素，单击"确定"按钮完成设置，如图8-206所示。画面效果如图8-207所示。

图 8-205　　　　　　　图 8-206

图 8-207

步骤 16 为文字添加彩色光感效果。单击工具箱中的"画笔工具" ✎，在选项栏中设置"大小"为100像素，"硬度"为0%，设置前景色为青色，在画面中文字位置绘制，如图8-208所示。在"图层"面板中设置"混合模式"为"叠加"，如图8-209所示。画面效果如图8-210所示。

图 8-208 图 8-209

图 8-210

步骤 17 使用同样的方法制作深蓝色光影效果，如图8-211所示。将字母S更改为黄色系的渐变效果。选中主体文字中的字母S，将其复制为独立图层，如图8-212所示。

图 8-211 图 8-212

步骤 18 执行"图层→图层样式→斜面和浮雕"命令，弹出"图层样式"窗口，在"斜面/浮雕"参数面板中设置"样式"为"内斜面"，"方法"为"雕刻清晰"，"深度"为83%，

"方向"为"上"，"大小"为32像素，"软化"为1像素，如图8-213所示。勾选"渐变叠加"复选框，设置"混合模式"为"正常"，"不透明度"为100%，"渐变"为黄色系渐变，"样式"为"线性"，"角度"为-69度，"缩放"为100%，单击"确定"按钮完成设置，如图8-214所示。画面效果如图8-215所示。

图 8-213

图 8-214 图 8-215

步骤 19 单击工具箱中的"横排文字工具" T，在选项栏中设置合适的字体、字号，"填充颜色"为紫色，在画面下部单击输入文字，如图8-216所示。用同样的方法输入其他文字，如图8-217所示。

图 8-216 图 8-217

课后练习：制作透明吊牌

文件路径	资源包\第8章\制作透明吊牌
难易指数	★★★★★
技术掌握	图层样式、不透明度设置

扫一扫，看视频

中文版Photoshop 2020从入门到精通（微课视频 全彩版）

案例效果

案例最终效果如图8-218所示。

图 8-218

8.3.12 使用"样式"面板

图层样式是平面设计中非常常用的一项功能。很多时候在不同的设计作品中有可能会使用到相同的样式，那么我们就可以将这个样式储存到"样式"面板中，以供调用。也可以载入外部的"样式库"文件，使用已经编辑好的漂亮样式。执行"窗口→样式"命令，打开"样式"面板。在"样式"面板中可以进行导入、删除、重命名等操作。

（1）选中一个图层，如图8-219所示。执行"窗口→样式"命令，打开"样式"面板，打开任意一个样式组然后单击其中一个样式按钮，如图8-220所示。此时该图层上就会出现相应的图层样式，如图8-221所示。

图 8-219　　　　图 8-220

图 8-221

（2）如果要去除样式，可以打开"基础"样式组，单击 ◻ 按钮去除样式，如图8-222所示。

（3）单击"面板菜单"按钮，执行"旧版样式及其他"命令，即可将"旧版样式及其他"样式组导入到"样式"面板中，如图8-223和图8-224所示。

图 8-222

图 8-223　　　　　　　图 8-224

（4）可以将编辑好的图层样式存储在"样式"面板中，以便调用。首先选择一个带有图层样式的图层，如图8-225所示。接着单击"样式"面板中的"创建新样式"按钮，在弹出的"新建样式"窗口中设置合适的名称，然后单击"确定"按钮，即可完成新建样式操作，如图8-226和图8-227所示。

图 8-225

图 8-226　　　　　　　图 8-227

（5）样式还可以存储为外部文件。在"样式"面板中选中样式或样式组，然后单击"面板菜单"按钮，执行"导出所选样式"命令，如图8-228所示。在弹出的"另存为"窗口中找到合适的存储位置，设置合适名称然后单击"保存"按钮即可完成导出操作，如图8-229所示。

图 8-228　　　　　　　　　图 8-229

（6）在"样式"面板中选中样式，按住鼠标左键拖动至"删除样式"按钮上方，释放鼠标即可将选中的样式进行删除，如图8-230所示。

图 8-230

（7）通过"样式"面板可以导入外部的样式文件。单击"样式"面板中的"面板菜单"按钮，执行"导入样式"命令，如图8-231所示。在弹出的"载入"窗口中找到样式文件所在位置，单击选择样式文件，然后单击"载入"按钮，即可将样式文件载入到"样式"面板中，如图8-232和图8-233所示。

图 8-231

图 8-232　　　　　　　　　图 8-233

（8）也可以先找到样式文件，然后按住鼠标左键向"样式"面板中拖动，释放鼠标后即可将样式文件导入到"样式"面板中，如图8-234所示。

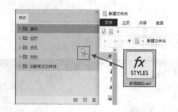

图 8-234

> 提示：认识"图层样式"窗口中的"样式"选项卡。

在"图层样式"窗口中，"样式"选项卡中能够选择样式、新建样式等操作，如图8-235所示。

图 8-235

课后练习：游戏宣传页面

文件路径	资源包\第8章\游戏宣传页面
难易指数	★★★★★
技术掌握	图层样式、混合模式

扫一扫，看视频

案例效果

案例最终效果如图8-236所示。

图 8-236

8.4 综合实例：制作炫彩光效海报

文件路径	资源包\第8章\制作炫彩光效海报
难易指数	★★★★★
技术掌握	混合模式、图层样式

扫一扫，看视频

案例效果

案例最终效果如图8-237所示。

图 8-237

操作步骤

步骤 01 执行"文件→打开"命令，打开人物素材1.jpg，如图8-238所示。执行"文件→置入嵌入对象"命令，在打开的"置入嵌入对象"窗口中置入纹理素材2.jpg，并将其置于画面底部，执行"图层→栅格化→智能对象"命令，将该图层栅格化，如图8-239所示。

图 8-238　　　　　　　　图 8-239

步骤 02 选择纹理图层，单击"添加图层蒙版"按钮，为该图层添加图层蒙版。编辑一个由黑到白的线性渐变进行填充，如图8-240所示。画面效果如图8-241所示。执行"文件→置入嵌入对象"命令，在打开的"置入嵌入对象"窗口中置入素材3.png和4.png，并置于合适位置。执行"图层→栅格化→智能对象"命令，将该图层栅格化，效果如图8-242所示。

图 8-240　　　　　　　　图 8-241

图 8-242

步骤 03 执行"文件→置入嵌入对象"命令，在打开的"置入嵌入对象"窗口中置入光效素材5.png，将其置于合适位置。执行"图层→栅格化→智能对象"命令，将该图层栅格化，设置该图层的"混合模式"为"线性减淡"，如图8-243所示。画面效果如图8-244所示。

图 8-243　　　　　　　　图 8-244

步骤 04 单击工具箱中的"横排文字工具"按钮 T，在选项栏中设置合适的字体、字号，在画布中单击并输入文字，如图8-245所示。执行"图层→图层样式→渐变叠加"命令，打开"图层样式"窗口，在"渐变叠加"参数面板中设置"混合模式"为"正常"，"不透明度"为100%，设置合适的渐变色，"样式"为"线性"，"角度"为90度，参数设置如图8-246所示。

图 8-245　　　　　　　　图 8-246

步骤 05 勾选"外发光"复选框，在"外发光"参数面板中设置"混合模式"为"滤色"，"不透明度"为50%，颜色为深青色，"方法"为"柔和"，"大小"为200像素，"范围"为50%，参数设置如图8-247所示。勾选"投影"复选框，在"投影"参数面板中设置"混合模式"为"正常"，颜色为淡青色，"不透明度"为100%，"角度"为96度，"距离"为21像素，"大小"为21像素。设置合适的"等高线"形状，参数设置如图8-248所示。参数设置完成后，单击"确定"按钮，文字效果如图8-249所示。

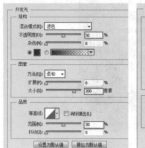 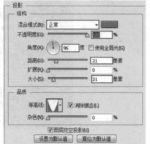

图 8-247　　　　　　　图 8-248

图 8-249

步骤 06 执行"文件→置入嵌入对象"命令，置入光效素材6.png。执行"图层→栅格化→智能对象"命令，并将其摆放在文字上方，如图8-250所示。设置该图层的"混合模式"为"滤色"，如图8-251所示。画面效果如图8-252所示。

步骤 07 使用同样方法制作其他文字部分，效果如图8-253所示。

图 8-250　　　　　　　图 8-251

图 8-252　　　　　　　图 8-253

步骤 08 新建图层，单击工具箱中的"渐变工具"，在选项栏中单击渐变条，在弹出的"渐变编辑器"窗口中编辑一种深紫色到透明的渐变，在选项栏中设置"渐变方式"为"对称渐变"，在画布中拖动鼠标进行填充。设置该图层的"混合模式"为"滤色"，"不透明度"为40%，如图8-254和图8-255所示。

步骤 09 本案例制作完成，效果如图8-256所示。

图 8-254

图 8-255　　　　　　　图 8-256

8.5 模拟考试

主题：尝试使用图层样式及混合模式功能制作两种不同质感的按钮。

要求：

（1）按钮的基本形态可使用选框工具及填充功能制作；

（2）需要应用到图层样式功能；

（3）可以使用混合模式及不透明功能，将其他图像融合到当前按钮中；

（4）如需添加文字，可参考"第10章 文字"章节相关内容；

（5）可在网络搜索不同质感+"按钮"关键词，查看相关图像作为参考。

考查知识点：图层样式的使用、混合模式、不透明度。

Chapter
09

第9章

扫一扫，看视频

矢量绘图

本章内容简介

绘图是Photoshop的一项重要功能。除了使用画笔工具进行绘图外，矢量绘图也是一种常用的方式。矢量绘图是一种风格独特的插画，画面内容通常由颜色不同的图形构成，图形边缘锐利，形态简洁明了，画面颜色鲜艳动人。在Photoshop中有两大类可以用于绘图的矢量工具：钢笔工具以及形状工具。钢笔工具用于绘制不规则的形态，而形状工具则用于绘制规则的几何图形，如椭圆形、矩形、多边形等。形状工具的使用方法非常简单，使用"钢笔工具"绘制路径并抠图的方法在前面的章节中进行过讲解，本章主要针对钢笔绘图以及形状绘图的方式进行讲解。

重点知识掌握

- 掌握不同类型的绘制模式
- 熟练掌握使用形状工具绘制图形
- 熟练掌握路径的移动、变换、对齐、分布的操作

通过本章学习，我能做什么？

通过本章的学习，我们能够熟练掌握形状工具与钢笔工具的使用方法。使用这些工具可以绘制出各种各样的矢量插图，如卡通形象插画、服装效果图插画、信息图等。也可以进行大幅面广告以及LOGO设计。这些工具在UI设计中也是非常常用的，由于移动端App经常需要在不同尺寸的平台上使用，所以使用矢量绘图工具进行UI设计可以更方便地放大和缩小界面元素，而且不会变得"模糊"。

佳作欣赏

9.1 什么是矢量绘图

扫一扫，看视频

　　矢量绘图是一种比较特殊的绘图模式。与使用"画笔工具"绘图不同，画笔工具绘制出的内容为"像素"，是一种典型的位图绘图方式。而使用"钢笔工具"或"形状工具"绘制出的内容为路径和填色，是一种质量不受画面尺寸影响的矢量绘图方式。Photoshop的矢量绘图工具包括钢笔工具和形状工具。钢笔工具主要用于绘制不规则的图形，而形状工具则是通过选取内置的图形样式绘制较为规则的图形。

　　从画面上看，"矢量绘图"比较明显的特点有：画面内容多以图形出现，造型随意不受限制，图形边缘清晰锐利，可供选择的色彩范围广，放大或缩小图像不会变模糊，但颜色使用相对单一。具有以上特点的矢量绘图常用于标志设计、户外广告、UI设计、插画设计、服装款式图绘制、服装效果图绘制等。图9-1~图9-4所示为优秀的矢量绘图作品。

图9-1　　　　　　图9-2

图9-3　　　　　　图9-4

9.1.1　认识矢量图

　　矢量图是由一条条的直线和曲线构成的，在填充颜色时，系统将按照用户指定的颜色沿曲线的轮廓线边缘进行着色处理。矢量图的颜色与分辨率无关，图形被缩放时，对象能够维持原有的清晰度以及弯曲度，颜色和外形也都不会发生偏差和变形。所以，矢量图经常用于户外大型喷绘或巨幅海报等印刷尺寸较大的项目中，如图9-5所示。

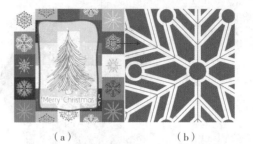

（a）　　　　　　（b）

图9-5

　　与矢量图相对应的是"位图"。位图是由一个一个的像素点构成，将画面放大到一定比例，就可以看到"小方块"，每个"小方块"都是一个"像素"。通常所说的"图片的尺寸为500像素×500像素"，就表明画面的长度和宽度上均有500个这样的"小方块"。位图的清晰度与尺寸和分辨率有关，如果强行将位图尺寸增大，会使图像变模糊，影响质量，如图9-6所示。

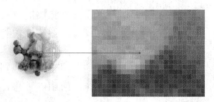

图9-6

9.1.2　路径与锚点

　　在矢量绘图的世界中，我们知道图形都是由路径以及颜色构成的。那么什么是路径呢？路径由锚点及锚点之间的连接线构成。两个锚点就可以构成一条路径，而3个锚点可以定义一个面。锚点的位置决定着连接线的动向。所以，可以说矢量图的创作过程就是创作路径、编辑路径的过程。

　　路径上的转角有的是平滑的，有的是尖锐的。转角的平滑或尖锐是由转角处的锚点类型构成的。锚点包含"平滑点"和"尖角点"两种类型，如图9-7所示。每个锚点都有控制杆，控制杆决定锚点的弧度，同时也决定了锚点两边的线段弯曲度，如图9-8所示。

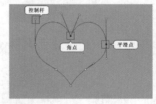

图9-7　　　　　　图9-8

> 提示：锚点与路径之间的关系。
>
> 　　平滑锚点能够连接曲线，还可以连接转角曲线以及直线，如图9-9所示。

中文版Photoshop 2020从入门到精通（微课视频 全彩版）

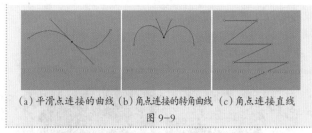

(a)平滑点连接的曲线 (b)角点连接的转角曲线 (c)角点连接直线

图9-9

路径有的是断开的，有的是闭合的，还有由多个部分构成的。这些路径可以被概括为3种类型：两端具有端点的开放路径、首尾相接的闭合路径以及由两个或两个以上路径组成的复合路径，如图9-10所示。

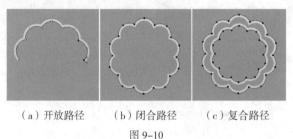

（a）开放路径　　（b）闭合路径　　（c）复合路径

图9-10

重点 9.1.3　矢量绘图的几种模式

在使用"钢笔工具"或"形状工具"绘图前首先要在工具选项栏中选择绘图模式："形状""路径"和"像素"，如图9-11所示。图9-12所示为3种绘图模式。注意，"像素"模式无法在"钢笔工具"状态下启用。

图9-11

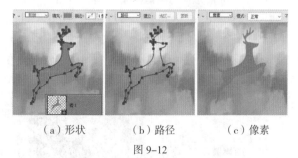

（a）形状　　　（b）路径　　　（c）像素

图9-12

矢量绘图时经常使用"形状模式"进行绘制，因为可以方便、快捷地在选项栏中设置填充与描边属性。"路径"模式常用来创建路径后转换为选区，在前面章节进行过讲解。而"像素"模式则用于快速绘制常见的几何图形。

3种绘图模式的特点如下。

形状：带有路径，可以设置填充与描边。绘制时自动新建"形状图层"，绘制出的是矢量对象。钢笔工具与形状工具皆可使用此模式。

路径：只能绘制路径，不具有颜色填充属性。无须选中图层，绘制出的是矢量路径，无实体，打印输出不可见，可以转换为选区后填充。钢笔工具与形状工具皆可使用此模式。

像素：没有路径，以前景色填充绘制的区域。需要选中图层，绘制出的对象为位图对象。形状工具可用此模式，钢笔工具不可用。

重点 9.1.4　动手练：使用"形状"模式绘图

在使用"形状工具组"中的工具或"钢笔工具"时，都可将绘制模式设置为"形状"。在"形状"绘制模式下可以设置形状的填充，将其填充为"纯色""渐变""图案"或无填充。同样还可以设置描边的颜色、粗细以及描边样式，如图9-13所示。

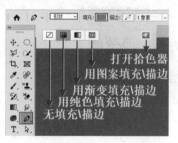

图9-13

（1）以"矩形工具"为例进行绘制。选择工具箱中的"矩形工具" ▢ ，在选项栏中设置绘制模式为"形状"，然后单击"填充"下拉面板的"无"按钮 ▱ ，同样设置"描边"为"无"。"描边"下拉面板与"填充"下拉面板是相同的，如图9-14所示。接着按住鼠标左键拖动绘制出图形，在"图层"面板中可以看到出现了一个新图层。此时绘制出的图形没有任何颜色信息，只有路径，效果如图9-15所示。

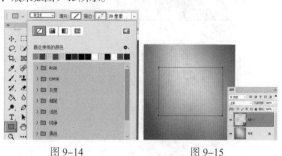

图9-14　　　　　　　　图9-15

（2）绘制出的形状对象还可以在选项栏中进行填充、描边属性的更改。选择该矢量图形的图层，单击"填充"按钮，在下拉面板中单击"纯色"按钮 ▦ ，在下拉面板中可以看到多种颜色，单击即可选中相应的颜色，如图9-16所示。画面效果如图9-17所示。如果要继续绘制下一个图像，需要在不选中任何矢量图层的情况下进行填充轮廓等的设置，否则会更改已有的矢量图层的效果。若单击"拾色器"按钮，可以打开"拾色器（填充颜色）"窗口，自定义颜色，如图9-18所示。

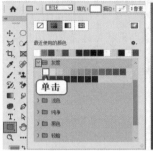

图9-16

图9-17

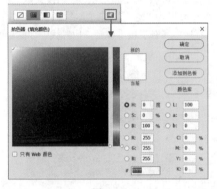

图9-18

（3）图像绘制完成后，还可以双击形状图层的缩览图重新进行填充颜色的设置，在弹出的"拾色器"窗口中定义颜色，如图9-19所示。

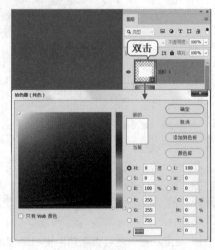

图9-19

（4）如果想要设置填充为渐变，可以单击"填充"按钮，在下拉面板中单击"渐变"按钮 ，然后在下拉面板中编辑渐变颜色，如图9-20所示。渐变编辑完成后绘制图形，效果如图9-21所示。

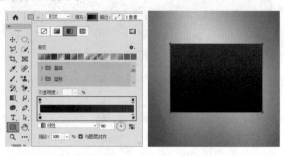

图9-20　　　　图9-21

提示：如何编辑矢量图形的渐变填充颜色。

　　在渐变色条上单击可以打开"渐变编辑器"窗口，如图9-22所示。双击形状图层缩览图，即可打开"渐变填充"窗口，在该窗口中能够进行渐变选项的编辑，如图9-23所示。

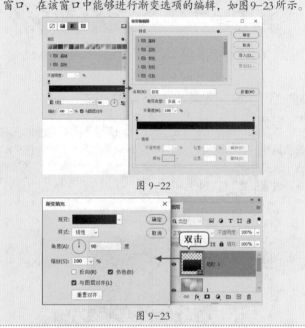

图9-22

图9-23

（5）如果要设置填充为图案，可以单击"填充"按钮，在下拉面板中单击"图案"按钮 ，打开任意一个图案组，然后单击选择一个图案，如图9-24所示。接着绘制图形，该图形效果如图9-25所示。

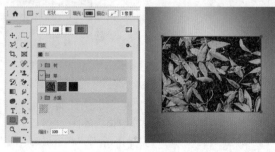

图9-24　　　　图9-25

中文版Photoshop 2020从入门到精通（微课视频 全彩版）

当我们已绘制一个形状，需要绘制第二个不同属性的形状时，如果直接在选项栏中设置参数，可能会把第一个形状图层的属性更改了。这时可以在更改属性之前，在图层面板中的空白位置单击，取消对任何图层的选择。然后在选项栏中设置参数，进行第二个图形的绘制，如图9-26所示。按住Ctrl键单击所选图层也能够取消图层的选中状态。

图 9-26

（6）设置描边颜色，调整描边粗细，如图9-27所示。单击"描边类型"按钮，在下拉列表中可以选择一种描边线条的样式，如图9-28所示。

图 9-27

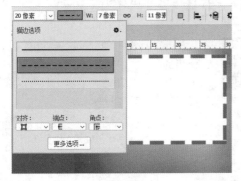

图 9-28

（7）在"对齐"选项中可以设置描边的位置，有"内部" ⊡、"居中" ⊡ 和"外部" ⊡ 3个选项，如图9-29所示。"端点"选项可以用来设置开放路径描边端点位置的类型，有"端面" ⊡、"圆形" ⊡ 和"方形" ⊡ 3种，如图9-30所示。角点选项可以用来设置路径转角处的转折样式，有"斜接" ⊡、"圆角" ⊡ 和"斜面" ⊡ 3种，如图9-31所示。

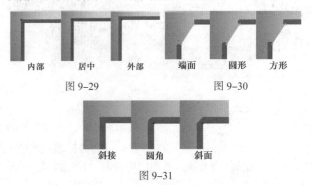

内部　　居中　　外部　　　　端面　　圆形　　方形

图 9-29　　　　　　　　图 9-30

斜接　　圆角　　斜面

图 9-31

（8）单击"更多选项"按钮，可以弹出"描边"窗口。在该窗口中，可以对描边选项进行设置。还可以勾选"虚线"复选框，然后在"虚线"与"间隙"数值框内设置虚线的间距，如图9-32所示。画面效果如图9-33所示。

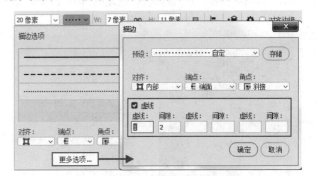

图 9-32

图 9-33

形状图层带有 ⊡ 标志，它具有填充、描边等属性。在形状绘制完成后，还可以进行修改。选择形状图层，接着单击工具箱中的"直接选择工具""路径选择工具""钢笔工具"或形状工具组中的工具，随即会在选项栏中显示当前形状的属性，如图9-34所示。接着在选项栏中进行修改即可，如图9-35所示。

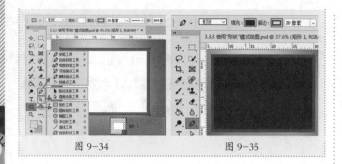

图 9-34　　　　　　　　　图 9-35

9.1.5　"像素"模式

在"像素"模式下绘制的图形是以当前的前景色进行填充，并且是在当前所选的图层中绘制。首先设置一个合适的前景色，然后选择"形状工具组"中的任意一个工具，接着在选项栏中设置绘制模式为"像素"，设置合适的"混合模式"与"不透明度"。然后选择一个图层，按住鼠标左键拖动进行绘制，如图 9-36 所示。绘制完成后只有一个纯色的图形，没有路径，也没有新出现的图层，如图 9-37 所示。

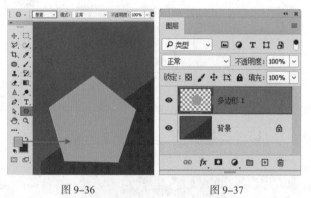

图 9-36　　　　　　　　　图 9-37

[重点]9.1.6　什么时候需要使用矢量绘图

由于矢量工具包括几种不同的绘图模式，不同的工具在使用不同绘图模式时的用途也不相同。

抠图/绘制精确选区：**钢笔工具+路径模式**。绘制出精确的路径后，转换为选区可以进行抠图或以局部选区对画面细节进行编辑（这部分知识已经在前面的章节讲解过），如图 9-38 和图 9-39 所示。也可以为选区填充或描边。

图 9-38

图 9-39

需要打印的大幅面设计作品：**钢笔工具+形状模式、形状工具+形状模式**。由于平面设计作品经常需要进行打印或印刷，而如果需要将作品尺寸增大时，以矢量对象存在的元素，不会因为增大或缩小图像尺寸而影响质量。所以最好使用矢量元素进行绘图，如图 9-40 所示。

图 9-40

绘制矢量插画：**钢笔工具+形状模式、形状工具+形状模式**。使用形状模式进行插画绘制，既可方便地设置颜色，又方便进行重复编辑，如图 9-41 和图 9-42 所示。

图 9-41　　　　　　　　　图 9-42

9.2　使用形状工具组

扫一扫，看视频

右击工具箱中的"形状工具组"按钮，在弹出的工具组中可以看到 6 种形状工具，如图 9-43 所示。使用这些形状工具可以绘制出各种常见形状，如图 9-44 所示。

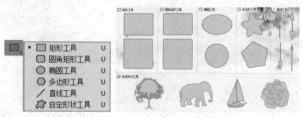

图 9-43　　　　　　　　　图 9-44

1. 使用绘图工具绘制简单图形

这些绘图工具虽然能够绘制出不同类型的图形，但是它们的使用方法是比较接近的。首先单击工具箱中的相应工具按钮，以"矩形工具"为例。右击工具箱中的形状工具组按钮 ▢，在工具列表中选择"矩形工具" ▢。在选项栏里设置绘制模式以及描边填充等属性，设置完成后在画面中按住鼠标左键并拖动，如图9-45所示。释放鼠标后得到一个矩形，如图9-46所示。

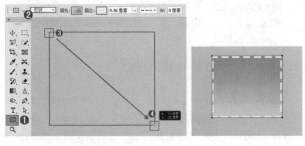

图 9-45　　　　　　图 9-46

2. 绘制精确尺寸的图形

上面学习的绘制方法属于比较"随意"的绘制方式，如果想要得到精确尺寸的图形，那么可以使用图形绘制工具在画面中单击，然后会弹出一个用于设置精确选项数值的窗口，参数设置完毕后单击"确定"按钮，即可得到一个精确尺寸的图形，如图9-47和图9-48所示。

图 9-47　　　　　　图 9-48

3. 绘制"正"的图形

在绘制的过程中，按住Shift键拖动鼠标，可以绘制正方形、正圆形等图形，如图9-49所示。按住Alt键拖动鼠标可以绘制以鼠标落点为中心点向四周延伸的矩形，如图9-50所示。同时按住Shift和Alt键拖动鼠标，可以绘制以鼠标落点为中心的正方形，如图9-51所示。

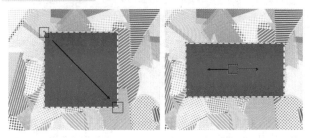

图 9-49　　　　　　图 9-50

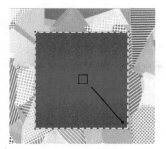

图 9-51

【重点】9.2.1　矩形工具

使用"矩形工具"可以绘制出标准的矩形对象和正方形对象。单击工具箱中的"矩形工具"按钮 ▢，在画面中按住鼠标左键拖动，释放鼠标后即可完成一个矩形对象绘制，如图9-52和图9-53所示。在选项栏中单击 ✿ 图标，打开"矩形工具"的设置选项，如图9-54所示。在绘制过程中按住Shift键可以绘制出正方形。

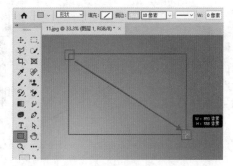

图 9-52

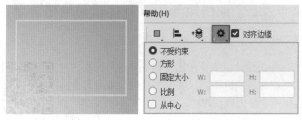

图 9-53　　　　　　图 9-54

- 不受约束：选中该单选按钮，可以绘制出任意大小的矩形。
- 方形：选中该单选按钮，可以绘制出任意大小的正方形。
- 固定大小：选中该单选按钮后，可以在其后面的数值输入框中输入宽度（W）和高度（H），然后在图像上单击即可创建出矩形。
- 比例：选中该单选按钮后，可以在其后面的数值输入框中输入宽度（W）和高度（H）比例，此后创建的矩形始终保持这个比例。
- 从中心：以任何方式创建矩形时，勾选该选项，鼠标单击点即为矩形的中心。

16:9是目前液晶显示器常见的宽高比，根据人体工程学的研究，人的两只眼睛的视野范围是一个长宽比例为16:9的长方形，所以电视、显示器厂商会根据这个黄金比例尺寸设计产品。

扫一扫，看视频

当我们要创建一个适合在此种显示器上播放的图形时，可以选择工具箱中的"矩形工具" □ ，在选项栏中设置合适填充与描边，单击 ⚙ 按钮，在下拉面板中选中"比例"单选按钮，设置W为16，H为9，如图9-55所示。接着按住鼠标左键拖动，即可绘制出16:9的矩形，如图9-56所示。

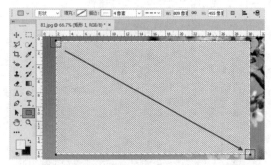

图9-55

图9-56

举一反三：使用矩形工具制作极简风格登录界面

在UI设计中主要使用矢量工具进行绘制，这样可以保证适配不同尺寸的平台时，缩放界面内容也不会使内容变模糊。首先选择"矩形工具" □ ，设置"绘制模式"为"形状"，"填充"为蓝色的 扫一扫，看视频 渐变，在画面中绘制一个与画面等大的矩形，如图9-57所示。接着继续使用该工具绘制稍小的白色矩形作为登录框的上半部分，如图9-58所示。继续绘制一个等宽的白色矩形，置于下方，如图9-59所示。

图9-57   图9-58   图9-59

设置不同的填充颜色，继续绘制其他矩形，剩余的矩形都需要以纯色进行填充，如图9-60所示。界面主体形状绘制完成后可以添加图案和文字，完成效果如图9-61所示。

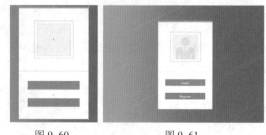

图9-60   图9-61

【重点】9.2.2 圆角矩形工具

圆角矩形在设计中应用非常广泛，它不似矩形那样锐利、棱角分明，给人一种圆润、光滑的感觉，所以也就变得富有亲和力。使用"圆角矩形工具"可以绘制出标准的圆角矩形对象和圆角正方形对象。

"圆角矩形工具"的使用方法与"矩形工具"一样，右击"形状工具组"按钮，选择"圆角矩形工具" □ 。在选项栏中可以对"半径"进行设置，数值越大圆角越大。设置完成后在画面中按住鼠标左键拖动，如图9-62所示。拖动到理想大小后释放鼠标，绘制就完成了，如图9-63所示。图9-64所示为不同"半径"的对比效果。

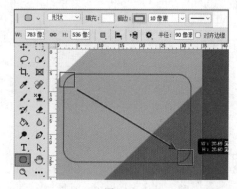

图9-62

图9-63   图9-64

在圆角矩形绘制完成后会弹出"属性"窗口，在该窗口中可以对图像的大小、位置、填充、描边等选项进行设置，还可以设置"半径"参数，如图9-65所示。当圆角半径处于

中文版Photoshop 2020从入门到精通（微课视频 全彩版）

"链接"状态时，"链接"按钮为深灰色 ∞ 。此时在数值框内输入数值，按Enter键确定操作，此时的4个角都将改变，如图9-66所示。单击"链接"按钮 ∞ 取消链接状态，此时可以更改单个圆角的参数，如图9-67所示。

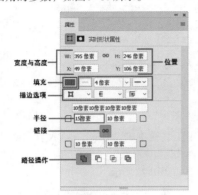

图 9-65

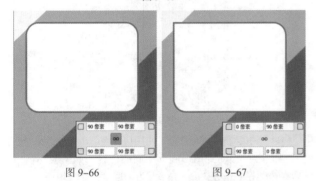

图 9-66　　　　　　　图 9-67

 提示：绘制圆角矩形的小技巧。

（1）按住Shift 键拖动鼠标，可以绘制圆角正方形。

（2）按住Alt 键拖动鼠标可以绘制以鼠标落点为中心点向四周延伸的圆角矩形。

（3）同时按住Shift 和Alt 键拖动鼠标，可以绘制以鼠标落点为中心的圆角正方形。

举一反三：制作手机APP图标

因为UI设计都有严格的尺寸要求，所以在进行图标的设计时需要利用"创建圆角矩形"窗口对参数进行精确的设置。例如，适合iPhone界面的图标尺寸有一系列的要求，我们可以创建其中最大尺寸的图标，其尺寸为1024×1024像素，半径为180像素。

 扫一扫，看视频

选择工具箱中的"圆角矩形工具" ▢ ，在选项栏中设置"绘制模式"为"形状"，"填充"为紫色，在需要绘制图形的位置单击，在弹出的"创建圆角矩形"窗口中进行参数设置，设置完成后单击"确定"按钮完成绘制，如图9-68和图9-69所示。

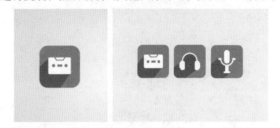

图 9-68　　　　　　　图 9-69

按钮的底色绘制完成后就可添加图形进行装饰，如图9-70所示。如果需要绘制相同大小的按钮，可以将底色图形进行复制，然后绘制出其他图案即可，如图9-71所示。

图 9-70　　　　　　　图 9-71

课后练习：使用圆角矩形工具制作名片

文件路径	资源包\第9章\使用圆角矩形工具制作名片
难易指数	⭐⭐⭐⭐⭐
技术掌握	圆角矩形，矩形工具

扫一扫，看视频

案例效果

案例最终效果如图9-72所示。

图 9-72

练习实例：使用圆角矩形工具制作手机APP启动页面

文件路径	资源包\第9章\使用圆角矩形工具制作手机APP启动页面
难易指数	⭐⭐⭐⭐⭐
技术掌握	圆角矩形工具

扫一扫，看视频

案例效果

案例的最终效果如图9-73所示。

图9-73

操作步骤

步骤 01 执行"文件→新建"命令，在"新建"窗口单击顶部的"移动设备"，然后选择iPhone8/7/6 Plus，此时文件的"宽度"为1242像素，"高度"为2208像素，"分辨率"为72，"颜色模式"为RGB颜色，"背景内容"为白色，单击"创建"按钮，如图9-74所示。本案例以iPhone6 Plus的屏幕尺寸制作一款手机APP启动页面。

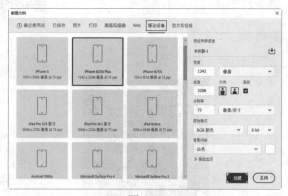

图9-74

步骤 02 为了适应移动设备客户端不同的屏幕尺寸，APP界面中的元素经常需要进行大小的缩放。为了尽量保持不同缩放状态下的界面元素清晰显示，UI设计中的元素尽量都要使用矢量工具进行制作。单击工具箱中的"渐变工具"按钮 ■，在选项栏上单击"径向渐变"按钮，编辑一种蓝白色系的渐变，如图9-75所示。在画布中央按住鼠标左键并向左上角拖动，释放鼠标，背景被填充为蓝色系渐变，如图9-76所示。

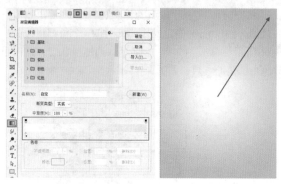

图9-75   图9-76

步骤 03 单击工具箱中的"钢笔工具"按钮 ⌀，在选项栏上设置"绘制模式"为"形状"，"填充"为蓝色，在画布上绘制一个倒梯形，如图9-77所示。

图9-77

步骤 04 选中绘制的梯形图层，使用快捷键Ctrl+T调出定界框，然后将中心点移动到图形底部中间的位置，如图9-78所示。然后在选项栏中设置"旋转角度"为5度，如图9-79所示。

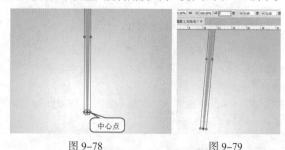

图9-78   图9-79

步骤 05 旋转完成后按Enter键完成旋转。接着使用复制并重复变换快捷键Ctrl+Shift+Alt+T，即可复制并旋转一份图形，如图9-80所示。继续进行复制，制作出放射状背景，如图9-81所示。

图9-80   图9-81

中文版Photoshop 2020从入门到精通（微课视频 全彩版）

步骤 06 选择工具箱中的"圆角矩形工具"按钮 □ ，在选项栏上设置"绘制模式"为"形状"，"填充"为深红色，"半径"为20像素，在画面中按住鼠标左键并向右下角拖动绘制一个圆角矩形，如图9-82所示。以同样的方式，继续使用"圆角矩形工具"，在选项栏中设置"绘制模式"为"形状"，"填充"为深粉色，在画面上按住鼠标左键并向右下角拖动绘制一个深粉色的圆角矩形，如图9-83所示。

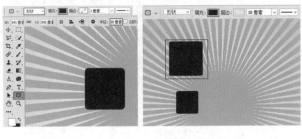

图 9-82　　　　　　　　　图 9-83

步骤 07 在"图层"面板中设置该图层的"不透明度"为24%，如图9-84所示。用同样的方法绘制其他的圆角矩形，如图9-85所示。

图 9-84　　　　　　　　　图 9-85

步骤 08 单击工具箱中的"横排文字工具"按钮 **T** ，在选项栏中设置合适的字体、字号，设置"文本颜色"为墨绿色，在画布上单击输入文字，如图9-86所示。用同样的方式输入其他文字，如图9-87所示。执行"文件→置入嵌入对象"命令，在打开的"置入嵌入对象"窗口中置入素材1.png，并将置入对象调整到合适的大小、位置，然后按Enter键完成置入操作。最终效果如图9-88所示。

图 9-86

图 9-87　　　　　　　　　图 9-88

重点 9.2.3　椭圆工具

使用"椭圆工具"可绘制出椭圆形和正圆形。虽然圆形在生活中比较常见，但只要在设计中赋予其创意，就能产生截然不同的感觉。在"形状工具组" □ 上右击，选择"椭圆工具" ○ 。如果要创建椭圆，可以在画面中按住鼠标左键并拖动，如图9-89所示。释放鼠标即可创建出椭圆形，如图9-90所示。如果要创建正圆形，可以按住Shift键或快捷键Shift+Alt（以鼠标单击点为中心）进行绘制。

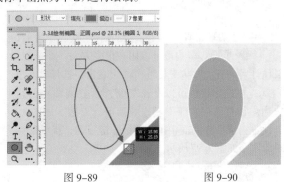

图 9-89　　　　　　　　　图 9-90

举一反三：制作云朵图标

一些复杂的图形不仅能够使用钢笔工具进行绘制，还可以通过几何图形组合成想要的图形。云朵图形就是很好的例子。首先使用"圆角矩形工具" □ 绘制一个圆角矩形作为底色，如图9-91所示。接着使用"椭圆工具" ○ 绘制几个橙色的正圆作为太阳，如图9-92所示。

扫一扫，看视频

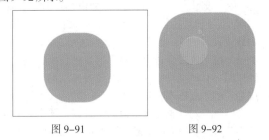

图 9-91　　　　　　　　　图 9-92

绘制3个白色正圆，3个圆形需要重叠摆放。此时云朵的大致形状已经出现了，如图9-93所示。接着使用"矩形工具"□在底部绘制一个矩形，云朵图形就制作完成了，如图9-94所示。最后添加文字，效果如图9-95所示。

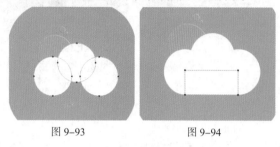

图9-93　　　　　图9-94

图9-95

9.2.4 多边形工具

使用"多边形工具"可以创建出各种边数的多边形（最少为3条）以及星形。多边形可以用在很多方面，如标志设计、海报设计等。在"形状工具组"□上右击，选择"多边形工具"⬡。在选项栏中可以设置"边"数，还可以在多边形工具选项中设置半径、平滑拐点、星形等参数，如图9-96所示。设置完毕后在画面中按住鼠标左键拖动，释放鼠标完成绘制操作，如图9-97所示。

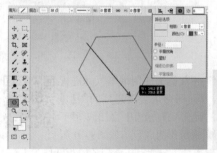

图9-96　　　　　图9-97

- 边：用于设置多边形的边数。边数设置为3时，可以绘制出正三角形；边数设置为5时，可以绘制出正五边形；边数设置为8时，可以绘制出正八边形。
- 半径：用于设置多边形或星形的半径长度，设置好半径以后，在画面中按住鼠标左键并拖动即可创建出相应半径的多边形或星形。
- 平滑拐角：勾选该复选框以后，可以创建出具有平滑拐角效果的多边形或星形，如图9-98和图9-99所示。

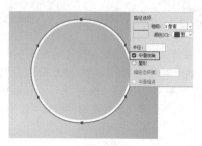

图9-98

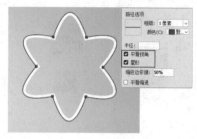

图9-99

- 星形：勾选该复选框后，可以创建星形，下面的"缩进边依据"选项主要用来设置星形边缘向中心缩进的百分比，数值越高，缩进量越大，如图9-100和图9-101所示分别是50%和80%的缩进效果。

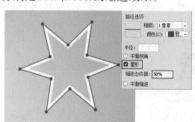

图9-100

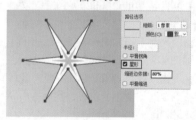

图9-101

- 平滑缩进：勾选该复选框后，可以使星形的每条边向中心平滑缩进，如图9-102所示为勾选"平滑缩进"复选框的效果。

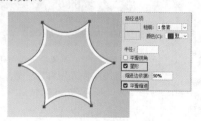

图9-102

练习实例：使用不同绘制模式制作简约标志

文件路径	资源包\第9章\使用不同绘制模式制作简约标志
难易指数	★★★★★
技术掌握	多边形工具、钢笔工具

扫一扫，看视频

案例效果

案例最终效果如图9-103所示。

图9-103

操作步骤

步骤01 执行"文件→新建"命令新建一个空白文档。为了便于观察，可以先将背景填充为其他颜色，如图9-104所示。新建一个图层，将前景色设置为白色，选择工具箱中的"多边形工具" ⬡，在选项栏中设置"绘制模式"为"像素"，"边数"为6，在画面中按住鼠标左键并向右下角拖动，绘制一个白色六边形，如图9-105所示。

图9-104

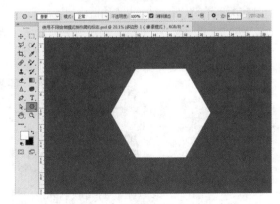

图9-105

步骤02 设置前景色为淡红色，用同样的方法在之前的多边形上绘制一个稍小的六边形，如图9-106所示。单击工具箱

中的"横排文字工具"按钮 T，在选项栏上设置合适的字体、字号，设置"文本颜色"为白色，在画面上单击并输入文字。然后单击"提交所有当前编辑"按钮，如图9-107所示。

图9-106 　　　　　　 图9-107

步骤03 单击工具箱中的"钢笔工具"按钮 ⌀，在选项栏上设置"绘制模式"为"形状"，设置"填充"为稍深一些的红色，在画布上文字边缘区域绘制阴影效果，如图9-108所示。然后将阴影图层移动到文字图层的下方，最终效果如图9-109所示。

图9-108 　　　　　　 图9-109

步骤04 执行"文件→置入嵌入对象"命令，置入素材1.jpg，将该图层作为背景图层放置在构成标志图层的下方，最终效果如图9-110所示。

图9-110

9.2.5 直线工具

使用"直线工具"可以创建出直线和带有箭头的形状，如图9-111所示。右击"形状工具组"，在其中选择"直线工具" ╱，首先在选项栏中设置合适的填充、描边。调整"粗细"数值设置合适的直线的宽度，接着按住鼠标左键拖动进行绘制，如图9-112所示。使用"直线工具"还能够绘制箭头。单击 ⚙ 按钮，在下拉面板中能够设置箭头的起点、终点、宽度、长度和凹度等参数。设置完成后按住鼠标左键拖动绘制，即可绘制箭头形状，如图9-113所示。

图 9-111

图 9-112　　　　　　　图 9-113

- 起点/终点：勾选"起点"复选框，可以在直线的起点处添加箭头；勾选"终点"复选框，可以在直线的终点处添加箭头；勾选"起点"和"终点"复选框，则可以在两头都添加箭头，如图9-114所示。
- 宽度：用来设置箭头宽度与直线宽度的百分比。
- 长度：用来设置箭头长度与直线宽度的百分比。
- 凹度：用来设置箭头的凹陷程度，范围为-50%～50%。值为0%时，箭头尾部平齐；值大于0%时，箭头尾部向内凹陷；值小于0%时，箭头尾部向外凸出，如图9-115所示。

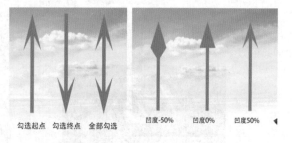

图 9-114　　　　　　　图 9-115

9.2.6　动手练：自定形状工具

除了常规的矩形、圆形、多边形外，Photoshop还内置有多种有趣的形状可供直接调用。使用"自定形状工具"或"形状"面板可以创建出非常多的形状。

（1）选择工具箱中的"自定形状工具" ，在选项栏中设置"绘制模式"为"形状"，设置合适的填充颜色，然后单击"形状"按钮 ，在其中可以看到多个形状组，每个组中又包含多个形状。展开一个形状组，单击选择一个图案，如图9-116所示。接着在画面中按住鼠标左键拖动即可绘制出形状，如图9-117所示。

（2）执行"窗口→形状"命令，打开"形状"面板，在"形状"面板中也可以看到很多形状。选中一个形状，然后按住鼠标左键向画面中拖动，如图9-118所示。释放鼠标后形状就会出现在画面中，且形状带有定界框，拖动控制点可以调整形状大小，如图9-119所示。变换完成后按下键盘上的Enter键确定变换操作。

图 9-116　　　　　　　图 9-117

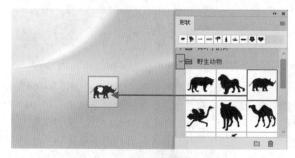

图 9-118

图 9-119

（3）除了这些形状外，还可以调用旧版形状。单击"形状"面板上的"面板菜单"按钮 ，执行"旧版形状及其他"命令，如图9-120所示。随即"旧版形状及其他"形状组就会出现在列表的底部，展开其中的组即可看到多种形状，如图9-121所示。

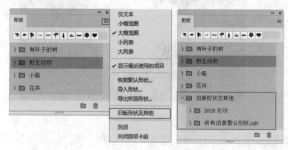

图 9-120　　　　　　　图 9-121

（4）另外，还可以调用外部的形状库文件。单击"形状"面板上的"面板菜单"按钮 ≡，执行"导入形状"命令，如图9-122所示。在弹出的"载入"窗口中单击选择形状库文件，然后单击"载入"按钮，如图9-123所示。接着即可在"形状"面板中看到新导入的形状，如图9-124所示。

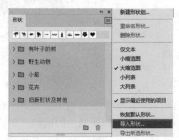

图9-122

图9-123　　　　　　　　图9-124

（5）如果某个矢量图形比较常用，则可以将其定义为"自定形状"，以便于随时在"自定形状工具"或"形状"面板中使用。首先选择需要定义的路径或者形状图层，如图9-125所示。执行"编辑→定义自定形状"命令，在弹出的"形状名称"对话框中设置合适的名称，单击"确定"按钮完成定义操作，如图9-126所示。此时在"形状"面板中就能看到定义的形状，如图9-127所示。

图9-125　　　　　　　　图9-126

图9-127

（6）还可以将已有的形状导出为形状库文件。在"形状"面板中单击选择一个形状，单击"形状"面板中的"面板菜单"按钮，执行"导出所选形状"命令，如图9-128所示。在弹出的"另存为"窗口中找到合适的存储位置，设置合适文件名称，单击"保存"按钮，如图9-129所示。接着找到存储位置，即可看到形状文件，如图9-130所示。

图9-128

图9-129　　　　　　　　图9-130

（7）如果想要删除某个形状，则可以在"形状"面板中选中该形状，按住鼠标左键向"删除形状"按钮 🗑 位置拖动，释放鼠标后即可删除所选形状，如图9-131所示。选中样式组向"删除形状"按钮 🗑 位置拖动，可将样式组删除，如图9-132所示。

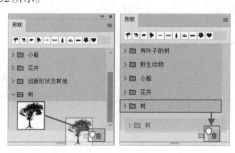

图9-131　　　　　　　　图9-132

9.3 绘制不规则的图形/路径

在Photoshop的矢量绘图中，除了使用"形状工具组"绘制常见的几何图形外，不规则的图形则需要进行钢笔绘制。在使用"钢笔工具"进行精确绘图时，我们要用到钢笔工具组和选择工具组，如图9-133和图9-134所示。通常我们会使用"钢笔工具""自由钢笔工具"和"弯度钢笔工具"尽可能准确地绘制出形状/路径，然后使用其他工具进行细节形态的调整。

图 9-133　　　　　图 9-134

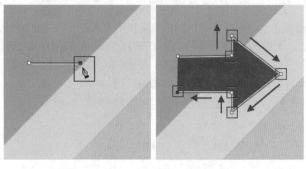

图 9-138　　　　　图 9-139

钢笔工具绘图与钢笔工具抠图的路径绘制方式基本相同，区别在于钢笔抠图需要使用"路径"模式绘制路径，之后转换为选区并完成抠图。而钢笔绘图需要使用的是"形状"模式，通过为其设置填充和描边颜色，即可绘制出带有色彩的图形，如图 9-135 所示。

图 9-135

当然，如果使用钢笔工具绘制了路径后，也可以在选项栏中单击"形状"按钮，将路径转换为形状对象，如图 9-136 所示。随后将当前绘制模式更改为"形状"即可对该形状的填充及描边颜色进行设置。

图 9-136

9.3.1　钢笔工具绘图

（1）单击工具箱中的"钢笔工具"按钮 ，在其选项栏中设置"绘制模式"为"形状"。在画面中单击，画面中出现一个锚点，这是路径的起点，如图 9-137 所示。接着在下一个位置单击，在两个锚点之间可以生成一段直线路径，如图 9-138 所示。继续以单击的方式进行绘制，可以绘制出折线路径，如图 9-139 所示。

扫一扫，看视频

图 9-137

（2）曲线路径由平滑的锚点组成。使用"钢笔工具"直接在画面中单击，创建出的是尖角的锚点。想要绘制平滑的锚点，需要按住鼠标左键拖动，此时可以看到按下鼠标左键的位置生成了一个锚点，而拖动的位置显示了方向线，如图 9-140 所示。此时可以按住鼠标左键，同时向上、下、左、右拖动方向线，调整方向线的角度，曲线的弧度也随之发生变化，如图 9-141 所示。继续进行绘制，如图 9-142 和图 9-143 所示。

图 9-140　　　　　图 9-141

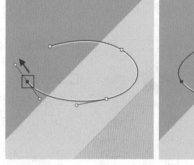

图 9-142　　　　　图 9-143

（3）路径绘制完成后，将"钢笔工具"光标定位到路径的起点处，当它变为 形状时，单击即可闭合路径，如图 9-144 和图 9-145 所示。

图 9-144   图 9-145

（4）对于未闭合的路径，如要继续绘制，可以将"钢笔工具"光标移动到路径的一个端点处，当它变为 🖋 形状时，单击该端点，如图9-146所示。接着将光标移动到其他位置进行绘制，可以看到在当前路径上向外产生了延伸的路径，如图9-147所示。

图 9-146   图 9-147

练习实例：甜美风格女装招贴

文件路径	资源包\第9章\甜美风格女装招贴
难易指数	★★★★★
技术掌握	矢量工具的使用

扫一扫，看视频

案例效果

案例最终效果如图9-148所示。

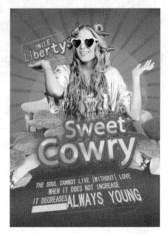

图 9-148

步骤 01 新建一个A4大小的文件，将背景填充为粉色，效果如图9-149所示。

图 9-149

步骤 02 选择工具箱中"椭圆工具" ◯，在选项栏中设置"绘制模式"为"形状"，"填充"为粉色，在画面中绘制出一个正圆，如图9-150所示。用同样的方法再绘制出第二个圆，在"图层"面板中调整"不透明度"为90%，并将两个圆相交放置，效果如图9-151所示。

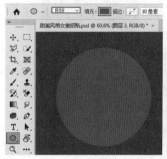

图 9-150   图 9-151

步骤 03 制作放射效果背景。选择工具箱中"钢笔工具" ✎，在选项栏中设置"绘制模式"为"形状"，设置"填充"为浅粉色，绘制一个三角形，效果如图9-152所示。执行"编辑→自由变换"命令，将中心点移动到右侧一角处位置，在选项栏中设置旋转角度为12度，如图9-153所示。按Enter键确定旋转操作。

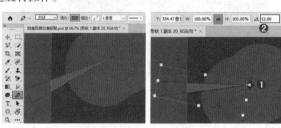

图 9-152   图 9-153

步骤 04 按下快捷键Ctrl+Alt+Shift+T即可重复并变换得到一个三角形，如图9-154所示。多次按下该快捷键得到一个放射状背景，如图9-155所示。

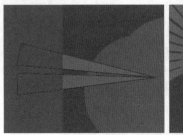

图9-154　　　　　图9-155

步骤 05 先将这些形状编组，然后选择该图层组，单击"添加图层蒙版"按钮。在蒙版中使用黑色画笔涂抹顶部和底部，使放射状图形呈现出逐渐隐藏的效果，如图9-156所示。画面效果如图9-157所示。

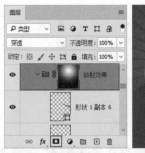

图9-156　　　　　图9-157

步骤 06 制作阴影效果。选择工具箱中"画笔工具" ✔，选择一种柔角画笔，在选项栏中设置"不透明度"为20%，在画面中涂抹绘制出阴影部分，效果如图9-158所示。执行"文件→置入嵌入对象"命令，在弹出的"置入嵌入对象"窗口中置入素材1.png到画面中，执行"图层→栅格化→智能对象"命令，将该图层栅格化，效果如图9-159所示。

图9-158　　　　　图9-159

步骤 07 为素材1.png进行颜色的更改。在素材图层上新建图层，设置"填充"为"粉色"，如图9-160所示。然后执行"图层→创建剪贴蒙版"命令，如图9-161所示。

图9-160　　　　　图9-161

步骤 08 在"图层"面板中，设置该图层的"混合模式"为"滤色"，"不透明度"为40%，如图9-162所示。画面效果如图9-163所示。

图9-162　　　　　图9-163

步骤 09 置入素材2.jpg到画面中，执行"图层→栅格化→智能对象"命令，将该图层栅格化。使用工具箱中的"快速选择工具" ✔ 得到人物部分的选区，如图9-164所示。然后单击"添加图层蒙版"按钮，基于选区为该图层添加图层蒙版，此时背景部分被隐藏，效果如图9-165所示。

图9-164　　　　　图9-165

步骤 10 执行"图层→新建调整图层→可选颜色"命令，在弹出的"属性"面板中设置"青色"数值为-10%，"洋红"数值为+40%，"黄色"为+10%，如图9-166所示。选择该调整图层，执行"图层→创建剪贴蒙版"命令，效果如图9-167所示。

图 9-166　　　　　图 9-167

步骤 11 执行"文件→置入嵌入对象"命令，在弹出的"置入嵌入对象"窗口中置入素材3.png。

步骤 12 本案例制作完成，效果如图9-168所示。

图 9-168

课后练习：使用钢笔工具制作童装款式图

文件路径	资源包\第9章\使用钢笔工具制作童装款式图
难易指数	★★★★★
技术掌握	钢笔工具、自由钢笔工具、描边的设置

扫一扫，看视频

案例效果

案例最终效果如图9-169所示。

图 9-169

课后练习：使用钢笔工具制作圣诞矢量插画

文件路径	资源包\第9章\使用钢笔工具制作圣诞矢量插画
难易指数	★★★★★
技术掌握	钢笔工具、自由钢笔工具、转换为选区

扫一扫，看视频

案例效果

案例最终效果如图9-170所示。

图 9-170

9.3.2　自由钢笔工具

"自由钢笔工具"也是一种绘制路径/形状的工具，但并不适合绘制精确的路径/形状。在使用"自由钢笔工具"状态下，在画面中按住鼠标左键随意拖动，光标经过的区域即可形成路径/形状。

扫一扫，看视频

右击"钢笔工具组" ⊘ 中的任一工具按钮，在弹出的钢笔工具组中选择"自由钢笔工具" ⊘ ，在画面中按住鼠标左键拖动，即可自动添加锚点，绘制出路径，如图9-171和图9-172所示。

图 9-171　　　　　图 9-172

在选项栏中单击 ✿ 按钮，在弹出的下拉列表中可以对自由钢笔的"曲线拟合"数值进行设置。该数值用于控制绘制路径的精度。数值越大，路径上的锚点越少，路径越平滑，但不精准，如图9-173所示；数值越小，路径上的锚点越多，路径越精确，但不平滑，如图9-174所示。

图 9-173　　　　　图 9-174

9.3.3 弯度钢笔工具

"弯度钢笔工具"能够通过3个点确定一段曲线。选择工具箱中的"弯度钢笔工具" ，然后在画面中单击，接着在下一个位置单击，如图9-175所示。然后将光标移动至第3个位置，此时会形成一段曲线的路径，如图9-176所示。继续进行曲线路径的绘制操作，如图9-177所示。

图 9-175

图 9-176

图 9-177

课后练习：使用弯度钢笔绘制矢量图形海报

文件路径	资源包\第9章\使用弯度钢笔绘制矢量图形海报
难易指数	⭐⭐⭐⭐⭐
技术掌握	弯度钢笔工具

案例效果

案例效果如图9-178所示。

图 9-178

9.4 矢量对象的编辑操作

在矢量绘图时，最常用到的就是"路径"以及"形状"这两种矢量对象。由于"形状"对象是单独的图层，所以操作方式与图层的操作基本相同。但是"路径"对象是一种"非实体"对象，不依附于图层，也不具有填色描边等属性，只能通过转换为选区后再进行其他操作。所以"路径"对象的操作方法与其他对象有所不同，想要调整"路径"位置，对"路径"进行对齐分布等操作，都需要使用特殊的工具。

要想更改"路径"或"形状"对象的形态，需要使用到"直接选择工具""转换点工具"等工具对路径上锚点的位置进行移动。

[重点]9.4.1 移动路径

如果绘制的是"形状"对象或"像素"，那么只需选中该图层，然后使用"移动工具"进行移动即可。如果绘制的是"路径"，想要改变图形的位置，可以单击工具箱中的"路径选择工具"按钮 ，然后在路径上单击，即可选中该路径，如图9-179所示。按住鼠标左键并拖动光标，可以移动路径所处的位置，如图9-180所示。

图 9-179

图 9-180

 提示："路径选择工具"使用技巧。

如果要移动形状对象中的一个路径，也需要使用"路径选择工具" 。按住Shift键的同时单击可以选择多个路径。按住Ctrl键并单击可以将当前工具转换为"直接选择工具" 。

[重点]9.4.2 动手练：路径操作

当想要制作一些中心镂空的对象，或者想要制作出由几个形状组合在一起的形状或路径时，或是想要从一个图形中去除一部分图形，都可以使用"路径操作"功能。

在使用"钢笔工具"或"形状工具"以"形状模式"或"路径模式"进行绘制时，在选项栏中就可以看到"路径操作"的按钮，单击该按钮，在下拉列表中可以看到多种路径的操

中文版Photoshop 2020从入门到精通（微课视频 全彩版）

作方式。想要使路径进行"相加""相减"，需要在绘制之前就在选项栏中设置好"路径操作"的方式，然后进行绘制。在绘制第一个路径/形状时，选择任何方式都会以"新建图层"的方式进行绘制。在绘制第二个图形时，才会以选定的方式进行运算。

（1）首先需要单击选项栏中的"路径操作"按钮，这里选择"新建图层" ⬚，然后绘制一个图形，如图9-181所示。在"新建图层"状态下绘制下一个图形，生成一个新图层，如图9-182所示。

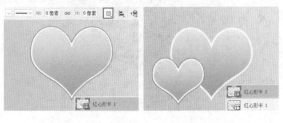

图9-181　　　　　　图9-182

（2）若设置"路径操作"为"合并形状" ⬚，然后绘制图形，新绘制的图形将被添加到原有的图形中，如图9-183所示。若设置"路径操作"为"减去顶层形状" ⬚，然后绘制图形，可以从原有的图形中减去新绘制的图形，如图9-184所示。

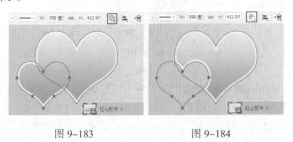

图9-183　　　　　　图9-184

（3）若设置"路径操作"为"与形状区域交叉" ⬚，然后绘制图形，可以得到新图形与原有图形的交叉区域，如图9-185所示。若设置"路径操作"为"排除重叠形状" ⬚，然后绘制图形，可以得到新图形与原有图形重叠部分以外的区域，如图9-186所示。

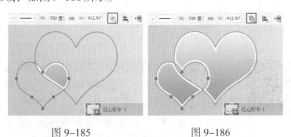

图9-185　　　　　　图9-186

（4）选中多个路径，如图9-187所示。接着选择"合并形状组件" ⬚ 即可将多个路径合并为一个路径，如图9-188所示。

图9-187　　　　　　图9-188

（5）如果已经绘制了一个对象，然后设置"路径操作"，可能会直接产生路径运算效果。例如，先绘制了一个图形，如图9-189所示。然后设置"路径操作"为"减去顶层形状" ⬚，即可得到反方向的内容，如图9-190所示。

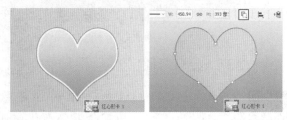

图9-189　　　　　　图9-190

提示：使用"路径操作"的小技巧。

如果当前画面中包括多个路径组成的对象，选中其中一个路径，然后在选项栏中也可以进行路径操作的设置。

课后练习：设置合适的路径操作制作抽象图形

文件路径	资源包\第9章\通过合适的路径操作制作抽象图形
难易指数	★★★★★
技术掌握	合并图层、减去顶层形状

扫一扫，看视频

案例效果

案例最终效果如图9-191所示。

图9-191

9.4.3　变换路径

选择路径或形状对象，使用快捷键Ctrl+T

扫一扫，看视频

调出定界框，接着可以进行变换；也可以右击，在弹出的快捷菜单中选择相应的变换命令，如图9-192所示；还可以执行"编辑→变换路径"菜单下的命令即可对其进行相应的变换。变换路径与变换图像的使用方法是相同的。

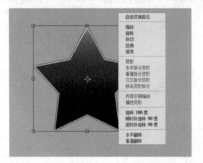

图9-192

9.4.4 对齐、分布路径

对齐与分布可以对路径或形状中的路径进行操作。如果是形状中的路径，则需要所有路径在一个图层内，接着使用"路径选择工具" 选择多个路径，然后单击选项栏中的"路径对齐方式"按钮 ，在弹出的下拉列表中可以对所选路径进行对齐、分布操作，如图9-193所示。图9-194所示为底对齐的效果。路径的对齐与分布与图层的对齐分布的使用方法是一样的。

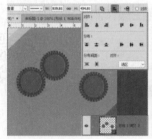

图9-193　　　　　　图9-194

9.4.5 调整路径排列方式

当文档中包含多个路径，或者一个形状图层中包括多个路径时，可以调整这些路径的上下排列顺序，不同的排列顺序会影响到路径运算的结果。选择路径，单击属性栏中的"路径排列方法"按钮 ，在下拉列表中单击并执行相关命令，可以将选中的路径的层级关系进行相应排列，如图9-195所示。

图9-195

9.4.6 动手练：填充路径

"路径"与"形状"对象不同，"路径"不能够直接通过选项栏中进行填充，但是可以通过在"填充路径"命令中进行填充。

首先绘制路径，然后在使用"钢笔工具""选择工具"或"形状工具"（自定义形状工具除外）的状态下，在路径上右击，从弹出的快捷菜单中执行"填充路径"命令，如图9-196所示。随即会打开"填充路径"对话框，在该对话框中可以以前景色、背景色、图案等内容进行填充，使用方法与"填充"对话框一样，如图9-197所示。

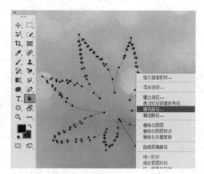

图9-196

图9-197

图9-198所示为使用颜色进行填充的效果，图9-199所示为使用图案进行填充的效果。

图9-198　　　　　　图9-199

9.4.7 动手练：描边路径

"描边路径"命令能够以设置好的绘画工具沿路径的边缘创建描边，如使用画笔、铅笔、橡皮擦、仿制图章等进行路径描边。

（1）设置绘图工具。选择工具箱中的"画笔工具" ，设置合适的前景色和笔尖大小，如图9-200所示。选择一个图层，接着使用"钢笔工具" ，在选项栏中设置"绘制模式"为"路径"，然后绘制路径。路径绘制完成后右击，从弹出的快捷菜单中执行"描边路径"命令，如图9-201所示。

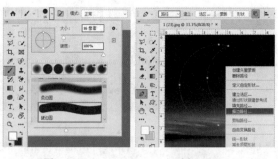

图 9-200　　　　　　　　图 9-201

（2）随即会弹出"描边路径"窗口，单击"工具"按钮，在下拉列表中可以看到多种绘图工具。在这里选择"画笔"，如图 9-202 所示。此时单击"确定"按钮，描边效果如图 9-203 所示。

图 9-202

图 9-203

（3）"模拟压力"选项用来控制描边路径的渐隐效果，若取消勾选该复选框，描边为线性、均匀的效果。"模拟压力"选项可以模拟手绘描边效果。若勾选"模拟压力"复选框，需要在设置画笔工具时，勾选"画笔设置"面板中的"形状动态"复选框，并设置"控制"为"钢笔压力"，如图 9-204 所示。接着在"描边路径"窗口中设置"工具"为"画笔"，勾选"模拟压力"复选框，效果如图 9-205 所示。

图 9-204　　　　　　　　图 9-205

提示：快速描边路径。

　　设置好画笔的参数以后，在使用画笔状态下按 Enter 键可以直接为路径描边。

课后练习：使用矢量工具制作唯美卡片

文件路径	资源包\第9章\使用矢量工具制作唯美卡片
难易指数	★★★★★
技术掌握	椭圆形工具、圆角矩形工具、路径描边

扫一扫，看视频

案例效果

　　案例效果如图 9-206 所示。

图 9-206

重点 9.4.8　删除路径

　　在进行路径描边之后经常需要删除路径。使用"路径选择工具" ▶ 单击选择需要删除的路径，如图 9-207 所示。接着按 Delete 键即可删除，如图 9-208 所示；或者在使用矢量工具状态下右击，执行"删除路径"命令。

图 9-207　　　　　　　　图 9-208

练习实例：使用钢笔工具与形状工具制作企业网站宣传图

文件路径	资源包\第9章\使用钢笔工具与形状工具制作企业网站宣传图
难易指数	★★★★★
技术掌握	钢笔工具、形状工具

扫一扫，看视频

案例效果

案例最终效果如图9-209所示。

图 9-209

操作步骤

步骤 01 执行"文件→新建"命令，新建一个空白文档。单击前景色设置按钮，在弹出的"拾色器"窗口中设置前景色为深蓝色，然后使用前景色填充快捷键Alt+Delete进行填充，如图9-210所示。

图 9-210

步骤 02 选择工具箱中的"矩形工具"□，在选项栏中设置"绘制模式"为"形状"，"填充"为渐变，然后在下拉面板中编辑一个深灰色的渐变，设置渐变类型为"对称的"。在画面上按住鼠标左键向右下角拖动绘制一个矩形，如图9-211所示。

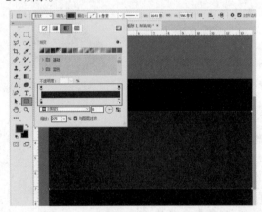

图 9-211

步骤 03 执行"文件→置入嵌入对象"命令，置入素材1.jpg，接着将该图层栅格化，如图9-212所示。单击工具箱中的"钢笔工具"按钮 ⌀，在选项栏中设置"绘制模式"为"路径"，在人像的边缘上单击确定起点，然后沿着人物边缘绘制大致轮廓，如图9-213所示。

图 9-212　　　　　　　图 9-213

步骤 04 对路径形状的进一步编辑。单击工具箱中的"直接选择工具" ▶，将锚点移动到人物的边缘，如图9-214所示。继续进行调整，此时我们绘制的锚点都是尖角，如果需要将尖角调整出平滑的弧度，可以选择工具箱中的"转换角点工具" ▶，在锚点上按住鼠标左键拖动将角点转换为平滑点，然后拖动控制杆调整曲线的走向，如图9-215所示。

图 9-214　　　　　　　图 9-215

步骤 05 继续进行调整，完成效果如图9-216所示。

图 9-216

步骤 06 用快捷键Ctrl+Enter将路径内部转换为选区，使用快捷键Ctrl+Shift+I将选区反选，将人像以外的部分选中，如图9-217所示。接着按下Delete键删除人像以外部分的像素，按下快捷键Ctrl+D取消选择，如图9-218所示。

图 9-217　　　　　　　图 9-218

步骤 07 选择工具箱中的"圆角矩形工具"□，在选项栏中设置"绘制模式"为"形状"，设置"填充"为蓝色，"半径"为20像素，然后在画面中按住鼠标左键拖动绘制一个圆角矩形，如图9-219所示。接着按快捷键Alt+Shift将圆角矩形向下拖动，进行垂直移动并复制，如图9-220所示。

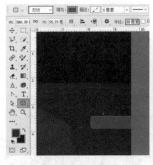 

图9-219　　　　　　　　图9-220

步骤 08 将圆角矩形复制4份，如图9-221所示。选择最下方圆角矩形的图层，双击图层缩览图，在弹出的"拾色器"窗口中设置颜色为橘黄色，设置完成后单击"确定"按钮，如图9-222所示。

图9-221

图9-222

步骤 09 单击工具箱中的"横排文字工具"按钮 **T**，在选项栏上设置合适的字体、字号，设置"文本颜色"为白色，在画面上单击输入文字，如图9-223所示。用同样的方式输入其他文字，如图9-224所示。

图9-223

图9-224

步骤 10 继续输入其他文字，如图9-225所示。加选右侧圆角矩形上相应的文字图层，在选项栏上单击"水平居中对齐"按钮 ▣ 和"垂直居中分布"按钮 ▤，效果如图9-226所示。

图9-225　　　　　　　　图9-226

步骤 11 新建图层，单击工具箱中的"矩形工具" □，在选项栏中设置"绘制模式"为"像素"，"前景色"设置为深灰色，然后在画面中按住鼠标左键并拖动，绘制出一个灰色矩形，如图9-227所示。然后将这个矩形图层移动到"图层"面板中背景色图层的上方，显露出其他图层，最终效果如图9-228所示。

图9-227

图9-228

课后练习：使用矢量工具制作网页广告

扫一扫，看视频

文件路径	资源包\第9章\使用矢量工具制作网页广告
难易指数	★★★★★
技术掌握	椭圆工具、剪贴蒙版、图层样式、钢笔工具

案例效果

案例最终效果如图9-229所示。

图 9-229

9.5 综合实例：红色系化妆品广告

文件路径	资源包\第9章\红色系化妆品广告
难易指数	★★★★★
技术掌握	图层蒙版、钢笔工具、剪贴蒙版、不透明度

案例效果

案例最终效果如图9-230所示。

图 9-230

操作步骤

步骤 01 执行"文件→新建"命令，创建一个宽度为1280像素，高度为720像素的空白文档。单击工具箱底部的"前景色"按钮，在弹出的"拾色器"窗口中设置颜色为红色，然后单击"确定"按钮。在"图层"面板中选择背景图层，使用"前景色填充"快捷键Alt+Delete进行填充，效果如图9-231所示。

图 9-231

步骤 02 创建一个新图层，选择工具箱中的"画笔工具" ✐，在选项栏中单击打开"画笔预设"选取器，在下拉面板中选择一个"柔边圆"画笔，设置"大小"为900像素，设置"硬度"为0%，如图9-232所示。在工具箱底部设置"前景色"为暗红色，选择刚创建的空白图层，在画面的右下角单击鼠标左键绘制，如图9-233所示。

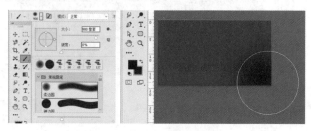

图 9-232　　　　　　　图 9-233

步骤 03 继续使用同样的方法在画面4个角处绘制，如图9-234所示。

步骤 04 制作背景装饰图形。单击工具箱中的"钢笔工具" ✐，在选项栏中设置"绘制模式"为"形状"，"填充"为暗红色，"描边"为无，设置完成后在画面中绘制出一个三角形，如图9-235所示。

图 9-234　　　　　　　图 9-235

步骤 05 在"图层"面板中选中三角形图层，在面板的下方单击"添加图层蒙版"按钮，然后单击工具箱中的"渐变工具"，设置一个黑白系的渐变颜色，接着单击"径向渐变"按钮，选中三角形图层的图层蒙版，回到画面中按住鼠标左键从左下方至右上方拖动，画面效果如图9-236所示。

图 9-236

步骤 06 在"图层"面板中选中三角形图层，在面板中设置"不透明度"为30%，如图9-237所示。接着将其移动至画面的右上角，如图9-238所示。

图 9-237

图 9-238

步骤 07 在"图层"面板中选中三角形图层,使用快捷键Ctrl+J,复制出一个相同的图层,回到画面中将其移动至画面的右侧,如图 9-239 所示。接着在"图层"面板中设置"不透明度"为 100%,如图 9-240 所示。

图 9-239

图 9-240

步骤 08 继续使用同样的方法绘制画面背景中其他装饰图形,如图 9-241 所示。

步骤 09 在"图层"面板中按住 Ctrl 键依次单击加选所有背景装饰图形图层,然后使用编组快捷键 Ctrl+G 将加选图层编组并命名为"背景",如图 9-242 所示。

图 9-241   图 9-242

步骤 10 提亮背景的亮度。执行"图层→新建调整图层→亮度/对比度"命令,在弹出的"新建图层"窗口中单击"确定"按钮。接着在"属性"面板中,设置"亮度"为 41,"对比度"为-22,单击面板下方的 按钮使调色效果只针对下方图层组,如图 9-243 所示。画面效果如图 9-244 所示。

图 9-243   图 9-244

步骤 11 选择工具箱中的"画笔工具",在选项栏中单击打开"画笔预设"选取器,在下拉面板中选择一个"柔边圆"画笔,设置"大小"为 700 像素,设置"硬度"为 0%,如图 9-245所示。在工具箱底部设置"前景色"为黑色,选中"亮度/对比度"图层的图层蒙版,在画面的两侧按住鼠标左键拖动进行涂抹,使两侧不产生调色效果。此时画面效果如图 9-246 所示。

图 9-245

图 9-246

步骤 12 创建"曲线"调整图层，在曲线阴影的位置单击添加控制点，然后将其向左上方拖动，在曲线高光的位置单击添加控制点，将其向右下方拖动，如图9-247所示。弱化画面的对比度，画面效果如图9-248所示。

图 9-247　　　　　　　图 9-248

步骤 13 制作装饰框。单击工具箱中的"钢笔工具" ∅，在选项栏中设置"绘制模式"为"形状"，"填充"为无，"描边"为白色，"描边粗细"为2点。设置完成后在画面左上方单击绘制装饰框（按住Shift键可以方便地绘制出水平垂直的路径），如图9-249所示。接着使用快捷键Ctrl+J，复制出一个相同的图层，然后将其移动到画面的右下角，如图9-250所示。

图 9-249　　　　　　　图 9-250

步骤 14 选中复制出的装饰框，使用"自由变换"快捷键Ctrl+T调出定界框，按住Shift键将其旋转，如图9-251所示。图形调整完毕之后按下Enter键结束变换。此时画面效果如图9-252所示。

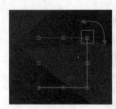

图 9-251　　　　　　　图 9-252

步骤 15 单击工具箱中的"矩形工具" □，在选项栏中设置"绘制模式"为"形状"，单击选项栏中的"填充"，在下拉面板中单击"渐变"按钮 ■，然后编辑一个红色系渐变颜色，选择"线性渐变"，设置"渐变角度"为117。接着回到选项栏中设置"描边"为无，然后在画面中间位置按住鼠标左键拖动绘制一个矩形，效果如图9-253所示。

图 9-253

步骤 16 在"图层"面板中选中矩形，执行"图层→图层样式→投影"命令，在弹出的"图层样式"窗口中设置"混合模式"为"正常"，"颜色"为红色，"不透明度"为75%，"角度"为120度，"距离"为6像素，"大小"为21像素，设置参数如图9-254所示。设置完成后单击"确定"按钮，效果如图9-255所示。

图 9-254　　　　　　　图 9-255

步骤 17 单击工具箱中的"横排文字工具" T，在选项栏中设置合适的字体、字号，文字颜色设置为红色，设置完毕后在画面中合适的位置单击建立文字输入的起始点，接着输入文字，文字输入完毕后按下快捷键Ctrl+Enter，如图9-256所示。

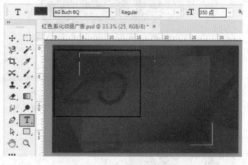

图 9-256

步骤 18 在"图层"面板中选中数字图层，右击，在弹出的快捷菜单中执行"转换为智能对象"命令，如图9-257所示。然后执行"滤镜→杂色→添加杂色"命令，在弹出的"添加杂色"窗口中设置"数量"为7%，选中"高斯分布"单选按钮，单击"确定"按钮，如图9-258所示。画面效果如图9-259所示。

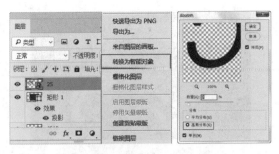

图 9-257   图 9-258

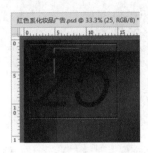

图 9-259

步骤 19 在"图层"面板中选中数字图层,执行"图层→创建剪贴蒙版"命令,超出矩形的区域就被隐藏了,画面效果如图 9-260 所示。

图 9-260

步骤 20 在"图层"面板中选中数字图层,设置"不透明度"为30%,效果如图 9-261 所示。

图 9-261

步骤 21 单击工具箱中的"矩形工具" □,在选项栏中设置"绘制模式"为"形状","填充"为稍浅红色,"描边"为无。设置完成后在渐变矩形右侧按住鼠标左键拖动绘制出一个矩形,如图 9-262 所示。

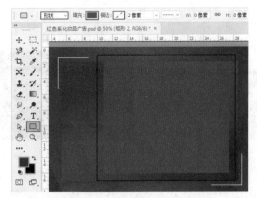

图 9-262

步骤 22 在"图层"面板中选中浅红色矩形,右击,在弹出的快捷菜单中执行"转换为智能对象"命令,如图9-263所示。然后执行"滤镜→杂色→添加杂色"命令,在弹出的"添加杂色"窗口中设置"数量"为4%,选中"高斯分布"单选按钮,单击"确定"按钮,如图9-264所示。画面效果如图9-265所示。

图 9-263   图 9-264

图 9-265

步骤 23 执行"文件→置入嵌入对象"命令,在弹出的"置入嵌入对象"窗口中将化妆品素材依次置入到画面中,摆放在合适位置上,如图9-266所示。

图 9-266

步骤 24 在"图层"面板中按住Ctrl键依次单击加选所有化妆品素材图层,右击,在弹出的快捷菜单中执行"创建剪贴蒙版"命令,如图9-267所示。画面效果如图9-268所示。

图 9-267　　　　　　　图 9-268

图 9-270

步骤 25 制作文字部分。单击工具箱中的"横排文字工具"
T，在选项栏中设置合适的字体、字号，文字颜色设置
为白色，设置完毕后在画面中合适的位置单击建立文字输
入的起始点，接着输入文字，文字输入完毕后按下快捷键
Ctrl+Enter，如图 9-269 所示。继续使用同样的方法制作画面
中其他文字，案例完成效果如图 9-270 所示。

9.6 模拟考试

主题：以"夏季"为主题绘制一幅矢量图。

要求：

（1）画面元素自定；

（2）画面全部元素都要使用矢量工具绘制，如钢笔、形
状工具；

（3）要求颜色搭配合理，体现主题传达的情感；

（4）可在网络搜索"矢量插画"等关键词，获得灵感。

考查知识点：形状绘图模式、钢笔工具、形状工具等。

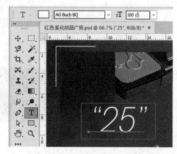

图 9-269

Chapter 10

第10章

扫一扫，看视频

文　字

本章内容简介

　　文字是设计作品中非常常见的元素。文字不仅能用来表述信息，很多时候也起到美化版面的作用。在Photoshop中有着非常强大的文字创建与编辑功能，不仅有多种文字工具可供使用，更有多个参数设置面板可以用来修改文字的效果。本章主要讲解多种类型文字的创建以及文字属性的编辑方法。

重点知识掌握

- 熟练掌握文字工具的使用方法
- 熟练使用字符面板与段落面板进行文字属性的更改

通过本章学习，我能做什么？

　　通过本章的学习，我们可以向版面中添加多种类型的文字元素。掌握了文字工具的使用方法，从标志设计到名片制作，从海报设计到杂志书籍排版，诸如此类的工作都可以进行了。同时，我们还可以结合前面所学的矢量工具以及绘图工具的使用，制作出有趣的艺术字效果。

佳作欣赏

10.1 使用文字工具

在Photoshop的工具箱中右击"横排文字工具"按钮 **T**，打开文字工具组，其中包括4种工具，即"横排文字工具" **T**、"直排文字工具" **⊥T**、"横排文字蒙版工具" **⫶T** 和"直排文字蒙版工具" **⫶T**，如图10-1所示。"横排文字工具"和"直排文字工具"主要用来创建实体文字，如点文字、段落文字、路径文字、区域文字，如图10-2所示；而"直排文字蒙版工具"和"横排文字蒙版工具"则是用来创建文字形状的选区，如图10-3所示。

图 10-1

图 10-2   图 10-3

重点 10.1.1 认识文字工具

"横排文字工具"和"直排文字工具"的使用方法相同，区别在于输入文字的排列方式不同。"横排文字工具"输入的文字是横向排列的，是目前最为常用的文字排列方式，如图10-4所示；而"直排文字工具"输入的文字是纵向排列的，常用于古典感文字以及日文版面的编排，如图10-5所示。

扫一扫，看视频

图 10-4   图 10-5

在输入文字前，需要对文字的字体、大小、颜色等属性进行设置。这些设置都可以在文字工具的选项栏中进行。单击工具箱中的"横排文字工具"按钮 **T**，其选项栏如图10-6所示。

图 10-6

提示：设置文字属性。

可以先在选项栏中设置好合适的参数，再进行文字的输入；也可以在文字制作完成后，选中文字对象，然后在选项栏中更改参数。

- 切换文本取向 **⯑**：单击该按钮，横向排列的文字将变为直排，直排文字将变为横排。图10-7所示为不同方向的文本对比效果。

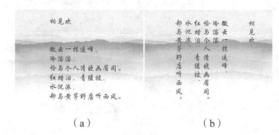

（a）   （b）

图 10-7

- 设置字体系列 `Arial ▾`：在选项栏中单击"设置字体"下拉箭头，并在下拉列表中单击可选择合适的字体。图10-8所示为不同字体的效果。

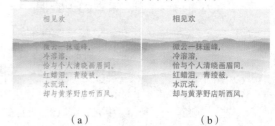

（a）   （b）

图 10-8

- 设置字体样式 `Regular ▾`：字体样式只对部分英文字体有效。输入字符后，可以在该下拉列表中选择需要的字体样式，包含Regular（规则）、Italic（斜体）、Bold（粗体）和Bold Italic（粗斜体）。

- 设置字体大小 **T** `12点 ▾`：如要设置文字的大小，可以直接输入数值，也可以在下拉列表中选择预设的字体大小。图10-9所示为不同字体大小的对比效果。若要改变部分字符的大小，则需要选中需要更改的字符后进行设置。

相见欢   **相见欢**

（a）80点   （b）150点

图 10-9

- 设置消除锯齿的方法 ：输入文字后，可以在该下拉列表框中为文字指定一种消除锯齿的方法。选择"无"时，Photoshop不会消除锯齿，文字边缘会呈现出不平滑的效果；选择"锐利"时，文字的边缘最为锐利；选择"犀利"时，文字的边缘比较锐利；选择"浑厚"时，文字的边缘会变粗一些；选择"平滑"时，文字的边缘会非常平滑。图10-10所示为不同方式的对比效果。

（a）无　（b）锐利　（c）犀利　（d）浑厚　（d）平滑

图 10-10

- 设置文本对齐方式 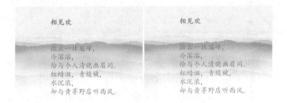：根据输入字符时光标的位置来设置文本对齐方式。图10-11所示为不同对齐方式的对比效果。

图 10-11

- 设置文本颜色 ██：单击该颜色块，在弹出的"拾色器"窗口中可以设置文字颜色。如果要修改已有文字的颜色，可以先在文档中选择文本，然后在选项栏中单击颜色块，在弹出的"拾色器"窗口中设置所需要的颜色。图10-12所示为不同颜色的对比效果。

图 10-12

- 创建文字变形 工：选中文本，单击该按钮，在弹出的"变形文字"窗口中可以为文本设置变形效果。
- 切换字符和段落面板 📋：单击该按钮，可在"字符"面板或"段落"面板之间进行切换。
- 取消所有当前编辑 ⊘：在文本输入或编辑状态下显示该按钮，单击即可取消当前的编辑操作。
- 提交所有当前编辑 ✓：在文本输入或编辑状态下显示该按钮，单击即可确定并完成当前的文字输入或编辑操作。文本输入或编辑完成后，需要单击该按钮，或者按Ctrl+Enter键完成操作。
- 从文本创建3D **3D**：单击该按钮，可将文本对象转换为带有立体感的3D对象。

🐷 提示："直排文字工具"选项栏。

"直排文字工具"与"横排文字工具"的选项栏参数基本相同，区别在于"对齐方式"。其中，▥ 表示顶对齐文本，▥ 表示居中对齐文本，▥ 表示底对齐文本，如图10-13所示。3种对齐方式的对比效果如图10-14所示。

图 10-13

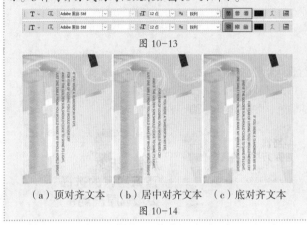

（a）顶对齐文本　（b）居中对齐文本　（c）底对齐文本

图 10-14

[重点] 10.1.2　动手练：创建点文本

"点文本"是最常用的文本形式。在点文本输入状态下输入的文字会一直沿着横向或纵向进行排列，如果输入过多甚至会超出画面显示区域，此时需要按Enter键才能换行。点文本常用于较短文字的输入，如文章标题、海报上少量的宣传文字、艺术字等。

扫一扫，看视频

（1）点文本的创建方法非常简单。单击工具箱中的"横排文字工具"按钮 T，在其选项栏中设置字体、字号、颜色等文字属性。然后在画面中单击（单击处为文字的起点），随即会显示占位符，可以按下键盘上的Backspace或Delete键将占位符删除，然后重新输入文字，如图10-15所示。接着输入文字，文字会沿横向进行排列，如图10-16所示。

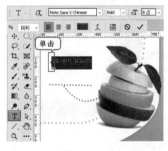

图 10-15　　　　图 10-16

🐷 提示：在文字编辑状态下移动文字位置。

在文字输入状态下将光标移动至文字的附近，光标变为 ▶✛ 形状后按住鼠标左键拖动即可移动文字位置，如

图 10-17 所示。

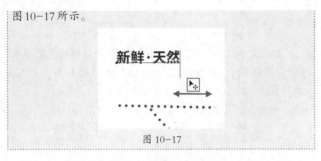

图 10-17

（2）在需要进行换行时，按下键盘上的Enter键进行换行，然后开始输入第二行文字，如图 10-18 所示。文字输入完成后单击选项栏中的 ✔ 按钮（或按快捷键Ctrl+Enter）完成文字的输入，如图 10-19 所示。

图 10-18　　　　　　图 10-19

提示：如何关闭占位符？

　　使用快捷键Ctrl+K打开"首选项"窗口，在"文字"选项卡中取消勾选"使用占位符文本填充新文字图层"复选框，即可关闭占位符的显示，如图 10-20 所示。

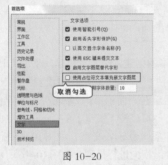

图 10-20

（3）此时在"图层"面板中出现了一个新的文字图层。如果要修改整个文字图层的字体、字号等属性，可以在"图层"面板中单击选中该文字图层，如图 10-21 所示。然后在选项栏或"字符"面板、"段落"面板中更改文字属性，如图 10-22 所示。

图 10-21　　　　　　图 10-22

（4）如果要修改部分字符的属性，可以在文本上按住鼠标左键拖动，选择要修改属性的字符，如图 10-23 所示。然后在选项栏或"字符"面板中修改相应的属性（如字号、颜色等）。完成属性修改后，可以看到只有选中的文字发生了变化，如图 10-24 所示。

图 10-23　　　　　　图 10-24

提示：方便的字符选择方式。

　　在文字输入状态下，单击3次可以选择一行文字；单击4次可以选择整个段落的文字；按Ctrl+A快捷键可以选择所有的文字，或者双击文字图层缩览图即可全选文字，如图 10-25 和图 10-26 所示。

图 10-25　　　　　　图 10-26

（5）文字对象是比较特殊的对象，无法直接进行形状或内部像素的更改。而想要进行这些操作就需要将文字对象转换为普通的图层。在"图层"面板中选择文字图层，然后在图层名称上右击，接着在弹出的菜单中选择"栅格化文字"命令，就可以将文字图层转换为普通图层，如图 10-27 和图 10-28 所示。接着可以在文字图层上进行局部的删除、绘制等操作，如图 10-29 所示。

图 10-27　　　　　　图 10-28

新鲜·天然
百万买家的选择
100%原产地直送

图 10-29

提示：如何在设计作品中使用其他字体？

平面设计作品的制作中经常需要使用各种风格的字体，而计算机自带的字体可能无法满足实际需求，这时就需要安装额外的字体。由于Photoshop中所使用的字体其实是调用操作系统中的系统字体，所以用户只需要把字体文件安装在操作系统的字体文件夹中即可。市面上常见的字体安装文件多种多样，安装方式也略有区别。安装好字体后，重新启动Photoshop，就可以在文字工具选项栏的"设置字体"下拉列表中查找到新安装的字体。

下面列举几种比较常见的字体安装方法。

很多时候我们所用的字体文件是EXE格式的可执行文件，这种字库文件安装比较简单，双击运行并按照提示进行操作即可。

当遇到后缀名为.ttf 、.fon等没有自动安装程序的字体文件时，需要打开"控制面板"（单击计算机桌面左下角的"开始"按钮，在弹出的"开始"菜单中选择"控制面板"命令），然后双击"字体"选项，打开"字体"窗口，接着将字体文件复制到其中即可。

举一反三：制作搞笑表情包

（1）学会了使用"横排文字工具"创建点文本的方法，我们就可以随心所欲地在图像上添加一些文字了，如制作一些有趣的网络"表情包"。找到一张非常可爱的儿童照片，如图10-30所示。由于照片有些大，首先使用"裁剪工具"对画面进行裁剪，如图10-31所示。

扫一扫，看视频

图 10-30

图 10-31

（2）单击工具箱中的"横排文字工具"按钮 **T**，在其选项栏中设置合适的字体以及字号，然后在画面中单击，如图10-32所示。接着就可以输入第一行文字，如图10-33所示。输入第二行文字时，需要按Enter键换行。文字输入完成后，单击选项栏中的"提交所有当前编辑"按钮 ✓，如图10-34所示。

图 10-32

图 10-33　　　　　图 10-34

（3）此时一个搞笑表情包就制作完成了，如图10-35所示。如果尝试为其添加一个圆角的边框，可以使用"圆角矩形工具"进行制作，如图10-36所示。

图 10-35　　　　　图 10-36

练习实例：在选项栏中设置文字属性

文件路径	资源包\第10章\在选项栏中设置文字属性
难易指数	★★★★★
技术掌握	横排文字工具

扫一扫，看视频

案例效果

案例效果如图10-37所示。

图 10-37

操作步骤

步骤 01 执行"文件→新建"命令，新建一个空白文档。设置前景色为天蓝色，按快捷键Alt+Delete填充前景色，如图10-38所示。单击工具箱中的"横排文字工具"按钮 T，在其选项栏中打开"设置字体系列"下拉列表，从中选择一种合适的字体。设置合适的字号，单击"设置文本颜色"按钮，在弹出的"拾色器（文本颜色）"窗口中设置"文本颜色"为蓝色。在画面中单击插入光标，然后输入文字，最后单击选项栏中的"提交所有当前编辑"按钮 ✓，完成操作，如图10-39所示。

图 10-38　　　　　图 10-39

步骤 02 单击工具箱中的"多边形套索工具"按钮 ⋈，在画布上绘制一个多边形选区，如图10-40所示。新建图层，设置前景色为深粉色，按快捷键Alt+Delete填充前景色，然后按快捷键Ctrl+D取消选区，如图10-41所示。

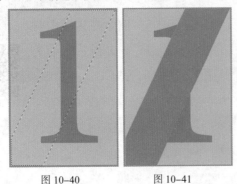

图 10-40　　　　　图 10-41

步骤 03 选择粉色图形的图层，设置其"混合模式"为"色相"，如图10-42所示。此时画面效果如图10-43所示。

步骤 04 单击工具箱中的"多边形套索工具"按钮 ⋈，在其选项栏中设置"绘制模式"为"添加到选区"，在文字下方绘制多个三角形和四边形选区，如图10-44所示。新建一个图层，设置前景色为白色，按快捷键Alt+Delete填充前景色，然后按快捷键Ctrl+D取消选区，如图10-45所示。

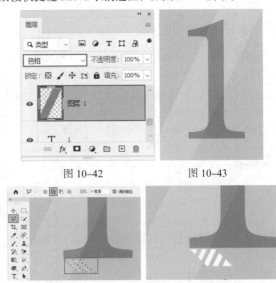

图 10-42　　　　　图 10-43

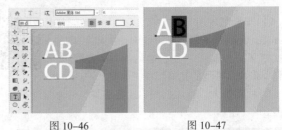

图 10-44　　　　　图 10-45

步骤 05 单击工具箱中的"横排文字工具"按钮 T，在其选项栏中设置合适的字体、字号，设置"文本颜色"为白色，在画布上单击并输入文字，如图10-46所示。接着在字母B的左侧或右侧单击插入光标，然后按住鼠标左键向反方向拖动选中字母B，如图10-47所示。

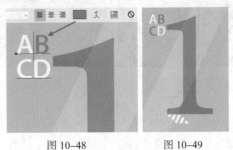

图 10-46　　　　　图 10-47

步骤 06 在选项栏中设置"文本颜色"为蓝色，如图10-48所示。继续更改字母C的颜色，如图10-49所示。

图 10-48　　　　　图 10-49

步骤 07 用同样的方法输入其他的文字，最终效果如图10-50所示。

图 10-50

课后练习：创建点文本制作简约标志

文件路径	资源包\第10章\创建点文本制作简约标志
难易指数	★★★★★
技术掌握	横排文字工具、矩形工具

扫一扫，看视频

案例效果

案例效果如图10-51所示。

图 10-51

[重点]10.1.3 动手练：创建段落文本

顾名思义，"段落文本"是一种用来制作大段文本的常用方式。"段落文本"可以将文字限定在一个矩形范围内，在这个矩形区域中文字会自动换行，而且文字区域的大小还可以方便地进行调整。配合对齐方式的设置，可以制作出整齐排列的效果。"段落文本"常用于书籍、杂志、报纸或其他包含大量整齐排列的文字的版面的设计。

扫一扫，看视频

（1）单击工具箱中的"横排文字工具"按钮**T**，在其选项栏中设置合适的字体、字号、文字颜色、对齐方式，然后在画布中按住鼠标左键拖动，绘制出一个矩形的文本框，如图10-52所示。在其中输入文字，文字会自动排列在文本框中，如图10-53所示。

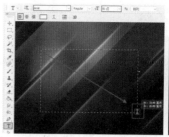

图 10-52   图 10-53

（2）如果要调整文本框的大小，可以将光标移动到文本框边缘处，按住鼠标左键拖动即可，如图10-54所示。随着文本框大小的改变，文字也会重新排列。当定界框较小而不能显示全部文字时，其右下角的控制点会变为 ⊞ 形状，如图10-55所示。

 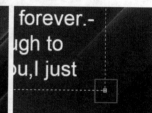

图 10-54   图 10-55

（3）文本框还可以进行旋转。将光标放在文本框一角处，当其变为弯曲的双向箭头↰时，按住鼠标左键拖动，即可旋转文本框，文本框中的文字也会随之旋转（在旋转过程中如果按住Shift键，能够以15°为增量进行旋转），如图10-56所示。单击工具选项栏中的✔按钮或按快捷键Ctrl+Enter完成文本编辑。如果要放弃对文本的修改，可以单击工具选项栏中的⊘按钮或按Esc键。

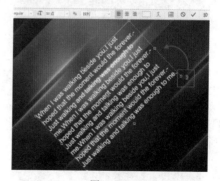

图 10-56

> **提示**：点文本和段落文本的转换。
>
> 如果当前选择的是点文本，执行"文字→转换为段落文本"命令，可以将点文本转换为段落文本；如果当前选择的是段落文本，执行"文字→转换为点文本"命令，可以将段落文本转换为点文本。

练习实例：创建段落文本制作男装宣传页

文件路径	资源包\第10章\创建段落文本制作男装宣传页
难易指数	★★★★★
技术掌握	创建段落文字、段落面板

案例效果

案例效果如图10-57所示。

图10-57

操作步骤

步骤 01 新建一个"宽度"为17厘米，"高度"为12厘米的空白文档。设置前景色为蓝灰色，按快捷键Alt+Delete为背景填充颜色，如图10-58所示。

图10-58

步骤 02 执行"文件→置入嵌入对象"命令，在弹出的"置入嵌入对象"窗口中置入素材1.png。接着将置入对象调整到合适的大小、位置，按Enter键完成置入操作。然后执行"图层→栅格化→智能对象"命令，将该图层栅格化，效果如图10-59所示。

图10-59

步骤 03 单击工具箱中的"横排文字工具"按钮 **T**，在其选项栏中设置合适的字体、字号，设置"文本颜色"为白色，在画面右下角单击并输入标题文字，然后单击选项栏中的"提交所有当前编辑"按钮 ✓，如图10-60所示。用同样的方法输入其他标题文字，如图10-61所示。

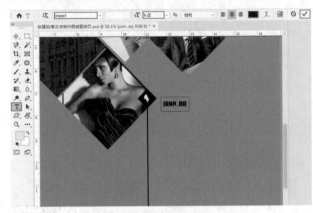

图10-60

图10-61

步骤 04 继续使用"横排文字工具" **T**，在标题文字下方，按住鼠标左键向右下角拖动，绘制一个段落文本框，如图10-62所示。在选项栏中设置合适的字体、字号，设置"文本颜色"为白色，在文本框中输入文字，如图10-63所示。文字输入完成后按下快捷键Ctrl+Enter提交操作。

图10-62   图10-63

步骤 05 选择段落文字所在的图层，执行"窗口→字符"命令，打开"字符"面板，单击"全部大写字母"按钮 **TT**，效果如图10-64所示。接着执行"窗口→段落"命令，打开"段落"面板，单击"最后一行左对齐"按钮 ▤，段落文字效果如图10-65所示。案例完成效果如图10-66所示。

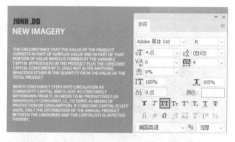

图 10-64

图 10-65

图 10-66

课后练习：创意字符画

文件路径	资源包\第10章\创意字符画
难易指数	★★★★★
技术掌握	横排文字工具

扫一扫，看视频

案例效果

案例效果如图 10-67 所示。

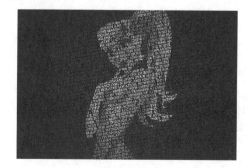

图 10-67

【重点】10.1.4 动手练：创建路径文字

前面介绍的两种文字都是排列比较规则的，但是有的时候我们可能需要一些排列得不那么规则的文字效果，如使文字围绕在某个图形周围、使文字像波浪线一样排布。这时就要用到"路径文字"功能了。"路径文字"比较特殊，它是使用"横排文字工具"或"直排文字工具"创建出的依附于"路径"上的一种文字类型。依附于路径上的文字会按照路径的形态进行排列，如图 10-68 和图 10-69 所示。

扫一扫，看视频

 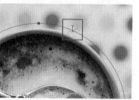

图 10-68   图 10-69

为了制作路径文字，需要先绘制路径，如图 10-70 所示。然后将"横排文字工具"移动到路径上并单击，此时路径上出现了文字的输入点，如图 10-71 所示。

图 10-70   图 10-71

输入文字后，文字会沿着路径进行排列，如图 10-72 所示。改变路径形状时，文字的排列方式也会随之发生改变，如图 10-73 所示。

图 10-72

图 10-73

课后练习：路径文字

文件路径	资源包\第10章\路径文字
难易指数	★★★★★
技术掌握	路径文字

扫一扫，看视频

案例效果

案例效果如图10-74所示。

图 10-74

10.1.5 动手练：创建区域文本

"区域文本"与"段落文本"比较相似，都是被限定在某个特定的区域内。"段落文本"处于一个矩形的文本框内，而"区域文本"的外框则可以是任何图形。图10-75和图10-76所示为含有区域文字的作品。

扫一扫，看视频

图 10-75　　　　图 10-76

首先绘制一条闭合路径，然后单击工具箱中的"横排文字工具"按钮 **T**，在其选项栏中设置合适的字体、字号及文本颜色。将光标移动至路径内，当它变为 形状，单击即可插入光标，如图7-77所示。输入文字，可以看到文字只在

路径内排列。文字输入完成后，单击选项栏中的"提交所有当前编辑"按钮 ✔，完成区域文本的制作，如图7-78所示。单击其他图层即可隐藏路径，如图7-79所示。

图 7-77

图 7-78　　　　　　图 7-79

课后练习：创建区域文本制作杂志内页

文件路径	资源包\第10章\创建区域文本制作杂志内页
难易指数	★★★★★
技术掌握	创建区域文本

扫一扫，看视频

案例效果

案例效果如图10-80所示。

图 10-80

10.1.6 动手练：制作变形文字

扫一扫，看视频

在制作艺术字效果时，经常需要对文字进行变形。利用Photoshop提供的"创建文字变形"功能，可以多种方式进行文字的变形。选中需要变形的文字图层，在使用文字工具的状态下，在选项栏中单击"创建文字变形"按钮 ，如图10-81所示。

中文版Photoshop 2020从入门到精通（微课视频 全彩版）

打开"变形文字"对话框，从"样式"下拉列表中选择变形文字的方式，然后分别设置文本扭曲的方向以及"弯曲""水平扭曲""垂直扭曲"等参数，单击"确定"按钮，即可完成文字的变形，如图10-82所示。图10-83所示为选择不同变形方式产生的文字效果。

图 10-81

图 10-82　　　　　　　　图 10-83

- 水平/垂直：选中"水平"单选按钮时，文本扭曲的方向为水平方向，如图10-84所示；选中"垂直"单选按钮时，文本扭曲的方向为垂直方向，如图10-85所示。

图 10-84　　　　　　　　图 10-85

- 弯曲：用来设置文本的弯曲程度。图10-86所示为设置不同参数值时的变形效果。

（a）弯曲：100　　　　　（b）弯曲：-100

图 10-86

- 水平扭曲：用来设置水平方向的透视扭曲变形的程度。图10-87所示为设置不同参数值时的变形效果。

（a）水平扭曲：-100　　　（b）水平扭曲：100

图 10-87

- 垂直扭曲：用来设置垂直方向的透视扭曲变形的程度。图10-88所示为设置不同参数值时的变形效果。

（a）垂直扭曲：-100　　　（b）垂直扭曲：100

图 10-88

 提示：为什么"变形文字"不可用？

如果所选的文字对象被添加了"仿粗体"样式 **T**，那么在使用"变形文字"功能时可能会出现不可用的提示。此时只需单击"确定"按钮，即可去除"仿粗体"样式，并继续使用"变形文字"功能。

课后练习：变形艺术字

文件路径	资源包\第10章\变形艺术字
难易指数	★★★★★
技术掌握	变形文字、图层样式

扫一扫，看视频

案例效果

案例效果如图10-89所示。

图 10-89

10.1.7　文字蒙版工具：创建文字选区

与其称"文字蒙版工具"为"文字工具"，不如称之为"选区工具"。"文字蒙版工具"主要用于创建文字的选区，而不是实体文字。虽然文

扫一扫，看视频

字选区并不是实体，但是文字选区在设计制图过程中也是很常用的，如以文字选区对画面的局部进行编辑，或者从图像中复制出局部文字内容等。

（1）使用"文字蒙版工具"创建文字选区的方法与使用文字工具创建文字对象的方法基本相同，而且设置字体、字号等属性的方式也是相同的。Photoshop中包含两种文字蒙版工具："横排文字蒙版工具"和"直排文字蒙版工具"。这两种工具的区别在于创建出的文字选区方向不同，如图10-90和图10-91所示。

图 10-90　　　　　　　　　图 10-91

（2）下面以使用"横排文字蒙版工具"为例进行说明。单击工具箱中的"横排文字蒙版工具"，在其选项栏中进行字体、字号、对齐方式等设置，然后在画面中单击，画面被半透明的蒙版所覆盖，如图10-92所示。输入文字，文字部分显现出原始图像内容，如图10-93所示。文字输入完成后，在选项栏中单击"提交所有当前编辑"按钮 ✓，文字将以选区的形式出现，如图10-94所示。

图 10-92

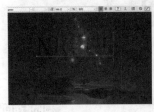 

图 10-93　　　　　　　　　图 10-94

（3）在文字选区中，可以进行填充（前景色、背景色、渐变色、图案等），如图10-95所示。也可以对选区中的图案内容进行编辑，如图10-96所示。

图 10-95　　　　　　　　　图 10-96

（4）在使用文字蒙版工具输入文字时，将光标移动到文字以外区域，光标会变为移动状态，如图10-97所示。此时按住鼠标左键拖动，可以移动文字蒙版的位置，如图10-98所示。

图 10-97　　　　　　　　　图 10-98

课后练习：使用文字蒙版工具制作美食画册封面

扫一扫，看视频

文件路径	资源包\第10章\使用文字蒙版工具制作美食画册封面
难易指数	★★★★★
技术掌握	横排文字蒙版工具

案例效果

案例效果如图10-99所示。

图 10-99

10.1.8　使用"字形"面板创建特殊字符

字形是特殊形式的字符。字形是由具有相同整体外观的字体构成的集合，它们是专为一起使用而设计的。执行"窗口→字形"命令，打开"字形"面板，如图10-100所示。首先在上方"字体"下拉列表中选择一种字体，在下面的表格中就会显示出当前字体的所有字符和符号。在文字输入状态下，双击"字形"面板中的字符，即可在画面中输入该字符，如图10-101和图10-102所示。

图 10-100

图 10-101

图 10-102

10.2 文字属性的设置

在文字属性的设置方面，利用文字工具选项栏是最方便的设置方式，但是在选项栏中只能对一些常用的属性进行设置，而对于间距、样式、缩进、避头尾法则等选项的设置则需要使用"字符"面板和"段落"面板。这两个面板是我们进行文字版面编排时最常用的功能。

扫一扫，看视频

重点 10.2.1 "字符"面板

虽然在文字工具的选项栏中可以进行一些文字属性的设置，但并未包括所有的文字属性。执行"窗口→字符"命令，打开"字符"面板，该面板是专门用来定义页面中字符的属性的。在"字符"面板中，除了能对常见的字体系列、字体样式、字体大小、文本颜色和消除锯齿的方法等进行设置，还可以对行距、字距等字符属性进行设置，如图10-103所示。

● 设置行距 ：行距就是上一行文字基线与下一行文字基线之间的距离。选择需要调整的文字图层，然后在"设置行距"文本框中输入行距值或在下拉列表中选择预设的行距值，然后按Enter键即可。图10-104所示为不同参数的对比效果。

字符

字体系列—	Adobe 黑体 Std	—字体样式
字体大小—T 12点	↓▲(自动)	—设置行距
字距微调—	Ⅶ	—字距调整
比例间距— 0%		
垂直缩放—T 100%	T 100%	—水平缩放
基线偏移—↓ 0点	颜色	—文本颜色
	—文字样式
	—OpenType功能
语言— 美国英语	锐利	—消除锯齿

图 10-103

（a）行距：24点　　　（b）行距：48点
图 10-104

● 字距微调 VA：用于设置两个字符之间的字距微调。在设置时，先要将光标插入到需要进行字距微调的两个字符之间，然后在该文本框中输入所需的字距微调数值（也可在下拉列表中选择预设的字距微调数值）。输入正值时，字距会扩大；输入负值时，字距会缩小。图10-105所示为不同参数的对比效果。

（a）字距微调：0　　　　　（b）字距微调：150
图 10-105

● 字距调整 VA：用于设置所选字符的字距调整。输入正值时，字距会扩大；输入负值时，字距会缩小。图10-106所示为不同参数的对比效果。

（a）字距：-100　　（b）字距：0　　（c）字距：300
图 10-106

● 比例间距 ：比例间距是按指定的百分比来减少字符周围的空间，因此字符本身并不会被伸展或挤压，而是字符之间的间距被伸展或挤压了。图10-107所示为不同参数的对比效果。

（a）比例间距：0　　　　（b）比例间距：100
图 10-107

● 垂直缩放 ⅠT/水平缩放 Ⅰ：用于设置文字的垂直或水平缩放比例，以调整文字的高度或宽度。图10-108所示为不同参数的对比效果。

（a）垂直缩放：100%　（b）垂直缩放：200%　（c）垂直缩放：100%
　　水平缩放：100%　　　水平缩放：100%　　　水平缩放：200%

图 10-108

- 基线偏移 <u>A</u>：用于设置文字与文字基线之间的距离。输入正值时，文字会上移；输入负值时，文字会下移。图 10-109 所示为不同参数的对比效果。

（a）基线偏移：0　（b）基线偏移：100　（c）基线偏移：50

图 10-109

- 文字样式 **T** *T* TT Tr T¹ T₁ T T：用于设置文字的特殊效果，包括仿粗体**T**、仿斜体*T*、全部大写字母TT、小型大写字母Tr、上标T¹、下标T₁、下划线T、删除线T，如图 10-110 所示。

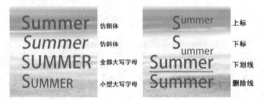

图 10-110

- Open Type功能 fi 𝓸 st 𝒜 ad T 1ˢᵗ ½：包括标准连字fi、上下文替代字𝓸、自由连字st、花饰字𝒜、替代样式ad、标题替代字T、序数字1ˢᵗ、分数字½。
- 语言设置：对所选字符进行有关联字符和拼写规则的语言设置。
- 消除锯齿方式：输入文字后，可以在该下拉列表框中为文字指定一种消除锯齿的方法。

[重点]10.2.2　"段落"面板

　　"段落"面板用于设置文字段落的属性，如文本的对齐方式、缩进方式、避头尾法则设置、间距组合设置、连字等。在文字工具选项栏中单击"切换字符"和"段落"面板按钮或执行"窗口→段落"命令，打开"段落"面板，如图 10-111 所示。

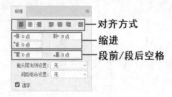

图 10-111

- 左对齐文本 ▤：文本左对齐，段落右端参差不齐，如图 10-112 所示。
- 居中对齐文本 ▤：文本居中对齐，段落两端参差不齐，如图 10-113 所示。

图 10-112　　　　　图 10-113

- 右对齐文本 ▤：文本右对齐，段落左端参差不齐，如图 10-114 所示。
- 最后一行左对齐 ▤：最后一行左对齐，其他行左右两端强制对齐。段落文本、区域文字可用，点文本不可用，如图 10-115 所示。

图 10-114　　　　　图 10-115

- 最后一行居中对齐 ▤：最后一行居中对齐，其他行左右两端强制对齐。段落文本、区域文字可用，点文本不可用，如图 10-116 所示。
- 最后一行右对齐 ▤：最后一行右对齐，其他行左右两端强制对齐。段落文本、区域文字可用，点文本不可用，如图 10-117 所示。

图 10-116　　　　　图 10-117

- 全部对齐 ▤：在字符间添加额外的间距，使文本左右两端强制对齐。段落文本、区域文字、路径文字可用，点文本不可用，如图 10-118 所示。

图 10-118

当文字纵向排列（即直排）时，对齐按钮会发生一些变化，如图10-119所示。

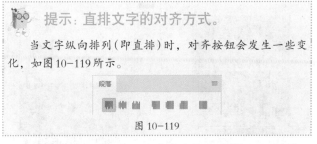

图10-119

- 左缩进 →≡：用于设置段落文本向右（横排文字）或向下（直排文字）的缩进量，如图10-120所示。
- 右缩进 ≡←：用于设置段落文本向左（横排文字）或向上（直排文字）的缩进量，如图10-121所示。

图10-120　　　　　图10-121

- 首行缩进 →≡：用于设置段落文本中每个段落的第1行向右（横排文字）或第1列文字向下（直排文字）的缩进量，如图10-122所示。
- 段前添加空格 →≡：设置光标所在段落与前一个段落之间的间隔距离，如图10-123所示。

图10-122　　　　　图10-123

- 段后添加空格 ≡→：设置光标所在段落与后一个段落之间的间隔距离，如图10-124所示。

图10-124

- 避头尾法则设置：在中文书写习惯中，标点符号通常不会位于每行文字的第一位（日文的书写也遵循相同的规则），如图10-125所示。在Photoshop中可以通过设置"避头尾法则设置"来设定不允许出现在行首或行尾的字符。"避头尾"功能只对段落文本或区域文字起作用。默认情况下，"避头尾法则设置"为"无"；单击右侧的下拉按钮，在弹出的下拉列表框中选择"JIS严格"或"JIS宽松"，即可使位于行首的标点符号位置发生改变，如图10-126所示。

图10-125　　　　　　　　图10-126

- 间距组合设置：为日语字符、罗马字符、标点、特殊字符、行开头、行结尾和数字的间距指定文本编排方式。选择"间距组合1"选项，可以对标点使用半角间距；选择"间距组合2"选项，可以对行中除最后一个字符外的大多数字符使用全角间距；选择"间距组合3"选项，可以对行中的大多数字符和最后一个字符使用全角间距；选择"间距组合4"选项，可以对所有字符使用全角间距。
- 连字：勾选"连字"复选框后，在输入英文单词时，如果段落文本框的宽度不够，英文单词将自动换行，并在单词之间用连字符连接起来，如图10-127所示。

图10-127

练习实例：网店粉笔字公告

文件路径	资源包\第10章\网店粉笔字公告
难易指数	★★★★★
技术掌握	文字工具的使用、栅格化文字、图层蒙版

扫一扫，看视频

案例效果

案例效果如图10-128所示。

图10-128

操作步骤

步骤 01 执行"文件→打开"命令,打开黑板素材1.jpg,如图10-129所示。在工具箱中选择"横排文字工具" **T**,在其选项栏中设置合适的字体、字号及颜色,然后在画面中输入文字,如图10-130所示。

图 10-129　　　　　　　　图 10-130

步骤 02 更改部分字符为其他颜色,如图10-131所示。在文字图层上右击,在弹出的快捷菜单中选择"栅格化文字"命令,使文字图层转换为普通图层,如图10-132所示。

图 10-131　　　　　　　　图 10-132

步骤 03 按住Ctrl键单击文字图层缩略图,载入文字选区。选择文字图层,单击"图层"面板底部的"添加图层蒙版"按钮,为文字图层添加图层蒙版。单击选中图层蒙版,执行"滤镜→像素化→铜版雕刻"命令,在弹出的"铜版雕刻"窗口中选择"类型"为"中长描边",此时蒙版中白色文字部分出现了黑色的纹理,如图10-133所示。单击"确定"按钮,文字内容上也产生了局部隐藏的效果,如图10-134所示。

图 10-133　　　　　　　　图 10-134

步骤 04 继续执行"滤镜→像素化→铜版雕刻"命令,在弹出的"铜版雕刻"窗口中选择"类型"为"粗网点",如图10-135所示。如需加深效果,按快捷键Ctrl+Alt+F,再次执行"铜版雕刻"命令,效果如图10-136所示。

图 10-135　　　　　　　　图 10-136

步骤 05 在工具箱中选择"画笔工具" **✐**,在其选项栏中设置不规则的画笔笔刷并适当调整橡皮"不透明度";然后在文字蒙版上进行涂抹,使文字产生若隐若现的效果,如图10-137所示。

图 10-137

课后练习:使用"字符"面板与"段落"面板编辑文字属性

文件路径	资源包\第10章\使用"字符"面板与"段落"面板编辑文字属性
难易指数	★★★★★
技术掌握	"字符"面板、"段落"面板

扫一扫,看视频

案例效果

案例效果如图10-138所示。

图 10-138

10.3 编辑文字

文字是一类特殊的对象，既具有文本属性，又具有图像属性。Photoshop虽然不是专业的文字处理软件，但也具有文字内容的编辑功能，如查找并替换文本等。除此之外，还可以将文字对象转换为位图、形状图层，以及自动识别图像中包含的文字的字体。

【重点】10.3.1　栅格化：将文字对象变为普通图层

在Photoshop中经常会进行栅格化操作，如栅格化智能对象、栅格化图层样式、栅格化3D对象等。而这些操作通常都是指将特殊对象变为普通对象的过程。文字也是比较特殊的对象，无法直接进行形状或内部像素的更改。而想要进行这些操作，就需要将文字对象转换为普通图层。此时"栅格化文字"命令就派上用场了。

扫一扫，看视频

在"图层"面板中选择文字图层，然后在图层名称上右击，在弹出的快捷菜单中选择"栅格化文字"命令，如图10-139所示，就可以将文字图层转换为普通图层，如图10-140所示。

图 10-139　　　　　图 10-140

练习实例：栅格化文字对象制作火焰字

文件路径	资源包\第10章\栅格化文字对象制作火焰字
难易指数	★★★★★
技术掌握	"栅格化文字"命令、"栅格化图层样式"命令、"液化"命令

扫一扫，看视频

案例效果

案例效果如图10-141所示。

图 10-141

操作步骤

步骤 01 执行"文件→打开"命令，打开素材1.jpg。单击工具箱中的"横排文字工具"按钮T，在其选项栏中设置合适的字体、字号，设置"文本颜色"为深红色，在画面中单击插入光标，然后输入文字，如图10-142所示。

图 10-142

步骤 02 在"图层"面板中选择文字图层，执行"图层→图层样式→内发光"命令，在弹出的"图层样式"窗口中设置"混合模式"为"正常"，"不透明度"为100%，"内发光颜色"为黄色，"方法"为"精确"，选中"边缘"单选按钮，设置"阻塞"为60%，"大小"为10像素，"范围"为50%，如图10-143所示。此时画面效果如图10-144所示。

图 10-143　　　　　图 10-144

步骤 03 在左侧的"样式"列表框中勾选"投影"复选框，设置"混合模式"为"正常"，"阴影颜色"为红色，"不透明度"为75%，"角度"为30度，"扩展"为36%，"大小"为16像素，单击"确定"按钮完成设置，如图10-145所示。此时画面效果如图10-146所示。

图 10-145　　　　　图 10-146

步骤 04 在"图层"面板中选择文字图层，右击，在弹出的快捷菜单中选择"栅格化文字"命令，如图10-147所示。接着右击文字图层，在弹出的快捷菜单中选择"栅格化图层样式"命令，如图10-148所示。

图 10-147　　　　　　　图 10-148

步骤 05 选择文字图层，执行"滤镜→液化"命令，在弹出的"液化"窗口中单击"向前变形工具"按钮，设置"大小"为180，"浓度"为50，在画面中针对文字进行涂抹，达到文字变形的目的。单击"确定"按钮完成设置，如图10-149所示。文字效果如图10-150所示。

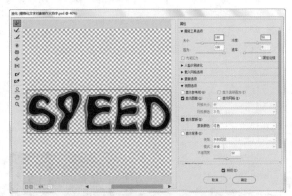

图 10-149

图 10-150

步骤 06 执行"文件→置入嵌入对象"命令，置入火焰素材2.png，并将其调整到合适的大小、位置，然后按Enter键完成置入。最后将该图层栅格化，如图10-151所示。

步骤 07 处理文字与火焰处的衔接效果。选择火焰文字，单击"图层"面板底部的"添加图层蒙版"按钮，为该图层添加图层蒙版，如图10-152所示。接着使用黑色的柔角画笔在文字上半部涂抹，如图10-153所示。

图 10-151　　　　　　　图 10-152

图 10-153

步骤 08 涂抹完成后，文字上半部分呈现出半透明效果，如图10-154所示。

图 10-154

课后练习：奶酪文字

扫一扫，看视频

文件路径	资源包\第10章\奶酪文字
难易指数	★★★★★
技术掌握	横排文字工具

案例效果

案例效果如图10-155所示。

图 10-155

10.3.2 动手练：将文字对象转化为形状图层

"转换为形状"命令可以将文字对象转换为矢量的"形状图层"。转换为形状图层后，就可以使用钢笔工具组和选择工具组中的工具对文字的外形进行编辑。由于文字对象变为了矢量对象，所以在变形的过程中，文字是不会变模糊的。通常在制作一些变形艺术字的时候，需要将文字对象转换为形状图层。

（1）选择文字图层，然后在图层名称上右击，在弹出的快捷菜单中选择"转换为形状"命令，文字图层就变为了形状图层，如图10-156和图10-157所示。

图 10-156   图 10-157

（2）使用"直接选择工具" ▷ 调整锚点位置，或者使用钢笔工具组中的工具在形状上添加锚点并调整锚点形态（与矢量制图的方法相同），制作出形态各异的艺术字效果，如图10-158和图10-159所示。

图 10-158   图 10-159

课后练习：将文字转换为形状制作创意流淌文字

文件路径	资源包\第10章\将文字转换为形状制作创意流淌文字
难易指数	★★★★★
技术掌握	转换为形状命令

扫一扫，看视频

案例效果

案例效果如图10-160所示。

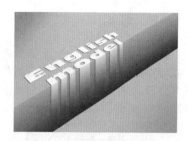

图 10-160

10.3.3 动手练：创建文字路径

想要获取文字对象的路径，可以选中文字图层，右击，在弹出的快捷菜单中选择"创建工作路径"命令，即可得到文字的路径，如图10-161和图10-162所示。得到了文字的路径后，可以对路径进行描边、填充或创建矢量蒙版等操作。

图 10-161   图 10-162

提示：旧版本中的"文字"菜单。

"文字"菜单中包含很多对文字对象进行编辑的命令，但是在某些Photoshop旧版本的菜单栏中可能找不到"文字"菜单项。在这些旧版本中，"文字"菜单可能显示为"类型"，其中包含的命令基本相同。

课后练习：创建文字路径制作斑点字

文件路径	资源包\第10章\创建文字路径制作斑点字
难易指数	★★★★★
技术掌握	创建文字路径、路径描边

扫一扫，看视频

案例效果

案例效果如图10-163所示。

图 10-163

10.3.4　动手练：使用占位符文本

在使用Photoshop制作包含大量文字的版面时，通常需要对版面中内容的摆放位置以及所占区域进行规划。此时利用"占位符"功能可以快速输入文字，填充文本框。在设置好文本的属性后，在修改时只需删除占位符文本，并重新贴入需要使用的文字即可。

"粘贴Lorem Ipsum"常用于段落文本中。使用"横排文字工具" **T** 绘制一个文本框，如图10-164所示。执行"文字→粘贴Lorem Ipsum"命令，文本框即可快速被字符填满，如图10-165所示。如果使用"横排文字工具"在画面中单击，执行"文字→粘贴Lorem Ipsum"命令，会自动出现很多的字符沿横向排列，甚至超出画面，如图10-166所示。

图 10-164　　　　　图 10-165

图 10-166

10.3.5　动手练：查找和替换文本

执行"编辑→查找和替换文本"命令，打开"查找和替换文本"对话框，在"查找内容"文本框中输入要查找的内容，在"更改为"文本框中输入要更改为的内容，然后单击"更改全部"按钮，即可进行全部更改，如图10-167和图10-168所示。更改效果如图10-169所示，这种方式比较适合统一进行更改。

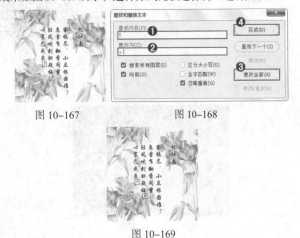

图 10-167　　　　　图 10-168

图 10-169

提示：替换文字时，并不是所有时候都需要单击"更改全部"按钮。

如果不想统一更改，而是逐一查找要更改的内容，并决定是否更改，可以单击"查找下一个"按钮，随即查找的内容就会高光显示。如果需要更改，则单击"更改"按钮，即可进行更改；如不需要更改，则再次单击"查找下一个"按钮继续查找。

10.3.6　解决文档中的字体问题

在平面设计工作中，经常会遇到字体问题。例如，打开PSD格式的设计作品源文件时提示"缺失字体"；文字图层上有一个黄色感叹号 **T**；对文字图层进行变换时提示"用于文字图层的以下字体已丢失"。遇到这些情况不要怕，这都是由于缺少相应的字体文件造成的。解决缺失字体有两种办法：一是获取并重新安装原本缺失的字体；二是替换成其他字体。想要对缺失的字体进行替换，可以执行"文字→替换所有欠缺字体"命令。

例如，打开一个缺少字体的文件，在弹出的"缺失字体"对话框中可以看到缺失的字体的名称。打开其右侧的下拉列表，从中可以选择用于替换的字体。如果不想替换，可以单击"不要解决"按钮，如图10-170所示。执行"文字→解析缺失字体"命令，可以重新打开"缺失字体"对话框。

在对缺失字体的文字图层进行自由变换操作时，将弹出"用于文本图层的以下字体已丢失"提示对话框。此时对文字进行自由变换可能会使文字变模糊，如果仍要进行自由变换，可以单击"确定"按钮，如图10-171所示。

图 10-170

图 10-171

中文版Photoshop 2020从入门到精通（微课视频 全彩版）

10.4 使用字符样式/段落样式

　　字符样式与段落样式指的是在Photoshop中定义的一系列文字属性合集，其中包括文字的大小、间距、对齐方式等一系列的属性。通过设定好的一系列字符样式、段落样式，可以在进行大量文字排版的时候快速调用这些样式，使包含大量文字的版面快速变得规整起来。尤其是杂志、画册、书籍以及带有相同样式的文字对象的排版中，经常需要用到这项功能，如图10-172~图10-175所示。

图 10-172　　　　　　　　图 10-173

图 10-174　　　　　　　　图 10-175

10.4.1　字符样式、段落样式

　　在"字符样式"面板和"段落样式"面板中，可以将字体、大小、间距、对齐等属性定义为"样式"，存储在"字符样式"面板和"段落样式"面板中，也可以将"样式"赋予到其他文字上，使之产生相同的文字样式。如图10-176所示。

　　"段落样式"面板与"字符样式"面板的使用方法相同，都可以进行文字某些样式的定义、编辑与调用，区别在于"字符样式"面板主要用于类似标题文字的较少文字的排版，而"段落样式"面板则多用于类似正文的大段文字的排版，如图10-177所示。

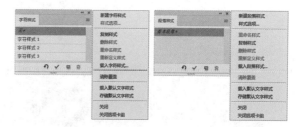

图 10-176　　　　　　　　图 10-177

- 清除覆盖 🔄：单击该按钮，可以清除当前文字样式。
- 通过合并覆盖重新定义字符样式/段落样式 ✔：单击该按钮，即可将当前所选文字的属性，覆盖到当前所选的"字符样式"或"段落样式"中，使所选样式产生与此文字相同的属性。
- 创建新的字符样式/段落样式 ➕：单击该按钮，可以创建新的字符样式/段落样式。
- 删除当前字符样式/段落样式 🗑：单击该按钮，可以将当前选中的字符样式或段落样式组删除。

[重点]10.4.2　动手练：使用字符样式/段落样式

　　"字符样式"与"段落样式"的使用方法相同，下面以"字符样式"为例进行讲解。

1. 新建样式

　　在"字符样式"面板中单击"创建新的字符样式"按钮 ➕，如图10-178所示。然后双击新建的字符样式，打开"字符样式选项"对话框。该对话框由"基本字符格式""高级字符格式"与"OpenType功能"3个选项卡组成，囊括了"字符"面板中的大部分选项，从中可以对字符样式进行详细的编辑，如图10-179~图10-181所示。

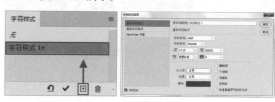

图 10-178　　　　　　　　图 10-179

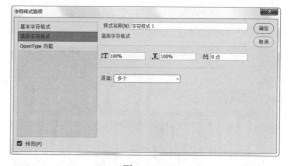

图 10-180

图 10-181

2. 以当前文字属性定义新样式

如要将当前文字样式定义为可以调用的"字符样式"，可以在"字符样式"面板中单击"创建新的字符样式"按钮 ，创建一个新的样式，如图 10-182 所示。选中所需文字图层，在"字符样式"面板中选中新建的样式，在该样式名称的后方会出现符号"+"，单击"通过合并覆盖重新定义字符样式"按钮 ，如图 10-183 所示，接着符号"+"消失，当前样式变为与所选字符相同的样式，如图 10-184 所示。

图 10-182　　　　　　　图 10-183

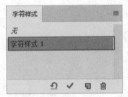

图 10-184

3. 应用样式

如要为某个文字图层应用新定义的字符样式，则需要选中该文字图层，然后在"字符样式"面板中单击所需样式即可，如图 10-185 和图 10-186 所示。

图 10-185　　　　　　　图 10-186

4. 去除样式

如要去除当前文字图层的样式，可以选中该文字图层，在"字符样式"面板中单击"无"即可，如图 10-187 所示。

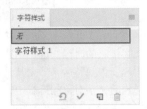

图 10-187

> 提示：载入其他文档的字符样式。
>
> 可以将另一个PSD文档的字符样式置入到当前文档中。打开"字符样式"面板，单击右上角的按钮 ，在弹出的菜单中选择"载入字符样式"命令，在弹出的"载入"对话框中找到需要置入的素材，双击即可将该文件包含的样式置入到当前文档中。

练习实例：使用文字工具制作设计感文字招贴

文件路径	资源包\第10章\使用文字工具制作设计感文字招贴
难易指数	★★★★★
技术掌握	横排文字工具

扫一扫，看视频

案例效果

案例效果如图 10-188 所示。

图 10-188

操作步骤

步骤 01 执行"文件→打开"命令，打开素材 1.jpg，如图 10-189 所示。单击工具箱中的"圆角矩形工具"按钮 ，在其选项栏中设置"绘制模式"为"形状"，"填充"为洋红色，"半径"为30像素，然后在画布上绘制一个圆角矩形，如图 10-190 所示。

中文版Photoshop 2020 从入门到精通（微课视频 全彩版）

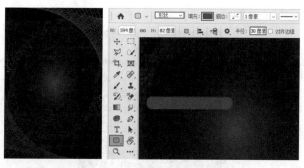

图 10-189　　　　　　　图 10-190

步骤 02 单击工具箱中的"钢笔工具"按钮 ⌀ ，在画布上绘制一个不规则图形，如图10-191所示。

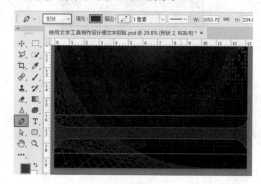

图 10-191

步骤 03 选择工具箱中的"自定形状工具" ⌗ ，在其选项栏中设置"绘制模式"为"形状"，"填充"为黄色系的渐变颜色，如图10-192所示。接着执行"窗口→形状"命令，打开"形状"面板。展开"旧版形状及其他"→"所有旧版默认形状"→"横幅和奖品"组，然后选中合适的形状按住鼠标左键向画面中拖动，如图10-193所示。调整合适的大小后按Enter键确定操作。如果列表中没有该组形状，则可以在"形状"面板菜单中执行"旧版形状及其他"命令，载入旧版形状。

图 10-192　　　　　　　图 10-193

步骤 04 继续添加其他的形状，如图10-194所示。执行"文件→置入嵌入对象"命令，在弹出的"置入嵌入对象"窗口中置入素材2.png，并将其调整到合适的大小、位置，然后按Enter键完成置入。执行"图层→栅格化→智能对象"命令，将该图层栅格化，效果如图10-195所示。

图 10-194　　　　　　　图 10-195

步骤 05 单击工具箱中的"横排文字工具"按钮 **T** ，在其选项栏中设置合适的字体、字号，设置"文本颜色"为"黑色"，在画面中央区域单击并输入标题文字，如图10-196所示。在"图层"面板中选择文字图层，执行"图层→图层样式→斜面和浮雕"命令，在弹出的"图层样式"窗口中设置"样式"为"内斜面"，"方法"为"平滑"，"深度"为299%，"方向"为"上"，"大小"为10像素，"角度"为-47度，如图10-197所示。

图 10-196　　　　　　　图 10-197

步骤 06 在左侧的"样式"列表框中选中"渐变叠加"复选框，设置"渐变"为一个蓝色系渐变，"样式"为"线性"，"角度"为90度，单击"确定"按钮完成设置，如图10-198所示。此时画面效果如图10-199所示。

图 10-198　　　　　　　图 10-199

步骤 07 输入下方文字，如图10-200所示。选择带有图层样式的图层，右击，在弹出的快捷菜单中选择"拷贝图层样式"命令，如图10-201所示。

图 10-200　　　　　　　　　图 10-201

步骤 08 选择刚刚输入的文字图层，右击，在弹出的快捷菜单中选择"粘贴图层样式"命令，如图 10-202 所示。此时文字具有了相同的图层样式，如图 10-203 所示。

图 10-202　　　　　　　　　图 10-203

步骤 09 继续使用"横排文字工具" **T** 输入其他文字，如图 10-204 所示。单击工具箱中的"横排文字工具"按钮 **T**，在其选项栏中设置合适的字体、字号，单击"居中对齐文本"按钮 ≡，设置"文本颜色"为白色，在右下角图形内输入文字，如图 10-205 所示。

图 10-204　　　　　　　　　图 10-205

步骤 10 在选项栏中单击"创建文字变形"按钮 ∑，在弹出的"变形文字"窗口中设置"样式"为"凸起"，选中"水平"单选按钮，设置"弯曲"为50%，单击"确定"按钮完成设置，如图 10-206 所示。文字效果如图 10-207 所示。

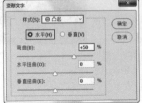

图 10-206　　　　　　　　　图 10-207

步骤 11 本案例制作完成，案例最终效果如图 10-208 所示。

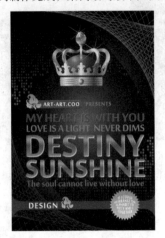

图 10-208

课后练习：制作圣诞贺卡

文件路径	资源包\第10章\制作圣诞贺卡
难易指数	★★★★★
技术掌握	横排文字工具

案例效果

案例效果如图 10-209 所示。

图 10-209

10.5 综合实例：双色食品主图

文件路径	资源包\第10章\双色食品主图
难易指数	★★★★★
技术掌握	渐变工具、多边形套索工具、横排文字工具、混合模式、钢笔工具

案例效果

案例效果如图 10-210 所示。

图 10-210

操作步骤

步骤 01 新建一个长宽均为800像素的空白文档，选择工具箱中的"渐变工具"，在选项栏中单击渐变色条，打开"渐变编辑器"窗口，编辑一个黄色系的渐变，如图10-211所示。渐变编辑完成后，在选项栏中设置"渐变类型"为"径向渐变"，然后在画面中按住鼠标左键拖动进行填充，如图10-212所示。

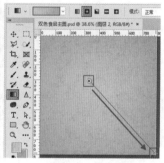

图 10-211   图 10-212

步骤 02 执行"文件→置入嵌入对象"命令，在弹出的"置入嵌入对象"窗口中置入背景素材1.jpg并将图层栅格化，如图10-213所示。设置该图层的"混合模式"为"柔光"，"不透明度"为80%，如图10-214所示。画面效果如图10-215所示。

图 10-213   图 10-214   图 10-215

步骤 03 新建图层，将前景色设置为白色，选择工具箱中的"画笔工具"，在画笔选取器中选择一个柔边圆笔尖，设置"大小"为400像素，然后在画面的右下方单击绘制，如图10-216所示。在"图层"面板中将该图层的"不透明度"设置为50%，如图10-217所示。此时画面效果如图10-218所示。

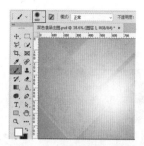

图 10-216

图 10-217   图 10-218

步骤 04 将商品素材置入到文档内，并将图层栅格化。选择工具箱中的"多边形套索工具"，沿着商品边缘绘制选区，如图10-219所示。接着以当前选区单击"图层"面板底部的"添加图层蒙版"按钮，为该图层添加图层蒙版，选区以外的部分被隐藏，效果如图10-220所示。

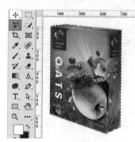

图 10-219   图 10-220

步骤 05 选中商品图层，新建曲线调整图层，在中间调位置添加控制点后向左上拖动，然后单击"属性"面板底部的按钮创建剪贴蒙版，如图10-221和图10-222所示。

图 10-221   图 10-222

步骤 06 置入树叶素材3.png，调整大小后移动至商品图层的下一层，如图10-223所示。选中叶子图层，新建一个曲线调整图层，调整曲线形态，增强对比度，然后单击"属性"面板底部的 按钮创建剪贴蒙版，如图10-224所示。此时叶子效果如图10-225所示。

图10-223　　　　图10-224　　　　图10-225

步骤07 加选叶子和上方的曲线调整图层，使用快捷键Ctrl+J将所选图层复制一份，然后在加选的状态下使用快捷键Ctrl+T调出定界框，然后右击，从弹出的快捷菜单中执行"水平翻转"命令，如图10-226所示。接着将加选的两个图层向左移动，并适当的放大。调整完成后按Enter键确定变换操作，如图10-227所示。

图10-226　　　　　　图10-227

步骤08 选择工具箱中的"横排文字工具" T，在画面中单击插入光标，在选项栏中设置合适的字体、字号，然后输入文字，如图10-228所示。选中文字图层，使用快捷键Ctrl+T调出定界框，拖动控制点将文字适当的旋转，如图10-229所示。变换完成后按Enter键确定变换操作。

图10-228　　　　　　图10-229

步骤09 选中文字图层，执行"图层→图层样式→外发光"命令，在弹出的"图层样式"窗口中设置"外发光"的"混合模式"为"正常"，"不透明度"为74%，颜色为绿色，"方法"为"柔和"，"扩展"为33%，"大小"为16像素，"范围"为74%，"抖动"为94%，参数设置如图10-230所示。在左

侧的样式列表中勾选"描边"复选框，在打开的"描边"参数面板中设置"大小"为7像素，"位置"为"外部"，"混合模式"为正常，"填充类型"为"颜色"，"颜色"为嫩绿色。设置完成后单击"确定"按钮，如图10-231所示。文字效果如图10-232所示。

图10-230

图10-231　　　　　　图10-232

步骤10 选中文字图层，使用快捷键Ctrl+J将其复制一份。双击该图层的图层样式，重新打开"图层样式"窗口。进入"外发光"参数面板，将颜色更改为深绿色，"扩展"为14%，"大小"为9像素，如图10-233所示。打开"描边"参数面板，设置"大小"为2像素，"位置"为"外部"，"混合模式"为正常，"填充类型"为"颜色"，颜色为稍深的绿色，参数设置如图10-234所示。设置完成后单击"确定"按钮，效果如图10-235所示。

图10-233

中文版Photoshop 2020从入门到精通（微课视频 全彩版）

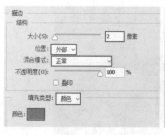

图 10-234　　　　　　　　图 10-235

步骤 11 制作下一组文字。由于文字的图层样式是相同的，所以只需要更改文字内容和字号即可。加选两个文字图层，使用快捷键Ctrl+J将图层复制一份。接着将文字整体向下移动，更改文字内容后调小字号，如图10-236所示。画面效果如图10-237所示。

图 10-236　　　　　　　　图 10-237

步骤 12 继续使用"横排文字工具" **T**，在下方区域添加文字，如图10-238所示。

图 10-238

步骤 13 制作文字前方的图形。选择工具箱中的"椭圆工具" ○，在选项栏中设置"绘制模式"为"形状"，"填充"为白色，然后在文字的左侧位置绘制正圆，如图10-239所示。在不选中任何矢量图层的情况下，选择工具箱中的"自定形状工具" ⚑，在选项栏中设置"绘制模式"为形状，"填充"为红色，在"形状"下拉面板中找到"旧版形状"中的"复选标记"，然后在白色正圆上方绘制图形，如图10-240所示。如果列表中没有该组形状，可以在"形状"面板菜单中执行"旧版形状及其他"命令，载入旧版形状。

步骤 14 加选这两个图层，使用快捷键Ctrl+J进行复制，然后向下移动，为另外两组文字添加图标，效果如图10-241所示。

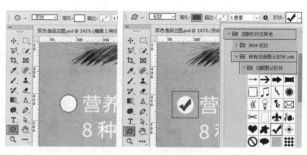

图 10-239　　　　　　　　图 10-240

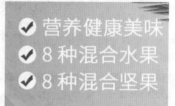

图 10-241

步骤 15 选择工具箱中的"圆角矩形工具" ▢，在选项栏中设置"绘制模式"为"形状"，"填充"为红色，"半径"为50像素，设置完成后在文字下方按住鼠标左键拖动绘制圆角矩形，如图10-242所示。继续使用"椭圆工具" ○，在圆角矩形左侧位置绘制正圆，如图10-243所示。

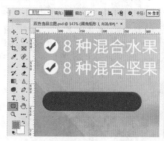

图 10-242　　　　　　　　图 10-243

步骤 16 选择工具箱中的"钢笔工具" ✐，在选项栏中设置"绘制模式"为"形状"，"填充"为红色，在白色正圆上方绘制三角形，效果如图10-244所示。继续使用"横排文字工具" **T**，在红色圆角矩形上方添加文字，如图10-245所示。

图 10-244　　　　　　　　图 10-245

步骤 17 选择工具箱中的"钢笔工具" ✐，在选项栏中设置"绘制模式"为"形状"，"填充"为绿色，设置完成后在画面的左上角绘制四边形，如图10-246所示。选中该图层，设置

317

"不透明度"为30%，如图10-247所示。

图 10-246 图 10-247

步骤 18 选中四边形图层，使用快捷键Ctrl+J复制图层，将该图层的"不透明度"设置为100%，然后向左侧平移，效果如图10-248所示。接着使用"横排文字工具" **T** 在图形上方添加文字，如图10-249所示。

图 10-248 图 10-249

步骤 19 选择工具箱中的"矩形工具" □，在选项栏中设置"绘制模式"为"形状"，"填充"为深绿色，"描边"为白色，"描边粗细"为10像素，然后在画面底部绘制一个矩形，该矩形需要绘制的大一些，在画面中只露出填色和顶部白色描边，如图10-250所示。最后使用"横排文字工具" **T** 在画面底部添加文字，效果如图10-251所示。

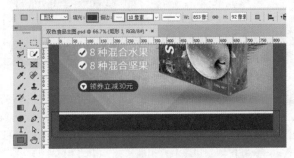

图 10-250

图 10-251

10.6 模拟考试

主题：以"时尚"为主题进行杂志两页内页的排版。

要求：

（1）画面图文结合，图像和文字内容均可在网络搜索获取；

（2）版面需要包含标题文字（点文字）及大段正文文字（段落文字）；

（3）字体及字号要适宜；

（4）可在网络上搜索"杂志排版"或参考身边的杂志书籍，获取排版灵感。

考查知识点：文字工具的使用方法、创建点文字、创建段落文字、字符面板、段落面板等。

Chapter 11

第11章

扫一扫，看视频

滤　镜

本章内容简介

　　滤镜主要用来实现图像的各种特殊效果。在Photoshop中有数十种滤镜，有的滤镜效果通过几个参数的设置就能让图像"改头换面"，如"油画"滤镜；有的滤镜效果则让人摸不着头脑，如"纤维"滤镜、"彩色半调"滤镜。这是因为有些情况下，需要几种滤镜相结合才能制作出令人满意的滤镜效果。这就需要读者掌握各个滤镜的特点，然后开动脑筋，将多种滤镜相结合使用，才能制作出神奇的效果。

重点知识掌握

- 滤镜库的使用
- 滤镜组滤镜的使用方法

通过本章学习，我能做什么？

　　本章涉及的"滤镜"种类非常多，不同类型的滤镜可制作的效果也大不相同。通过本章的学习，我们能够对数码照片制作一些特殊效果，如素描效果、油画效果、水彩画效果、拼图效果、火焰效果、做旧杂色效果、雾气效果等。我们还可以通过网络进行学习，在网页的搜索引擎中输入"Photoshop 滤镜 教程"关键词，相信能为我们开启一个更广阔的学习空间！

佳作欣赏

11.1 认识滤镜

很多手机拍照APP中都会出现"滤镜"这样的词语，我们也经常会在手机拍完照片后为照片加一个"滤镜"，让照片变美一些。拍照APP中的"滤镜"大多是起到为照片调色的作用，而Photoshop中的"滤镜"概念则是为图像添加一些"特殊效果"，如把照片变成木刻画效果、为图像打上马赛克、使整个照片变模糊、把照片变成"石雕"等，如图11-1和图11-2所示。

图 11-1 　　　　　　　　　　图 11-2

Photoshop中的"滤镜"与手机拍照APP中的滤镜概念虽然不太相同，但是有一点非常相似，那就是大部分滤镜使用起来都非常简单，只需要简单调整几个参数就能够实时地观察到效果。Photoshop中的滤镜集中在"滤镜"菜单中，单击菜单栏中的"滤镜"按钮，在菜单列表中可以看到很多种滤镜，如图11-3所示。

图 11-3

位于滤镜菜单上半部分的几个滤镜通常称为"特殊滤镜"，因为这些滤镜的功能比较强大，有些像独立的软件。这几种特殊滤镜的使用方法也各不相同，在后面会逐一进行讲解。

滤镜菜单的第二大部分为"滤镜组"，"滤镜组"的每个菜单命令下都包含多个滤镜效果，这些滤镜大多数使用起来非常简单，只需要执行相应的命令并调整简单参数就能够得到有趣的效果。

如果安装了外挂滤镜，那么外挂滤镜会显示在滤镜列表的最底部。外挂滤镜的种类非常多，如用于人像皮肤美化、

照片调色滤镜、降噪滤镜、材质模拟等不同功能的滤镜。关于外挂滤镜的信息可以在网络上进行搜索。

11.2 使用特殊滤镜

11.2.1 使用滤镜库处理图像

扫一扫，看视频

"滤镜库"中集合了很多滤镜，虽然滤镜效果风格迥异，但是使用方法非常相似。在滤镜库中不仅能够添加一个滤镜，还可以添加多个滤镜，制作多种滤镜混合的效果。

（1）打开一张图片，如图11-4所示。执行"滤镜→滤镜库"命令，打开"滤镜库"窗口，在中间的滤镜列表中选择一个滤镜组，单击即可展开。然后在该滤镜组中选择一个滤镜，单击即可为当前画面应用滤镜效果。然后在右侧适当调节参数，即可在左侧预览图中观察到滤镜效果。滤镜设置完成后单击"确定"按钮完成操作，如图11-5所示。

图 11-4

图 11-5

> 📌 **提示：认识"滤镜库"窗口。**
>
> 执行"滤镜→滤镜库"命令，即可打开"滤镜库"窗口，图11-6所示为"滤镜库"窗口中各个位置的名称。

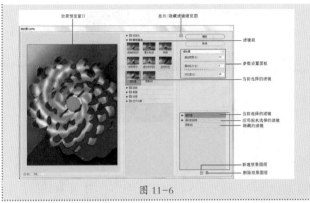

图 11-6

（2）如果要制作两个滤镜叠加一起的效果，可以单击窗口右下角的"新建效果图层"按钮 ➕，然后选择合适的滤镜并进行参数设置，如图 11-7 所示。设置完成后单击"确定"按钮，效果如图 11-8 所示。

图 11-7

图 11-8

练习实例：使用干画笔滤镜制作风景画

文件路径	资源包\第11章\使用干画笔滤镜制作风景画
难易指数	★★★★★
技术掌握	干画笔滤镜、色相/饱和度、曲线

扫一扫，看视频

案例效果

案例最终效果如图 11-9 所示。

图 11-9

操作步骤

步骤 01 新建一个横向A4大小的空白文档。执行"文件→置入嵌入对象"命令，置入素材 1.jpg，然后将该图层栅格化，如图 11-10 所示。置入素材 2.jpg，然后将图片移动到画面的下方，并将该图层栅格化，如图 11-11 所示。

图 11-10　　　　　　图 11-11

步骤 02 选择素材2图层，单击"图层"面板底部的"添加图层蒙版"按钮，为该图层添加图层蒙版，如图 11-12 所示。接着选择图层蒙版，将前景色设置为黑色，然后使用画笔工具在画面的上方涂抹，利用图层蒙版将图像上部生硬的边缘隐藏，使其与背景融合在一起，如图 11-13 所示。

图 11-12　　　　　　图 11-13

步骤 03 选择素材2图层，执行"滤镜→滤镜库"命令，在弹出的"滤镜库"窗口中单击"艺术效果"，选择"干画笔"滤镜，然后在右侧设置"画笔大小"为3，"画笔细节"为10，"纹理"为1，如图 11-14 所示。设置完成后单击"确定"按钮，效果如图 11-15 所示。

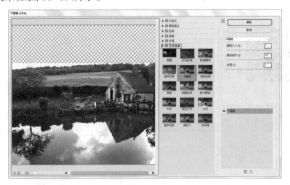

图 11-14

图 11-15

图 11-20

步骤 04 调色。执行"图层→新建调整图层→色相饱和度"命令，在"属性"面板中设置"饱和度"为40，然后单击 按钮。设置通道为"黄色"，调整色相数值为25，如图11-16所示。此时画面效果如图11-17所示。

操作步骤

步骤 01 执行"文件→打开"命令，打开素材1.jpg，如图11-21所示。执行"滤镜→滤镜库"命令，在弹出的"滤镜库"窗口中单击"艺术效果"文件夹，选择"海报边缘"选项，设置"边缘厚度"为10，"边缘强度"为1，单击"确定"按钮完成设置，如图11-22所示。

图 11-16   图 11-17

图 11-21

步骤 05 执行"图层→新建调整图层→曲线"命令，在"属性"面板中的曲线上单击添加控制点然后向上拖动，接着单击 按钮，如图11-18所示。画面效果如图11-19所示。

图 11-18   图 11-19

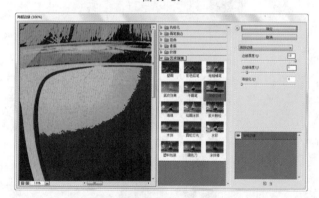

图 11-22

练习实例：使用海报边缘滤镜制作涂鸦感绘画

文件路径	资源包\第11章\使用海报边缘滤镜制作涂鸦感绘画
难易指数	★★★★★
技术掌握	海报边缘

扫一扫，看视频

步骤 02 此时画面效果如图11-23所示。执行"文件→置入嵌入对象"命令，置入素材2.png，将置入对象调整到合适的大小、位置，然后按Enter键完成置入操作，最终效果如图11-24所示。

案例效果

案例最终效果如图11-20所示。

图 11-23   图 11-24

课后练习：使用照亮边缘滤镜制作素描效果

文件路径	资源包\第11章\使用照亮边缘滤镜制作素描效果
难易指数	★☆☆☆☆
技术掌握	照亮边缘滤镜

案例效果

案例处理前后对比效果如图11-25和图11-26所示。

图11-25　　　　　　　　图11-26

课后练习：使用海绵滤镜制作水墨画效果

文件路径	资源包\第11章\使用海绵滤镜制作水墨画效果
难易指数	★☆☆☆☆
技术掌握	海绵滤镜

案例效果

案例处理前后对比效果如图11-27和图11-28所示。

图11-27

图11-28

11.2.2　自适应广角

"自适应广角"滤镜可以对广角、超广角及鱼眼效果进行变形校正，如图11-29和图11-30中的问题。

图11-29　　　　　　　　图11-30

（1）打开一张图片，通过观察可以发现地平线有些倾斜（可以通过在画面中创建参考线，来观察画面中的对象是否水平或垂直），如图11-31所示。执行"滤镜→自适应广角"命令，打开"镜头校正"窗口，单击工具箱中的"约束工具"，沿着地平线的位置按住鼠标左键拖动，如图11-32所示。

图11-31

图11-32

（2）将光标移动至圆形控制点位置，光标变为形状后按住鼠标左键拖动进行旋转，调整水平线的位置，如图11-33所示。旋转完成后画面边缘会出现空白区域，拖动窗口右侧的"缩放"滑块调整对图像进行裁切，将图像四周的透明区域裁切掉，如图11-34所示。设置完成后单击"确定"按钮，效果如图11-35所示。

图11-33

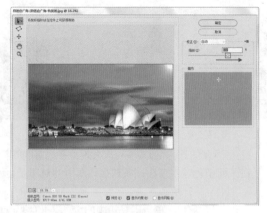

图 11-34

图 11-35

- 约束工具 ：单击图像或拖动端点可添加或编辑约束；按住Shift键单击可添加水平/垂直约束；按住Alt键单击可删除约束。
- 多边形约束工具：单击图像或拖动端点可添加或编辑约束；单击初始起点可结束约束；按住Alt键单击可删除约束。
- 移动工具：拖动以在画布中移动内容。
- 抓手工具：放大窗口的显示比例后，可以使用该工具移动画面。
- 缩放工具：单击即可放大窗口的显示比例，按住Alt键单击即可缩小显示比例。

11.2.3 Camera Raw

作为一款功能强大的RAW图像编辑工具软件，Adobe Camera Raw不仅可以处理RAW文件，也能够对JPG文件进行处理。Camera Raw主要针对数码照片进行修饰、调色编辑，可在不损坏原片的前提下批量、高效、专业、快速地处理照片。

扫一扫，看视频

在Photoshop中打开一张RAW格式的照片，会自动启动Camera Raw。对于其他格式的图像，执行"滤镜→Camera Raw"命令，也可以打开Camera Raw。Camera Raw的工作界面非常简单，主要分为工具箱、图像显示区、直方图、图像调整选项栏和参数设置区几个部分，如图11-36所示。如果是直接在Camera Raw中打开的文件，完成参数调整后单击"打开图像"按钮，即可在Photoshop中打开文件。如果是通过执行"滤镜→Camera Raw"命令打开的文件，则需要在右下角单击"确定"

按钮完成操作。关于Camera Raw的更多参数及操作解读，请参见本书资源包中的电子书《使用Camera Raw处理照片》。

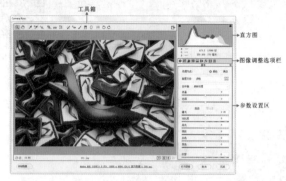

图 11-36

Camera Raw顶部工具箱中包含一些工具，可以对画面局部进行处理，下面我们来简单了解一下。

- 缩放工具：使用该工具在图像中单击即可放大图像，按住Alt键单击按钮即可缩小图像，双击该工具按钮可使图像恢复到100%。
- 抓手工具：当图像放大超出窗口显示时，使用该工具在画面中按住鼠标左键并拖动，可以调整在预览窗口中图像显示区域。
- 白平衡工具：调整白平衡首先需要确定图像中应具有中性色（白色或灰色）的对象，然后调整图像中的颜色使这些对象变为中性色。使用该工具在图像中本应是白色或灰色的图像内容上单击，如图11-37所示。使此处还原回白色或灰色的同时，校正照片的白平衡，如图11-38所示。
- 颜色取样器工具：该工具用来检测制定颜色点的颜色信息。选择该工具在图像中单击，即可显示出该点的颜色信息，如图11-39所示。最多可以显示出9个颜色点。该工具主要用来分析图像的偏色问题。例如，将取样器定位在本应是灰色的区域，而得到的RGB数值中却有一项数值偏大，那就说明图像倾向于偏大数值所代表的颜色。单击"清除取样器"按钮即可清除添加的取样点。

图 11-37

图 11-38

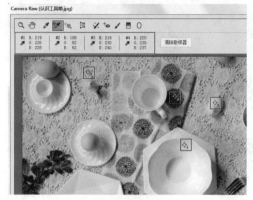

图 11-39

- **目标调整工具**：可以直接通过在画面中单击确定取样颜色，然后按住并移动鼠标来改变图像中取样颜色的色相、饱和度、亮度等属性。

- **裁剪工具**：在画面中按住鼠标左键拖动绘制裁剪区域，双击即可裁剪图像，裁剪框以外的区域被隐藏。使用方法与Photoshop工具箱中的"裁剪工具"相同。

- **拉直工具**：在画面中按住鼠标左键并拖动绘制一条线，如图11-40所示。画面中会自动以当前线条的角度创建裁剪框，如图11-41所示。双击即可进行裁剪，如图11-42所示。本工具适用于校正画面角度。

图 11-40　　　　　　　图 11-41

图 11-42

- **变换工具**：可用于调整画面的扭曲、透视以及缩放，常用于校正画面的透视，或者为画面营造出透视感。单击该工具，可以直接在界面右侧设置画面变换的相关数值。也可以手动调整，在画面中绘制出想要设定为水平线的线条，如图11-43所示。接着绘制出垂直线，如图11-44所示。释放鼠标后，两条线变为水平和垂直的线条，画面也随之被自动被校正了，如图11-45所示。

图 11-43

图 11-44　　　　　　　图 11-45

- **污点去除**：可以使用另一区域中的样本修复图像中选中的区域。

- **红眼去除**：与Photoshop中的"红眼工具"相同，可以去除红眼。单击"红眼去除"按钮，在右侧参数面板出现其参数设置。拖动"瞳孔大小"滑块可以增加或减少校正区域的大小。向右拖动"变暗"滑块可以使选区中的瞳孔区域和选区外的光圈区域变暗。

- **调整画笔**：使用调整画笔在画面中限定出一个范围，然后在右侧设置数值，来处理局部图像的曝光度、亮度、对比度、饱和度、清晰度等。

- **渐变滤镜**：该工具能够以渐变的方式对画面的一侧进行处理，另外一侧不进行处理，两个部分之间过渡柔和。选择该工具在画面中拖动鼠标，会出现两条直线把图像分为两部分，在参数设置里调整一部分的颜色色调，另一部分不会改变，两条直线之间的部分为渐变过渡地带。两条直线的位置、角度都可以进行调整。

- **径向滤镜**：该工具能够突出展示图像的特定部分，与"光圈模糊"滤镜有些类似。

- ≡ 打开"首选项"对话框：单击该按钮可以打开"Camera Raw首选项"设置窗口，与执行"编辑→首选项→Camera Raw"命令相同。
- ↺ 逆时针旋转图像90度：单击该按钮可以使图像逆时针旋转90度。
- ↻ 顺时针旋转图像90度：单击该按钮可以使图像顺时针旋转90度。

图 11-48

> **提示**：为什么Camera Raw工具箱中的工具显示不全？
>
> 是不是突然发现自己计算机上的Camera Raw工具箱中显示的工具"缺了几个"？不要怕，Camera Raw没有出问题，工具显示不同与当前打开图像的方式有关，如果图像直接在Camera Raw中打开，而没有通过"滤镜→Camera Raw"命令，那么工具箱的工具是完整的。若将图片在Photoshop中打开，之后执行"滤镜→Camera Raw"命令，打开Camera Raw，那么裁剪工具、拉直工具、旋转工具则会被隐藏。但是也没有关系，这几个功能Photoshop的工具箱以及变换命令都可以实现，如图11-46所示。

图 11-49

- ▲ 细节：该选项页面用来锐化图像与减少杂色。
- HSL调整：该选项页面类似于"色相/饱和度"命令，可以对各个颜色的色相、饱和度、明度进行设置。使用该选项还可以制作灰度图像，如图11-50和图11-51所示。
- 分离色调：该选项页面可以分别对高光区域和阴影区域进行色相、饱和度的调整。
- 镜头校正：该选项页面可以用来去除由于镜头原因造成的图像缺陷，如扭曲、晕影、紫边、绿边，如图11-52和图11-53所示。

图 11-46

Camera Raw界面右侧集中了大量的图像调整命令，这些命令被分为多个组，以"选项卡"的形式展示在界面中，如图11-47所示。共有多个按钮，每个按钮都针对不同的设置，单击即可切换到各自页面进行相关参数选项的设置。默认显示"基本" 选项页面，可以通过下面的参数设置选项调整图像的基本色调与颜色品质。

图 11-47

- 色调曲线：单击此按钮，可以对图像的亮度、阴影等进行调节，如图11-48和图11-49所示。

图 11-50

图 11-51

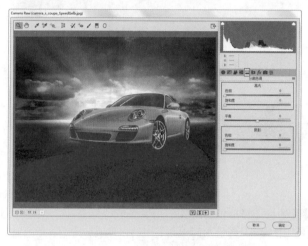

图 11-52

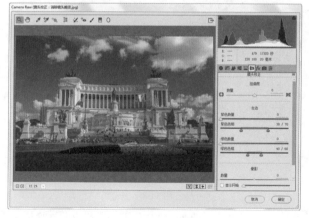

图 11-53

- fx 效果：可以为图像添加或去除杂色，还可以用来制作暗角暗影。
- 校准：不同相机都有自己的颜色与色调调整设置，拍摄出的照片颜色也会有些许的偏差。"校准"功能则可以用于校正这些相机普遍性的色偏问题，如图 11-54 和图 11-55 所示。

图 11-54

图 11-55

- 预设：在"预设"中可以将当前图像调整的参数储存为"预设"，然后可以使用该"预设"快速处理其他图像，如图 11-56 所示。

图 11-56

练习实例：电影感外景人像

文件路径	资源包\第11章\电影感外景人像
难易指数	⭐⭐⭐⭐⭐
技术掌握	Camera Raw

扫一扫，看视频

案例效果

案例效果如图 11-57 所示。

图 11-57

操作步骤

步骤 01 将素材 1.jpg打开，同时将背景图层转换为普通图层，如图 11-58所示。此时可以看到素材是一张正常拍摄的外景人物图像，本案例则通过执行"Camera Raw滤镜"命令，在弹出的Camera Raw窗口中对相关数值进行调整，降低画面的明暗对比效果，让天空色调倾向于青蓝色，草地色调倾向于黄绿色，让整个画面给人以浓郁的电影视觉质感。

图 11-58

步骤 02 将素材所在图层选中，执行"滤镜→Camera Raw滤镜"命令，弹出Camera Raw窗口。然后将视图切换为原图与效果图的对比效果，这样方便观察调整效果。首先对画面色调进行调整，让其倾向于黄色。在右侧的参数调整区域设置"色温"为10，此时在对比视图中可以看到画面色调发生了改变，如图 11-59所示。

图 11-59

步骤 03 由于素材中画面亮度过高，需要通过操作将其适当降低。在右侧设置"曝光"为-0.4，此时画面的整体亮度得到了明显的降低，如图 11-60所示。

步骤 04 通过操作将画面的亮度得到降低，但高光部位的亮度还是过高。所以在右侧设置"高光"为-100，将高光部位的亮度降到最低，如图 11-61所示。

图 11-60

图 11-61

步骤 05 继续降低画面亮度，让画面变得再暗一些。设置"白色"为-100，降低画面中亮部中的白色成分含量，让画面的亮度降低，如图 11-62所示。

图 11-62

步骤 06 通过操作将画面亮度降低的同时，也会导致整体暗部区域过暗且对比效果不明显的问题。因此，在右侧单击"色调曲线"按钮 ，在弹出的选项卡中单击"点"标签，进入到"点"子选项卡中。首先将光标放在曲线底部，按住鼠标左键往上拖动，提高暗部区域的亮度。接着将光标放在曲线中段偏上位置，将其往上拖动，提高画面中部的亮度。然后再对曲线中段偏下的位置进行调整，让整个画面的明暗效果调整为较为适中的状态，如图 11-63所示。

图 11-63

步骤 07 对天空的颜色倾向进行调整。单击右侧的"HSL调整"按钮 ▤，在弹出的选项卡中单击"色相"按钮，设置"蓝色"为-20，增加天空中青色色相成分的含量，如图 11-64 所示。

图 11-64

步骤 08 通过操作将天空调整为青蓝色调，但其中蓝色的颜色饱和度过高，需要将其适当降低。单击"饱和度"按钮，设置"蓝色"为-30，此时在视图效果中可以看到，画面中蓝色的饱和度有所降低，如图 11-65 所示。

图 11-65

步骤 09 降低画面中天空颜色的明亮度，增强整体的厚重感。单击"明亮度"按钮 ▤，设置"浅绿色"为-60，"蓝色"为-30，此时天空部分的亮度明显暗了下来，如图 11-66 所示。

步骤 10 对画面高光区域的颜色倾向进行调整，增加黄色相成分的含量。在右侧单击"分离色调"按钮 ▤，在弹出的选项卡中设置高光的"饱和度"为30，"色相"为50，此时在视图效果中可以看到，画面亮部的颜色倾向发生了变化，如图 11-67 所示。

图 11-66

图 11-67

步骤 11 对阴影部位的颜色倾向进行调整。在当前调整状态下，设置阴影的"饱和度"为10，"色相"为210，让阴影部位倾向于蓝色调，如图 11-68 所示。

图 11-68

步骤 12 在画面中添加暗角效果，增强整体的画面质感。单击右侧的"效果"按钮 *fx*，设置裁剪后晕影的"数量"为-30，此时在视图效果中可以看到，画面四周变得暗了下来，让电影的浓郁氛围也得到强化。设置完成后单击"确定"按钮，如图 11-69 所示。

图 11-69

步骤 13 为图像上下底部添加黑色的矩形条，让整体呈现出电影的画面感。选择工具箱中的"矩形工具" □，在选项栏中设置"绘制模式"为"形状"，"填充"为黑色，"描边"为无。设置完成后在画面顶部绘制矩形，如图 11-70 所示。

图 11-70

步骤 14 将绘制完成的黑色矩形复制一份，置于画面下方，如图 11-71 所示。

图 11-71

步骤 15 在画面下方的黑色矩形上方添加文字，将其作为电影字幕效果。选择工具箱中的"横排文字工具" T，在选项栏中设置合适的字体、字号和颜色。设置完成后在下方矩形上单击添加文字，文字输入完成后按下快捷键 Ctrl+Enter 完成操作，如图 11-72 所示。

步骤 16 继续使用"横排文字工具" T，在已有文字下方添加相对应的英文翻译。此时本案例制作完成，画面效果如图 11-73 所示。

图 11-72

图 11-73

11.2.4 镜头校正

扫一扫，看视频

使用单反相机拍摄的数码照片可能会出现扭曲、歪斜、四角失光等现象，使用"镜头校正"滤镜可以轻松校正这一系列问题。

（1）打开一张有问题的照片，如图 11-74 所示。四角有失光的现象，并且有紫边的现象，如图 11-75 所示。

图 11-74　　　　　　图 11-75

（2）选中该图层，执行"滤镜→镜头校正"命令，在打开的"镜头校正"窗口中单击"自定"，打开"自定"选项卡，然后调整"晕影"的数量，向右拖动滑块增加数值，提亮画面四角的亮度，如图 11-76 所示。接着调整"色差"选项组的参数，设置数值为 +100、+100、-100，此时紫边消失，如图 11-77 所示。

- 移去扭曲工具 ▣：使用该工具可以校正镜头的桶形失真或枕形失真。
- 拉直工具 ▦：绘制一条直线，以将图像拉直到新的横轴或纵轴。
- 移动网格工具 ✋：使用该工具可以移动网格，将其与图像对齐。

中文版 Photoshop 2020 从入门到精通（微课视频 全彩版）

- 抓手工具/缩放工具Q：这两个工具的使用方法与"工具箱"中的相应工具完全相同。

图 11-76

图 11-77

（3）在窗口右侧单击"自定"按钮，打开"自定"选项卡，如图11-78所示。

图 11-78

- 几何扭曲："移去扭曲"选项主要用来校正镜头的桶形失真或枕形失真。数值为正时，图像将向外扭曲；数值为负时，图像将向中心扭曲，如图11-79所示。

（a）-50　　　　　　（b）100

图 11-79

- 色差：用于校正色边。在进行校正时，放大预览窗口的图像，可以清楚地查看色边校正情况。
- 晕影：校正由于镜头缺陷或镜头遮光处理不当而导致边缘较暗的图像。"数量"选项用于设置沿图像边缘变亮或变暗的程度，图11-80所示为不同参数的对比效果；"中点"选项用来指定受"数量"数值影响的区域的宽度，如图11-81所示。

（a）数量：-100　　　　（b）数量：100

图 11-80

（a）中点：-100　　　　（b）中点：100

图 11-81

- 变换："垂直透视"选项用于校正由于相机向上或向下倾斜而导致的图像透视错误；"水平透视"选项用于校正图像在水平方向上的透视效果；"角度"选项用于旋转图像，以针对相机歪斜加以校正；"比例"选项用来控制镜头校正的比例。

11.2.5　液化：瘦脸瘦身随意变

"液化"滤镜主要是制作图像的变形效果，在"液化"滤镜中的图片就如同刚画好的油画，用手指"推"一下画面中的油彩，就能使图像内容发生变形。"液化"滤镜主要应用两个方向：一个就是更改图形的形态，另一个就是修饰人像面部结果以及身形，如图11-82所示。

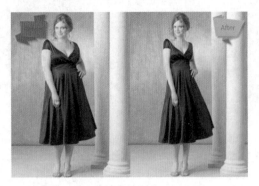

图 11-82

图 11-84　　　　　　　图 11-85

首先打开一张图片，执行"滤镜→液化"命令，打开"液化"窗口，如图 11-83 所示。"液化"命令的窗口中主要包含左右两个功能区，左侧区域为液化的工具列表，其中包含多种可对图像进行变形操作的工具。这些工具的操作方法非常简单，只需要在画面中按住鼠标左键并拖动即可观察到效果，而其中的"蒙版工具"并不是用于变形，而是用于保护画面部分区域不受液化影响。调整完成后单击"确定"按钮完成操作。

● 重建工具 ：用于恢复变形的图像。在变形区域单击或拖动鼠标进行涂抹时，可以使变形区域的图像恢复到原来的效果。

● 平滑工具 ：可以对变形的像素进行平滑处理。画面对比效果如图 11-86 和图 11-87 所示。

图 11-83

图 11-86　　　　　　　图 11-87

● 顺时针旋转扭曲工具 ："顺时针旋转扭曲工具"可以旋转像素。将光标移动到画面中按住鼠标左键拖动即可进行顺时针旋转像素，如图 11-88 所示。如果按住 Alt 键进行操作，则可以逆时针旋转像素，如图 11-89 所示。

　　右侧区域为属性设置区域，其中"画笔工具选项"用于工具大小、压力等参数设置；"人脸识别液化"选项组用于针对五官及面部轮廓的各个部分进行设置；"载入网格选项"用于将当前液化变形操作以网格的形式进行储存，或者调用之前储存的液化网格；"蒙版选项"用于进行蒙版的显示、隐藏以及反相等的设置；"视图选项"用于设置当前画面的显示方式；"画笔重建选项"用于将图层恢复到之前的效果。

图 11-88　　　　　　　图 11-89

● 向前变形工具 ：使用该工具按住鼠标左键并拖动，可以向前推动像素。在变形时可以遵守"少量多次"的原则，保证变形效果更加自然，对比效果如图 11-84 和图 11-85 所示。

● 褶皱工具 ：可以使像素向画笔区域的中心移动，使图像产生内缩效果，如图 11-90 所示。

● 膨胀工具 ：可以使像素向画笔区域中心以外的方向

移动，使图像产生向外膨胀的效果，如图11-91所示。

图 11-90　　　　　　　　　　图 11-91

- 左推工具✂：使用"左推工具"按住鼠标左键从上至下拖动时像素会向右移动，如图11-92所示。反之，像素则向左移动，如图11-93所示。

图 11-92　　　　　　　　　　图 11-93

- 冻结蒙版工具✎：如果需要对某个区域进行处理，并且不希望操作影响到其他区域，可以使用该工具绘制出冻结区域（该区域将受到保护而不会发生变形），如图11-94所示。例如，在画面上绘制出冻结区域，然后使用"向前变形工具"✎处理图像，被冻结起来的像素就不会发生变形，如图11-95所示。

图 11-94　　　　　　　　　　图 11-95

- 解冻蒙版工具✎：使用该工具在冻结区域涂抹，可以将其解冻，如图11-96所示。
- 面部工具👤：单击该按钮，进入面部编辑状态，软件会自动识别人物的五官，并在面部添加一些控制点，可以通过拖动控制点调整面部五官的形态，如图11-97所示。也可以在右侧参数列表中进行调整，如图11-98所示。

图 11-96　　　　　　　　　　图 11-97

图 11-98

- 抓手工具🖐/缩放工具🔍：这两个工具的使用方法与"工具箱"中的相应工具完全相同。

练习实例：使用液化滤镜为美女瘦脸

文件路径	资源包\第11章\使用液化滤镜为美女瘦脸	
难易指数	★★★★★	
技术掌握	液化滤镜	

案例效果

案例对比效果如图11-99和图11-100所示。

图 11-99　　　　　　　　　　图 11-100

操作步骤

步骤 01 执行"文件→打开"命令，打开素材1.jpg，如图11-101所示。选中背景图层，按下快捷键Ctrl+J复制图层。选择复制的人物图层，执行"滤镜→液化"命令，打开"液化"窗口。接着单击"面部工具"按钮👤，将光标移动到人物面部，此时面部会显示轮廓线。接着向面部内侧拖动控制点为美女瘦脸，如图11-102所示。

步骤 02 拖动面部右侧的控制点，继续进行瘦脸操作，如图11-103所示。接着将光标移动至眼睛的位置，此时会显示控制点，接着拖动方形的控制点将眼睛放大，如图11-104所示。

图 11-101

图 11-102

图 11-103　　　　　图 11-104

步骤 03 使用同样的方法调整左眼，然后单击"确定"按钮，如图11-105所示。案例完成效果如图11-106所示。

图 11-105

图 11-106

课后练习：使用液化滤镜改变猫咪表情

扫一扫，看视频

文件路径	资源包\第11章\使用液化滤镜改变猫咪表情
难易指数	★★★★★
技术掌握	液化滤镜

案例效果

案例对比效果如图11-107和图11-108所示。

图 11-107　　　　　图 11-108

11.3 使用滤镜组

扫一扫，看视频

　　Photoshop的滤镜多达几十种，一些效果相近的、工作原理相似的滤镜被集合在滤镜组中，滤镜组中的滤镜使用方法非常相似：几乎都是"选择图层""执行命令""设置参数""单击确定"这几个步骤。区别在于不同的滤镜，其参数选项略有不同，但是好在滤镜的参数效果大部分都是可以实时预览的，所以可以随意调整参数来观察效果。关于更多滤镜的参数解读，请参见本书资源包中的电子书《Photoshop滤镜速查手册》。

1. 滤镜组的使用方法

（1）选择需要进行滤镜操作的图层，如图11-109所示。例如，执行"滤镜→模糊→动感模糊"命令，可以打开"动感模糊"窗口，接着进行参数的设置，如图11-110所示。

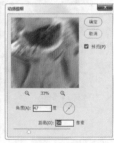

图 11-109　　　　　图 11-110

（2）在预览窗口中可以预览滤镜效果，同时可以拖动图像，以观察其他区域的效果，如图11-111所示。单击 🔍 按钮和 🔍 按钮可以缩放图像的显示比例。另外，在图像的某个点上单击，预览窗口中就会显示出该区域的效果，如图11-112所示。

图 11-111

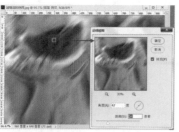
图 11-112

（3）在任何一个滤镜对话框中按住Alt键，"取消"按钮都将变成"复位"按钮，如图11-113所示。单击"复位"按钮，可以将滤镜参数恢复到默认设置。继续进行参数的调整，然后单击"确定"按钮，滤镜效果如图11-114所示。

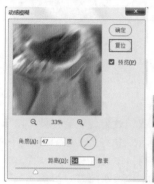

图 11-113   图 11-114

 提示：如何终止滤镜效果？

　　在应用滤镜的过程中，如果要终止处理，可以按Esc键。

（4）如果图像中存在选区，则滤镜效果只应用在选区之内，如图11-115和图11-116所示。

图 11-115   图 11-116

 提示：重复使用上一次滤镜。

　　当应用完一个滤镜以后，"滤镜"菜单下的第一行会出现该滤镜的名称。执行该命令或按Alt+Ctrl+F组合键，可以按照上一次应用该滤镜的参数配置再次对图像应用该滤镜。

2. 智能滤镜的使用方法

　　直接对图层进行滤镜操作时是直接应用于画面本身，是具有"破坏性"的。所以我们也可以使用"智能滤镜"，使其变为"非破坏"可再次调整的滤镜。应用于智能对象的任何

滤镜都是智能滤镜，智能滤镜属于"非破坏性滤镜"，因为可以进行参数调整、移除、隐藏等操作。而且智能滤镜还带有一个蒙版，可以调整其作用范围。

（1）为上述图层使用滤镜命令（如使用"滤镜→风格化→查找边缘"命令），此时可以看到"图层"面板中智能图层发生了变化，如图11-117和图11-118所示。

图 11-117

图 11-118

（2）在智能滤镜的蒙版中使用黑色画笔涂抹以隐藏部分区域的滤镜效果，如图11-119所示。还可以设置智能滤镜与图像的"混合模式"，双击滤镜名称右侧的 ≒ 图标，可以在弹出的"混合选项"窗口中调节滤镜的"模式"和"不透明度"，如图11-120所示。

图 11-119

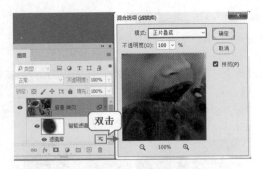

图 11-120

11.3.1　风格化滤镜组

执行"滤镜→风格化"命令，在子菜单中可以看到多种滤镜，如图11-121所示。

- 查找边缘："查找边缘"滤镜可以制作出线条感的画面。打开一张图片，如图11-122所示。执行"滤镜→风格化→查找边缘"命令，无须设置任何参数。该滤镜会将图像的高反差区变亮，低反差区变暗，而其他区域则介于两者之间。同时硬边会变成线条，柔边会变粗，从而形成一个清晰的轮廓，如图11-123所示。

扫一扫，看视频

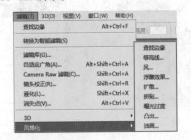

图 11-121

图 11-122　　　　　　图 11-123

- 等高线："等高线"滤镜常用于将图像转换为线条感的等高线图。打开一张图片，如图11-124所示。执行"滤镜→风格化→等高线"命令，在弹出的"等高线"窗口中设置色阶数值、边缘类型后，单击"确定"按钮，如图11-125所示。"等高线"滤镜会以某个特定的色阶值查找主要亮度区域，并为每个颜色通道勾勒主要亮度区域，效果如图11-126所示。

图 11-124

图 11-125　　　　　　图 11-126

- 风："风"滤镜可以制作火苗效果、羽毛效果。打开一张图片，如图11-127所示。执行"滤镜→风格化→风"命令，在弹出的"风"窗口中进行参数的设置，如图11-128所示。"风"滤镜效果如图11-129所示。"风"滤镜能够将像素朝着指定的方向进行虚化，通过产生一些细小的水平线条来模拟风吹效果。

图 11-127

图 11-128　　　　　　图 11-129

- 浮雕效果："浮雕效果"滤镜可以用来制作模拟金属雕刻的效果，该滤镜常用于制作硬币、金牌的效果。打开一张图片，如图11-130所示。接着执行"滤镜→风格化→浮雕效果"命令,在打开的"浮雕效果"窗口中进行参数设置,如图11-131所示。该滤镜的工作原理是通过勾勒图像或选区的轮廓和降低周围颜色值来生成凹陷或凸起的浮雕效果,如图11-132所示。

图 11-130

图 11-131　　　　　　图 11-132

● 扩散:"扩散"滤镜可以制作类似于磨砂玻璃观察物体时的分离模糊效果。打开一张图片,如图11-133所示。接着执行"滤镜→风格化→扩散"命令,在弹出的"扩散"窗口中选择合适的"模式",然后单击"确定"按钮,如图11-134所示。扩散效果如图11-135所示。该滤镜的工作原理是将图像中相邻的像素按指定的方式有机移动。

图 11-133

图 11-134　　　　　　图 11-135

● 拼贴:"拼贴"滤镜常用于制作拼图效果。打开一张图片,如图11-136所示。接着执行"滤镜→风格化→拼贴"命令,在弹出的"拼贴"窗口中进行参数的设置,如图11-137所示。"拼贴"滤镜可以将图像分解为一系列块状,并使其偏离原来的位置,以产生不规则拼贴的图像效果,如图11-138所示。

图 11-136

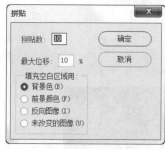

图 11-137　　　　　　图 11-138

● 曝光过度:"曝光过度"滤镜可以模拟出传统摄影术中,暗房显影过程中短暂增加光线强度而产生的过度曝光效果。打开一张图片,如图11-139所示。接着执行"滤镜→风格化→曝光过度"命令,在弹出的"曝光过度"窗口中设置相关参数,此时画面效果如图11-140所示。

图 11-139　　　　　　图 11-140

● 凸出:"凸出"滤镜通常制作立方体向画面外"飞溅"的3D效果,可以制作创意海报、新锐设计等。打开一张图片,如图11-141所示。执行"滤镜→风格化→凸出"命令,在弹出的"凸出"窗口中进行参数的设置,如图11-142所示。单击"确定"按钮,凸出效果如图11-143所示。该滤镜可以将图像分解成一系列大小相同且有机重叠放置的立方体或锥体，以生成特殊的3D效果。

图 11-141

图 11-142

图 11-143

- 油画："油画"滤镜主要用于将照片快速转换为"油画效果"，使用"油画"滤镜能够产生笔触鲜明、厚重，质感强烈的画面效果。打开一张图片，如图 11-144 所示。执行"滤镜→风格化→油画"命令，打开"油画"对话框，在这里可以对参数进行调整，如图 11-145 所示。画面效果如图 11-146 所示。

图 11-144

图 11-145

图 11-146

练习实例：使用油画滤镜

文件路径	资源包\第11章\使用油画滤镜
难易指数	★★★★★
技术掌握	油画滤镜

案例效果

案例最终效果如图 11-147 所示。

图 11-147

操作步骤

步骤 01 执行"文件→新建"命令，新建一个"宽度"为960像素，"高度"为640像素的空白文档。执行"文件→置入嵌入对象"命令置入素材 1.jpg，将置入对象调整到合适的大小、位置，然后按Enter键完成置入操作。选中该图层执行"图层→栅格化→智能对象"命令，如图 11-148 所示。

图 11-148

步骤 02 选中置入的素材图层，执行"滤镜→风格化→油画"命令，在弹出的"油画"窗口中设置"描边样式"为10，"描边清洁度"为1.35，"缩放"为0.1，"硬毛刷细节"为0，"角度"为300，"闪亮"为1.6，单击"确定"按钮完成设置，如图 11-149 所示。此时画面效果如图 11-150 所示。

图 11-149

图 11-150

步骤 03 执行"文件→置入嵌入对象"命令置入素材2.png，按Enter键完成置入操作，最终效果如图11-151所示。

图11-151

11.3.2 模糊滤镜组

执行"滤镜→模糊"命令，可以在子菜单中看到多种用于模糊图像的滤镜，如图11-152和图11-153所示。这些滤镜适合应用的场合不同：高斯模糊是最常用的图像模糊滤镜；模糊、进一步模糊属于"无参数"滤镜，无参数可供调整，适合于轻微模糊的情况；表面模糊、特殊模糊常用于图像降噪；动感模糊、径向模糊会沿一定方向进行模糊；方框模糊、形状模糊是以特定的形状进行模糊；镜头模糊常用于模拟大光圈摄影效果；平均滤镜用于获取整个图像的平均颜色值，如图11-154所示。

扫一扫，看视频

 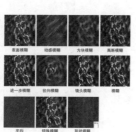

图11-152 图11-153 图11-154

- 表面模糊："表面模糊"滤镜常用于将接近的颜色融合为一种颜色，从而减少画面的细节或降噪。打开一张图片，如图11-155所示。执行"滤镜→模糊→表面模糊"命令，如图11-156所示。此时图像在保留边缘的同时模糊了图像，如图11-157所示。

图11-155

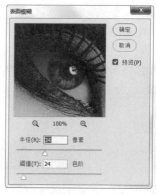 

图11-156 图11-157

- 动感模糊："动感模糊"滤镜可以模拟出高速跟拍而产生的带有运动方向的模糊效果。打开一张图片，如图11-158所示。接着执行"滤镜→模糊→动感模糊"命令，在弹出的"动感模糊"窗口中进行设置，如图11-159所示。然后单击"确定"按钮，动感模糊效果如图11-160所示。"动感模糊"滤镜可以沿指定的方向（-360°~360°），以指定的距离（1~999）进行模糊，所产生的效果类似于在固定的曝光时间拍摄一个高速运动的对象。

图11-158

图11-159 图11-160

- 方框模糊："方框模糊"滤镜能够以"方块"的形状对图像进行模糊处理。打开一张图片，如图11-161所示。执行"滤镜→模糊→方框模糊"命令，在弹出的"方框模糊"窗口中进行参数设置，如图11-162所示。此时软件基于相邻像素的平均颜色值来模糊图像，生成的模糊效果类似于方块的模糊感，如图11-163所示。"半径"数值用于调整计算指定像素平均值的区域大小。数值越大，产生的模糊效果越强。

图 11-161   图 11-162   图 11-163

● 高斯模糊："高斯模糊"滤镜是"模糊"滤镜组中使用频率最高的滤镜之一。模糊滤镜应用十分广泛，如制作景深效果、制作模糊的投影效果等。打开一张图片（也可以绘制一个选区，对选区内操作），如图 11-164 所示。接着执行"滤镜→模糊→高斯模糊"命令，在弹出的"高斯模糊"窗口中设置合适的参数，如图 11-165 所示。然后单击"确定"按钮，画面效果如图 11-166 所示。"高斯模糊"滤镜的工作原理是在图像中添加低频细节，使图像产生一种朦胧的模糊效果。

图 11-164

图 11-165   图 11-166

● 进一步模糊："进一步模糊"滤镜的模糊效果比较弱，也没有参数设置窗口。打开一张图片，如图 11-167 所示。接着执行"滤镜→模糊→进一步模糊"命令，画面效果如图 11-168 所示。该滤镜可以平衡已定义的线条和遮蔽区域的清晰边缘旁边的像素，使变化显得柔和。"进一步模糊"滤镜生成的效果比"模糊"滤镜强 3~4 倍。

图 11-167   图 11-168

● 径向模糊："径向模糊"滤镜用于模拟缩放或旋转相机时所产生的模糊。打开一张图片，如图 11-169 所示。执行"滤镜→模糊→径向模糊"命令，在弹出的"径向模糊"窗口中可以设置模糊的方法、品质以及数量，然后单击"确定"按钮，如图 11-170 所示。画面效果如图 11-171 所示。

 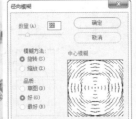 

图 11-169   图 11-170   图 11-171

● 镜头模糊："镜头模糊"滤镜能模仿出非常逼真的浅景深效果。这里所说的"逼真"是因为"镜头模糊"滤镜可以通过"通道"或"蒙版"中的黑白信息为图像中的不同部分施加不同程度的模糊。而"通道"和"蒙版"中的信息则是我们可以轻松控制的。首先需要制作出用于镜头模糊中的通道。在通道中，白色的区域为被模糊的区域，所以天空位置为白色，地平线的位置为灰色，而且前景色为黑色。接着执行"滤镜→模糊→镜头模糊"命令，在弹出的"镜头模糊"窗口中，先设置"源"为新创建的通道，并设置焦距、半径等参数，如图 11-172 和图 11-173 所示。

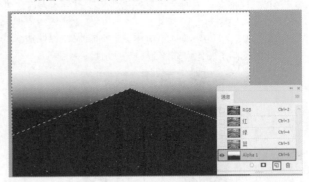

图 11-172

中文版Photoshop 2020 从入门到精通（微课视频 全彩版）

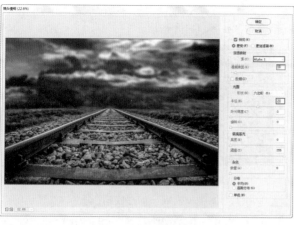

图 11-173

- 模糊:"模糊"滤镜因为比较"轻柔",所以主要用于为显著颜色变化的地方消除杂色。打开一张图片,如图11-174所示。接着执行"滤镜→模糊→模糊"命令,画面效果如图11-175所示。该滤镜没有对话框。"模糊"滤镜与"进一步模糊"滤镜都属于轻微模糊滤镜。相比于"进一步模糊"滤镜,"模糊"滤镜的模糊效果是其1/4~1/3。

图 11-174　　　　　图 11-175

- 平均:"平均"滤镜常用于提取出画面中颜色的"平均值"。打开一张图片或在图像上绘制一个选区,如图11-176所示。接着执行"滤镜→模糊→平均"命令,如图11-177所示,该区域变为了平均色效果。"平均"滤镜可以查找图像或选区的平均颜色,并使用该颜色填充图像或选区,以创建平滑的外观效果。

图 11-176　　　　　图 11-177

- 特殊模糊:"特殊模糊"滤镜常用于模糊画面中的褶皱、重叠的边缘,还可以进行图片"降噪"处理。图11-178所示为一张图片的细节图,我们可以看到图中有轻微噪点。接着执行"滤镜→模糊→特殊模糊"命令,然后在弹出的"特殊模糊"窗口中进行参数的设置,如图11-179所示。设置完成后单击"确定"按钮,效果如

图11-180所示。"特殊模糊"滤镜只对有微弱颜色变化的区域进行模糊,模糊效果细腻,添加该滤镜后既能够最大程度上保留画面内容的真实形态,又能够使小的细节变得柔和。

图 11-178

图 11-179　　　　　图 11-180

- 形状模糊:"形状模糊"滤镜能够以特定的"图形"对画面进行模糊化处理。选择一张需要模糊的图片,如图11-181所示。执行"滤镜→模糊→形状模糊"命令,在弹出的"形状模糊"窗口中选择一个合适的形状,接着设置"半径"数值,如图11-182所示。然后单击"确定"按钮,画面效果如图11-183所示。

图 11-181

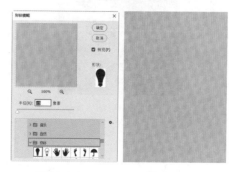

图 11-182　　　　　图 11-183

举一反三：制作模糊阴影效果

添加阴影能够让画面效果更加真实、自然，在使用画笔工具或其他工具绘制阴影图形后，如果阴影显得十分生硬，如图11-184所示，我们可以将这个图形进行"高斯模糊"，如图11-185所示。然后适当调整"不透明度"，如图11-186所示，就能够让阴影效果变得更自然，如图11-187所示。

扫一扫，看视频

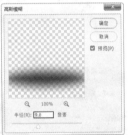

图11-184　　　　图11-185

图11-186　　　　图11-187

练习实例：使用动感模糊滤镜制作运动画面

扫一扫，看视频

文件路径	资源包\第11章\使用动感模糊滤镜制作运动画面
难易指数	★★★★★
技术掌握	智能滤镜、动感模糊滤镜

案例效果

案例最终效果如图11-188所示。

图11-188

操作步骤

步骤01 执行"文件→打开"命令，打开素材1.jpg，如图11-189所示。选择背景图，使用快捷键Ctrl+J将背景图层复制一份。接着选择复制的图层，执行"滤镜→转换为智能滤镜"命令，如图11-190所示。

图11-189　　　　图11-190

步骤02 执行"滤镜→模糊→动感模糊"命令，在弹出的"动感模糊"窗口中设置"角度"为30度，"距离"为298像素，单击"确定"按钮完成设置，如图11-191所示。此时画面效果如图11-192所示。

图11-191　　　　图11-192

步骤03 将人像显现出来。在"图层"面板选中智能滤镜的图层蒙版。单击工具箱中的"画笔工具"✏，在选项栏上设置"画笔大小"为120像素，"不透明度"为50%，将前景色设置为黑色，然后在人像的位置进行涂抹，此时图中人像的地方就会显现出来，如图11-193所示。继续进行涂抹，最终效果如图11-194所示。

图11-193

图11-194

练习实例：使用镜头模糊滤镜虚化背景

文件路径	资源包\第11章\使用镜头模糊滤镜虚化背景
难易指数	⭐⭐⭐⭐
技术掌握	镜头模糊滤镜

扫一扫，看视频

案例效果

案例处理前后对比效果如图11-195和图11-196所示。

图 11-195

图 11-196

操作步骤

步骤01 执行"文件→打开"命令，打开素材"背景.jpg"，如图11-197所示。选中置入的素材，按快捷键Ctrl+J复制景图层，如图11-198所示。

图 11-197

图 11-198

步骤02 选择图层"背景拷贝"，单击工具箱中的"快速选择工具" ☑，在素材中的人像上按住鼠标左键拖动得到人物选区，如图11-199所示。我们可以先通过"通道"面板将选区储存，打开"通道"面板，在下面单击"将选区储存为通道"按钮 ◘，如图11-200所示。

图 11-199　　　　　　图 11-200

步骤03 想要制作出逼真的景深效果，就需要在通道中处理好黑白关系。主体人物后的3个人物由于远近不同，所以模糊程度也应该不同。此时需要利用通道的黑白灰关系进行处理。选择刚刚新建的通道，使用半透明的白色柔角画笔在3个人的上方进行涂抹。越远处的人越接近黑色，越近的人物越接近白色，如图11-201所示。

图 11-201

步骤04 执行"滤镜→模糊→镜头模糊"命令，设置"源"为新创建的Alpha 1通道，设置"模糊焦距"为255，设置"半径"为70像素，如图11-202所示。单击"确定"按钮，效果如图11-203所示。

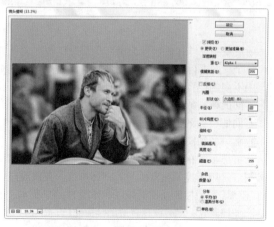

图 11-202

图 11-203

课后练习：使用高斯模糊滤镜柔化皮肤

文件路径	资源包\第11章\使用高斯模糊滤镜柔化皮肤
难易指数	★★★★★
技术掌握	高斯模糊滤镜

扫一扫，看视频

案例效果

案例对比效果如图11-204和图11-205所示。

图 11-204　　　　　图 11-205

11.3.3　模糊画廊

"模糊画廊"滤镜组中的滤镜同样是对图像进行模糊处理的，但这些滤镜主要用于为数码照片制作特殊的模糊效果，如模拟景深效果、旋转模糊、移轴摄影、微距摄影等。这些简单、有效的滤镜非常适用于摄影工作。图11-206所示为不同滤镜的效果。

扫一扫，看视频

场景模糊　光圈模糊　移轴模糊　路径模糊　旋转模糊

图 11-206

- 场景模糊：以往的模糊滤镜几乎都是以同一个参数对整个画面进行模糊。而"场景模糊"滤镜则可以在画面中不同的位置添加多个控制点，并对每个控制点设置不同的模糊数值，这样就能使画面中不同的部分产生不同的模糊效果。打开一张图片，执行"滤镜→模糊画廊→场景模糊"命令，打开"场景模糊"窗口，在默认情况下，在画面的中央位置有一个控制点，这个控制点是用来控制模糊的位置，在窗口的右侧通过设置"模糊"数值控制模糊的强度，如图11-207所示。继续添加控制点，然后设置合适的模糊数值，需要注意"近大远小"的规律，越远的地方模糊程度要越大。

- 光圈模糊："光圈模糊"滤镜是一个单点模糊滤镜，使用"光圈模糊"滤镜可以根据不同的要求对焦点（即画面中清晰的部分）的大小与形状、图像其余部分的模糊数量以及清晰区域与模糊区域之间的过渡效果进行相应的设置。打开一张图片，执行"滤镜→模糊画廊→光圈模糊"命令，打开"光圈模糊"窗口。在该窗口中可以看到画面中有一个控制点并且带有控制框，该

控制框以外的区域为被模糊的区域。在窗口的右侧可以设置"模糊"选项控制模糊的程度，如图11-208所示。拖动控制框右上角的控制点即可改变控制框的形状。拖动控制框内侧的圆形控制点可以调整模糊过渡的效果。

图 11-207

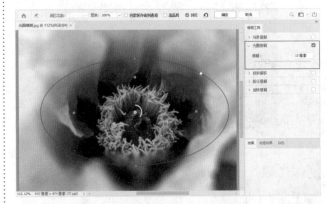

图 11-208

- 移轴模糊：移轴摄影是一种特殊的摄影方式，从画面上看所拍摄的照片效果就像是微缩模型一样，非常特别。使用"移轴模糊"滤镜可以轻松地模拟"移轴摄影"效果。打开一张图片，执行"滤镜→模糊画廊→移轴模糊"命令，打开"移轴模糊"窗口，在窗口的右侧控制模糊的强度，如图11-209所示。如果想要调整画面中清晰区域的范围，可以按住并拖动"中心点"的位置，拖动上下两端的"虚线"可以调整清晰和模糊范围的过渡效果。

- 路径模糊："路径模糊"滤镜可以沿着一定方向进行画面模糊。执行"滤镜→模糊画廊→路径模糊"命令，打开"路径模糊"窗口。在默认情况下，画面中央有一个箭头形的控制杆。在窗口右侧进行参数的设置，可以看到画面中所选的部分发生了横向的带有运动感的模糊，如图11-210所示。拖动控制点可以改变控制杆的形状，同时会影响模糊的效果。也可以在控制杆上单击添加控制点，并调整箭头的形状。在窗口右侧可以

通过调整"速度"参数调整模糊的强度，调整"锥度"参数调整模糊边缘的渐隐强度，如图11-211所示。

图 11-209

图 11-210

图 11-211

- 旋转模糊："旋转模糊"滤镜与"径向模糊"较为相似，但是"旋转模糊"比"径向模糊"滤镜功能更加强大。"旋转模糊"滤镜可以一次性在画面中添加多个模糊点，还能够随意控制每个模糊点的模糊的范围、形状与强度。打开一张图片，执行"滤镜→模糊画廊→旋转模糊"命令，在打开的"旋转模糊"窗口的右侧调整"模糊"数值用来调整模糊的强度，如图11-212所示。

图 11-212

举一反三：让静止的车"动"起来

首先我们来观察一下图11-213所示的汽车，从清晰的轮胎上来看，这个汽车可能是静止的，至少看起来像是静止的。那么如何使汽车看起来在"动"呢？我们可以想象一下飞驰而过的汽车，车轮轮毂细节几乎是看不清楚的，如图11-214所示。

扫一扫，看视频

图 11-213　　　　　　图 11-214

那么使用"高斯模糊"滤镜将其处理成模糊的可以吗？答案是不可以，因为车轮是围绕一个圆点进行旋转，所以产生的模糊感应该是带有向心旋转的模糊，所以最适合的就是"旋转模糊"滤镜。选择该图层，执行"滤镜→模糊画廊→旋转模糊"命令，调整模糊控制点的位置，使范围覆盖在汽车轮胎上，如图11-215所示。在另一个轮胎上单击添加控制点，并同样调整其模糊范围，如图11-216所示。最后单击"确定"按钮即可产生轮胎在转动的感觉，这样汽车也就"跑"了起来，如图11-217所示。如果照片中还带有背景，那么可以单独对背景部分进行一定的"运动模糊"处理。

图 11-215

图 11-216

图 11-217

11.3.4 扭曲滤镜组

执行"滤镜→扭曲"命令，在子菜单中可以看到多种滤镜，如图11-218所示。

扫一扫，看视频

图 11-218

- 波浪："波浪"滤镜可以在图像上创建类似于波浪起伏的效果。使用"波浪"滤镜可以制作带有波浪纹理的效果，或制作带有波浪线边缘的图片。首先绘制一个矩形，如图11-219所示。接着执行"滤镜→扭曲→波浪"命令，在弹出的"波浪"窗口中进行类型以及参数的设置，如图11-220所示。设置完成后单击"确定"按钮，图形效果如图11-221所示。这种图形应用非常广泛，如包装边缘的撕口。

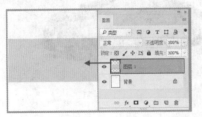

图 11-219

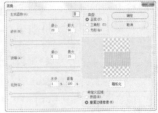

图 11-220　　　　　　　图 11-221

- 波纹："波纹"滤镜可以通过控制波纹的数量和大小制作出类似水面的波纹效果。打开一张图片素材，如图11-222所示。接着执行"滤镜→扭曲→波纹"命令，在弹出的"波纹"窗口进行参数的设置，如图11-223所示。设置完成后单击"确定"按钮，效果如图11-224所示。

图 11-222

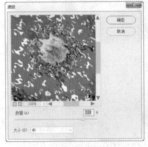

图 11-223　　　　　　　图 11-224

- 极坐标："极坐标"滤镜可以将图像从平面坐标转换到极坐标，或从极坐标转换到平面坐标。打开一张图片，如图11-225所示。简单来说，该滤镜可以实现以下两种效果：第一种是将水平排列的图像以图像左右两侧作为边界，首尾相连，中间的像素将会被挤压，四周的像素被拉伸，从而形成一个"圆形"，如图11-226所示；第二种则相反，将原本环形内容的图像从中"切开"，并"拉"成平面，如图11-227所示。"极坐标"滤镜常用于制作"鱼眼镜头"特效。

图 11-225

中文版Photoshop 2020从入门到精通（微课视频 全彩版）

图 11-226

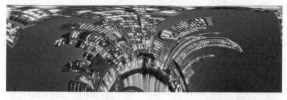

图 11-227

● 挤压:"挤压"滤镜可以将选区内的图像或整个图像向外或向内挤压。与"液化"滤镜中的"膨胀工具"与"收缩工具"类似。打开一张图片,如图 11-228 所示。接着执行"滤镜→扭曲→挤压"命令,在弹出的"挤压"窗口进行参数的设置,如图 11-229 所示。然后单击"确定"按钮完成挤压变形操作,效果如图 11-230 所示。

图 11-228

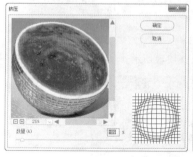

图 11-229   图 11-230

● 切变:"切变"滤镜可以将图像按照设定好的"路径"进行左右移动,图像一侧被移出画面的部分会出现在画面的另外一侧。该滤镜可以用来制作飘动的彩旗。打开一张图片,如图 11-231 所示。接着执行"滤镜→扭曲→切变"命令,在打开的"切变"窗口中拖动曲线,此时可以沿着这条曲线进行图像的扭曲,如图 11-232 所示。设置完成后单击"确定"按钮,效果如图 11-233 所示。

图 11-231   图 11-232   图 11-233

● 球面化:"球面化"滤镜可以将选区内的图像或整个图像向外"膨胀"成为球形。打开一张图像,可以在画面中绘制一个选区,如图 11-234 所示。接着执行"滤镜→扭曲→球面化"命令,在弹出的"球面化"窗口中进行数量和模式的设置,如图 11-235 所示。球面化效果如图 11-236 所示。

图 11-234

图 11-235   图 11-236

● 水波:"水波"滤镜可以模拟石子落入平静水面而形成的涟漪效果。例如,绿茶广告中常见的茶叶掉落在水面上形成的波纹,就可以使用"水波"滤镜制作。选择一个图层或绘制一个选区,如图 11-237 所示。接着执行"滤镜→扭曲→水波"命令,在打开的"水波"窗口中进行参数的设置,如图 11-238 所示。设置完成后单击"确定"按钮,效果如图 11-239 所示。

图 11-237

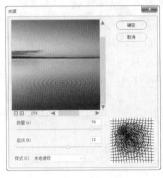

图 11-238

图 11-239

● 旋转扭曲："旋转扭曲"滤镜可以围绕图像的中心进行顺时针或逆时针的旋转。打开一张图片，如图11-240所示。接着执行"滤镜→扭曲→旋转扭曲"命令，打开"旋转扭曲"窗口，如图11-241所示。在该窗口中调整"角度"选项，当设置为正值时，会沿顺时针方向进行扭曲，如图11-242所示；当设置为负值时，会沿逆时针方向进行扭曲，如图11-243所示。

图 11-240

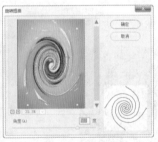

图 11-241

图 11-242

图 11-243

● 置换："置换"滤镜是利用一个图像文档（必须为PSD格式文件）的亮度值来置换另外一个图像像素的排列位置。打开一个图片，如图11-244所示。接着准备一个

PSD格式的文档（无须打开该PSD文件），如图11-245所示。选择图片的图层，接着执行"滤镜→扭曲→置换"命令，在弹出的"置换"窗口中进行参数的设置，如图11-246所示。然后单击"确定"按钮，在弹出的"选取一个置换图"窗口中选择之前准备的PSD格式文档，单击"打开"按钮，如图11-247所示。此时画面效果如图11-248所示。

图 11-244

图 11-245

图 11-246

图 11-247

图 11-248

练习实例：使用极坐标滤镜制作奇妙星球

扫一扫，看视频

文件路径	资源包\第11章\使用极坐标滤镜制作奇妙星球
难易指数	⭐⭐⭐⭐⭐
技术掌握	极坐标滤镜

案例效果

案例最终效果如图11-249所示。

图 11-249

操作步骤

步骤 01 执行"文件→打开"命令，打开素材"背景.jpg"，如图11-250所示。单击"背景"图层后方的按钮🔒，将"背景"图层转换为普通图层，如图11-251所示。

图 11-250　　　　　　　　图 11-251

步骤 02 选择该图层,执行"编辑→变换→垂直翻转"命令,将图像垂直翻转,如图11-252所示。

图 11-252

步骤 03 执行"滤镜→扭曲→极坐标"命令,在弹出的"极坐标"窗口中选中"平面坐标到极坐标"单选按钮,然后单击"确定"按钮完成设置,如图11-253所示。此时画面效果如图11-254所示。

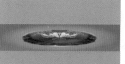

图 11-253　　　　　　　　图 11-254

步骤 04 选择图层,使用快捷键Ctrl+T调出定界框,将光标移动到图形右侧的控制点,并按住鼠标左键向左移动,如图11-255所示。按Enter键完成变换。执行"图像→裁切"命令,在弹出的"裁切"窗口中选中"透明像素"单选按钮,然后单击"确定"按钮,如图11-256所示。

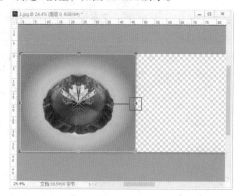

图 11-255

步骤 05 裁切掉透明像素后,案例完成效果如图11-257所示。

图 11-256　　　　　　　　图 11-257

11.3.5　锐化滤镜组

执行"滤镜→锐化"命令,可以在子菜单中看到多种用于锐化的滤镜,如图11-258和图11-259所示。这些滤镜适合应用的场合不同,USM锐化、智能锐化是最为常用的锐化图像的滤镜,参数可调性强;进一步锐化、锐化、锐化边缘属于"无参数"滤镜,无参数可供调整,适合于轻微锐化的情况;防抖则用于处理带有抖动的照片。

- USM锐化:"USM锐化"滤镜可以查找图像中颜色差异明显的区域,然后将其锐化。这种锐化方式能够在锐化画面的同时,不增加过多的噪点。打开一张图片,如图11-260所示。接着执行"滤镜→锐化→USM锐化"命令,在打开的"USM锐化"窗口中进行设置,如图11-261所示。单击"确定"按钮,效果如图11-262所示。

模糊　　正常　　锐化过度

图 11-258　　　图 11-259　　　图 11-260

图 11-261　　　　　　　　图 11-262

- 防抖:"防抖"滤镜用来减少由于相机震动而产生的拍照模糊的问题,如线性运动、弧形运动、旋转运动、Z字形运动产生的模糊。"防抖"滤镜适合处理对焦正确、曝光适度、杂色较少的照片。执行"滤镜→锐化→防抖"命令,打开"防抖"窗口,在该窗口中,画面的中央会显示"模糊评估区域",并以默认数值进行防抖锐化处理,如图11-263所示。

图 11-263

- 进一步锐化:"进一步锐化"滤镜没有参数设置窗口,同时它的效果也比较弱,适合那种只有轻微模糊的图片。打开一张图片,如图11-264所示。接着执行"滤镜→锐化→进一步锐化"命令,如果锐化效果不明显,那么使用快捷键Ctrl+Shift+F多次进行锐化,如图11-265所示为应用3次"进一步锐化"滤镜以后的效果。

图 11-264   图 11-265

- 锐化:"锐化"滤镜也没有参数设置窗口,它的锐化效果比"进一步锐化"滤镜的锐化效果更弱一些,执行"滤镜→锐化→锐化"命令,即可应用该滤镜。
- 锐化边缘:对于画面内容色彩清晰,边界分明,颜色区分强烈的图像,使用"锐化边缘"滤镜就可以轻松进行锐化处理。画面对比效果如图11-266和图11-267所示。

图 11-266   图 11-267

- 智能锐化:"智能锐化"滤镜具有"USM锐化"滤镜所没

有的锐化控制功能,可以设置锐化算法,或控制在阴影和高光区域中的锐化量,而且能避免"色晕"等问题。执行"滤镜→锐化→智能锐化"命令,打开"智能锐化"窗口。首先设置"数量"增加锐化强度,使效果看起来更加锐利。接着设置"半径",该选项用来设置边缘像素受锐化影响的锐化数量,数值无须设置得太大,否则会产生白色晕影,如图11-268所示。

图 11-268

11.3.6 像素化滤镜组

扫一扫,看视频

像素化滤镜组可以将图像进行分块或平面化处理。像素化滤镜组包含7种滤镜:"彩块化""彩色半调""点状化""晶格化""马赛克""碎片""铜板雕刻"滤镜。执行"滤镜→像素化"命令即可看到该滤镜组中的滤镜,如图11-269所示。

图 11-269

- 彩块化:"彩块化"滤镜常用于制作手绘图像、抽象派绘画等艺术效果。打开一张图片,如图11-270所示。接着执行"滤镜→像素化→彩块化"命令(该滤镜没有参数设置对话框),"彩块化"滤镜可以将纯色或相近色的像素结合成相近颜色的像素块效果,如图11-271所示。

图 11-270   图 11-271

● 彩色半调:"彩色半调"滤镜可以模拟在图像的每个通道上使用放大的半调网屏的效果。打开一张图片,如图11-272所示。接着执行"滤镜→像素化→彩色半调"命令,在弹出的"彩色半调"窗口中进行参数的设置,如图11-273所示。设置完成后单击"确定"按钮,效果如图11-274所示。

图 11-272

图 11-273

图 11-274

● 点状化:"点状化"滤镜可以从图像中提取颜色,并以彩色斑点的形式将画面内容重新呈现出来。该滤镜常用来模拟制作"点彩绘画"效果。打开一张图片,如图11-275所示。接着执行"滤镜→像素化→点状化"命令,在弹出的"点状化"窗口中进行设置,如图11-276所示。设置完成后单击"确定"按钮,点状化效果如图11-277所示。

图 11-275

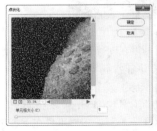

图 11-276

图 11-277

● 晶格化:"晶格化"滤镜可以使图像中相近的像素集中到多边形色块中,产生类似结晶颗粒的效果。打开一张图片,如图11-278所示。接着执行"滤镜→像素化

→晶格化"命令,在弹出的"晶格化"窗口中进行参数的设置,如图11-279所示。然后单击"确定"按钮,效果如图11-280所示。

图 11-278

图 11-279

图 11-280

● 马赛克:"马赛克"滤镜常用于隐藏画面的局部信息,也可以用来制作一些特殊的图案效果。打开一张图片,如图11-281所示。接着执行"滤镜→像素化→马赛克"命令,在弹出的"马赛克"窗口中进行参数的设置,如图11-282所示。然后单击"确定"按钮,该滤镜可以使像素结为方形色块,效果如图11-283所示。

图 11-281

图 11-282

图 11-283

● 碎片:"碎片"滤镜可以将图像中的像素复制4次,然后将复制的像素平均分布,并使其相互偏移。打开一张图片素材,如图11-284所示。接着执行"滤镜→像素化→碎片"命令(该滤镜没有参数设置对话框),画面效果如图11-285所示。

图 11-284　　　　　　图 11-285

● 铜版雕刻："铜版雕刻"滤镜可以将图像转换为黑白区域的随机图案或彩色图像中完全饱和颜色的随机图案。打开一张图片，如图 11-286 所示。接着执行"滤镜→像素化→铜版雕刻"命令，在弹出的"铜版雕刻"窗口中选择合适的"类型"，如图 11-287 所示。然后单击"确定"按钮，效果如图 11-288 所示。

图 11-286

图 11-287　　　　　　图 11-288

11.3.7　渲染滤镜组

　　渲染滤镜组在滤镜中算是"另类"，该滤镜组中的滤镜的特点是其自身可以产生图像，比较典型的就是"云彩"滤镜和"纤维"滤镜，这两个滤镜可以利用前景色与背景色直接产生效果。执行"滤镜→渲染"命令即可看到该滤镜组中的滤镜，如图 11-289 所示。

图 11-289

● 火焰："火焰"滤镜可以轻松打造出沿路径排列的火焰。在使用"火焰"滤镜命令之前首先需要在画面中绘制一条路径，选择一个图层（可以是空图层），如图 11-290 所示。执行"滤镜→渲染→火焰"命令，弹出"火焰"窗口。在"基本"选项卡中首先可以针对火焰类型进行设置，在下拉列表中可以看到多种火焰的类型，接下来可以针对火焰的长度、宽度、角度以及时间间隔数值进行设置，如图 11-291 所示。保持默认状态单击"确定"按钮，图层中即可出现火焰效果，如图 11-292 所示。接着可以按 Delete 键删除路径。如果将火焰应用于透明的空图层，那么则可以继续对火焰进行移动编辑等操作。

图 11-290

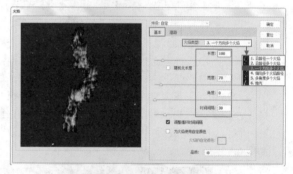

图 11-291

图 11-292

● 图片框："图片框"滤镜可以在图像边缘处添加各种风格的花纹相框。使用方法非常简单，打开一张图片，如图 11-293 所示。新建图层，执行"滤镜→渲染→图片框"命令，在弹出的"图案"窗口中可以在"图案"列表中选择一个合适的图案样式，接着可以在下方进行图案颜色以及细节参数的设置，如图 11-294 所示。设置完成后单击"确定"按钮，效果如图 11-295 所示。单击"高级"选项还可以对图片框的其他参数进行设置，如图 11-296 所示。

中文版 Photoshop 2020 从入门到精通（微课视频　全彩版）

扫一扫，看视频

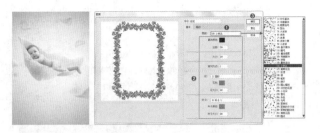

图 11-293 　　　　　　　　　　图 11-294

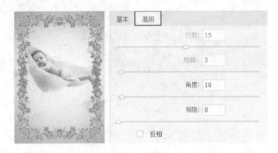

图 11-295 　　　　　　　　　　图 11-296

● 树：使用"树"滤镜可以轻松创建出多种类型的树。首先仍需要在画面中绘制一条路径，新建一个图层（在新建图层中操作方便后期调整树的位置和形态），如图 11-297 所示。接着执行"滤镜→渲染→树"命令，在弹出的"树"窗口中单击"基本树类型"列表，在其中可以选择一个合适的树型，接着可以在下方进行参数设置，参数设置效果非常直观，只需尝试调整并观察效果即可，如图 11-298 所示。调整完成后单击"确定"按钮，完成操作，效果如图 11-299 所示。

图 11-297

图 11-298

图 11-299

● 分层云彩："分层云彩"滤镜可以与其他技术结合制作火焰、闪电等特效。该滤镜是通过将云彩数据与现有的像素以"差值"方式进行混合。打开一张图片，如图 11-300 所示。接着执行"滤镜→渲染→分层云彩"命令（该滤镜没有参数设置窗口）。首次应用该滤镜时，图像的某些部分会被反相成云彩图案，效果如图 11-301 所示。

图 11-300 　　　　　　　　　　图 11-301

● 光照效果："光照效果"滤镜可以在二维的平面图像中添加灯光，并且通过参数的设置制作出不同效果的光照。除此之外，还可以使用灰度文件作为凹凸纹理图，制作出类似 3D 的效果。选择需要添加滤镜的图层，如图 11-302 所示。执行"滤镜→渲染→光照效果"命令，打开"光照效果"窗口，默认情况下会显示一个"聚光灯"光源的控制框，如图 11-303 所示。以这一盏灯的操作为例，按住鼠标左键拖动控制点可以更改光源的位置、形状，如图 11-304 所示。配合窗口右侧的"属性"面板可以对光源的颜色、强度等选项进行调整，如图 11-305 所示。

图 11-302

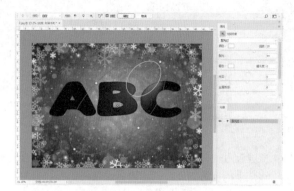

图 11-303

图 11-304

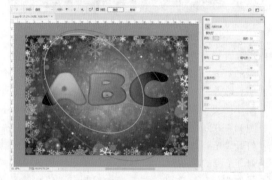

图 11-305

- 镜头光晕:"镜头光晕"滤镜常用于模拟由于光照射到相机镜头产生的折射,在画面中出现的眩光效果。虽然在拍摄照片时经常需要避免这种眩光的出现,但是很多时候眩光的应用能使画面效果更加丰富,如图 11-306 和图 11-307 所示。

图 11-306　　　　图 11-307

- 纤维:"纤维"滤镜可以在空白图层上根据前景色和背景色创建出纤维感的双色图案。首选设置合适的前景色与背景色,接着执行"滤镜→渲染→纤维"命令,在弹出的"纤维"窗口中进行参数的设置,如图 11-308 所示。然后单击"确定"按钮,效果如图 11-309 所示。

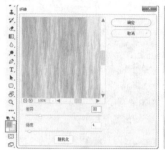

图 11-308　　　　　　　图 11-309

- 云彩:"云彩"滤镜常用于制作云彩、薄雾的效果。该滤镜可以根据前景色和背景色随机生成云彩图案。设置好合适的前景色与背景色,接着执行"滤镜→渲染→云彩"命令,即可得到以前景色和背景色形成的云朵。如图 11-310 所示。

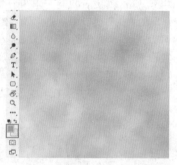

图 11-310

11.3.8　杂色滤镜组

扫一扫,看视频

杂色滤镜组可以添加或移去图像中的杂色,这样有助于将选择的像素混合到周围的像素中。"杂色"或者说是"噪点",一直都是很多摄影师最为头疼的问题。在暗环境下拍照片,放大一看全是细小的噪点。或者有时想要得到一张颗粒感的照片,却怎么也得不到合适的噪点。这些问题都可以在杂色滤镜组中寻找答案。

杂色滤镜组包含 5 种滤镜:"减少杂色""蒙尘与划痕""去斑""添加杂色""中间值"滤镜。"添加杂色"滤镜常用于画面中噪点的添加,而另外 4 种滤镜都是用于降噪,也就是去除画面的噪点,如图 11-311 所示。

图 11-311

- 减少杂色:"减少杂色"滤镜可以进行降噪和磨皮(磨皮是指肌肤质感的修饰,使肌肤变得光滑柔和)。该滤镜可以对整个图像进行统一的参数设置,也可以对各个通道的降噪参数进行分别的设置,尽可能多地在保留边缘的前提下减少图像中的杂色。如图 11-312 所示,在这张照片中,可以看到人物皮肤面部比较粗糙。接着执行"滤镜→杂色→减少杂色"命令,打开"减少杂色"窗口。在"减少杂色"对话框中勾选"基本"复选框,可以设置"减少杂色"滤镜的基本参数。接着进行参数的调整。调整完成后通过预览图我们可到皮肤表面变得光滑,如图 11-313 和图 11-314 所示为对比效果。

图 11-312　　　　　　　　图 11-313

图 11-314

- 蒙尘与划痕:"蒙尘与划痕"滤镜常用于照片的降噪或磨皮,也能够制作照片转手绘的效果。打开一张图片,如图 11-315 所示。接着执行"滤镜→杂色→蒙尘与划痕"命令,在弹出的"蒙尘与划痕"窗口进行参数的设置,如图 11-316 所示。随着参数的调整我们会发现画面中的细节在不断减少,画面中大部分接近

的颜色都被合并为一个颜色。设置完成后单击"确定"按钮,效果如图 11-317 所示。通过这样的操作可以将噪点与周围正常的颜色融合以达到降噪的目的,也能够实现较少照片细节使其更接近绘画作品的目的。

图 11-315

图 11-316　　　　　　　　图 11-317

- 去斑:"去斑"滤镜可以检测图像的边缘(发生显著颜色变化的区域),并模糊那些边缘外的所有区域,同时会保留图像的细节。打开一张图片,如图 11-318 所示。接着执行"滤镜→杂色→去斑"命令(该滤镜没有参数设置窗口),此时画面效果如图 11-319 所示。此滤镜也常用于细节的去除和降噪操作。

图 11-318　　　　　　　　图 11-319

- 添加杂色:"添加杂色"滤镜可以在图像中添加随机的单色或彩色的像素点。打开一张图片,如图 11-320 所示。接着执行"滤镜→杂色→添加杂色"命令,在弹出的"添加杂色"窗口中进行参数设置,如图 11-321 所示。设置完成后单击"确定"按钮,此时画面效果如图 11-322 所示。"添加杂色"滤镜也可以用来修缮图像中经过重大编辑的区域。图像在经过较大程度的变形或绘制涂抹后,表面细节会缺失,使用"添加杂色"滤镜能够在一定程度上为该区域增添一些略有差异的像素点,以增强细节感。

图 11-320

图 11-321

图 11-322

- 中间值:"中间值"滤镜可以混合选区中像素的亮度来减少图像的杂色。打开一张图片,如图 11-323 所示。接着执行"滤镜→杂色→中间值"命令,在弹出的"中间值"窗口中进行参数的设置,如图 11-324 所示。设置完成后单击"确定"按钮,此时画面效果如图 11-325 所示。该滤镜会搜索像素选区的半径范围以查找亮度相近的像素,并且会丢弃与相邻像素差异太大的像素,然后用搜索到的像素的中间亮度值来替换中心像素。

图 11-323

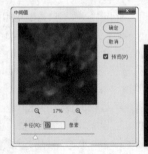

图 11-324

图 11-325

练习实例:使用添加杂色滤镜制作雪景

扫一扫,看视频

文件路径	资源包\第 11 章\使用添加杂色滤镜制作雪景
难易指数	★★★★★
技术掌握	添加杂色滤镜

案例效果

案例效果如图 11-326 所示。

图 11-326

操作步骤

步骤 01 执行"文件→打开"命令,打开素材 1.jpg,如图 11-327 所示。新建一个图层,设置前景色为黑色,单击工具箱中的"矩形选框工具"按钮,绘制一个矩形选框,按快捷键 Alt+Delete 填充颜色为黑色,按快捷键 Ctrl+D 取消选区的选择,如图 11-328 所示。

图 11-327

图 11-328

步骤 02 选择"图层 1",执行"滤镜→杂色→添加杂色"命令,在弹出的"添加杂色"窗口中设置"数量"为 25%,选中"高斯分布"单选按钮和勾选"单色"复选框,单击"确定"按钮完成设置,如图 11-329 所示。画面效果如图 11-330 所示。

图 11-329

图 11-330

步骤 03 选中"图层1"，使用"矩形选框工具"绘制一个小一些的矩形选区，如图11-331所示。然后使用快捷键Ctrl+Shift+I将选区反选，按下Delete键删除。使用快捷键Ctrl+D取消选区的选择，此时只保留一小部分图形，如图11-332所示。

图 11-331　　　　　　图 11-332

步骤 04 使用快捷键Ctrl+T调出定界框然后将图形放大到与画布等大，如图11-333所示。选择该图层，执行"滤镜→模糊→动感模糊"命令，在弹出的"动感模糊"窗口中设置"角度"为-40度，"距离"为30像素，设置完成后单击"确定"按钮，如图11-334所示。

 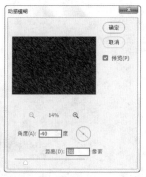

图 11-333　　　　　　图 11-334

步骤 05 选择该图层，在"图层"面板中设置"混合模式"为"滤色"，"不透明度"为75%，如图11-335所示。画面效果如图11-336所示。

图 11-335　　　　　　图 11-336

步骤 06 丰富雪的层次。选择该图层，使用快捷键Ctrl+J将图层进行复制，然后按快捷键Ctrl+T调出定界框，按住Shift键将图形等比例扩大，按Enter键完成设置。画面最终效果如图11-337所示。

图 11-337

11.3.9　其他滤镜组

其他滤镜组中包含了HSB/HSL滤镜、"高反差保留"滤镜、"位移"滤镜、"自定"滤镜、"最大值"滤镜与"最小值"滤镜，如图11-338所示。

扫一扫，看视频

图 11-338

- HSB/HSL：色彩有三大属性，分别是色相、饱和度和明度。计算机领域中通常使用的RGB颜色系统不太适用于艺术创作。使用HSB/HSL滤镜可以实现RGB与HSL（色相、饱和度、明度）的相互转换，也可以实现从RGB与HSB（色相、饱和度、亮度）的相互转换。打开一张图片，如图11-339所示。执行"滤镜→其他→HSB/HSL"命令，在打开的"HSB/HSL参数"窗口进行参数设置，如图11-340所示。单击"确定"按钮，画面效果如图11-341所示。

图 11-339　　　　　　图 11-340

图 11-341

● 高反差保留:"高反差保留"滤镜可以在具有强烈颜色变化的地方按指定的半径来保留边缘细节,并且不显示图像的其余部分。打开一张图片,如图11-342所示。执行"滤镜→其他→高反差保留"命令,在弹出的"高反差保留"窗口中进行参数设置,如图11-343所示。单击"确定"按钮,效果如图11-344所示。

图 11-342

图 11-343　　　　　图 11-344

● 位移:"位移"滤镜常用于制作无缝拼接的图案。该命令能够在水平或垂直方向上偏移图像。打开一张图片,如图11-345所示。执行"滤镜→其他→位移"命令,在弹出的"位移"窗口中进行设置,如图11-346所示。参数设置完成后单击"确定"按钮,画面效果如图11-347所示。

● 自定:"自定"滤镜可以设计用户自己的滤镜效果。该滤镜可以根据预定义的"卷积"数学运算来更改图像中每个像素的亮度值,执行"滤镜→其他→自定"命令即可打开"自定"窗口,如图11-348所示。

图 11-345　　　　　图 11-346

图 11-347

图 11-348

● 最大值:"最大值"滤镜可以在指定的半径范围内,用周围像素的最高亮度值替换当前像素的亮度值。该滤镜对于修改蒙版非常有用。打开一张图片,如图11-349所示。执行"滤镜→其他→最大值"命令,打开"最大值"窗口,如图11-350所示。设置"半径"选项,该选项用来设置用周围像素的最高亮度值来替换当前像素的亮度值的范围。设置完成后单击"确定"按钮,效果如图11-351所示。该滤镜具有阻塞功能,可以展开白色区域,而阻塞黑色区域。

图 11-349

图 11-350　　　　　图 11-351

● 最小值:"最小值"滤镜具有伸展功能,可以扩展黑色区域,而收缩白色区域。打开一张图片,如图11-352所示。执行"滤镜→其他→最小值"命令,打开"最小值"窗口,如图11-353所示。设置"半径"选项,该选项是用来设置滤镜扩展黑色区域和收缩白色区域的范围。设置完成后单击"确定"按钮,效果如图11-354所示。

图 11-352

图 11-353

图 11-354

11.4 综合实例：使用彩色半调滤镜制作音乐海报

文件路径	资源包\第11章\使用彩色半调滤镜制作音乐海报
难易指数	★★★★★
技术掌握	彩色半调、黑白、阈值

扫一扫，看视频

案例效果

案例效果如图11-355所示。

图 11-355

操作步骤

步骤 01 执行"文件→新建"命令，新建一个竖版A4大小空白文档。置入素材1.jpg，放在画面下方，并将该图层栅格化。单击工具箱中的"椭圆选框工具"○，在人物头部按住Shift键绘制一个正圆选区，如图11-356所示。单击工具箱中的"多边形套索工具"∨，单击选项栏中的"从选区减去"按钮 □，然后在正圆左上角绘制需要取出的部分，如图11-357所示。

图 11-356　　　　　　　图 11-357

步骤 02 得到一个不完整的圆形选区，使用快捷键Ctrl+Shift+I将选区反选，如图11-358所示。选择照片图层，按Delete键删除选区中的像素，效果如图11-359所示。

步骤 03 选中素材图层，执行"图像→调整→去色"命令，得到灰度效果，如图11-360所示。

图 11-358　　　　　　　图 11-359

图 11-360

步骤 04 选中素材图层，执行"像素化→彩色半调"命令，在弹出的"彩色半调"窗口中设置"最大半径"为8像素，单击"确定"按钮完成设置，如图11-361所示。此时画面效果如图11-362所示。

图 11-361　　　　　图 11-362

步骤 05 单击工具箱中的"钢笔工具"按钮 ⭕，在选项栏中设置"绘制模式"为"形状"，"填充"为中黄色，在画面上绘制一个半圆图形，如图11-363所示。在该图层上右击，从弹出的快捷菜单中执行"栅格化图层"命令。

步骤 06 选中绘制图形的图层，执行"滤镜→像素化→彩色半调"命令，在弹出的"彩色半调"窗口中设置"最大半径"为12像素，单击"确定"按钮完成设置，如图11-364所示。此时画面效果如图11-365所示。

图 11-363

图 11-364　　　　　图 11-365

步骤 07 选中该图层，设置"混合模式"为"正片叠底"，如图11-366所示。此时画面效果如图11-367所示。

图 11-366　　　　　图 11-367

步骤 08 由于此时的黄色图形中带有很多其他颜色，可以首先利用"阈值"使之只保留黑白两色。选中绘制图形的图层，执行"图层→新建调整图层→阈值"命令，在打开的"属性"面板中设置"阈值色阶"为128，单击"此调整剪切到此图层"按钮 ⬓，如图11-368所示。此时画面效果如图11-369所示。

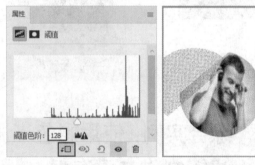

图 11-368　　　　　图 11-369

步骤 09 利用"渐变映射"为该图层赋予新的色彩。执行"图层→新建调整图层→渐变映射"命令，在打开的"属性"面板中单击"渐变编辑器"，在弹出的"渐变编辑器"窗口中设置一个黄色系渐变，单击"确定"按钮完成设置，如图11-370所示。在"属性"面板中单击"此调整剪切到此图层"按钮 ⬓，如图11-371所示。

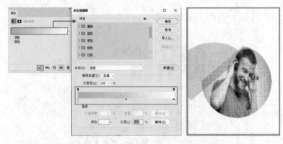

图 11-370　　　　　图 11-371

步骤 10 单击工具箱中的"直线工具" ╱，在选项栏中设置"绘制模式"为"形状"，"填充"为无，"描边"为黑色，"描边宽度"为1像素，"粗细"为1像素，然后在画面中按住鼠标左键拖动绘制一段直线，如图11-372所示。置入文字素材2.png，并摆放在合适位置，案例最终效果如图11-373所示。

图 11-372   图 11-373

11.5 模拟考试

主题：将照片处理为绘画效果。

要求：

（1）照片可自行选择，类别不限；

（2）须应用到滤镜功能进行处理，滤镜类别不限；

（3）可结合调色、绘画等功能对图像进行处理；

（4）可在网络搜索"Photoshop滤镜 教程"等关键词，获取更多灵感。

考查知识点：滤镜的综合使用。

扫一扫，看视频

Chapter 12

第 12 章

文档的自动处理

本章内容简介

　　本章主要讲解几种能够减少工作量的快捷功能。例如，"动作"就是一种能够将在一个文件上进行的操作"复制"到另外一个文件上；"批处理"功能能够快速对大量的图片进行相同的操作（如调色、裁切等）；而"图片处理器"功能则能够帮助我们快速将大量的图片尺寸限定在一定范围内。熟练掌握这些功能的使用，能够大大减轻工作负担。

重点知识掌握

- 记录动作与播放动作
- 载入动作库文件
- 使用批处理快速处理大量文件

通过本章学习，我能做什么？

　　通过本章的学习，我们可以轻松应对大量重复的工作，如快速处理一大批偏色的扫描图片、为一批写真照片进行批量的风格化调色、将大量图片转换为特定尺寸、特定格式，等等。一般地，遇到大量重复的工作，可以尝试运用本章所学的知识来解决。

佳作欣赏

12.1 动作：自动处理文件

　　"动作"是一个非常方便的功能，通过使用"动作"可以快速为不同的图片进行相同的操作。例如，处理一组婚纱照时，想要使这些照片以相同的色调出现，使用"动作"功能最合适不过了。"录制"其中一张照片的处理流程，然后对其他照片进行"播放"，快速又准确，如图12-1所示。

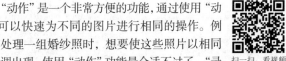

图 12-1

12.1.1 认识"动作"面板

　　在Photoshop中可以储存多个动作或动作组，这些动作可以在"动作"面板中找到，"动作"面板是进行文件自动化处理的核心工具之一，在"动作"面板中可以进行"动作"的记录、播放、编辑、删除、管理等操作。执行"窗口→动作"命令(快捷键Alt+F9)，打开"动作"面板，如图12-2所示。在"动作"面板中罗列的动作也可以进行排列顺序的调整、名称的设置或者是删除等，这些操作与图层操作非常相似。

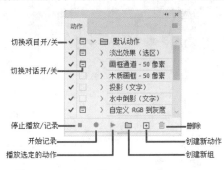

图 12-2

【重点】12.1.2 动手练：记录"动作"

　　在Photoshop中能够被记录的内容很多，绝大多数的图像调整命令、部分工具(选框工具、套索工具、魔棒工具、裁剪、切片、魔术橡皮擦、渐变、油漆桶、文字、形状、注释、吸管和颜色取样器)以及部分面板操作(历史记录、色板、颜色、路径、通道、图层和样式)都可以被记录。

　　(1)执行"窗口→动作"命令或按下快捷键Alt+F9，打开

"动作"面板。在"动作"面板中单击"创建新动作"按钮■，如图12-3所示。然后在弹出的"新建动作"对话框设置"名称"，为了便于查找也可以设置"颜色"，单击"记录"按钮，开始记录操作，如图12-4所示。

图 12-3　　　　　　　　图 12-4

　　(2)进行一些操作，"动作"面板中会自动记录当前进行的一系列操作，如图12-5所示。操作完成后，可以在"动作"面板中单击"停止播放/记录"按钮■停止记录，可以看到当前记录的动作，如图12-6所示。

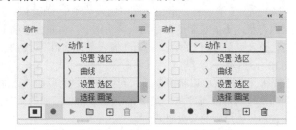

图 12-5　　　　　　　　图 12-6

【重点】12.1.3 动手练：对其他文件使用"动作"

　　"动作"新建并记录完成后，就可以对其他文件播放"动作"了。"播放动作"可以对图像应用所选动作或者动作中的一部分。

　　(1)打开一张图像，如图12-7所示。接着选择一个动作，然后单击"播放选定的动作"按钮 ▶，如图12-8所示，随即会进行动作的播放，画面效果如图12-9所示。

图 12-7

图 12-8　　　　　　　　图 12-9

（2）也可以只播放动作中的某一个命令。单击动作前方 〉 按钮展开动作，选择一个条目，单击"播放选定的动作"按钮 ▶ ，即可从选定条目进行动作的播放，如图12-10和图12-11所示。

图12-10　　　　图12-11

12.1.4　在动作中插入菜单、停止、路径

（1）插入菜单项目是指在动作中插入菜单中的命令，这样可以将很多不能录制的命令插入到动作中。在面板菜单中执行"插入菜单项目"命令，打开"插入菜单项目"对话框，如图12-12所示。执行想要插入的命令，执行完成后单击"确定"按钮，这样就可以将命令插入到相应命令的后面。添加新的命令之后可以通过在"动作"面板中双击新添加的命令，并设置弹出窗口中的参数即可。

图12-12

（2）并不是所有的动作都可以被记录下来，如使用画笔工具、加深工具、减淡工具、锐化工具、模糊工具等。想要在操作过程中进行一些无法被记录的操作时，就可以使用"插入停止"命令。在"动作"面板中，选择需要插入停止的命令上单击，然后单击"面板菜单"按钮 ≡ ，执行"插入停止"命令，如图12-13所示。随即会弹出"记录停止"窗口，在该窗口中输入提示信息，并勾选"允许继续"复选框，单击"确定"按钮，如图12-14所示。

（3）此时，"停止"动作就会插入到"动作"面板中，如图12-15所示。接着进行播放动作，当播放到"停止"动作时Photoshop会弹出一个"信息"窗口，在该窗口中如果单击"继续"按钮，则不会停止，并继续播放后面的动作；单击"停止"按钮则会停止播放当前动作，停止后可以进行其他操作，如图12-16所示。

图12-13

图12-14

图12-15　　　　图12-16

（4）在记录动作的过程中，绘制的路径形状是不会被记录的，使用"插入路径"可以将路径作为动作的一部分包含在动作中。在文件中绘制需要使用的路径，如图12-17所示。然后在"动作"面板中选择一个命令，单击"面板菜单"按钮 ≡ ，执行"插入路径"命令，如图12-18所示。随即在所选动作的下方会出现"设置工作路径"命令，如图12-19所示。

图12-17

图12-18　　　　图12-19

练习实例：使用动作自动处理

文件路径	资源包\第12章\使用动作自动处理
难易指数	★★★★★
技术掌握	使用动作自动处理

扫一扫，看视频

中文版Photoshop 2020从入门到精通（微课视频 全彩版）

案例效果

案例效果如图12-20~图12-23所示。

图 12-20　　　　　　　　　图 12-21

图 12-22　　　　　　　　　图 12-23

操作步骤

步骤 01 为了得到不同的效果，可以将原始素材1.jpg复制多份。执行"文件→打开"命令，打开素材1.jpg，如图12-24所示。执行"窗口→动作"命令，打开"动作"面板，单击"面板菜单"按钮，执行"载入动作"命令，如图12-25所示。

图 12-24　　　　　　　　　图 12-25

步骤 02 在弹出的"载入"窗口中选择已有的动作素材文件，如图12-26所示。此时"动作"面板如图12-27所示。

图 12-26　　　　　　　　　图 12-27

步骤 03 选择背景图层，在打开的"动作"面板中单击"反转片"动作，接着单击面板下方的"播放选定的动作"按钮 ▶，播放动作，如图12-28所示。此时画面效果如图12-29所示。

图 12-28　　　　　　　　　图 12-29

步骤 04 打开另外一张复制的素材图片，继续在"动作"面板选中"单色图像"动作，接着单击"播放选定的动作"按钮 ▶，如图12-30所示。此时画面变为黄色调的单色效果，如图12-31所示。

图 12-30　　　　　　　　　图 12-31

步骤 05 再次打开未操作过的素材图片，在"动作"面板选中"高彩"动作，并在面板的下方单击"播放选定的动作"按钮 ▶，如图12-32所示。此时画面呈现出艳丽的效果，如图12-33所示。

图 12-32　　　　　　　　　图 12-33

12.2 储存和载入动作

在Photoshop中"动作"面板显示着一些动作，除此之外，还可以在"动作"面板菜单中看到其他一些动作列表，可以载入这些动作来使用。除此之外还可以将录制好的"动作"以动作库的形式，导出为独立的文件。这样可以在不同的计算机间使用相同的动作进行图像处理，同时也方便储存。而如果从别处获取到了"动作库"文件，也可以通过"动作"面板菜单中的命令进行载入使用。

12.2.1　使用其他的动作

在Photoshop中提供了一些预设的动作以供用户使用，可以单击"面板菜单"按钮≡，在菜单的底部可以看到预设的动作选项，单击某一项即可载入该动作，如图12-34所示。

图12-34

举一反三：使用内置的动作制作金属文字

（1）选择文字图层，如图12-35所示。打开"动作"面板，单击"面板菜单"按钮≡，执行"文字效果"命令，将其载入到"动作"面板中，如图12-36所示。

扫一扫，看视频

图12-35

（2）展开"文字效果"动作，选择"拉丝金属（文字）"动作，单击"播放选定的动作"按钮▶进行动作的播放，如图12-37所示。文字效果如图12-38所示。

图12-36

图12-37

图12-38

12.2.2　储存为动作库文件

"编辑完的'动作'可以存储吗？我想下次重复使用。"答案是可以的。我们能够在"动作"面板中完成此项操作。在"动作"面板中单击选择动作组，接着单击"面板菜单"按钮≡，执行"存储动作"命令，如图12-39所示。弹出"另存为"窗口，在该窗口中设置合适的名称、格式，单击"保存"按钮，如图12-40所示。随即完成存储操作，如图12-41所示。

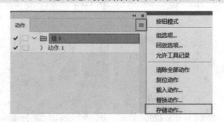

图12-39

图12-40

图12-41

重点 12.2.3　载入动作库文件

"动作"能够进行存储，那么同样能够把外部的.atn动作库文件载入进来。不仅如此，还可以在网站上下载并载入动作。执行"窗口→动作"命令，打开"动作"面板，单击"面板菜单"按钮≡，执行"载入动作"命令，如图12-42所示。在弹出的"载入"窗口中选择动作，单击"载入"按钮，如图12-43所示。随即该动作就被载入到"动作"面板中，如图12-44所示。

图12-42

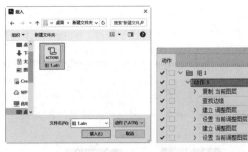

图 12-43　　　　　　　　　图 12-44

图 12-47

复位动作：在面板菜单中执行"复位动作"命令，可以将"动作"面板中的动作恢复到默认的状态。

替换动作：在面板菜单中执行"替换动作"命令，可以将"动作"面板中的所有动作替换为硬盘中的其他动作。

【重点】12.3　动手练：自动处理大量文件

在工作中经常会遇到将多张数码照片调整到统一尺寸、调整到统一色调或制作批量的证件照等情况。如果一张一张地进行处理，非常耗费时间与精力，使用批处理命令可以快速地、轻松地处理大量的文件。

扫一扫，看视频

（1）首先需要准备一个动作，如图 12-45 所示。接着将需要进行批处理的图片放置在一个文件夹中，如图 12-46 所示。

图 12-45　　　　　　　图 12-46

（2）执行"文件→自动→批处理"命令，打开"批处理"窗口。因为批处理需要使用动作，而且在上一步我们先准备了动作。所以首先设置需要播放的"组"和"动作"，如图 12-47 所示。接着需要设置批处理的"源"，因为我们把图片都放在了一个文件夹中，所以设置"源"为"文件夹"，单击"选择"按钮，在弹出的"选取批处理文件夹"窗口中选择相应的文件夹，然后单击"选择文件夹"按钮，如图 12-48 所示。

图 12-48

- 选择"文件夹"选项并单击下面的"选择"按钮时，可以在弹出的"选取批处理文件夹"对话框中选择一个文件夹。
- 选择"导入"选项时，可以处理来自扫描仪、数码相机、PDF文档的图像。
- 选择"打开的文件"选项时，可以处理当前所有打开的文件。
- 选择Bridge选项时，可以处理Adobe Bridge中选定的文件。
- 勾选"覆盖动作中的'打开'命令"复选框时，在批处理时可以忽略动作中记录的"打开"命令。
- 勾选"包含所有子文件夹"复选框时，可以将批处理应用到所选文件夹中的子文件夹。
- 勾选"禁止显示文件打开选项对话框"复选框时，在批处理时不会打开文件选项对话框。
- 勾选"禁止颜色配置文件警告"复选框时，在批处理时会关闭颜色方案信息的显示。

（3）设置"目标"选项。因为需要将处理后的图片放置在一个文件夹中，所以设置"目标"设置为"文件夹"，单击"选择"按钮，在弹出的"选取目标文件夹"窗口中选择或新建一个文件夹，然后单击"选择文件夹"按钮完成选择操作。勾选"覆盖动作中的'存储为'命令"复选框，如图 12-49 所示。设置完成后，单击"确定"按钮，接下来就可以进行批处理操作。处理完成后，效果如图 12-50 所示。

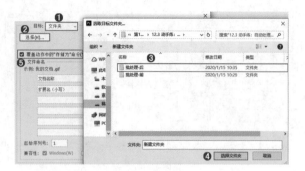

图 12-49

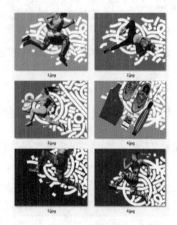

图 12-50

- 覆盖动作中的"存储为"命令：如果动作中包含"存储为"命令，则勾选该复选框后，在批处理时，动作的"存储为"命令将引用批处理的文件，而不是动作中指定的文件名称和位置。当勾选"覆盖动作中的'存储为'命令"选项后，会弹出"批处理"窗口，如图 12-51 所示。

图 12-51

- 文件名称：将"目标"选项设置为"文件夹"后，可以在该选项组的 6 个选项中设置文件的名称规范，指定文件的兼容性，包括 Windows(W)、Mac OS(M) 和 Unix(U)。

12.4 图像处理器：批量限制图像尺寸

使用"图像处理器"可以快速、统一地对选定的图片的格式、大小等选项进行修改，极大地提高了工作效率。在这里就以将图片设置为统一尺寸为例进行讲解。

（1）将需要处理的文件放置在一个文件夹内，如图 12-52 所示。执行"文件→脚本→图像处理器"命令，打开"图像处理器"窗口。首先设置需要处理的文件，单击"选择文件夹"按钮，在弹出的"选取源文件夹"窗口中选择需要处理文件所在的文件夹，如图 12-53 所示。

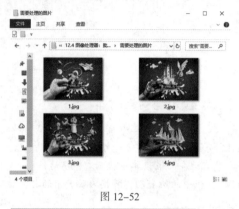

图 12-52

图 12-53

（2）选择一个存储处理图像的位置。单击"选择文件夹"按钮，在弹出的"选取目标文件夹"窗口中选择一个文件夹，如图 12-54 所示。设置"文件类型"，其中有"存储为JPEG""存储为PSD"和"存储为TIFF" 3 种。在这里勾选"存储为JPEG"复选框，设置图像的"品质"为5，因为需要调整图像的尺寸，所以勾选"调整大小以适合"复选框，然后设置相应的尺寸，如图 12-55 所示。

图 12-54

图 12-55

提示："图像处理器"的注意事项。

在"图像处理器"窗口中进行尺寸的设置，如果原图尺寸小于设置的尺寸，那么该尺寸不会改变。也就是说，在图形调整尺寸后是按照比例进行缩放，不是进行剪裁或不等比缩放。

（3）如果需要使用动作进行图像的处理，可以勾选"运行动作"复选框（因为本案例不需要，所以无须勾选），如图 12-56 所示。设置完成后单击"图像处理器"窗口中的"运行"按钮。处理完成后打开存储的文件夹，即可看到处理后的图片，如图 12-57 所示。

图 12-56

图 12-57

提示：将"图像处理器"窗口中所做配置进行存储。

设置好参数配置以后，可以单击"存储"按钮，将当前配置存储起来。在下次需要使用到这个配置时，就可以单击"载入"按钮来载入保存的参数配置。

12.5 综合实例：批处理制作清新美食照片

文件路径	资源包\第12章\综合实例：批处理制作清新美食照片
难易指数	★★★★★
技术掌握	批处理

扫一扫，看视频

案例效果

案例效果如图 12-58 ～图 12-62 所示。

图 12-58　　　　　　　图 12-59

图 12-60　　　　　　　图 12-61

图 12-62

操作步骤

步骤 01 图 12-63 所示为需要处理的原图。无须打开素材图像，但是需要载入已有的动作素材。执行"窗口→动作"命令，打开"动作"面板，单击"面板菜单"按钮，执行"载入动作"命令，如图 12-64 所示。然后在弹出的"载入"窗口中选择已有的动作素材文件，如图 12-65 所示。此时"动作"面板效果如图 12-66 所示。

1.jpg　　　　　2.jpg　　　　　3.jpg

4.jpg　　　　　5.jpg

图 12-63

图 12-64

369

图 12-65　　　　　　　图 12-66

图 12-69　　　　　　　图 12-70

步骤 02 执行"文件→自动→批处理"命令，打开"批处理"窗口，先设置"组"为"组1"，"动作"为"动作1"，设置"源"为"文件夹"，单击"选择"按钮，在弹出的"选取批处理文件夹"窗口中选择该文件配套的文件夹，单击"选择文件夹"按钮完成选择，如图12-67所示。在"批处理"窗口中设置"目标"为"存储并关闭"，如图12-68所示。

图 12-71　　　　　　　图 12-72

图 12-67

图 12-73

图 12-68

12.6 模拟考试

步骤 03 设置完成后单击"批处理"窗口中的"确定"按钮。批处理操作完成后，打开所选的文件夹，即可看到批处理后的照片，如图12-69 ~ 图12-73所示。

主题：尝试将大量图像统一处理为黑白效果。

要求：

（1）自行选择10~20张照片，内容不限；

（2）运用"动作"面板创建一个用于处理为黑白效果的动作；

（3）使用批处理功能对大量图像统一调整。

考查知识点：记录动作、批处理。

Chapter
13
第13章

数码照片处理实用技法

本章内容简介

数码照片处理一直是Photoshop的主要用途之一，需要应用到Photoshop中的修饰、调色、抠图、合成等多项核心功能，是相对比较综合的操作。本章需要结合多种工具命令进行常见的数码照片后期处理操作的练习。

佳作欣赏

13.1 打造高色感的通透风光照片

扫一扫，看视频

文件路径	资源包\第13章\打造高色感的通透风光照片
难易指数	★★★★★
技术掌握	混合模式、曲线调整图层

案例效果

案例处理前后对比效果如图13-1和图13-2所示。

图13-1　　　　　　　图13-2

操作步骤

步骤 01 执行"文件→打开"命令，打开"背景.jpg"，风景图片整体对比度有些低，颜色感不足，天空与水面的层次感较弱，如图13-3所示。首先选中背景图层，按快捷键Ctrl+J复制背景图层，并设置该图层的"混合模式"为"柔光"，如图13-4所示。

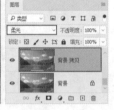

图13-3　　　　　　　图13-4

步骤 02 此时画面的颜色感以及视觉冲击力都有所增强，如图13-5所示。

图13-5

步骤 03 由于这一图层主要针对水面和远处的山进行调整，所以需要为该图层添加图层蒙版，并使用黑色画笔，在蒙版中涂抹天空以及右侧的山体部分，如图13-6所示。此时只有水面和远处的山对比度增强了，如图13-7所示。

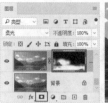

图13-6　　　　　　　图13-7

步骤 04 执行"图层→新建调整图层→曲线"命令，此时在曲线上能够看到色阶中亮部和暗部色阶缺失，所以需要调整将亮部曲线点向左移动，暗部曲线点向右移动，如图13-8所示。此时画面明暗感被增强，但是云朵部分有些曝光，如图13-9所示。

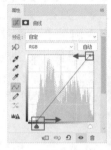

图13-8　　　　　　　图13-9

步骤 05 选择该调整图层的图层蒙版，使用黑色画笔涂抹曝光过度的云朵部分，如图13-10所示。此时画面中云朵的明度恢复正常，效果如图13-11所示。

图13-10　　　　　　　图13-11

步骤 06 此时画面天空左半部分有些偏亮，创建曲线调整图层，压暗曲线形态，如图13-12所示。画面整体变暗，如图13-13所示。

图13-12　　　　　　　图13-13

步骤 07 单击该调整图层的蒙版，使用黑色画笔涂抹画面右侧和左侧的山体部分，图层蒙版如图13-14所示。此时画面效果如图13-15所示。

中文版Photoshop 2020从入门到精通（微课视频 全彩版）

图 13-14

图 13-15

步骤 08 为天空的颜色添加一些"层次感"。创建曲线调整图层，调整曲线形态，如图 13-16 所示。然后在调整图层蒙版中使用黑色画笔涂抹天空顶部区域以及山体部分，图层蒙版如图 13-17 所示。

图 13-16

图 13-17

步骤 09 此时天空中间部分被提亮，与顶部偏深色的天空形成很好的对比，带有渐变感的天空更具有空间上的纵深感，如图 13-18 所示。

图 13-18

步骤 10 进一步压暗天空上部。使用"套索工具" ○，在选项栏中设置"绘制模式"为"添加到选区"，设置一定的羽化数值，在天空上部和水面底部绘制选区，如图 13-19 所示。以当前选区创建"曲线调整图层"，压暗曲线，如图 13-20 所示。

图 13-19

图 13-20

步骤 11 此时天空上部以及水面边缘颜色变得更深一些，如图 13-21 所示。

图 13-21

步骤 12 提亮水面。继续使用"套索工具" ○，绘制水面部分的选区，如图 13-22 所示。创建"曲线调整图层"，提亮曲线，如图 13-23 所示。

图 13-22

图 13-23

步骤 13 此时水面呈现出通透的青绿色，如图 13-24 所示。

图 13-24

步骤 14 对画面上半部分进行压暗。创建曲线调整图层，压暗曲线，如图 13-25 所示。此时画面整体变暗，如图 13-26 所示。

图 13-25

图 13-26

步骤 15 单击该调整图层的蒙版，使用"渐变工具" ■，在蒙版中填充上白下黑的渐变，如图 13-27 所示。最终画面效果如图 13-28 所示。

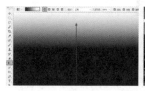
图 13-27

图 13-28

13.2 口红精修

文件路径	资源包\第13章\口红精修
难易指数	☆☆☆☆☆
技术掌握	钢笔工具、曲线、色相/饱和度、图层蒙版

案例效果

案例处理后的3种效果如图13-29~图13-31所示。

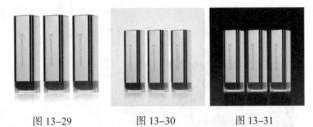

图 13-29   图 13-30   图 13-31

操作步骤

Part 1　产品抠图

步骤 01 执行"文件→打开"命令，打开产品素材"背景.jpg"，如图13-32所示。选择工具箱中的"钢笔工具" ⌀，在选项栏中设置"绘制模式"为"路径"，然后沿着产品的边缘绘制路径，如图13-33所示。

扫一扫，看视频

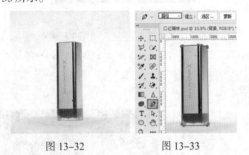

图 13-32   图 13-33

步骤 02 使用快捷键Ctrl+Enter得到路径的选区，如图13-34所示。

图 13-34

步骤 03 使用快捷键Ctrl+J将选区中的像素复制到独立图层，然后将原图层隐藏，如图13-35所示。此时画面状态如图13-36所示。

图 13-35   图 13-36

Part 2　产品美化

扫一扫，看视频

步骤 01 对产品底部进行处理，使边缘变得平滑。图13-37所示为当前产品的状态。

图 13-37

步骤 02 使用"吸管工具" ⌀ 在塑料的位置单击拾取前景色，如图13-38所示。选择"画笔工具" ⌀，设置合适的笔尖大小，然后在底部绘制涂抹将凸起的位置进行覆盖，如图13-39所示。

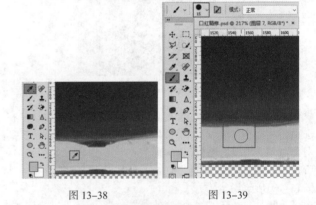

图 13-38   图 13-39

步骤 03 继续在另外一处涂抹进行覆盖，如图13-40所示。

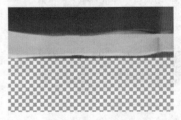

图 13-40

步骤 04 此时底部的边缘不够平滑，形状也不够规则，通过"液化"进行变形。执行"滤镜→液化"命令，打开"液化"

中文版Photoshop 2020从入门到精通（微课视频 全彩版）

窗口，选择"冻结蒙版工具"，在包装的底部边缘涂抹进行保护，然后选择"向前变形工具"，调整合适的笔尖大小，对底边进行涂抹变形，如图13-41所示。变形完成后单击"确定"按钮，效果如图13-42所示。

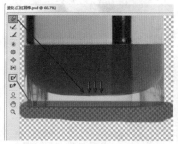

图 13-41　　　　　　　图 13-42

步骤 05 此时包装的底部颜色比较杂乱，不够干净，如图13-43所示。

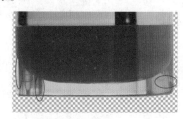

图 13-43

步骤 06 新建图层，先使用"钢笔工具"在包装左下方瑕疵的位置绘制路径，路径绘制完成后载入选区，如图13-44所示。将前景色设置为灰色，然后进行填充，如图13-45所示。接着使用"橡皮擦工具"调整合适的笔尖大小，将生硬的边缘擦除，然后加选产品图层和新建的图层，使用快捷键Ctrl+E进行合并。

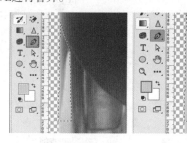

图 13-44　　　　　　　图 13-45

步骤 07 选择工具箱中的"仿制图章工具"，在选项栏中设置合适的笔尖大小，然后按住Alt键在干净的位置单击进行取样，如图13-46所示。然后按住鼠标左键拖动涂抹，将这部分修补干净，效果如图13-47所示。

步骤 08 选择工具箱中的"污点修复画笔工具"，在选项栏中设置合适的画笔大小，"类型"为"内容识别"，然后在包装右下角瑕疵的位置按住鼠标左键拖动绘制，如图13-48所示。释放鼠标后即可看到修复效果，继续去除其他的杂点，效果如图13-49所示。

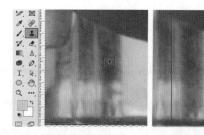

图 13-46　　　　　　　图 13-47

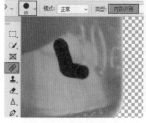

图 13-48　　　　　　　图 13-49

步骤 09 处理金属部分。金属部分主要存在外形不精准，反光不太规则的情况。通常这种情况可以通过绘制正确的反光面形状选区，然后从原始产品中吸取准确的颜色并进行填充的方式进行修饰。建立一条垂直方向的参考线移动至产品的右侧，可以发现产品外轮廓并不是完全垂直的，如图13-50所示。

图 13-50

步骤 10 使用"钢笔工具"在右侧绘制一个侧面形态的路径，然后将路径转换为选区，如图13-51所示。新建图层，接着选择工具箱中的"渐变工具"，在弹出的"渐变编辑器"窗口中编辑一个金色系的渐变颜色，在设置颜色时需要在包装上拾取深浅不同的金属颜色，如图13-52所示。颜色编辑完成后，设置"渐变类型"为"线性"，然后在选区内按住鼠标左键拖动进行填充，效果如图13-53所示。

图 13-51　　　图 13-52　　　图 13-53

步骤 11 再次载入包装侧面的选区，新建图层，使用"渐变工具" ■，在弹出的"渐变编辑器"窗口中编辑一个褐色到透明的渐变，如图13-54所示。然后设置"渐变类型"为"线性"，在选区内按住鼠标左键拖动填充渐变颜色，效果如图13-55所示。

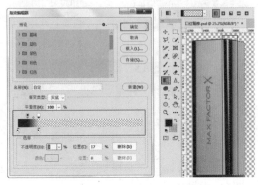

图13-54　　　　　图13-55

步骤 12 继续在正面的两侧深色的位置绘制路径，如图13-56所示。转换为选区后，吸取该位置原有的颜色，新建图层并进行填充，如图13-57所示。

图13-56　　　　　图13-57

步骤 13 此时金属上的色彩均匀了很多，细节效果如图13-58所示。

步骤 14 继续处理产品右上角缺失的一部分，如图13-59所示。

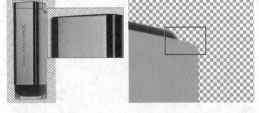

图13-58　　　　　图13-59

步骤 15 可以使用"钢笔工具" ∅ 制作右上角位置的选区，如图13-60所示。

步骤 16 使用快捷键Ctrl+J 将选区中的像素复制到独立图层，接着向右移动并旋转，如图13-61所示。变换完成后按Enter

键确定变换。此时包装的整体修饰就完成了，可以加选修饰包装的图层，使用快捷键Ctrl+G进行编组。

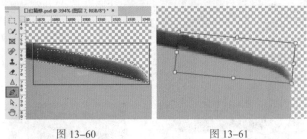

图13-60　　　　　图13-61

Part 3　制作不同色号产品

步骤 01 调整包装的颜色。新建曲线调整图层，然后在"属性"面板中将曲线形状调整为S形，增强明暗反差。单击 ↓□ 按钮创建剪贴蒙版，使该调整图层只作用于产品部分图层组，如图13-62所示。此时包装效果如图13-63所示。

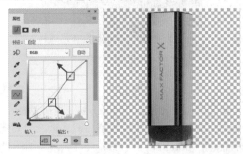

图13-62　　　　　图13-63

步骤 02 制作倒影。加选图层组和上方的曲线调整图层，使用快捷键Ctrl+J复制，并使用快捷键Ctrl+E合并为独立图层。因为这个图层将作为倒影，所以将此图层在"图层"面板中移动至图层组的下方，然后使用快捷键Ctrl+T调出定界框，右击执行"垂直翻转"命令，接着将其向下移动，如图13-64所示。

步骤 03 按Enter键确定变换操作，接着为倒影图层添加图层蒙版，然后编辑一个由白色到黑色的渐变，在图层蒙版中按住鼠标左键拖动填充，制作倒影半透明并渐隐的效果，如图13-65所示。

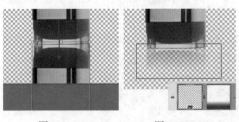

图13-64　　　　　图13-65

步骤 04 口红的包装是相同的，但是底部的颜色不同，需要制作产品不同颜色的展示效果。加选图层组、上方的曲线调整图层和倒影图层，使用快捷键Ctrl+Alt+E进行盖印，然后将合并的图层向右移动，如图13-66所示。

图13-66

步骤 05 新建"色相/饱和度"调整图层，将"色相"设置为"红色"，向左拖动"色相"滑块，设置数值为-17，设置完成后单击 按钮，使调色效果只针对下方的合并图层，如图13-67所示。此时产品的颜色如图13-68所示。

图13-67　　　　　　　图13-68

步骤 06 制作左侧的口红，需要加选右侧口红图层和上方的"色相/饱和度"调整图层，然后使用快捷键Ctrl+J将其进行复制并向左移动，如图13-69所示。

图13-69

步骤 07 选择"色相/饱和度"调整图层，在"属性"面板中设置颜色为"红色"，"饱和度"为20，"明度"为-40，参数设置如图13-70所示。此时产品效果如图13-71所示。

图13-70　　　　　　　图13-71

Part 4　制作不同背景的展示效果

步骤 01 在所有产品图层的最下方新建图层，然后填充白色，白色背景的产品展示效果就制作完成了，效果如图13-72所示。

扫一扫，看视频

图13-72

步骤 02 制作渐变色的背景展示效果。新建图层，选择工具箱中的"渐变工具" ，在弹出的"渐变编辑器"窗口中编辑一个淡橘色到白色的渐变，如图13-73所示。然后设置"渐变类型"为"径向渐变"，接着在画面中按住鼠标左键拖动进行填充，效果如图13-74所示。

图13-73　　　　　　　图13-74

步骤 03 制作黑色背景的展示效果。新建图层，填充为黑色，此时画面效果如图13-75所示。当环境色为黑色时，倒影底部的颜色也应该为黑色，但此时倒影渐隐部分呈现灰色调，如图13-76所示。

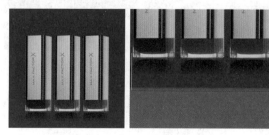

图13-75　　　　　　　图13-76

步骤 04 在黑色背景图层上方新建图层，使用"矩形选框工具" ，单击选项栏中的"添加到选区"按钮，然后在倒影的位置绘制选区，如图13-77所示。

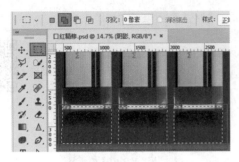

图 13-77

步骤 05 将选区填充为黑色，倒影效果如图13-78所示。

步骤 06 此时黑色背景的展示效果制作完成，效果如图13-79所示。

图 13-78　　　　　　　　　图 13-79

13.3　冷色调时尚人像

文件路径	资源包\第13章\冷色调时尚人像
难易指数	★★★★★
技术掌握	曲线、Camera Raw 滤镜、色相/饱和度、自然饱和度、画笔工具

案例效果

案例处理前后对比效果如图13-80和图13-81所示。

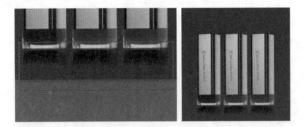

图 13-80　　　　　　　　　图 13-81

操作步骤

Part 1　调整画面背景

步骤 01 执行"文件→打开"命令，打开人物素材1.jpg，可以看到当前人物的肤色偏暗，画面整体色调层次不够分明，如图13-82所示。

扫一扫，看视频

图 13-82

步骤 02 通过Camera Raw 滤镜提高图片的清晰度。执行"滤镜→Camera Raw 滤镜"命令，在打开的Camera Raw 窗口中单击"基本"按钮，然后向右拖动"清晰度"滑块，设置数值为40，此时图像细节处反差增大，如图13-83所示。

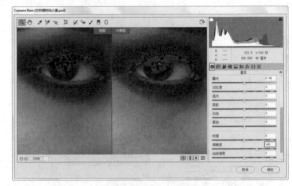

图 13-83

步骤 03 单击"细节"按钮，然后向右拖动"数量"滑块，设置数值为40，增强画面锐度。向右拖动"明亮度"滑块，设置数值为10，使皮肤画面亮部区域（也就是皮肤部分）的噪点减少，如图13-84所示。设置完成后单击"确定"按钮，效果如图13-85所示。

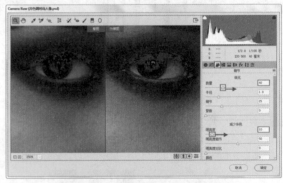

图 13-84

图 13-85

提示：切换Camera Raw 滤镜的视图模式。

单击缩览图右下角的 Y 按钮，可以切换视图模式，如图13-86所示。

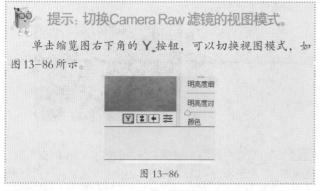

图13-86

步骤 04 提亮人物右侧背景的亮度。执行"图层→新建调整图层→曲线"命令，在弹出的"新建图层"窗口中单击"确定"按钮。在中间调位置单击添加控制点然后向左上拖动提亮画面亮度，曲线形状如图13-87所示。此时画面效果如图13-88所示。

图13-87　　　　　图13-88

步骤 05 此时右侧的背景亮度虽然提高了，但是人物皮肤位置则出现了曝光过度的情况。单击选中调整图层蒙版，将前景色设置为黑色，选择"画笔工具" ✐，在选项栏中设置合适的笔尖大小，然后在人物以及左侧背景上方涂抹，将此处的调色效果隐藏，只保留右侧背景的调色效果，如图13-89所示。

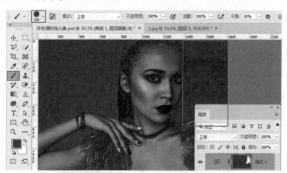

图13-89

步骤 06 压暗左上角背景的亮度。再次新建一个曲线调整图层，在中间调的区域单击添加控制点并向右下角拖动，曲线形状如图13-90所示。此时画面效果如图13-91所示。

图13-90　　　　　图13-91

步骤 07 因为左上角保留的区域面积比较小，可以单击曲线调整图层的图层蒙版，然后将蒙版填充为黑色。此时调色将背景隐藏。然后选择"画笔工具" ✐，将前景色设置为白色，在选项栏中设置合适的笔尖大小，在画面左上角涂抹将调色效果显示出来，如图13-92所示。

图13-92

Part 2　美化肤色及五官

步骤 01 降低皮肤的饱和度。执行"图层→新建调整图层→色相/饱和度"命令，因为皮肤由红色和黄色成分构成，所以首先设置颜色通道为"红色"，接着向右拖动"明度"滑块，如图13-93所示。皮肤部分变亮，效果如图13-94所示。

扫一扫，看视频

图13-93　　　　　图13-94

步骤 02 设置颜色通道为"黄色"，然后向左拖动"饱和度"滑块，设置数值为-100，向右拖动"明度"滑块，设置数值为70，参数设置如图13-95所示。此时皮肤中过多的黄色和红色成分都有所减弱，效果如图13-96所示。

图 13-95　　　　　　　图 13-96

图 13-101　　　　　　　图 13-102

步骤 03 选中"色相/饱和度"图层蒙版，将前景色设置为黑色，选择"画笔工具" ，在选项栏中设置合适的笔尖大小，然后适当调整"不透明度"和"流量"，接着在手链、项链、眼睛、嘴唇的位置涂抹，如图 13-97 所示。图层蒙版的黑白效果如图 13-98 所示。

步骤 06 但是此时眼睛上出现了过多的色彩，单击选择"自然饱和度"调整图层的图层蒙版，选择"画笔工具" ，将前景色设置为黑色，在选项栏中设置合适的笔尖大小，然后在眼睛上方涂抹隐藏眼睛的调色效果，如图 13-103 所示。

步骤 04 增加皮肤的色彩感。执行"图层→新建调整图层→自然饱和度"命令，在"属性"面板中设置"自然饱和度"为100，如图 13-99 所示。此时画面效果如图 13-100 所示。

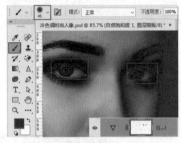

图 13-103

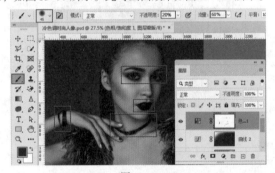

图 13-97

步骤 07 提亮皮肤的颜色。新建一个曲线调整图层，在中间调位置单击添加控制点并向左上拖动，曲线形状如图 13-104 所示。此时画面效果如图 13-105 所示。

图 13-104　　　　　　　图 13-105

图 13-98　　　　　　　图 13-99

步骤 08 选择曲线调整图层的图层蒙版，将其填充为黑色，隐藏调色效果。接着将前景色设置为白色，然后使用"画笔工具"在皮肤位置涂抹，使该调整图层只针对肤色起作用，如图 13-106 所示。图层蒙版的黑白效果如图 13-107 所示。

图 13-100

图 13-106

步骤 05 此时"自然饱和度"数值已经最大了，但是皮肤颜色仍然偏灰，可以向右拖动"饱和度"滑块增加画面的颜色饱和度，参数设置如图 13-101 所示。皮肤变为正常的颜色，

中文版Photoshop 2020从入门到精通（微课视频 全彩版）

图 13-107

步骤 09 皮肤不够平滑，在泪沟、法令纹、额头、下巴等位置颜色偏深，需要进行局部提亮，如图 13-108 所示。

图 13-108

步骤 10 新建曲线调整图层，在中间调位置单击添加控制点并向左上拖动，提高画面的亮度，曲线形状如图 13-109 所示。接着选中图层蒙版将其填充为黑色，隐藏调色效果。接着将前景色设置为白色，在选项栏中设置合适的笔尖大小，降低不透明度，然后在颜色偏深的区域涂抹，如图 13-110 所示。

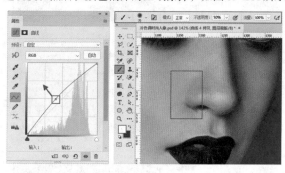

图 13-109　　　　　　　图 13-110

步骤 11 继续在偏暗的细节处涂抹，效果如图 13-111 所示。图层蒙版中的黑白效果如图 13-112 所示。

图 13-111　　　　　　　图 13-112

步骤 12 增加眼睛神采并美白牙齿。新建一个曲线调整图层，

添加控制点并向左上拖动，曲线形状如图 13-113 所示。此时画面效果如图 13-114 所示。

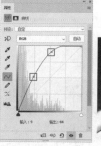

图 13-113　　　　　　　图 13-114

步骤 13 选择曲线调整图层的图层蒙版，将图层蒙版填充为黑色，隐藏调色效果。接着将前景色设置为白色，选择"画笔工具"，在选项栏中设置合适的笔尖大小，在眼睛和牙齿的位置涂抹显示调色效果。此时眼白被提亮，眼睛看起来更有神采，牙齿也白了一些，效果如图 13-115 所示。

图 13-115

Part 3　调整服装颜色

步骤 01 调整服装的颜色，并将背景调整为蓝色调。新建一个曲线调整图层，因为要调整为蓝色调，所以设置通道为"蓝"，将曲线底部的控制点向上拖动，在阴影中添加蓝色，然后在中间调位置添加控制点并向上拖动，在中间调中添加蓝色，曲线形状如图 13-116 和图 13-117 所示。

扫一扫，看视频

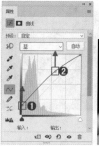

图 13-116　　　　　　　图 13-117

步骤 02 将通道设置为"红"，然后在中间调位置添加控制点并向右下拖动，减少中间调中的红色成分；接着将曲线底

部的控制点向上拖动，在阴影中添加红色。此时阴影颜色倾向于紫色，曲线形状如图13-118所示。此时画面效果如图13-119所示。

图13-118　　　　　　图13-119

步骤 03 设置通道为"绿"，然后将曲线底部的控制点向上拖动，在阴影中添加绿色，曲线形状如图13-120所示。此时画面效果如图13-121所示。

图13-120　　　　　　图13-121

步骤 04 设置通道为RGB，在中间调位置单击添加控制点并向右下拖动，压暗画面的亮度，曲线形状如图13-122所示。此时画面效果如图13-123所示。

图13-122　　　　　　图13-123

步骤 05 衣服和背景的颜色调整完成后，单击选择曲线调整图层的图层蒙版，将前景色设置为黑色，在皮肤的位置按住鼠标左键拖动涂抹隐藏调色效果，还原人物皮肤颜色，如图13-124所示。

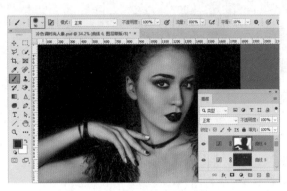

图13-124

Part 4　画面整体处理

扫一扫，看视频

步骤 01 新建一个曲线调整图层，在曲线中间调位置添加控制点并向上拖动提高画面亮度，曲线形状如图13-125所示。此时画面效果如图13-126所示。

图13-125　　　　　　图13-126

步骤 02 制作旋转的虚影效果。使用快捷键Ctrl+Shift+Alt+E进行盖印，选择合并的图层，执行"滤镜→模糊→径向模糊"命令，在弹出的"径向模糊"窗口中设置"数量"为80，"模糊方法"为"旋转"，"品质"为"好"，设置完成后单击"确定"按钮，如图13-127所示。此时画面效果如图13-128所示。

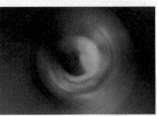

图13-127　　　　　　图13-128

步骤 03 为添加滤镜的图层添加图层蒙版，然后使用黑色的柔边圆画笔在人像上方涂抹，隐藏滤镜效果，如图13-129所示。图层蒙版中的黑白效果如图13-130所示。

中文版Photoshop 2020从入门到精通（微课视频 全彩版）

图 13-129

图 13-130

步骤 04 增加背景的颜色饱和度。执行"图层→新建调整图层→自然饱和度"命令，在弹出的"新建图层"窗口中单击"确定"按钮。然后设置"自然饱和度"为100，"饱和度"为40，参数设置如图13-131所示。此时画面效果如图13-132所示。

图 13-131

图 13-132

步骤 05 选中图层蒙版，使用黑色的柔边圆画笔在皮肤的位置涂抹，隐藏调色效果。蒙版中的黑白效果如图13-133所示。最终画面效果如图13-134所示。

图 13-133

图 13-134

13.4 婚纱摄影后期修饰

文件路径	资源包\第13章\婚纱摄影后期修饰
难易指数	★★★★★
技术掌握	双曲线磨皮法、Camera Raw、曲线、可选颜色、图层蒙版

案例效果

案例处理前后对比效果如图13-135和图13-136所示。

图 13-135

图 13-136

操作步骤

Part 1 人像修饰美化

步骤 01 执行"文件→打开"命令，打开婚纱照片素材1.jpg，如图13-137所示。照片整体比较明显的问题是明度偏低，画面颜色感不强，缺少气氛感。人物五官很精致，皮肤质感也不错。但是由于光感不足，使面部产生一些不规则的明暗面，如图13-138所示。这种情况可以采用时下比较流行的双曲线磨皮法进行处理。

图 13-137

图 13-138

> 💡 **提示：双曲线磨皮法。**
>
> 双曲线磨皮法的原理是对皮肤上偏暗的局部进行提亮，对偏亮的局部进行压暗。以此得到质感光滑的柔和肌肤。所以需要两类曲线调整图层，一类曲线用来提亮，另一类用来压暗。而控制曲线的影响范围则需要在图层蒙版中绘制。
>
> 这种方法常用于处理人物皮肤毛孔粗大、雀斑、黑眼圈、眼袋、褶皱等细节问题。也可以用于处理面部的不规则明暗面，使面部显得饱满丰盈。还可以通过为面部添加

新的亮部和暗部区域，增强面部立体感。

　　由于双曲线磨皮处理的细节大多是非常非常细小的，如毛孔、发丝、皱纹等，所以在蒙版中经常需要使用1像素、2像素大小的画笔进行涂抹，而且往往要将图像放大到能看到像素的级别进行处理。

步骤 02 由于曲线操作主要针对明暗进行调整，所以为了能更加方便地进行修饰操作，在进行皮肤调整之前可以创建用于辅助的"观察图层"。首先创建一个"黑白"调整图层，使画面在黑白状态下，能够更清晰地看出画面的明暗，如图13-139所示。但是有些细小的明暗可能很难分辨，所以可以创建一个曲线调整图层，适当增强画面的对比度，以便观察到明暗细节，如图13-140所示。对皮肤细节处理的变化效果非常微妙，需要放大进行仔细查看。图像变为黑白后，我们可以看到之前被"忽略"的瑕疵，如眼睛下方的阴影、鼻翼两侧不规则的暗部、法令纹、脖颈处的细纹等，如图13-141所示。

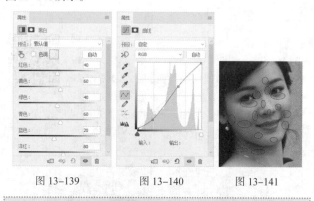

图13-139　　　　图13-140　　　　图13-141

😀 **提示：观察组的调整图层。**

　　观察组的调整图层通过使画面变为对比度较强的黑白图像，让我们更清晰地看到画面中的瑕疵。所以具体参数如何设置是没有定数的，根据实际情况进行设置即可。使用哪种调整图层来实现这种效果也都是可以的。图13-142所示为本案例的观察组图层。

图13-142

步骤 03 对偏暗的小局部进行提亮。执行"图层→新建调整图层→曲线"命令，调整曲线形态，将画面提亮，如图13-143所示。由于这一调整图层只针对皮肤上偏暗的局部

进行操作，所以需要单击调整图层蒙版，使用黑色进行填充，如图13-144所示。

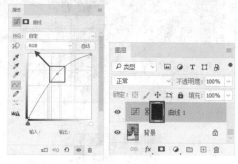

图13-143　　　　　　　图13-144

步骤 04 单击工具箱中的"画笔工具" ✐，设置一个较小的画笔（画笔大小刚好能覆盖要修复的区域即可）。设置画笔"不透明度"为10%，然后设置前景色为白色。在蒙版中眼睛下部偏暗的部分进行涂抹，可以看到被涂抹的区域亮度被提高。在灰度图像中也能感受到这部分的"黑眼圈"似乎在慢慢消失，如图13-145所示。隐藏之前两个观察组的图层，观察彩色图像的对比效果，如图13-146所示。

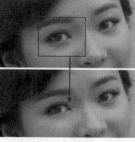

图13-145　　　　　　图13-146

步骤 05 继续使用半透明的白色柔角画笔在蒙版中的其他区域进行涂抹，被涂抹的区域亮度会被提升，直至将前面我们找到的这些区域的亮度提升到与周围皮肤相近的效果，如图13-147所示。蒙版效果如图13-148所示。隐藏之前两个观察组的图层，面部明显的暗部基本消失了，皮肤显得非常光滑紧实，图像效果如图13-149所示。

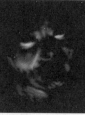

图13-147　　　　图13-148　　　　图13-149

步骤 06 继续在观察组下观察图像，灰度图像中还有几个明暗过渡较突兀的区域，如图13-150所示。这部分区域仍然需要使用提亮的曲线进行处理。再次创建一个"曲线调整图层"，

x

调整曲线形态，如图13-151所示。

图13-150　　　　　图13-151

步骤 07 使用黑色填充调整图层的蒙版，使用白色画笔在蒙版中的眼窝、左侧鼻翼、右侧黑眼圈、嘴角以及脖颈处的不规则区域进行涂抹，蒙版效果如图13-152所示。此时灰度图像中被涂抹的区域中过渡明显的部分被去除掉了，如图13-153所示。画面效果如图13-154所示。

图13-152　　　图13-153　　　图13-154

步骤 08 提亮的工作基本完成，下面我们要对皮肤进行"压暗"。虽然我们都知道"一白遮百丑"，但是如果人物面部整体都是一样的"白"，会使面部丧失立体感。而适度地将面部阴影处压暗，不仅会使五官更加立体，还会将肤色衬托得更加白皙、通透。例如，本案例需要在面颊两侧以及鼻翼处进行压暗，如图13-155所示。再次创建"曲线"调整图层，压暗曲线，如图13-156所示。使用黑色填充图层蒙版，然后使用白色半透明的柔角画笔，在面颊两侧以及鼻翼处进行涂抹，如图13-157所示。

步骤 09 在涂抹过程中需要注意，面颊两侧以及鼻翼处原本也是有一些暗部区域的。本次涂抹需要针对不同区域进行不同程度的涂抹，避免对过暗的区域涂抹次数过多而产生局部偏暗的情况，涂抹效果如图13-158所示。画面效果如图13-159所示。到这里，面部的基本处理就完成了。

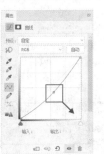

图13-155　　　　　图13-156

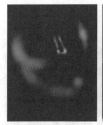

图13-157　　　图13-158　　　图13-159

步骤 10 使用快捷键Ctrl+Alt+Shift+E盖印当前画面效果，得到一个单独的图层。执行"滤镜→液化"命令，在弹出的"液化"窗口中使用"向前变形工具"，设置合适的画笔大小，在面部轮廓、手臂以及腰腹处进行涂抹，如图13-160所示。进行瘦身和塑型，效果如图13-161所示。调整完成后单击"确定"按钮。

图13-160

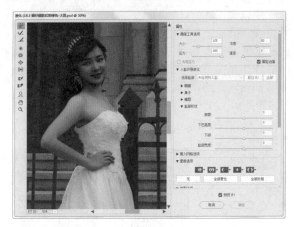

图13-161

步骤 11 进一步美化人物。创建一个提亮的曲线调整图层，如图13-162所示。在这一调整图层的蒙版中，主要针对画面中人物的眉骨、眼白、瞳孔高光处、颧骨、鼻梁、上唇边缘以及下颌处进行提亮，蒙版如图13-163所示。经过这一步骤的提亮，人物显得更有神采，效果如图13-164所示。

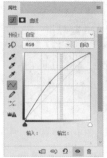

图 13-162　　　　图 13-163　　　　图 13-164

步骤 12 对嘴唇进行适当调色。使用"套索工具" ，在选项栏中设置一定的羽化数值，然后绘制嘴唇的选区，如图 13-165 所示。接着以选区创建"曲线"调整图层，轻微提亮曲线，如图 13-166 所示。此时嘴唇颜色变为了粉嫩的樱花色，如图 13-167 所示。

图 13-165　　　　图 13-166　　　　图 13-167

步骤 13 对人物的肤色进行统一的调整。执行"图层→新建调整图层→可选颜色"命令，在弹出的"可选颜色"属性面板中设置"颜色"为"黄色"，调整黄色数值为-41，如图 13-168 所示。在调整图层蒙版中使用黑色填充，使用白色画笔涂抹皮肤部分，如图 13-169 所示。由于此调整图层减少了肤色中"黄"的成分，所以使肤色更倾向于黄的补色——粉紫色，也就使肌肤显得更加粉嫩，如图 13-170 所示。

图 13-168　　　　图 13-169　　　　图 13-170

步骤 14 进一步提亮皮肤。创建"曲线"调整图层，调整曲线形态，如图 13-171 所示。在调整图层蒙版中使用黑色填充，使用白色涂抹面部、肩膀以及小臂，如图 13-172 所示。画面

效果如图 13-173 所示。

图 13-171　　　　图 13-172　　　　图 13-173

步骤 15 执行"图层→新建调整图层→亮度/对比度"命令，在弹出的"亮度/对比度"属性面板中调整"对比度"数值为21，如图 13-174 所示。同样在蒙版中使用黑色填充，使用白色涂抹面部、肩膀以及小臂，如图 13-175 所示。画面效果如图 13-176 所示。

图 13-174　　　　图 13-175　　　　图 13-176

Part 2　环境修饰与整体调整

扫一扫，看视频

步骤 01 对环境进行修饰。人物背景中右侧的石柱上有明显的瑕疵，而左侧的石柱上则没有，所以可以通过复制左侧石柱来修复右侧石柱，如图 13-177 所示。框选左侧石柱，选中人物照片的图层，使用快捷键Ctrl+J，将其复制为独立图层。将复制后的图层移动到右侧并使用自由变换快捷键Ctrl+T，右击，从弹出的快捷菜单中执行"水平翻转"命令，如图 13-178 所示。

图 13-177　　　　　　　　图 13-178

步骤 02 右击，从弹出的快捷菜单中执行"扭曲"命令，调整控制点，使之与底部的石柱形态相吻合（在调整过程中为了便于观察可以降低该图层不透明度），如图13-179所示。

图 13-179

步骤 03 调整完成后按Enter键完成操作。然后使用"橡皮擦工具" ![橡皮擦]擦除石柱两端多余的部分，如图13-180所示。画面效果如图13-181所示。

图 13-180 　　　　　 图 13-181

步骤 04 提亮人物面部和裙子。执行"图层→新建调整图层→曲线"命令，创建"曲线"调整图层，调整曲线形态，如图13-182所示。此时效果如图13-183所示。

图 13-182 　　　　　 图 13-183

步骤 05 在调整图层蒙版中填充黑色，使用白色柔角画笔涂抹裙子和皮肤部分，如图13-184所示。画面效果如图13-185所示。

步骤 06 对画面整体进行调色。使用快捷键Ctrl+Alt+Shift+E盖印当前画面效果，得到一个单独的图层。执行"滤镜

→Camera Raw"命令，打开Camera Raw窗口，在这里设置"阴影"数值为+45，"黑色"为-43，"清晰度"为+30，如图13-186所示。

图 13-184 　　　　　 图 13-185

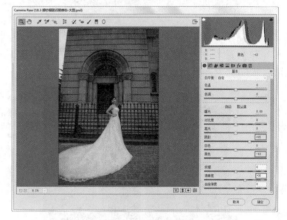

图 13-186

步骤 07 在"分离色调"选项卡中设置高光"色相"为60，"饱和度"为30，设置阴影"色相"为230，"饱和度"为30，如图13-187所示。

图 13-187

步骤 08 在"效果"选项卡中设置"数量"为-40，"中点"为+20，"圆度"为+20，"羽化"为+50，单击"确定"按钮，完成操作，如图13-188所示。

387

第13章 数码照片处理实用技法

图 13-188

步骤 09 回到画面中，进一步强化暗角效果。新建图层，单击工具箱中的"渐变工具" ▣，在弹出的"渐变编辑器"窗口中编辑一种透明到黑色的渐变，设置"渐变类型"为"径向渐变"，然后在画面中间向外拖动，填充渐变，如图 13-189所示。执行"文件→置入嵌入对象"命令，置入素材2.jpg，摆放在画面上方并栅格化图层，如图 13-190 所示。

图 13-189　　　　　图 13-190

步骤 10 设置该图层的"混合模式"为"滤色"，并为该图层添加图层蒙版，在蒙版中使用黑色柔角画笔涂抹图片下边缘处，使之柔和过渡，如图 13-191 所示。最终效果如图 13-192所示。

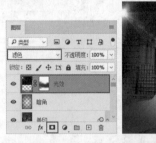

图 13-191　　　　　图 13-192

13.5　梦幻儿童摄影

文件路径	资源包\第14章\梦幻儿童摄影
难易指数	★★★★★
技术掌握	快速选择工具、通道抠图、调色命令、动感模糊、智能滤镜

案例效果

案例效果如图 13-193 所示。

图 13-193

Part 1　制作背景

扫一扫，看视频

步骤 01 制作背景部分。创建方形的空白文件，置入素材2.jpg和3.jpg，将置入的素材栅格化。将置入的素材3图层置于素材2图层上方，如图 13-194 所示。画面效果如图 13-195 所示。

图 13-194　　　　　图 13-195

步骤 02 为了让置入的两个素材背景更加融合，选择置入的素材3图层，为该图层添加图层蒙版。单击工具箱中的"画笔工具"按钮 ✎，在选项栏中设置大小合适的柔边圆画笔，设置前景色为黑色，设置完成后在蒙版中按住鼠标左键在素材的上方和下方进行涂抹，将生硬的图像边缘隐藏掉，此时将两个素材背景较好地融合在一起，如图 13-196 所示。图层面板如图 13-197 所示。

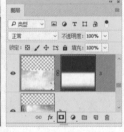

图 13-196　　　　　图 13-197

步骤 03 制作顶部的背景。再次置入素材3.jpg，置于之前置

中文版Photoshop 2020从入门到精通（微课视频 全彩版）

入的素材图层上方，并将图层栅格化。选择该素材图层，单击工具箱中的"画笔工具"按钮 ✎，在选项栏中设置一个较大的柔边圆画笔，设置前景色为黑色，设置完成后在蒙版中素材的卜方进行涂抹将其隐藏，如图13-198所示。图层面板效果如图13-199所示。

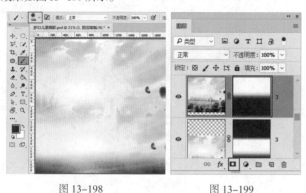

图 13-198   图 13-199

Part 2　主体人物处理

步骤 01 将人物素材置入到画面中并栅格化，将其他图层隐藏。接下来需要将人物从背景中抠出来，人物抠图分为两个部分：花朵与人物部分以及头发部分。花朵与人物部可以使用钢笔工具进行抠图，选择工具箱中的"钢笔工具" ✎，在选项栏中设置"绘制模式"为"路径"，设置完成后在画面中紧贴人物绘制出轮廓，然后使用快捷键Ctrl+Enter加选人物选区，如图13-200所示。将人物复制为独立图层，如图13-201所示。

扫一扫，看视频

图 13-200   图 13-201

步骤 02 由于头发部分边缘较为复杂，需要使用"通道抠图"处理。选择完整的人物图层，单击工具箱中的"套索工具"按钮 ✎，将人物的头发大致轮廓绘制出来，如图13-202所示。接着使用快捷键Ctrl+J将绘制的选区单独复制出来，形成一个新的图层，并将其他图层隐藏。

图 13-202

步骤 03 执行"窗口→通道"命令，在弹出的"通道"面板中选择主体物与背景黑白对比最强烈的通道。经过观察，"蓝"通道中头发与背景之间的黑白对比较为明显。接着选择"蓝"通道，右击，从弹出的快捷菜单中执行"复制通道"命令，在弹出的"复制通道"面板中单击"确定"按钮，创建出"蓝 拷贝"通道，如图13-203所示。

图 13-203

步骤 04 为了将头发与背景区分开，需要增强对比度。选择"蓝 拷贝"通道，使用快捷键Ctrl+M调出"曲线"命令，在弹出的"曲线"窗口中单击"在图像中取样以设置黑场"按钮，然后在人物头发边缘处单击，此时头发部分变为黑色，如图13-204所示。

图 13-204

步骤 05 单击窗口下方的"在图像中取样以设置白场"按钮，然后单击背景部分，此时背景变为白色，如图13-205所示。设置完成后，单击"曲线"窗口的"确定"按钮。

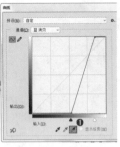

图 13-205

步骤 06 人物调整完成后，接着选择工具箱中的"画笔工具" ✏，设置大小合适的硬边圆画笔，将工具箱底部的前景色设置为黑色，然后按住鼠标左键将人物面部涂抹成黑色，如图 13-206 所示。然后可以配合"减淡工具"对背景中的灰色部分进行减淡处理。

图 13-206

步骤 07 在"蓝 拷贝"通道中，按住Ctrl键的同时单击通道缩览图得到选区，选中复制的头发图层，按下键盘上的Delete键删除背景，如图 13-207 和图 13-208 所示。

图 13-207　　　　　图 13-208

步骤 08 显示出身体部分，显示出背景图层，效果如图 13-209 所示。接着置入翅膀素材4.png，并将素材栅格化，调整图层顺序将翅膀图层置于人物图层下方。如图 13-210 所示。

图 13-209　　　　　图 13-210

步骤 09 制作左边翅膀。首先选中右侧翅膀，将其复制一份，然后使用自由变换快捷键Ctrl+T调出定界框，右击，从弹出的快捷菜单中执行"水平翻转"命令，将翅膀进行翻转，如图 13-211 所示。在当前状态下将光标放在定界框的任意一角按住鼠标左键拖动进行旋转，如图 13-212 所示。

图 13-211　　　　　图 13-212

步骤 10 画面中的人物需要适当强化对比度。选择人物合并图层，执行"图层→新建调整图层→曲线"命令，将光标放在曲线下段位置按住鼠标左键向右下方拖动，然后调整上方曲线，接着单击"此调整剪切到此图层"按钮，如图 13-213 所示，使提亮效果只针对人物图层，效果如图 13-214 所示。

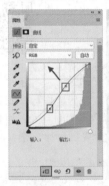

图 13-213　　　　　图 13-214

步骤 11 调整人物下方篮子的颜色。执行"图层→新建调整图层→色彩平衡"命令，在弹出的"色彩平衡"属性面板中设置"色调"为"中间调"，设置颜色"青色"为22，"洋红"为-27，"黄色"为-65，设置完成后单击"此调整剪切到此图层"按钮，使调色效果只针对人物图层，如图 13-215 所示。效果如图 13-216 所示。

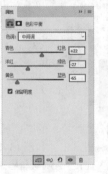

图 13-215　　　　　图 13-216

步骤 12 通过操作,调色效果应用到整个人物图层,所以单击色彩平衡调整图层的蒙版,在蒙版中填充黑色,接着设置前景色为白色,选择工具箱中的"画笔工具" ✐,设置大小合适的半透明柔边圆画笔在篮子上进行涂抹,为篮子提亮,效果如图13-217所示。蒙版效果如图13-218所示。

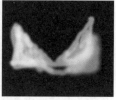

图 13-217   图 13-218

步骤 13 为篮子边缘的毯子和人物上身衣服进行提亮。执行"图层→新建调整图层→曲线"命令,将光标放在曲线中段按住鼠标左键向左上方拖动,接着单击"此调整剪切到此图层"按钮,如图13-219所示,使提亮效果只针对人物图层。在该调整图层蒙版中填充黑色,并使用白色柔边圆画笔涂抹篮子和衣服部分,效果如图13-220所示。

图 13-219   图 13-220

步骤 14 调整绳子的颜色。再次创建"色彩平衡"调整图层,设置"色调"为"中间调",设置颜色"青色"为+100,"洋红"为+50,"黄色"为-95,设置完成后单击"此调整剪切到此图层"按钮,使调色效果只针对人物图层,如图13-221所示。在该调整图层蒙版中填充黑色,并使用白色柔边圆画笔涂抹绳子部分,效果如图13-222所示。

图 13-221   图 13-222

步骤 15 画面中人物右边裙子偏暗,需要提高亮度。创建"曲线"调整图层,将曲线向左上角拖动,操作完成后单击"此调整剪切到此图层"按钮,如图13-223所示。在该调整图层蒙版中填充黑色,并使用白色柔边圆画笔涂抹右侧裙子部分,效果如图13-224所示。

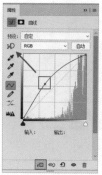

图 13-223   图 13-224

Part 3   丰富画面效果

步骤 01 置入素材5.jpg,将素材置于画面中的合适位置并将图层栅格化。接着需要将素材顶部的气球单独抠出来,选择工具箱中的"快速选择工具" ✐,绘制出气球的选区,如图13-225所示。在当前选区状态下为该图层添加图层蒙版,将气球单独抠出来,效果如图13-226所示。

扫一扫,看视频

图 13-225   图 13-226

步骤 02 需要提高气球亮度。接着创建"曲线"调整图层,将曲线向左上角拖动,操作完成后单击"此调整剪切到此图层"按钮,如图13-227所示,使调色效果只针对气球图层,效果如图13-228所示。

图 13-227   图 13-228

步骤 03 再次置入素材3.jpg，置于画面的下方位置，并栅格化图层，如图13-229所示。然后为该图层添加图层蒙版，选择工具箱中的"画笔工具" ✐ ，使用黑色的大小合适的半透明柔边圆画笔，在蒙版中上方的位置进行涂抹将其隐藏，效果如图13-230所示。

图 13-229　　　　　图 13-230

步骤 04 置入鸽子素材6.png，置于气球的右下角位置，使用自由变换快捷键Ctrl+T调出定界框，将光标放在定界框以外进行旋转，旋转完成后按Enter键完成操作。然后将图层栅格化，如图13-231所示。接着将该鸽子图层复制一份，用同样的方法将其缩放旋转到合适的位置，效果如图13-232所示。

图 13-231　　　　　图 13-232

步骤 05 置入氢气球素材7.png和8.png，置于画面中的右下角和左上角位置并栅格化图层，如图13-233所示。

步骤 06 画面中置入的素材8的几个氢气球颜色较暗，需要提高亮度。选择素材8所在图层，执行"曲线"命令，单击在曲线上添加控制点并分别向左上角拖动，操作完成后单击"此调整剪切到此图层"按钮，

图 13-233

如图13-234所示，使调色效果只针对素材8所在图层，效果如图13-235所示。

步骤 07 置入素材9.png，置于画面中橘色氢气球的旁边位置。为了制造近景远景的画面效果，选择该素材图层，执行"滤镜→模糊→高斯模糊"命令，在弹出的"高斯模糊"窗口中设置"半径"为21像素，设置完成后单击"确定"按钮完成操作，如图13-236所示。画面效果如图13-237所示。

图 13-234　　　　　图 13-235

图 13-236　　　　　图 13-237

步骤 08 此时氢气球的颜色过重，所以创建一个"曲线"调整图层，调整曲线形态，操作完成后单击"此调整剪切到此图层"按钮，如图13-238所示，使调色效果只针对素材9所在图层，效果如图13-239所示。

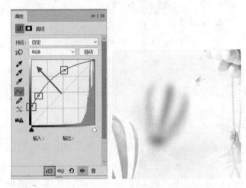

图 13-238　　　　　图 13-239

步骤 09 按住Ctrl键将置入的氢气球图层和相应的调整图层依次加选，使用快捷键Ctrl+G编组。然后选择该编组图层执行"曲线"命令，将曲线向左上角拖动，操作完成后单击"此调整剪切到此图层"按钮，如图13-240所示。为氢气球进行整体提亮，使调色效果只针对编组的氢气球图层组，效果如图13-241所示。

步骤 10 单击该调整图层的蒙版，在蒙版中填充黑色，接着设置前景色为白色，选择工具箱中的"画笔工具" ✐ ，在选项栏中设置大小合适的柔边圆画笔在氢气球上进行涂抹，为氢气球提亮，效果如图13-242所示。蒙版效果如图13-243所示。

中文版Photoshop 2020从入门到精通（微课视频 全彩版）

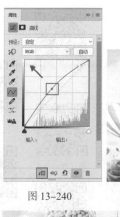

图 13-240　　　　　　图 13-241

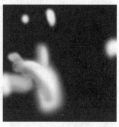

图 13-242　　　　　　图 13-243

步骤 11 置入素材 10.jpg，调整大小使其能够充满整个画面并将图层栅格化，如图 13-244 所示。接着选择该素材图层，设置"混合模式"为"滤色"，如图 13-245 所示。画面效果如图 13-246 所示。

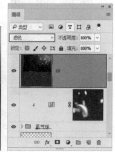

图 13-244　　　　　　图 13-245

步骤 12 为画面增加云雾效果。新建一个图层，选择该图层，单击工具箱中的"画笔工具"按钮 ✎，在选项栏中设置大小合适的柔边圆画笔，透明度设置为 5%，设置前景色为白色，设置完成后在画面下方位置进行绘制，效果如图 13-247 所示。

步骤 13 置入花瓣素材 11.png，调整大小使其能够充满整个画面，先不要将该图层栅格化，如图 13-248 所示。接着为了让画面有花瓣飘落的感觉，执行"滤镜→模糊→动感模糊"命令，在弹出的"动感模糊"窗口中设置"角度"为 53 度，"距离"为 258 像素，设置完成后单击"确定"按钮完成操作，如

图 13-246

图 13-249 所示。画面效果如图 13-250 所示。

图 13-247　　　　　　图 13-248

图 13-249　　　　　　图 13-250

步骤 14 此处运动模糊的效果只需要对部分花朵起作用即可，所以需要单击该花瓣图层的"智能滤镜"的蒙版，如图 13-251 所示，在智能滤镜的蒙版中填充黑色，接着设置前景色为白色，选择工具箱中的"画笔工具" ✎，在选项栏中设置较小的柔边圆画笔在花瓣上进行涂抹，使部分花瓣产生随风飘动的运动模糊效果，让花瓣的飘落效果更加真实，蒙版效果如图 13-252 所示。最终效果如图 13-253 所示。

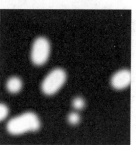

图 13-251　　　　　　图 13-252

图 13-353

13.6 课后练习：化妆品图像精修

文件路径	资源包\第13章\化妆品图像精修
难易指数	⭐⭐⭐⭐⭐
技术掌握	修复画笔工具、仿制图章工具、画笔工具、渐变工具、调整图层

案例效果

案例处理前后对比如图13-254和图13-255所示。

图 13-254　　　　图 13-255

Part 1　化妆品抠图并更换背景

扫一扫，看视频

Part 2　瓶身细节修饰

扫一扫，看视频

Part 3　调整明暗增强质感

扫一扫，看视频

13.7 课后练习：写真照片精修

文件路径	资源包\第13章\写真照片精修
难易指数	⭐⭐⭐⭐⭐
技术掌握	污点修复画笔、仿制图章、液化、曲线、外挂磨皮滤镜

案例效果

案例处理前后对比效果如图13-256和图13-257所示。

图 13-256　　　　图 13-257

Part 1　面部瑕疵的去除

扫一扫，看视频

Part 2　面部结构调整

扫一扫，看视频

Part 3　五官美化

扫一扫，看视频

Part 4　增强面部明暗

扫一扫，看视频

Part 5　背景调色

13.8 课后练习：还原年轻面庞

文件路径	资源包\第13章\还原年轻面庞
难易指数	⭐⭐⭐⭐⭐
技术掌握	修补工具、仿制图章、液化滤镜、调整图层、混合模式

案例效果

案例处理前后对比效果如图13-258和图13-259所示。

图 13-258　　　　图 13-259

Part 1　调整面部轮廓及去皱

扫一扫，看视频

Part 2　皮肤美化

扫一扫，看视频

Part 3　调整面部明暗增强立体感

扫一扫，看视频

Part 4　美化五官细节

扫一扫，看视频

Chapter
14

第14章

平面设计精粹

本章内容简介

平面设计，也称为视觉传达设计，从名称中可以提取出两个关键词"视觉"与"传达"，即以视觉作为信息传递与沟通的一种设计类型。而此处"视觉"的产生则需要通过多种方式将符号、图片和文字等视觉元素相结合或创造新的视觉元素，借此用来传达想法或信息。平面设计的类型有许多，常见的包括海报设计、平面媒体广告设计、DM单设计、POP广告设计、样本设计、书籍设计、刊物设计、VI设计、网页设计、包装设计等。本章需要结合多种工具命令进行常见的平面设计项目的制作练习。

佳作欣赏

14.1 童装网店标志设计

文件路径	资源包\第14章\童装网店标志设计
难易指数	⭐⭐⭐⭐⭐
技术掌握	自定形状工具、图层样式、横排文字工具、选框工具

案例效果

案例效果如图14-1所示。

图 14-1

操作步骤

Part 1　制作标志背景

步骤 01 执行"文件→新建"命令，创建出一个新文档，效果如图14-2所示。

扫一扫，看视频

图 14-2

步骤 02 单击工具箱中的"渐变工具"按钮■，打开"渐变编辑器"窗口，设置第一个色标为灰色，设置第二个色标为白色，如图14-3所示。单击"确定"按钮，在画面中按住鼠标左键拖动，填充渐变色，效果如图14-4所示。

图 14-3

图 14-4

Part 2　制作标志图形

扫一扫，看视频

步骤 01 单击工具箱中"椭圆工具"按钮○，在选项栏中设置"绘制模式"为"形状"，"填充"为浅黄色，"描边"为无，在画面中按住Shift键的同时按住鼠标左键拖动绘制出一个正圆，如图14-5所示。

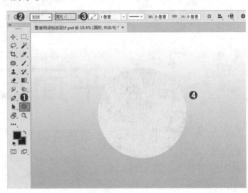

图 14-5

步骤 02 执行"文件→置入嵌入对象"命令，选择素材1.png将其置入，如图14-6所示。

步骤 03 将素材图片摆放在合适位置，按Enter键确定置入图片，如图14-7所示。

图 14-6　　　　　图 14-7

步骤 04 打开"图层"面板，选择刚置入的素材图层，在图层上右击，从弹出的快捷菜单中执行"栅格化图层"命令，如图14-8所示，此图层变为普通图层，效果如图14-9所示。

图 14-8　　　　　图 14-9

步骤 05 为卡通素材添加描边。执行"图层→图层样式→描边"命令，在弹出的"图层样式"窗口中设置合适的"大小"，"位置"为"居中"，"填充类型"为颜色，"颜色"为紫色，如图14-10所示。单击"确定"按钮，效果如图14-11所示。

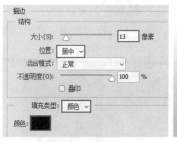

图 14-10

图 14-11

行"旧版形状及其他"命令，即可载入该组。

Part 3　制作标志上的文字

步骤 01 单击工具箱中"横排文字工具"按钮 **T**，在选项栏中设置合适的字体、字号，设置"字体颜色"为白色，在画面中单击并输入文字，按快捷键Ctrl+Enter完成操作，如图14-12所示。使用同样方法输入另一行稍小的文字，如图14-13所示。

扫一扫，看视频

图 14-12

图 14-13

步骤 02 选中这两个文字图层，使用自由变换快捷键Ctrl+T，适当旋转，效果如图14-14所示。

步骤 03 单击工具箱中"自定形状工具"按钮 ☆，在选项栏中设置"绘制模式"为"形状"，"填充"为白色，"描边"为无。然后单击选项栏中的形状按钮，在下拉面板中展开"旧版形状及其他"→"所有旧版默认形状.csh"→"动物"组，在其中选择"爪印（猫）"，接着在文字上方按住鼠标左键拖动绘制形状，如图14-15所示。

图 14-14

图 14-15

 提示："自定形状工具"中没有"旧版形状及其他"组怎么办？

如果没有"旧版形状及其他"组，可以执行"窗口→形状"命令，打开"形状"面板，单击"面板菜单"按钮，执

步骤 04 按住Ctrl键单击主体文字的缩览图载入选区，如图14-16所示。执行"选择→修改→扩展"命令，设置"扩展量"为20像素，单击"确定"按钮，此时选区变大，如图14-17所示。

图 14-16

图 14-17

步骤 05 选择任意一个选框工具，将光标移至选区内部，按住鼠标左键向下拖动，如图14-18所示。

图 14-18

步骤 06 在这个文字图层的下方新建一个图层，命名为"阴影"，将前景色设置为与卡通形象描边相同的颜色，使用填充前景色快捷键Alt+Delete，将选区内填充颜色，完成后使用快捷键Ctrl+D取消选区，效果如图14-19所示。

图 14-19

步骤 07 继续为下方小文字以及上方的卡通爪子添加紫色的阴影，将各自的阴影图层均置于各自图层下方即可，如

图 14-20 和图 14-21 所示。

图 14-20　　　　　图 14-21

14.2　手机杀毒软件UI设计

文件路径	资源包\第14章\手机杀毒软件UI设计
难易指数	⭐⭐⭐⭐⭐
技术掌握	钢笔工具、图层蒙版、渐变工具

案例效果

案例效果如图 14-22 和图 14-23 所示。

图 14-22　　　　　图 14-23

操作步骤

Part 1　制作界面的主体元素

步骤 01 执行"文件→新建"命令，在打开的"新建文档"窗口，单击"移动设备"按钮，单击"iPhone8/7/6"按钮，然后单击"创建"按钮，如图 14-24 所示。

扫一扫，看视频

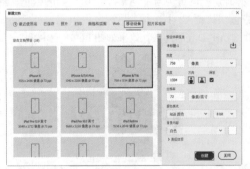

图 14-24

步骤 02 单击工具箱中的"渐变工具" ▣，在选项栏中单击渐变色块，打开"渐变编辑器"窗口，编辑一个紫色到粉色

的渐变，如图 14-25 所示。在选项栏中设置"渐变方式"为"线性渐变"，在画面左下角按住鼠标左键向右上角进行拖动填充渐变，如图 14-26 所示。

图 14-25　　　　　图 14-26

步骤 03 制作渐变正圆。单击工具箱中的"椭圆工具" ◯，在选项栏中设置"绘制模式"为"形状"。单击"填充"，设置填充方式为渐变，在下拉面板中编辑一个紫色到粉色的渐变，设置"渐变方式"为"线性渐变"，"旋转渐变"为90°。单击"描边"设置为无，在画面中右侧按Shift键的同时按住鼠标左键进行拖动，绘制正圆，如图 14-27 所示。

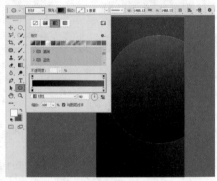

图 14-27

步骤 04 继续制作半透明重叠图形，单击工具箱中的"钢笔工具" ⌀，在选项栏中设置"绘制模式"为"形状"，单击"填充"，在下拉面板中编辑一个粉橙色系渐变，设置"渐变方式"为"线性渐变"，"旋转渐变"为-16°，在画面中绘制形状，如图 14-28 所示。

图 14-28

步骤 05 在"图层"面板中设置"不透明度"为80%，如图14-29所示。

步骤 06 画面效果如图14-30所示。使用同样的方法在画面中绘制另外一个渐变颜色的形状，如图14-31所示。

图14-29　　　　　图14-30　　　　　图14-31

步骤 07 单击工具箱中的"钢笔工具"，在选项栏中设置"绘制模式"为"形状"，"填充"为白色，在画面中绘制形状，如图14-32所示。

图14-32

步骤 08 在"图层"面板中设置"不透明度"为60%，如图14-33所示。画面效果如图14-34所示。

图14-33　　　　　　　图14-34

步骤 09 加选钢笔工具绘制的3个图层，使用快捷键Ctrl+G进行编组。选择图层组，执行"图层→图层样式→内发光"命令，在"图层样式"窗口中设置"混合模式"为"滤色"，"不透明度"为30%，"颜色"为白色，"方法"为"柔和"，"源"为"边缘"，"大小"为30像素，参数设置如图14-35所示。设置完成后单击"确定"按钮，效果如图14-36所示。

图14-35　　　　　　　图14-36

步骤 10 单击工具箱中的"圆角矩形工具"，在选项栏中设置"绘制模式"为"形状"，"填充"为无，"描边"为棕色，"描边宽度"为6点，"描边类型"为直线，在画面左侧按住鼠标左键拖动，绘制圆角矩形框，如图14-37所示。单击工具箱中的"横排文字工具"，在选项栏中设置合适的字体、字号，设置"填充"为棕色，在画面中单击并输入文字，然后将文字移动到圆角矩形框中，如图14-38所示。

图14-37　　　　　　　图14-38

步骤 11 单击工具箱中的"横排文字工具"，在选项栏中设置合适的字体、字号，"填充"为白色，在画面中单击输入文字，如图14-39所示。使用同样的方法继续在画面中输入稍小的文字，如图14-40所示。

图14-39　　　　　　　图14-40

步骤 12 选择工具箱中的"圆角矩形工具"，在选项栏中设置"绘制模式"为"形状"，"填充"为黄色，"半径"为50像素。设置完成后在画面的左上角按住鼠标左键拖动绘制一个细长的圆角矩形，如图14-41所示。选中圆角矩形，使用移动工具，按住快捷键Alt+Shift向下拖动进行移动并复制，如图14-42所示。

图 14-41   图 14-42

步骤 13 选中第二个圆角矩形，使用快捷键Ctrl+T调出定界框，在选项栏单击取消"保持长宽比"按钮，然后横向缩短圆角矩形。变换完成后按下Enter键，如图14-43所示。使用相同的方法再次复制一个圆角矩形。加选3个圆角矩形图层，选择"移动工具"，单击选项栏中的"左对齐"按钮，效果如图14-44所示。

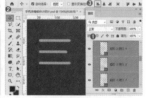

图 14-43   图 14-44

步骤 14 复制一个黄色圆角矩形并移动到画面的右上角，如图14-45所示。选中该图层，使用快捷键Ctrl+J将图层复制一份，然后顺时针旋转90°，变换完成后按Enter键，如图14-46所示。

图 14-45   图 14-46

步骤 15 加选黄色圆角矩形图层，使用快捷键Ctrl+G进行编组。选中图层组，执行"图层→图层样式→内发光"命令，在弹出的"图层样式"窗口中设置"混合模式"为"滤色"，"不透明度"为75%，"杂色"为0%，"发光颜色"为黄色，"方法"为"柔和"，"源"为"边缘"，"阻塞"为0%，"大小"为5像素，"范围"为50%，"抖动"为0%，如图14-47所示。单击"确定"按钮完成设置，效果如图14-48所示。

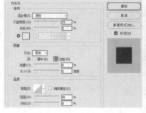

图 14-47   图 14-48

步骤 16 单击工具箱中的"钢笔工具"，在选项栏中设置"绘制模式"为"形状"，单击"填充"，在下拉面板中编辑一个粉色到黄色渐变，设置"渐变方式"为"线性渐变"，"旋转渐变"为41。在画面左上方按照圆形的弧度绘制形状，如图14-49所示。

图 14-49

步骤 17 继续使用"钢笔工具"，未选中任何形状对象时，在选项栏中设置"绘制模式"为"形状"，设置"填充"为紫色，在画面中绘制另外一个形状，如图14-50所示。

图 14-50

步骤 18 在"图层"面板中设置该图层"不透明度"为50%，如图14-51所示。画面效果如图14-52所示。

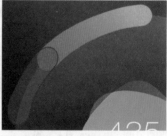

图 14-51   图 14-52

步骤 19 制作装饰圆环。单击工具箱中的"椭圆工具"，在选项栏中设置"绘制模式"为"形状"，"填充"为无，"描边"为粉色，"描边宽度"为10像素，"描边类型"为虚线，在画面右侧位置按住鼠标左键拖动绘制虚线圆形，如图14-53所示。单击"矩形选框工具"，在画面绘制矩形选区，使之包含虚线正圆的左上角，如图14-54所示。

图 14-53　　　　　　　　图 14-54

步骤20 选中该图层，单击"图层"面板底部的"添加图层蒙版"按钮，以当前选区为图层建立图层蒙版，如图 14-55 所示。此时画面效果如图 14-56 所示。

图 14-55　　　　　　　图 14-56

步骤21 将这段虚线中间的部分区域进行隐藏。单击工具箱中的"画笔工具"，设置前景色为黑色。选中图层蒙版，间隔相同数量的圆点，在图层蒙版中绘制黑色，使虚线正圆上的几个圆点隐藏，成为一段一段的效果，如图 14-57 所示。图层蒙版缩览图如图 14-58 所示。

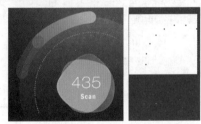

图 14-57　　　　　　图 14-58

步骤22 执行"文件→置入嵌入对象"命令，在弹出的"置入嵌入对象"窗口中选择 1.png，单击"置入"按钮置入素材，将其放置在适当位置，按 Enter 键完成置入。执行"图层→栅格化→智能对象"命令，将该图层栅格化为普通图层，如图 14-59 所示。

图 14-59

步骤23 单击工具箱中的"横排文字工具"**T**，在选项栏中设置合适的字体、字号，设置"填充"为白色，在画面底部的按钮下方单击输入文字，如图 14-60 所示。使用同样的方法在画面中输入其他按钮下的文字，如图 14-61 所示。

图 14-60　　　　　　　图 14-61

Part 2　制作界面的展示效果

步骤01 制作界面设计的展示效果。执行"文件→打开"命令，打开背景素材 2.jpg，如图 14-62 所示。

扫一扫，看视频

步骤02 在界面设计的文档中首先进行"选择→全部"操作，使用合并复制快捷键 Ctrl+Shift+C，然后到新的背景素材文档中使用快捷键 Ctrl+V，进行粘贴。使用自由变换快捷键 Ctrl+T 将其缩放到合适大小，如图 14-63 所示。

图 14-62　　　　　　　图 14-63

步骤03 在图像上右击，从弹出的快捷菜单中执行"扭曲"命令，如图 14-64 所示。

步骤04 将光标定位到各个控制点处，按住鼠标左键并拖动，调整 4 个点的位置，使之与界面形状相匹配。按 Enter 键完成变换操作，如图 14-65 所示。

图 14-64　　　　　　　图 14-65

步骤05 由于软件界面右下角遮挡住了手指，所以需要单击工具箱中的"橡皮擦工具"，在选项栏中设置合适的大小，在右下角处单击鼠标左键并拖动，擦除多余部分，如图14-66所示。

步骤 06 本案例制作完成，最终效果如图14-67所示。

图 14-66　　　　　　　图 14-67

14.3 儿童书籍封面设计

文件路径	资源包\第14章\儿童书籍封面设计
难易指数	★★★★★
技术掌握	形状工具、钢笔工具、混合模式、图层样式、自由变换

案例效果

案例效果如图14-68所示。

图 14-68

操作步骤

Part 1　制作封面背景

步骤 01 新建一个"宽度"为28厘米，"高度"为18厘米的空白文档，然后填充青灰色。使用快捷键Ctrl+R调出标尺，从左侧标尺上按住鼠标左键绘制出两条参考线，使参考线左右两个区域相等，如图14-69所示。

扫一扫，看视频

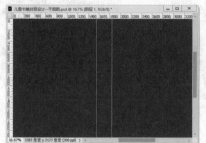

图 14-69

提示：创建精确位置的参考线。

　　徒手绘制出的参考线位置尺寸很难精准。可以执行"视图→新建参考线"命令，在弹出的"新建参考线"窗口中设置取向和位置，即可得到位置精确的参考线，如图14-70所示。

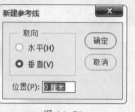

图 14-70

步骤 02 选择工具箱中的"钢笔工具" ，在选项栏中设置"绘制模式"为"形状"，"填充"为深青灰色，然后绘制云朵图案，如图14-71所示。

步骤 03 绘制云朵图案上方的虚线装饰。选择工具箱中的"钢笔工具" ，在选项栏中设置"绘制模式"为"形状"，"填充"为无，"描边"为深青色，"描边宽度"为2像素，"描边类型"为虚线，在画面中绘制虚线线条，如图14-72所示。

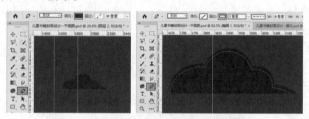

图 14-71　　　　　　　图 14-72

步骤 04 加选两个形状图层，使用快捷键Ctrl+G进行编组。选中图层组，使用快捷键Ctrl+J将图层组复制一份并向右移动。接着使用快捷键Ctrl+T调出定界框将其放大，如图14-73所示。

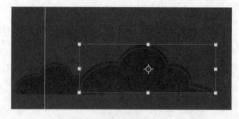

图 14-73

步骤 05 变形完成后按Enter键确定变换操作。选中放大后的云朵图层，选择钢笔工具 ，在形状绘制模式下，可以将填充更改为浅一些的青灰色，如图14-74所示。

步骤 06 将深青灰色云朵图层组再次复制一份，移动到画面的右侧，如图14-75所示。

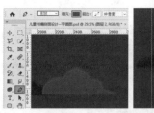

图 14-74　　　　　　　　图 14-75

步骤 07 为云朵添加阴影。新建图层，单击工具箱中的"矩形选框工具" ，在画面云朵位置按住鼠标左键拖动绘制矩形选区，如图 14-76 所示。设置前景色为黑色，单击工具箱中的"渐变工具" ，打开"渐变编辑器"窗口，在其中选择"基础"组中的前景色到透明的渐变。然后在选项栏中设置"渐变方式"为"线性渐变"，不透明度为 80%，如图 14-77 所示。

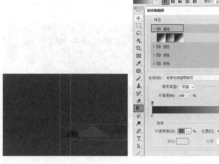

图 14-76　　　　　　　　图 14-77

步骤 08 设置完毕后在选区中自下而上拖动填充，如图 14-78 所示。使用快捷键 Ctrl+D 取消选区的选择，效果如图 14-79 所示。

图 14-78　　　　　　　　图 14-79

步骤 09 单击工具箱中的"矩形工具" ，在选项栏中设置"绘制模式"为"形状"，"填充"为棕色，在画面底部按住鼠标左键拖动绘制矩形，如图 14-80 所示。

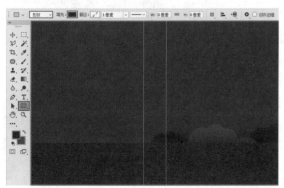

图 14-80

步骤 10 新建图层，单击工具箱中的"矩形选框工具" ，在画面右侧位置按住鼠标左键拖动绘制矩形选区，如图 14-81 所示。单击工具箱中的"渐变工具" ，在"渐变编辑器"窗口中编辑一个灰到白色的渐变，设置"渐变方式"为"径向渐变"，将光标定位在选区内，按住鼠标左键向外拖动填充渐变，如图 14-82 所示。

图 14-81　　　　　　　　图 14-82

步骤 11 在"图层"面板中设置"混合模式"为"正片叠底"，如图 14-83 所示。右侧的页面呈现出四角压暗的效果，如图 14-84 所示。

图 14-83　　　　　　　　图 14-84

步骤 12 使用同样的方法制作书脊的压暗效果，如图 14-85 所示。然后使用同样的方法制作封底的压暗效果，如图 14-86 所示。

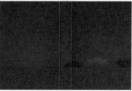

图 14-85　　　　　　　　图 14-86

步骤 13 对背景进行明暗调整。执行"图层→新建调整图层→曲线"命令，在弹出的"曲线"属性面板中将光标定位在曲线上，单击添加控制点并向上拖动，将光标移动到曲线上另一点单击添加控制点并向下拖动，使曲线形成 S 形，增强画面对比度，如图 14-87 所示。画面效果如图 14-88 所示。

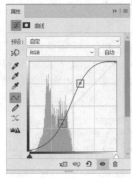

图 14-87 图 14-88

Part 2　制作封面图形元素

步骤 01 制作浅色云朵。选择工具箱中的"椭圆工具" ○，在选项栏中设置"绘制模式"为"形状"，"填充"为浅灰色，然后在画面中按住Shift键拖动绘制一个正圆，如图 14-89 所示。接着使用同样的方式绘制另外一个小正圆，如图 14-90 所示。

扫一扫，看视频

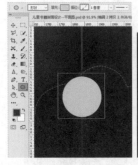

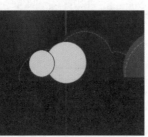

图 14-89 图 14-90

步骤 02 继续使用同样的方式绘制另外 4 个稍小的正圆，并填充亮灰色。如图 14-91 所示。

图 14-91

步骤 03 在"图层"面板中按住Ctrl键一次单击加选6个正圆图层，然后使用快捷键Ctrl+G进行编组。选择该图层组，执行"图层→图层样式→外发光"命令，在弹出的"图层样式"窗口中设置"混合模式"为"正片叠底"，"不透明度"为30%，"颜色"为黑色，"方法"为"柔和"，"大小"为35像素，参数设置如图 14-92 所示。设置完成后单击"确定"按钮，效

果如图 14-93 所示。

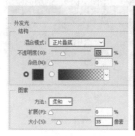

图 14-92 图 14-93

步骤 04 选择图层组，使用快捷键Ctrl+J将图层复制一份，然后使用快捷键Ctrl+E将复制的图层组进行合并。将合并的云朵移动到画面的右侧，并适当调整其大小，如图 14-94 所示。使用同样的方式制作白色的云朵并添加外发光图层样式，效果如图 14-95 所示。

图 14-94 图 14-95

步骤 05 单击工具箱中的"钢笔工具" ⌀，在选项栏中设置"绘制模式"为"形状"，"填充"为"黄色"。在画面中云朵上方绘制月亮的形状，如图 14-96 所示。

图 14-96

步骤 06 选择月亮图层，执行"图层→图层样式→投影"命令，在弹出的"图层样式"窗口中设置投影颜色为青蓝色，"混合模式"为"正片叠底"，"不透明度"为50%，"角度"为135度，"距离"为20像素，"大小"为25像素，如图 14-97 所示。画面效果如图 14-98 所示。

图 14-97 图 14-98

中文版Photoshop 2020从入门到精通（微课视频 全彩版）

步骤 07 制作将月亮挂起的蝴蝶结绳。单击工具箱中的"钢笔工具" ✍️，在选项栏中设置"绘制模式"为"路径"。在画面中月亮上方绘制路径，如图14-99所示。使用快捷键Ctrl+Enter将路径转化为选区，设置前景色为浅蓝色，新建图层并使用快捷键Alt+Delete填充选区，如图14-100所示。

图 14-99　　　　　　　图 14-100

步骤 08 继续使用钢笔工具，在选项栏中设置"绘制模式"为"路径"，在之前制作的蝴蝶结中绘制水滴形路径，如图14-101所示。

图 14-101

步骤 09 使用快捷键Ctrl+Enter将路径转化为选区，按Delete键删除选区中的内容，如图14-102所示。使用同样的方法制作另一侧蝴蝶结的镂空效果，如图14-103所示。

图 14-102　　　　　　　图 14-103

步骤 10 为该蝴蝶结添加描边。执行"图层→图层样式→描边"命令，在弹出的"图层样式"窗口中设置"大小"为2像素，"位置"为"内部"，"混合模式"为"正常"，"不透明度"为100%，"填充类型"为"颜色"，"颜色"为深蓝色，单击"确定"按钮完成设置，如图14-104所示。画面效果如图14-105所示。

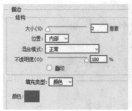 

图 14-104　　　　　　　图 14-105

步骤 11 复制出另外一份蝴蝶结绳，摆放在右侧，如图14-106所示。

步骤 12 复制一个白色云朵，然后将其移动到月亮图层上，效果如图14-107所示。

图 14-106　　　　　　　图 14-107

步骤 13 在画面的顶部制作悬挂的五角星。单击工具箱中的"矩形工具" □，在选项栏中设置"绘制模式"为"形状"，"填充"为灰色，在画面顶部按住鼠标左键拖动绘制矩形，作为吊线，如图14-108所示。

图 14-108

步骤 14 单击工具箱中的"自定形状工具" ✍️，单击选项栏中的形状按钮，在下拉面板中展开"旧版形状及其他"→"所有旧版默认形状.csh"→"形状"组，选择"五角星"形状，接着按住鼠标左键拖动绘制形状，如图14-109所示。

图 14-109

步骤 15 使用同样方法制作更多悬挂的五角星，如图14-110所示。

步骤 16 执行"文件→置入嵌入对象"命令，在弹出的"置入嵌入对象"窗口中选择素材1.png，单击"置入"按钮，添加人物卡通素材，并缩放到适当位置，按Enter键完成置入。执行"图层→栅格化→智能对象"命令，将该图层栅格化为普通图层，如图14-111所示。

图 14-110 　　　　　图 14-111

步骤 17 制作卡通素材的投影。在"图层"面板中按Ctrl键单击图层缩览图，载入选区。新建图层，设置前景色为黑色，使用快捷键Alt+Delete填充选区，按快捷键Ctrl+D取消选区，如图 14-112 所示。

步骤 18 使用自由变换快捷键Ctrl+T调出定界框，右击并执行"扭曲"命令，将光标定位在控制点上，按住鼠标左键进行拖动对其进行变形，如图 14-113 所示。

图 14-112 　　　　　图 14-113

步骤 19 执行"滤镜→模糊→高斯模糊"命令，在弹出的"高斯模糊"窗口中设置"半径"为6像素，单击"确定"按钮完成设置，如图 14-114 所示。画面效果如图 14-115 所示。

图 14-114 　　　　　图 14-115

步骤 20 将投影图层移动到卡通图层的下一层，如图 14-116 所示。

图 14-116

步骤 21 将投影图层的"不透明度"设置为40%，如图 14-117 所示。画面效果如图 14-118 所示。

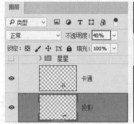

图 14-117 　　　　　图 14-118

Part 3　制作封面文字

扫一扫，看视频

步骤 01 在画面中添加文字。单击工具箱中的"横排文字工具" **T**，在选项栏中设置合适的字体、字号，设置"填充"为黄色，在画面中间位置单击输入文字，如图 14-119 所示。

图 14-119

步骤 02 为文字制作投影。执行"图层→图层样式→投影"命令，在弹出的"图层样式"窗口中设置"混合模式"为"正片叠底"，"投影颜色"为黑色，"不透明度"为75%，"角度"为120度，"距离"为2像素，"扩展"为0%，"大小"为2像素，单击"确定"按钮完成设置，如图 14-120 所示。画面效果如图 14-121 所示。

图 14-120 　　　　　图 14-121

步骤 03 使用同样方法制作第二行文字，如图 14-122 所示。

图 14-122

步骤 04 制作书脊。在"图层"面板中选择黄色书名文字图层，右击，从弹出的快捷菜单中执行"复制图层"命令。选择复制图层，使用自由变换快捷键Ctrl+T调出定界框，旋转90°并移动到书脊上半部分，按Enter键完成变换，如图14-123所示。继续将第二行文字摆放在书脊上，如图14-124所示。

图 14-123　　　　图 14-124

步骤 05 书的封面和书脊的内容已经制作完成。封底中的内容与封面内容有很多相同的元素，所以可以选择相同内容的图层进行复制和自由变换，并放置在适当位置即可。输入底部的文字，书籍封面的平面图就制作完成了，如图14-125所示。

图 14-125

Part 4　制作书籍的立体效果

步骤 01 使用快捷键Ctrl+Shift+Alt+E进行盖印，将书籍封面所有的图层盖印到一个图层中，如图14-126所示。

扫一扫，看视频

图 14-126

步骤 02 将背景2.jpg素材在Photoshop中打开，如图14-127所示。将素材3.png置入到文档中，然后按Enter键完成置入操作，如图14-128所示。

图 14-127

图 14-128

步骤 03 回到平面图的文档中，选择盖印图层，然后选择工具箱中的"矩形选框工具"，在封面上方绘制一个矩形选区，使用快捷键Ctrl+C进行复制，如图14-129所示。然后回到立体效果文档中，使用快捷键Ctrl+V进行粘贴，如图14-130所示。

图 14-129

图 14-130

步骤 04 使用自由变换快捷键Ctrl+T调出定界框，右击，从弹出的快捷菜单中执行"扭曲"命令，然后调整控制点的位置，使之与立体书籍封面的形态相匹配，如图14-131所示。变形完成后按Enter键确定变换操作。

图 14-131

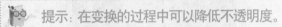

提示：在变换的过程中可以降低不透明度。

在进行扭曲变形时可以降低图层的不透明度，通过半透明的图层可以观察到下方书籍的位置，然后进行扭曲变形。

步骤 05 在"图层"面板中设置"混合模式"为"正片叠底"，如图14-132所示。画面效果如图14-133所示。

图 14-132   图 14-133

步骤 06 制作书脊部分。将书脊部分复制到立体效果文档中，如图14-134所示。同样使用自由变换快捷键Ctrl+T调出定界框，将其进行扭曲，使之与书脊部分形态相吻合，如图14-135所示。

图 14-134   图 14-135

步骤 07 右击，从弹出的快捷菜单中执行"变形"命令，如图14-136所示。接着将光标定位在界定框底部的中间控制杆，按住鼠标左键向上拖动对其变形，如图14-137所示。

图 14-136   图 14-137

步骤 08 同样对另一个角的控制杆进行调整，如图14-138所示。同样调整顶部的形态，按Enter键完成调整，并在"图层"面板中设置"混合模式"为"正片叠底"，如图14-139所示。

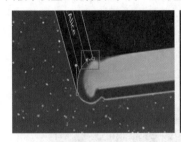

图 14-138   图 14-139

步骤 09 使用同样的方法制作另外一本立体书籍，效果如图14-140所示。最后使用黑色半透明"画笔工具"，在背景图层上方新建图层，为两本立体书分别绘制一些半透明的黑色阴影，最终效果如图14-141所示。

图 14-140   图 14-141

14.4 课后练习：儿童产品网店首页设计

文件路径	资源包\第14章\儿童产品网店首页设计
难易指数	★★★★★
技术掌握	图层样式、调整图层、钢笔工具、网页切片、切片输出

案例效果

案例效果如图14-142所示。

图 14-142

中文版Photoshop 2020从入门到精通（微课视频 全彩版）

Part 1　顶栏及导航栏

扫一扫，看视频

Part 2　制作通栏广告

扫一扫，看视频

Part 3　制作底栏

扫一扫，看视频

Part 4　商品模块

扫一扫，看视频

Part 5　网页切片

扫一扫，看视频

14.5　课后练习：炫彩风格舞会海报

文件路径	资源包\第14章\炫彩风格舞会海报
难易指数	★★★★★
技术掌握	混合模式、图层蒙版、图层样式、快速选择工具、渐变工具

案例效果

案例效果如图14–143所示。

图 14–143

Part 1　制作海报平面图

扫一扫，看视频

Part 2　制作海报展示效果

扫一扫，看视频

14.6　课后练习：服装展示页面

文件路径	资源包\第14章\服装展示页面
难易指数	★★★★★
技术掌握	横排文字工具、剪贴蒙版

扫一扫，看视频

案例效果

案例效果如图14–144所示。

图 14–144

14.7　课后练习：企业VI设计

文件路径	资源包\第14章\企业VI设计
难易指数	★★★★★
技术掌握	横排文字工具、钢笔工具、多边形工具、矩形工具

案例效果

案例效果如图14–145和图14–146所示。

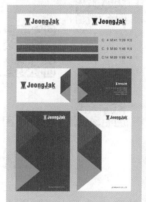
图 14–145

图 14–146

Part 1　制作标志

扫一扫，看视频

Part 2　制作标准色

扫一扫，看视频

Part 3　制作名片

扫一扫，看视频

Part 4　制作画册

扫一扫，看视频

Part 5　制作VI设计展示效果

扫一扫，看视频

第14章　平面设计精粹

409

14.8 课后练习：可爱风格网站活动页面

文件路径	资源包\第14章\可爱风格网站活动页面
难易指数	★★★★★
技术掌握	钢笔工具、形状工具、横排文字工具、图层样式

案例效果

案例效果如图14-147所示。

图 14-147

Part 1　制作网页导航

Part 2　制作网页主体图形

Part 3　制作主题文字

Part 4　制作栏目模块

14.9 课后练习：运动鞋网店产品主图设计

文件路径	资源包\第14章\运动鞋网店产品主图设计
难易指数	★★★★★
技术掌握	钢笔工具、矩形工具、混合模式、图层蒙版

案例效果

案例效果如图14-148所示。

图 14-148

Part 1　产品抠图

Part 2　添加装饰素材

Part 3　主图排版

14.10 课后练习：罐装饮品包装设计

文件路径	资源包\第14章\罐装饮品包装设计
难易指数	★★★★★
技术掌握	3D功能、钢笔工具、图层蒙版

案例效果

案例效果如图14-149所示。

图 14-149

Part 1　包装平面图

Part 2　制作3D效果

Part 3　制作多包装展示效果

Chapter 15

第15章

创意设计实战

本章内容简介

　　"创意"可以理解为具备新奇的、创造性的主张和构想，而视觉设计类作品更是离不开创意。创意设计虽然并不是典型的商业设计项目类型，但是也常与各设计行业密切相关，无论是广告设计、网页设计、插画设计、UI设计、书籍设计、包装设计，甚至摄影都离不开"创意"这个重要的元素，如创意广告、创意摄影等。除此之外，以数字技术为主导的创意视觉表现也是很多新生代艺术家青睐的艺术形式。

佳作欣赏

15.1 复古感创意电影海报

文件路径	资源包\第15章\复古感创意电影海报
难易指数	⭐⭐⭐⭐⭐
技术掌握	曲线、可选颜色、图层蒙版、混合模式

案例效果

案例效果如图15-1所示。

图 15-1

操作步骤

Part 1 制作复古感背景

步骤01 执行"文件→打开"命令，打开背景素材1.jpg，如图15-2所示。执行"文件→置入嵌入对象"命令置入花纹素材2.png，将该图层栅格化，如图15-3所示。

扫一扫，看视频

 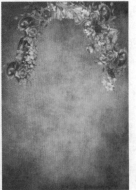

图 15-2   图 15-3

步骤02 置入窗帘素材3.png，并将该图层栅格化，如图15-4所示。选中窗帘图层，使用快捷键Ctrl+J复制该图层。接着选中复制的图层，执行"编辑→变换→水平翻转"命令，将复制的窗帘移动到画面的左侧，如图15-5所示。

图 15-4   图 15-5

步骤03 再次将窗帘复制一份。然后使用自由变换快捷键Ctrl+T，将光标定位到定界框以外，按住鼠标左键并拖动，将窗帘进行旋转，如图15-6所示。按Enter键完成变换，如图15-7所示。

图 15-6   图 15-7

步骤04 选择顶端的窗帘图层，然后单击"图层"面板底部的"添加图层蒙版"按钮，为该图层添加图层蒙版。然后使用黑色的柔角画笔，在图层蒙版中左上角进行涂抹将其隐藏，如图15-8所示。画面效果如图15-9所示。

图 15-8   图 15-9

步骤05 置入复古元素素材4.jpg，将其移动到合适位置，并将其栅格化。选中置入的复古元素图层，选择工具箱中的"魔棒工具"，在画面中空白的位置上单击，得到留声机以外的选区，如图15-10所示。使用快捷键Ctrl+Shift+I将选区反选，选择该图层，然后单击"图层"面板底部的"添加图层蒙版"按钮，基于选区为该图层添加图层蒙版，如图15-11所示。背景部分被隐藏，效果如图15-12所示。

图 15-10　　　　图 15-11　　　　图 15-12

Part 2　制作主体人物

步骤 01 置入底部花朵素材5.png并将其栅格化，如图15-13所示。置入相框素材6.png并将其栅格化，如图15-14所示。

扫一扫，看视频

图 15-13　　　　　　图 15-14

步骤 02 在相框图层下方新建一个图层，选择工具箱中的"椭圆选框工具" ○，在画面上绘制一个椭圆形选框，如图15-15所示。设置前景色为白色，按快捷键Alt+Delete填充前景色，按快捷键Ctrl+D取消选区选择，如图15-16所示。

图 15-15　　　　　　图 15-16

步骤 03 设置渐变。选中绘制的椭圆形图层，执行"图层→图层样式→渐变叠加"命令，在弹出的"图层样式"窗口中设置"混合模式"为"正常"，设置一个黄色系渐变，"样式"为"径向"，"角度"为90度，"缩放"为"100%"，单击"确定"按钮完成设置，如图15-17所示。此时画面效果如

图 15-18 所示。

图 15-17　　　　　　图 15-18

步骤 04 置入人物素材7.jpg，并将其栅格化，如图15-19所示。单击工具箱中的"钢笔工具" ⊘，在选项栏上设置"绘制模式"为"路径"，沿着人像边缘绘制路径，按转换为选区快捷键Ctrl+Enter，选择人像图层，如图15-20所示。

图 15-19　　　　　　图 15-20

步骤 05 单击"图层面板"底部的"添加图层蒙版"按钮，如图15-21所示。基于选区为该图层添加图层蒙版，效果如图15-22所示。

图 15-21　　　　　　图 15-22

步骤 06 为人物调色。选中人像图层，执行"图层→新建调整图层→可选颜色"命令，在弹出的"可选颜色"属性窗口中设置"颜色"为"红色"，调整"青色"为-50%，"黄色"为+100%，如图15-23所示。继续在"可选颜色"窗口中设置"颜色"为"中性色"，调整"黄色"为20%，单击"此调整剪切到此图层"按钮，如图15-24所示。此时人像倾向于黄色，

画面效果如图15-25所示。

图15-23　　　　图15-24　　　　图15-25

步骤 07 继续选中人像图层，执行"图层→新建调整图层→曲线"命令，在弹出的"曲线"属性窗口中设置"通道"为"蓝"，在中间调部分单击并向下拖动，如图15-26所示。接着设置"通道"为"红"，在曲线中间调部分单击并向上微移，如图15-27所示。

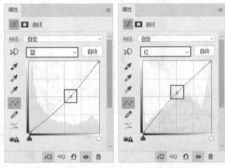

图15-26　　　　　图15-27

步骤 08 继续在"曲线"属性窗口中设置"通道"为RGB，在中间调部分单击并向下拖动，单击"此调整剪切到此图层"按钮，如图15-28所示。此时画面效果如图15-29所示。

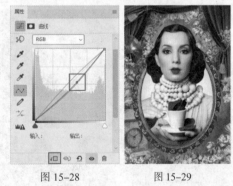

图15-28　　　　　图15-29

Part 3　制作装饰文字

步骤 01 选择工具箱中"直排文字工具" ，在选项栏中设置合适的字体、字号，在画面中输入文字，如图15-30所示。新建图层，将前景色设置为白色，然后选择一个硬角画笔，设置"大小"为5像素，按住Shift键绘制3段直线，如图15-31所示。

扫一扫，看视频

图15-30

图15-31

步骤 02 单击工具箱中的"矩形工具" ，在选项栏中设置"绘制模式"为"形状"，"填充"为无，"描边"为淡黄色，"描边宽度"为5像素，然后在画面的右上角绘制一个矩形框，如图15-32所示。继续绘制矩形作为边框和分割线，如图15-33所示。

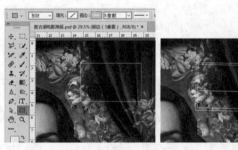

图15-32　　　　　　图15-33

步骤 03 使用"横排文字工具"输入文字，如图15-34所示。将边框与文字图层加选并进行编组，然后适当旋转，如图15-35所示。

图15-34　　　　　　图15-35

中文版Photoshop 2020从入门到精通（微课视频 全彩版）

步骤（04）再次单击工具箱中"横排文字工具" T ，在选项栏中设置合适的字体、字号，设置文本颜色为白色，在画面上单击输入文字，如图15-36所示。

图 15-36

步骤（05）选中该文字图层，执行"图层→图层样式→投影"命令，在弹出的"图层样式"窗口中设置"混合模式"为"正片叠底"，"不透明度"为75%，"角度"为120度，"距离"为15像素，"大小"为10像素，单击"确定"按钮完成设置，如图15-37所示。此时画面效果如图15-38所示。

图 15-37　　　　　　　图 15-38

步骤（06）再次置入素材1.jpg，置于文字图层的上方，并将该图层栅格化，如图15-39所示。继续选择该图层，右击，从弹出的快捷菜单中执行"创建剪贴蒙版"命令，此时画面效果如图15-40所示。用同样的方式制作其他文字，效果如图15-41所示。

图 15-39　　　　　　　图 15-40

图 15-41

步骤（07）再次置入素材1.jpg，并将该图层栅格化，然后设置该图层的"混合模式"为"强光"，"不透明度"为60%，如图15-42所示。接着单击"图层"面板底部的"添加图层蒙版"按钮，为该图层添加图层蒙版，然后使用黑色的柔角画笔在蒙版中遮挡人像的部分进行涂抹，只保留画面边缘的效果。案例最终效果如图15-43所示。

图 15-42　　　　　　　图 15-43

15.2 大自然的疑问

文件路径	资源包\第15章\大自然的疑问
难易指数	★★★★★
技术掌握	图层蒙版、钢笔工具、画笔工具、自由变换

案例效果

案例效果如图15-44所示。

图 15-44

415

第15章　创意设计实战

操作步骤

Part 1 制作背景部分

步骤 01 执行"文件→新建"命令，新建一个竖版文档，如图15-45所示。首先制作背景。执行"文件→置入嵌入对象"命令，在打开的"置入嵌入对象"窗口中选择素材1.jpg，单击"置入"按钮，并将素材拖动到画面顶部，按Enter键完成置入，执行"图层→栅格化→智能对象"命令，将该图层栅格化为普通图层，如图15-46所示。

扫一扫，看视频

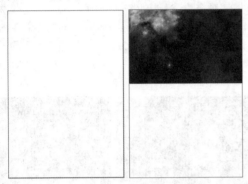

图 15-45　　　　　　　图 15-46

步骤 02 将天空素材的边缘柔和化。选择该图层，在"图层"面板底部单击"添加图层蒙版"按钮。设置前景色为黑色，单击工具箱中的"画笔工具" 🖌️，选择一种圆形柔角画笔，在蒙版中天空底部进行涂抹，使素材与背景边缘柔和显示，如图15-47所示。图层蒙版效果如图15-48所示。

步骤 03 制作陆地。执行"文件→置入嵌入对象"命令，在打开的"置入嵌入对象"窗口中选择椰树素材2.jpg，单击"置入"按钮，并将素材拖动到画面右侧，按Enter键完成置入。执行"图层→栅格化→智能对象"命令，将该图层栅格化为普通图层，如图15-49所示。

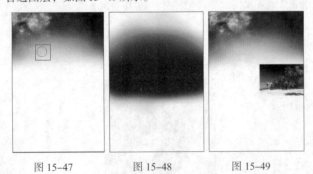

图 15-47　　　　　图 15-48　　　　　图 15-49

步骤 04 使用通道抠图将素材中的椰树抠出来。为了方便观察和抠图，先将其他图层隐藏。然后单击工具箱中的"缩放工具" 🔍，在画面中单击将显示比例放大，方便我们下面的制作，如图15-50所示。执行"窗口→通道"命令，打开"通道"面板，如图15-51所示。

图 15-50　　　　　　　　图 15-51

步骤 05 在"通道"面板中可以看到有4个通道，分别为RGB、"红""绿""蓝"，分别显示单个通道，观察椰树与背景的颜色差异，如图15-52 ~图15-55所示。

图 15-52　　　　　　　　图 15-53

图 15-54　　　　　　　　图 15-55

步骤 06 可以看出"蓝"通道中椰树与背景颜色差异最大。在"蓝"通道上右击，选择"复制通道"命令，此时将会出现一个新的"蓝 拷贝"通道，如图15-56所示。为了使画面中椰树抠出来得更干净，需要尽量增大该通道中椰树与背景间的黑白差距。使用快捷键Ctrl+M打开"曲线"窗口，单击位于"曲线"窗口下部的"在图像中取样以设置黑场"按钮，将光标移动到画面中，在黑色椰树区域中最浅色的位置单击设置黑场，椰树的大部分都变黑了。继续在"曲线"窗口下部单击"在图像中取样以设置白场"按钮，将光标移动到背景区域中最深色的位置单击设置白场，使画面中黑白分明，最后单击"确定"按钮，如图15-57所示。画面效果如图15-58所示。

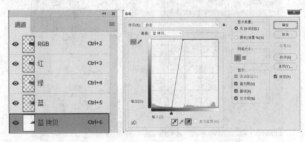

图 15-56　　　　　　　　图 15-57

图 15-58

步骤 07 单击"通道"面板底部的"将通道作为选区载入"按钮，如图 15-59 所示，得到"蓝 拷贝"通道的选区。画面效果如图 15-60 所示。

图 15-59　　　　　　　　图 15-60

步骤 08 保留椰树部分。使用快捷键Ctrl+Shift+I得到反向的选区。在"图层"面板下部单击"添加图层蒙版"按钮为椰树图层添加图层蒙版，如图 15-61 所示，图像的背景部分被隐藏。画面效果如图 15-62 所示。

图 15-61　　　　　　　　图 15-62

步骤 09 用同样的方法制作画面左侧的椰树。使用自由变换快捷键Ctrl+T调出定界框，将光标定位在定界框一角处，按住鼠标左键并向内拖动进行缩放，按Enter键完成变换，如图 15-63 所示。

图 15-63

Part 2　制作海洋部分

步骤 01 制作椰树下方的海洋。执行"文件→置入嵌入对象"命令，置入水面素材3.jpg，并将其栅格化，如图 15-64 所示。继续置入海底素材4.jpg，并将其栅格化，如图 15-65 所示。

扫一扫，看视频

图 15-64　　　　　　　　图 15-65

步骤 02 为了使海底素材融入水中，需要为该素材添加图层蒙版。单击"图层"面板底部的"添加图层蒙版"按钮，为该图层添加图层蒙版，单击工具箱中的"画笔工具" ，设置"前景色"为黑色，选择一种圆形柔角画笔，如图 15-66 所示。在蒙版上边缘进行涂抹，使海底元素与水面融合，效果如图 15-67 所示。

图 15-66　　　　　　　　图 15-67

步骤 03 执行"文件→置入嵌入对象"命令，置入海底素材5.jpg，并将其栅格化，如图 15-68 所示。在"图层"面板中设置"混合模式"为"变暗"，如图 15-69 所示。效果如图 15-70 所示。

图 15-68　　　　　　图 15-69　　　　　　图 15-70

步骤 04 在这张海底素材中只需要保留海底光线的部分，所以仍然需要为其添加图层蒙版，并对画面中光线以外的部分进行隐藏，如图15-71所示。图层蒙版效果如图15-72所示。

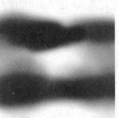

图 15-71　　　　　图 15-72

Part 3　制作主体物"问号"

步骤 01 制作立体问号形状的主体物。执行"文件→置入嵌入对象"命令，置入素材6.jpg，执行"图层→栅格化→智能对象"命令，将该图层栅格化为普通图层，如图15-73所示。

扫一扫，看视频

图 15-73

步骤 02 单击工具箱中的"钢笔工具" ⊘，绘制一个路径（路径只包括犀牛头部和犀牛角），如图15-74所示。

步骤 03 使用快捷键Ctrl+Enter将路径转化为选区，如图15-75所示。

图 15-74　　　　　图 15-75

步骤 04 选中该图层，单击"图层"面板底部的"添加图层蒙版"按钮，如图15-76所示，为该选区创建图层蒙版，使选

区以外的部分隐藏，如图15-77所示。

图 15-76　　　　　图 15-77

步骤 05 置入素材7.jpg，并将该图层栅格化为普通图层。旋转并摆放在之前"犀牛"图层的右侧，如图15-78所示。为了使石头素材与之前的素材相融合，需要隐藏部分内容。单击"图层"面板底部的"添加图层蒙版"按钮，为该图层添加图层蒙版。单击工具箱中的"画笔工具" ✐，设置前景色为黑色，选择一种圆形柔角画笔，在蒙版中涂抹，将多余的部分隐藏，如图15-79所示。

图 15-78　　　　　图 15-79

步骤 06 为石头素材制作出一个被切割的剖面效果。执行"图层→新建调整图层→曝光度"命令，在弹出的"属性"面板中设置"曝光度"为-3.14，单击"此调整剪切到此图层"按钮，如图15-80所示。设置前景色为黑色，在"图层"面板中选择该调整图层的图层蒙版缩览图，使用快捷键Alt+Delete为图层蒙版填充黑色，使调整效果隐藏显示。使用白色画笔，涂抹应该产生剖面的区域，图层蒙版效果如图15-81所示。

图 15-80　　　　　图 15-81

步骤 07 使这部分区域变暗，产生一个暗面的效果，如图15-82所示。

图 15-82

步骤 08 继续为石头的切面部位添加阴影。单击工具箱中的"画笔工具" ✐，在石头斜面处绘制阴影，关闭其他图层可看到绘制形状如图15-83所示。画面效果如图15-84所示。

图 15-83　　　　图 15-84

步骤 09 执行"文件→置入嵌入对象"命令，置入素材8.jpg并栅格化，如图15-85所示。单击工具箱中的"快速选择工具" ✐，在选项栏中选择"添加到选区"。然后在画面中石头的部分单击，创建出一些不规则的选区，如图15-86所示。

图 15-85　　　　图 15-86

步骤 10 继续选择周围的一些小石块选区，选择完成后右击，从弹出的快捷菜单中执行"选择反向"命令，按Delete键删除背景，使用快捷键Ctrl+D取消选区，如图15-87所示。

图 15-87

步骤 11 在画面中可以看到添加的石块素材颜色与背景不匹配，需要对其进行调色。执行"图层→新建调整图层→色相/饱和度"命令，在弹出的"属性"面板中设置"色相"为+30，并单击"此调整剪贴到此图层"按钮，如图15-88所示。画面效果如图15-89所示。

图 15-88　　　　图 15-89

步骤 12 使用同样的方法制作另外几个碎石块，如图15-90所示。

图 15-90

步骤 13 执行"文件→置入嵌入对象"命令，置入素材9.jpg，将素材移动到问号的顶部，并将其栅格化，如图15-91所示。单击工具箱中的"钢笔工具" ✐，绘制出问号顶部的形状，如图15-92所示。

图 15-91　　　　图 15-92

步骤 14 使用快捷键Ctrl+Enter将路径转换为选区，如图15-93所示。

步骤 15 单击"添加图层蒙版"按钮，使选区以外的部分被隐藏，效果如图15-94所示。

图 15-93 图 15-94

步骤 16 在画面中可以看到素材与底部石块不融合，需要对其下边缘进行柔化处理。设置前景色为黑色，单击工具箱中的"画笔工具"✐，使用黑色柔角画笔，在该图层的蒙版中涂抹交界处，使边缘柔和变成半透明效果，如图 15-95 所示。图层蒙版效果如图 15-96 所示。

图 15-95 图 15-96

步骤 17 执行"文件→置入嵌入对象"命令，置入素材 10.jpg，如图 15-97 所示。去除背景并摆放在问号的右上角，如图 15-98 所示。

图 15-97 图 15-98

步骤 18 执行"文件→置入嵌入对象"命令，置入光效素材 11.jpg，执行"图层→栅格化→智能对象"命令，将该图层栅格化为普通图层，如图 15-99 所示。为其添加图层蒙版，并在蒙版中使用黑色画笔擦除大部分区域，效果如图 15-100 所示。

图 15-99 图 15-100

步骤 19 制作犀牛下方的泉水。执行"文件→置入嵌入对象"命令，置入带有泉水的素材 12.jpg，并将素材移动到适当位置，执行"图层→栅格化→智能对象"命令，将该图层栅格化为普通图层，如图 15-101 所示。使用同样的方法，利用图层蒙版隐藏多余部分，效果如图 15-102 所示。

图 15-101 图 15-102

步骤 20 制作问号底部的部分。执行"文件→置入嵌入对象"命令，置入素材 13.jpg，并将素材移动到适当位置，执行"图层→栅格化→智能对象"命令，将该图层栅格化为普通图层，如图 15-103 所示。使用同样的方法，利用图层蒙版隐藏多余部分，此时问号形态基本呈现在画面中了，效果如图 15-104 所示。

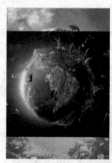

图 15-103 图 15-104

步骤 21 制作问号底部的手。执行"文件→置入嵌入对象"命令，置入带有手的素材 14.jpg，并栅格化图层，如图 15-105 所示。使用同样的方法，利用图层蒙版隐藏多余部分，效果如图 15-106 所示。

图 15-105 图 15-106

步骤 22 制作问号底部的海底生物素材。执行"文件→置入嵌入对象"命令，置入海底生物素材15.jpg，并栅格化图层，如图15-107所示。使用同样的方法，利用图层蒙版隐藏多余部分，效果如图15-108所示。

图15-107　　　　　　　图15-108

步骤 23 置入素材16.jpg，并将其栅格化，摆放在下半部分，如图15-109所示。使用同样的方法，利用图层蒙版隐藏多余部分，效果如图15-110所示。

图15-109　　　　　　　图15-110

步骤 24 对土块素材进行调色，执行"图层→新建调整图层→照片滤镜"命令，在弹出的"属性"面板中设置"滤镜"为"冷却滤镜"，"颜色"为蓝色，"浓度"为25%。单击"此调整剪贴到此图层"按钮，如图15-111所示。画面效果如图15-112所示。

图15-111　　　　　　　图15-112

步骤 25 制作宇航员素材。置入素材17.jpg，并将其栅格化，如图15-113所示。使用同样的方法，利用图层蒙版隐藏多余部分，效果如图15-114所示。

图15-113　　　　　　　图15-114

步骤 26 执行"文件→置入嵌入对象"命令，置入素材18.jpg，并将素材移动并旋转，置于左侧，栅格化为普通图层，如图15-115所示。使用同样的方法，利用图层蒙版隐藏多余部分，效果如图15-116所示。

图15-115　　　　　　　图15-116

步骤 27 添加山脉的素材。执行"文件→置入嵌入对象"命令，置入山脉素材19.jpg，将素材移动旋转，如图15-117所示。接着右击，从弹出的快捷菜单中执行"变形"命令，调整自由图层定界框，对素材进行变形，使其贴合"问号"的弧度，如图15-118所示。

图15-117　　　　　　　图15-118

步骤 28 使用同样的方法为该图层添加图层蒙版，在蒙版中隐藏山脉以外的部分，如图15-119所示。图层蒙版效果如图15-120所示。

图 15-119　　　　　　　图 15-120

步骤 29 在犀牛背上添加水和石块的素材。执行"文件→置入嵌入对象"命令，置入素材20.jpg，并将素材移动到适当位置，栅格化为普通图层，如图15-121所示。使用同样的方法，利用图层蒙版隐藏多余部分，效果如图15-122所示。

图 15-121　　　　　　　图 15-122

步骤 30 置入大象素材21.png，并隐藏多余的部分，如图15-123和图15-124所示。

图 15-123　　　　　　　图 15-124

步骤 31 将构成"问号"的图层放在一个图层组中。下面为问号整体添加阴影，增强立体感。单击工具箱中的"画笔工具" ，设置前景色为深棕色，选择一个圆形柔角的画笔，新建图层，在画面中问号上需要添加阴影的地方按住鼠标左键拖动绘制，如图15-125所示。关闭其他图层可看到阴影效果，如图15-126所示。

图 15-125　　　　　　　图 15-126

步骤 32 在该图层上右击，从弹出的快捷菜单中执行"创建剪贴蒙版"命令，并设置该图层"混合模式"为"正片叠底"，如图15-127所示。画面效果如图15-128所示。

图 15-127　　　　　　　图 15-128

Part 4　添加海底元素

扫一扫，看视频

步骤 01 制作海底的宇航员，执行"文件→置入嵌入对象"命令，置入宇航员素材22.png，并将素材移动到海底，栅格化为普通图层，如图15-129所示。我们要使宇航员的颜色与蓝色的海底相匹配，所以需要对宇航员进行调色。执行"图层→新建调整图层→照片滤镜"命令，在弹出的"属性"面板中设置"滤镜"为"冷却滤镜"，"颜色"为蓝色，"浓度"为44%，并单击"此调整剪贴到此图层"按钮，如图15-130所示。画面效果如图15-131所示。

图 15-129　　　　图 15-130　　　　图 15-131

中文版Photoshop 2020从入门到精通（微课视频 全彩版）

步骤 02 为宇航员添加气泡。执行"文件→置入嵌入对象"命令,置入素材23.jpg,将素材移动并缩放旋转到适当位置,栅格化为普通图层,如图15-132所示。在"图层"面板中设置"混合模式"为"滤色",如图15-133所示。画面效果如图15-134所示。

图 15-132

图 15-133

图 15-134

步骤 03 制作出"问号"底部处于水中的效果。将水素材3.jpg再次置入,并置于底部,如图15-135所示。使用图层蒙版对水的部分隐藏,只保留"问号"尾部的水,使问号的底部变为蓝色,产生一种处于水面以下的效果,如图15-136所示。

图 15-135

图 15-136

步骤 04 置入溅起的水花素材。执行"文件→置入嵌入对象"命令,置入素材24.png,将素材移动并缩放旋转到适当位置,栅格化为普通图层,最终效果如图15-137所示。

图 15-137

15.3 课后练习:自然主题创意合成

文件路径	资源包\第15章\自然主题创意合成
难易指数	★★★★★
技术掌握	钢笔工具、图层蒙版、渐变工具、画笔工具

案例效果

案例效果如图15-138所示。

图 15-138

Part 1   制作背景

扫一扫,看视频

Part 2   主体物抠图

扫一扫,看视频

Part 3   制作主体图形

扫一扫,看视频

15.4 课后练习:餐具的舞会

文件路径	资源包\第15章\餐具的舞会
难易指数	★★★★★
技术掌握	操控变形、快速选择、图层蒙版、样式的使用

扫一扫,看视频

案例效果

案例效果如图 15-139 所示。

图 15-139

15.5 课后练习：卡通风格的娱乐节目海报

文件路径	资源包\第15章\卡通风格的娱乐节目海报
难易指数	⭐⭐⭐⭐⭐
技术掌握	矩形工具、图层样式、形状工具

案例效果

案例效果如图 15-140 所示。

图 15-140

Part 1　1制作海报背景

扫一扫，看视频

Part 2　制作主体图形及文字

扫一扫，看视频

15.6 课后练习：帽子上的世界

文件路径	资源包\第15章\帽子上的世界
难易指数	⭐⭐⭐⭐⭐
技术掌握	钢笔抠图、图层蒙版、混合模式、镜头光晕

案例效果

案例效果如图 15-141 所示。

图 15-141

Part 1　制作帽檐部分

扫一扫，看视频

Part 2　制作帽顶部分

扫一扫，看视频

Part 3　制作背景及人物

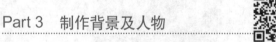

扫一扫，看视频

中文版Photoshop 2020从入门到精通（微课视频 全彩版）

使用Camera Raw处理照片

本章内容简介：

在掌握了Photoshop的调色功能之后，学习Camera Raw会容易很多，因为很多调色操作都是相通的。本章主要讲解使用Camera Raw处理数码照片的方法，如对图像的颜色、明暗、对比度、曝光度等参数进行调整，通过多种方式锐化图像，以及为图像添加镜头特效以增强其视觉冲击力等。对于细节处的调整，则主要是去除瑕疵和针对画面局部进行颜色调整。

重点知识掌握：

- 熟练使用Camera Raw进行色彩校正。
- 掌握使用Camera Raw进行风格化调色的方法。
- 熟练掌握使用Camera Raw处理图像细节瑕疵的方法。

通过本章的学习，我能做什么？

通过本章的学习，我们将掌握另外一种图像调整的方式，从"修瑕"到"校正偏色"到"风格化调色"到"锐化"再到"特效"都可以在一个窗口中进行，非常方便。有了Camera Raw，我们可以完成摄影后期处理的大部分操作，例如去除画面中的小瑕疵，对图像存在的偏色、曝光、对比度等问题进行校正，以及调整出独具特色的风格化颜色等。

网页切片与输出

本章内容简介：

网页设计是近年来比较热门的设计类型。与其他类型的平面设计不同，网页由于其呈现介质的不同，在设计制作的过程中需要注意一些问题，如颜色、文件大小等。当我们打开一个网页时，会自动从服务器上下载网站页面上的图像内容。那么图像内容的大小在很大程度上能够影响网页的浏览速度。所以，在网页内容的输出时就需要设置合适的输出格式以及图像压缩比率。

重点知识掌握：

- 安全色的设置与使用。
- 切片的划分。
- 将网页导出为合适的格式。

通过本章的学习，我能做什么？

通过本章的学习，我们能够完成网站页面设计的后几个步骤：切片的划分与网页内容的输出。这些步骤虽然看起来与设计过程无关，但是网页输出的恰当与否也在很大程度上决定了网站的浏览速度。

扫一扫，看电子书

创建 3D 立体效果

本章内容简介：

　　Photoshop虽然是一款主要用于图像处理以及平面设计的软件，但是在近年来的更新中，其3D功能也日益强大。本章主要讲解如何使用Photoshop进行3D图形的设计和制作。在Photoshop中，既可以从零开始创建3D对象，也可以将已有的2D图层转换为3D对象。

重点知识掌握：

- 掌握从图层、选区、路径创建3D对象的方法。
- 掌握3D对象材质的编辑。
- 掌握3D灯光的使用。
- 掌握渲染3D对象的方法。

通过本章的学习，我能做什么？

　　通过本章的学习，我们能够掌握3D对象从模型创建，到赋予材质、为场景添加光源、设置视图角度，最后进行渲染的全过程。通过3D功能，我们能够将已有的平面图形制作为立体对象，创建出3D文字，制作出常见的3D几何形体。此外，还可以向当前文档中添加使用其他软件制作的更为精细的3D模型来丰富画面效果。

扫一扫，看电子书

视频与动画

本章内容简介：

　　作为一款著名的图像处理+设计制图软件，Photoshop的功能并不仅限于处理"静态"的内容，还可以进行动态图的制作以及视频的编辑。相对于比较专业的视频处理软件Adobe After Effects、Adobe Premiere，Photoshop虽然还有一定的差异，但是在简单的动态效果制作以及视频编辑方面也称得上是一种方便、快捷的工具。本章主要围绕"时间轴"面板进行动画的制作与编辑，学习Photoshop的动态视频编辑功能。

重点知识掌握：

- 掌握透明度、位置、缩放、样式动画的制作。
- 掌握创建帧动画的方法。

通过本章的学习，我能做什么？

　　通过"时间轴"面板，我们可以进行一些简单的动态效果制作，例如透明度动画、位置移动动画、旋转动画、缩放动画、样式动画等；还可以制作一些有趣的GIF动态图片。